人工智能专业教材丛书
高等院校信息类新专业规划教材



# 系统辨识与建模

李树荣　编著

北京邮电大学出版社
www.buptpress.com

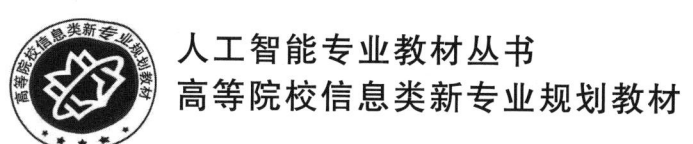

# 内 容 简 介

系统辨识与建模是控制科学与工程学科的一门重要课程。本书主要内容包括引言、数学预备知识、动态系统的数学模型、最小二乘估计、系统辨识法、闭环系统辨识、自校正控制、沃尔泰拉模型及其辨识、哈默斯坦与维纳模型辨识、基于NARMAX模型的非线性系统辨识、基于K-L分解的时空建模、基于卷积神经网络的时空建模、线性系统的最优状态估计等。

本书可以作为控制科学与工程学科及相关学科高年级本科生与研究生的教材，也可以作为相关领域科技人员的参考书。

**图书在版编目（CIP）数据**

系统辨识与建模 / 李树荣编著. -- 北京 ：北京邮电大学出版社，2025. -- ISBN 978-7-5635-7536-7

Ⅰ. N945. 1

中国国家版本馆 CIP 数据核字第 20256QQ967 号

**策划编辑：**姚 顺　**责任编辑：**刘春棠　**责任校对：**张会良　**封面设计：**七星博纳

**出版发行：**北京邮电大学出版社
**社　　址：**北京市海淀区西土城路 10 号
**邮政编码：**100876
**发 行 部：**电话：010-62282185　传真：010-62283578
**E-mail：**publish@bupt. edu. cn
**经　　销：**各地新华书店
**印　　刷：**保定市中画美凯印刷有限公司
**开　　本：**787 mm×1 092 mm　1/16
**印　　张：**18. 5
**字　　数：**493 千字
**版　　次：**2025 年 5 月第 1 版
**印　　次：**2025 年 5 月第 1 次印刷

ISBN 978-7-5635-7536-7　　定价：58. 00 元

**· 如有印装质量问题，请与北京邮电大学出版社发行部联系 ·**

# 人工智能专业教材丛书

## 编委会


总 主 编：郭　军

副总主编：杨　洁　苏　菲　刘　亮

编　　委：张　闯　尹建芹　李树荣　杨　阳　朱孔林　张　斌　刘瑞芳　周修庄　陈　斌　蔡　宁　徐蔚然　肖　波　肖　立

总 策 划：姚　顺

秘 书 长：刘纳新

# 前　言

系统辨识与建模是控制科学与工程学科的一个重要分支，它利用系统的输入输出信息进行建模，是一种实验建模或数据建模方法，也是人工智能的热点研究方向之一。其广泛应用于工业、军事、经济、金融、医学、社会学等领域。

在现实世界中，很多系统呈现黑箱状态，其内部物理特性未知。对于这样的系统，我们不能采用机理建模，只能依赖获取系统的外部输入输出信息。系统辨识则为解决这类系统的建模问题提供了一种有效方法。

本书主要包括以下内容。

第 1 章是引言，介绍了系统辨识的定义、方法、分类、意义和步骤以及系统辨识与建模的应用等。

第 2 章是数学预备知识，主要介绍了概率论与随机过程的有关概念与定义等。

第 3 章是动态系统的数学模型，主要介绍了线性模型、非线性模型与时空模型。对于线性模型，主要介绍了非参数化模型与参数化模型等。非参数化模型包括相关分析模型与权模型等，参数化模型包括差分方程模型、状态空间模型等。对于非线性模型，主要介绍了沃尔泰拉模型、维纳模型、哈默斯坦模型、带有外部激励的非线性自回归滑动平均（NARMAX）模型、神经网络模型等。对于时空模型，主要介绍了与分布参数系统相关的时空建模等。

第 4 章是最小二乘估计，主要介绍了一般最小二乘、加权最小二乘、递推最小二乘、加权递推最小二乘、衰减记忆最小二乘、限定记忆最小二乘、豪斯霍尔德变换等。

第 5 章是系统辨识法，主要介绍：输入信号的设计；非参数化模型的系统辨识，包括基于相关分析法的系统辨识、基于伪随机信号的系统辨识、权函数模型的辨识等；参数化模型的系统辨识，包括参数递推算法、系统阶次的确定、滞后量的确定、模型的有效性检验等；基于广义最小二乘的系统辨识等。

第 6 章是闭环系统辨识，讲述了 3 种闭环系统辨识方法，分别为直接辨识法、间接辨识法、两阶段辨识法等。

第 7 章是自校正控制。该章作为系统辨识的应用，主要阐述了最小方差自校正控制、广义最小方差自校正控制、极点配置自校正控制、PID 自校正控制等。

第 8 章是沃尔泰拉模型及其辨识，主要介绍了线性系统的沃尔泰拉模型、双线性系统的沃尔泰拉模型、一般非线性系统的沃尔泰拉模型、沃尔泰拉系统的辨识以及沃尔泰拉模型的推导等。

第 9 章是哈默斯坦与维纳模型辨识。哈默斯坦模型与维纳模型是两类特殊的非线性模型，除了这两类模型外，还有它们的组合模型。该章主要介绍了哈默斯坦模型与维纳模型的辨识法，并对组合模型的辨识等进行了讨论。

第 10 章是基于 NARMAX 模型的非线性系统辨识。该章主要介绍了 NARMAX 模型的辨识，将 NARMAX 模型看作一个广义多项式，所要辨识的参数为多项式的系数，从而可将 NARMAX 模型转化为一个标准的关于系数向量呈线性的量测方程，进而可以采用递推最小二乘算法。另外，该章还介绍了基于神经网络的带有外部激励的自回归非线性系统辨识等。

第 11 章是基于 K-L 分解的时空建模。该章主要介绍了基于分布参数的系统时空建模等。K-L 分解是一个时空分解，呈级数形式。通过构造一个按空间排序的快照序列与一个按时间排序的快照序列，利用内积空间的正交性法则，可将 K-L 分解级数逼近问题转化为一个最小二乘问题求解。

第 12 章是基于卷积神经网络的时空建模。基于卷积神经网络的深度学习是近年来人工智能的研究热点之一。该章主要简述了 CNN 的发展史、CNN 的架构、CNN 的训练、基于 CNN 的分布参数系统时空模型等。

第 13 章是线性系统的最优状态估计。该章介绍了线性最小方差估计、线性最小方差估计的几何性质、投影定理等。基于投影定理，介绍了随机线性系统的最优滤波——卡尔曼滤波的推导、闭环卡尔曼滤波以及卡尔曼滤波的稳定性等，讨论了基于状态模型的系统辨识问题等。

本书是在作者多年来主讲的“系统辨识与建模”课程素材的基础上编写的，充分考虑了新工科建设背景下该课程的教学性质、教学目的、课程设置以及培养要求等，重在加强学生的专业基础及在实践中的动手能力。本书介绍了很多实例，每章都留有习题。

在本书编写过程中，研究生廖明豪、方绍武、宋振威、郝天翔等对书中的实例进行了仿真验证；李若南、祝景阳、李真、马英凯、罗一树等参与了校对等工作，作者谨向他们表示衷心感谢。

本书得到了北京航空航天大学贾英民教授的关心和支持，在此表示衷心感谢。同时衷心感谢北京邮电大学对本书出版的立项支持。

由于作者水平有限，书中错误之处在所难免，恳请读者批评指正。

作者于北京邮电大学

# 目　录

# 第1章

# 引　　言

所谓系统建模是指采用数学模型来刻画系统的运行规律、因果关系等，是采用符号、图表、公式，将实际对象抽象为一个可以用于系统分析、模拟、预测、优化的数学模型的过程。

## 1.1　系统辨识的发展

在古代，受限于当时的科技水平，人类对自然界规律的认识大都是凭借经验来获得的。

人们通过观察太阳、月亮与一些行星的运动规律，制定出历法，如二十四节气(图 1.1.1)等，用于指导生活与生产。

中医则通过望闻问切(图 1.1.2)诊断病人的病症。

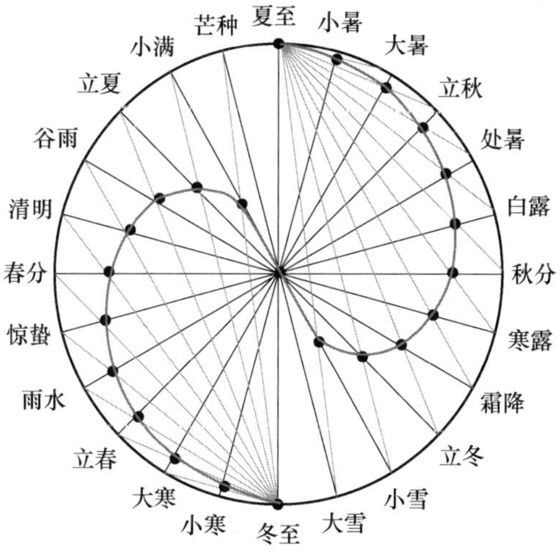


图 1.1.1　二十四节气

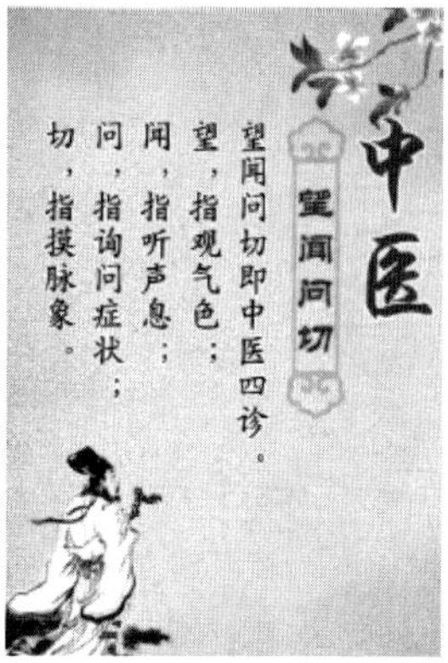


图 1.1.2　中医的望闻问切

人们为了预防大江大河洪水泛滥，专门记录历年的水文气象，如洪水发生时间、洪峰高度等，以便从中找到洪水发生的规律，提早制定应对措施等。

现代系统辨识的发展主要得益于现代数学分析、概率论与数理统计、信号分析等的发展。20 世纪 30 年代，香农提出了采样定理。而伯德、奈奎斯特等发展了通过实验获得系统传递函数的方法。随着第二次世界大战后现代控制理论的发展以及计算机控制技术等的广泛应用，一些复杂的算法以及大规模的数据处理方法变得可以在线实现，如递推最小二乘法、卡尔曼滤波器等。由此诞生了现代控制理论的一个新的分支——系统辨识。

当前系统辨识的研究场景更加宏大。由于得到了超算、云计算与人工智能的支持，最新的系统辨识融合了数据序列、图像序列与自然语义等知识，使得输出结果更加智能。

## 1.2 系统辨识概述

系统辨识是根据系统的输入输出信息来建立系统的动力学模型的一种手段，是现代控制理论中的一个分支。系统辨识属于实验与数据建模的范畴，是人工智能领域的热点方向之一。系统辨识不仅应用于工业控制领域，还广泛应用于经济、金融、环境、医学、生物与生命科学、社会学等领域。

### 1.2.1 系统建模

系统建模的方式多种多样，例如：采用系统的机理建模（称为第一建模原理）；通过实验或统计数据总结规律（称为系统辨识）；将机理与实验相结合建模。

机理建模是利用物理对象所服从的客观规律来建立模型。例如，利用欧姆定律来描述一个电阻，用牛顿第二定律与能量守恒定律描述一个机械装置，用热力学定律描述一个热传导装置，用物料平衡、传质平衡与能量平衡来描述一个化工系统等。机理建模一般非常复杂，验证与测试也很耗时。例如：若对系统的某个模块进行重新设计，则需要重新做实验来测试可能对输出产生的影响；若系统长期运行，则系统内部各部件的参数会偏离标定值。另外，一些不可预知的外部干扰也可能对系统特性造成影响。因此，就产生了模型的不确定性。

**例 1.2.1** 图 1.2.1 所示为 *RLC* 串联电路，写出该电路的数学模型。

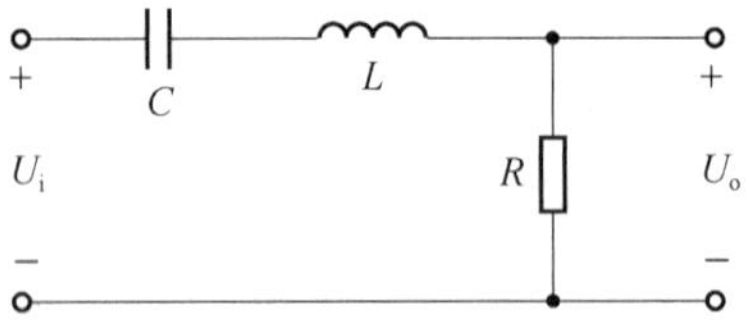


图 1.2.1 *RLC* 串联电路

**解**：记 $I(s)$、$U_i(s)$、$U_o(s)$ 为电流、输入电压、输出电压的拉普拉斯变换，则传递函数模型为

$$\left.\begin{aligned} I(s) &= \frac{U_i(s)}{\frac{1}{Cs}+Ls+R} \\ U_o(s) &= I(s)R \end{aligned}\right\} \Rightarrow \frac{U_o(s)}{U_i(s)} = \frac{RCs}{LCs^2+RCs+1} \tag{1-2-1}$$

**例 1.2.2** 图 1.2.2 所示为弹簧阻尼系统，写出该系统的数学模型。

**解**:由牛顿第二定律可知:

$$m\ddot{x}=F+F_k+F_f \quad (1\text{-}2\text{-}2)$$

其中,$F_k=-kx$,$F_f=-f\dot{x}$,$k$ 为弹性系数,$f$ 为阻尼系数。

因此,就得到该系统的一个用微分方程描述的动力学方程,即

$$m\ddot{x}+f\dot{x}+kx=F \quad (1\text{-}2\text{-}3)$$

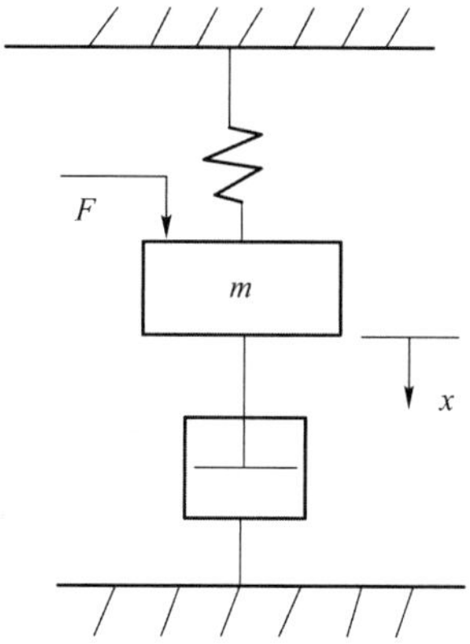

图 1.2.2 弹簧阻尼系统

式(1-2-1)与式(1-2-3)皆来自第一建模原理(机理建模)。在物理世界中,有一类系统被称为黑箱系统,我们对这类系统的内部构造未知;还有一类系统被称为灰箱系统,指系统的部分信息已知。若系统的所有动力学特性及参数都已知,则称该系统为白箱系统。

系统辨识主要用于对于黑箱类系统的建模,它通过对系统持续施加激励信号来获取系统的外部输出信息,并在所获取的数据基础上,采用统计学方法对系统模型进行估计。

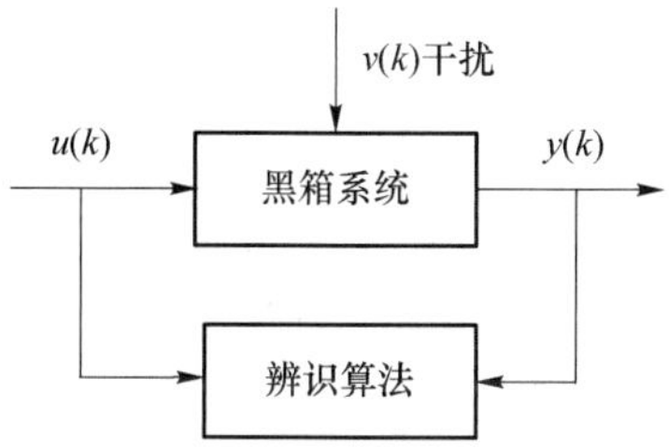

图 1.2.3 黑箱系统框图

例如,有一个图 1.2.3 所示的黑箱系统,假如用如下差分方程模型来刻画其动力学关系:

$$y(k)+a_1y(k-1)+\cdots+a_ny(k-n)=b_1u(k-1)+\cdots+b_nu(k-n) \quad (1\text{-}2\text{-}4)$$

其中,系数 $a_1,\cdots,a_n$ 和 $b_1,\cdots,b_n$ 未知。

对式(1-2-4)描述的系统辨识问题,要通过输入序列$\{u(k)\}$产生输出序列$\{y(k)\}$,利用$\{u(k)\}$与$\{y(k)\}$,确定方程的未知系数。将式(1-2-4)写成

$$y(k)=-a_1y(k-1)-\cdots-a_ny(k-n)+b_1u(k-1)+\cdots+b_nu(k-n)=\boldsymbol{h}(k)\boldsymbol{\theta} \quad (1\text{-}2\text{-}5)$$

其中,$\boldsymbol{h}(k)-(-y(k-1),\cdots,-y(k-n),u(k-1),\cdots,u(k-n))$,$\boldsymbol{\theta}=(a_1,\cdots,a_n,b_1,\cdots,b_n)^{\mathrm{T}}$。

因此,由递推关系式(1-2-5),可得

$$\begin{pmatrix} y(k+1) \\ \vdots \\ y(k+N) \end{pmatrix}=\begin{pmatrix} -y(k) & \cdots & -y(k-n+1) & u(k) & \cdots & u(k-n+1) \\ \vdots & & \vdots & \vdots & & \vdots \\ -y(k+N-1) & \cdots & -y(k+N-n) & u(k+N) & \cdots & u(k+N-n) \end{pmatrix}\boldsymbol{\theta} \quad (1\text{-}2\text{-}6)$$

记

$$\boldsymbol{Y}_N=\begin{pmatrix} y(k+1) \\ \vdots \\ y(k+N) \end{pmatrix}$$

$$\boldsymbol{H}_N=\begin{pmatrix} -y(k) & \cdots & -y(k-n+1) & u(k) & \cdots & u(k-n+1) \\ \vdots & & \vdots & \vdots & & \vdots \\ -y(k+N-1) & \cdots & -y(k+N-n) & u(k+N) & \cdots & u(k+N-n) \end{pmatrix}$$

即

$$\boldsymbol{Y}_N=\boldsymbol{H}_N\boldsymbol{\theta} \quad (1\text{-}2\text{-}7)$$

在式(1-2-7)中，共有 $2n$ 个未知数，若 $N=2n$，且 $\boldsymbol{H}_N$ 非奇异，则直接解线性方程，可得 $\boldsymbol{\theta}=\boldsymbol{H}^{-1}\boldsymbol{Y}_N$。若 $N>2n$，则方程的个数多于未知数的个数，如果方程有解，则需满足

$$\operatorname{rank}(\boldsymbol{H}_N)=\operatorname{rank}(\boldsymbol{H}_N,\boldsymbol{Y}_N) \tag{1-2-8}$$

一般情况下，式(1-2-8)很难满足。因此式(1-2-7)是矛盾方程组，无解。但是若 $\boldsymbol{H}_N$ 列满秩，则式(1-2-7)存在最小二乘解。可以用最小二乘解作为系数值的最优估计值，这方面的论述将在第 4 章给出。

系统辨识建模最终将转化为一个程序化的数值计算问题。这种计算可以是在线的，也可以是离线的；可以进行开环辨识，也可以进行闭环辨识，需要根据应用场景进行判断。系统辨识建模的优点是可以根据实时输入与对应输出数据的值，对系统模型进行不断修正。

### 1.2.2 系统辨识的定义

关于系统辨识的定义，Zadeh 指出："系统辨识是指在输入和输出数据的基础上，从一类模型中确定一个与所观测系统等价的模型。"

Ljung 指出："系统辨识有 3 个要素——数据、模型类和准则，系统辨识即根据某一准则，利用实测数据，在模型类中选取一个拟合度最好的模型。"

(1) 数据

获取合适的系统输入输出信号是系统辨识的基础。以线性系统为例，控制系统由多个子模态相加或相乘组合而成，为了使系统的所有模态都可辨识，输入信号必须满足持续激励条件，以充分激励系统的所有模态，使得输出信息能包括所有子模态的动态特性。直观来说，输入信号的频谱要"宽"于系统频谱，至少要覆盖系统频谱。在系统辨识中，常用的输入信号有正弦信号、伪随机信号与白噪声信号等。

(2) 模型类

在系统辨识过程中，需要为控制对象确立一个适当的模型，以便利用所获取的输入输出数据对该模型进行拟合或学习。在控制系统中，常用的模型是线性定常差分方程，在最小二乘意义下，这种模型可以得到未知参数估计的解析表达式，并且可以推导递推算法，易于编程计算。当然也可以采用非线性模型，如神经网络模型等。常见的模型类有线性与非线性模型、定常与时变模型、确定与随机模型、连续与离散模型、集中与分布参数模型、静态与动态模型等。

(3) 辨识准则

辨识准则也称为辨识指标、性能指标或损失函数。在选择好模型类后，通过极小化某个性能指标，获得与输入输出数据拟合最好的模型。对于线性模型，可以采用最小二乘准则；而对于非线性模型，则可采用最小化损失函数等准则。

### 1.2.3 系统辨识的方法

系统辨识的方法可以分为古典方法与现代方法。

古典方法有脉冲响应法、阶跃响应法、频率响应法、谱分析法与相关分析法等。

现代方法包括最小二乘法、广义最小二乘、增广最小二乘、基于神经网络逼近的反向传播算法、基于卷积神经网络的建模算法等。

### 1.2.4 系统辨识的分类

系统辨识可以分为两大类。

① 离线辨识:将一定时间内积累的采样数据集中进行一次辨识计算。

② 在线辨识:每个采样周期都根据新的采样数据进行一次递推辨识计算,以节省计算时间和内存空间,及时掌握系统现状。

### 1.2.5 系统辨识的意义

系统辨识是一种利用数据进行建模的方法,所识别出来的模型:

① 可以作为系统模型,应用于系统仿真、数字孪生、虚拟现实等领域。

② 可以预测系统未来的变化趋势。系统辨识模型一般为动力学方程,在给定初始条件时,系统输出会随时间而变化,因此其可以预报输出未来的变化趋势。例如,化学反应器输出浓度预测等。

③ 用来设计闭环控制器,如内模控制、预测控制、广义预测控制、自校正控制等。

## 1.3 系统辨识的步骤

理论上,如果模型输入输出数据准确,通过适当次数的测试,就可以解出系统模型中的未知参数。然而在真实的物理系统中,输入输出数据总是被噪声所污染,加上模型本身存在的不确定性与各种外部扰动,使得模型参数的确定变成了一个最优参数估计问题。

**步骤1: 数据获取**

系统辨识依赖系统的输入和输出数据集。该数据集通过量测并记录输入与输出实验数据来生成。因此,如果条件允许,则需进行实验设计。实验设计主要包括输入信号设计、采样区间设计、预采样滤波器设计、数据采集等。

如果是现场实际连续运行的系统,且不允许对系统施加实验信号,则记录实际的系统运行数据即可。

**步骤2:模型类选择**

确定被辨识系统的数学模型类型,如可采用线性离散差分方程模型。

**步骤3:参数估计**

在已知模型的结构后,利用所获得的输入输出数据,确定模型中的未知参数。实际测量都是有误差的,所以参数估计一般以统计方法为主。设定优化目标,计算出最佳拟合的统计模型。

**步骤4:模型适用性与有效性检验**

对于通过参数估计得到的模型,还必须进行适用性检验。这是系统辨识过程的重要一环,只有通过适用性检验的模型才是最终的模型。

造成模型不适用的原因主要有3个:模型类(模型的结构)选择不当;实验数据误差过大或由于实验条件限制,数据的代表性太差;辨识算法存在问题(例如,没有考虑必要的约束)。

模型有效性检验的方法主要有两类：利用先验知识检验和利用数据检验。某模型在数据的拟合上没有问题，但是违背了先验知识，这类模型就是无效的。在实际中更多的是利用数据检验，即在得到模型后，用一组数据（不同于辨识时所用数据）去检验模型的精度（见第 5 章），该检验方法可以程序化实现。

**步骤 5：建模结束**

如果测试合格，则辨识停止；否则更改系统模型，重复步骤 2 到步骤 4，直到获得满意的模型为止。图 1.3.1 给出了系统辨识的步骤示意图。

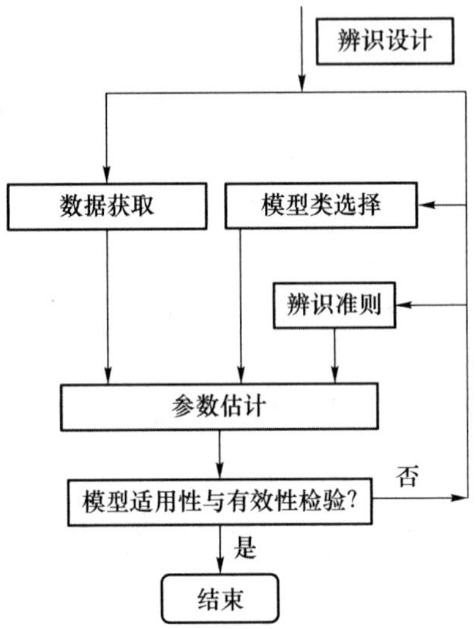


图 1.3.1　系统辨识的步骤示意图

# 1.4　系统辨识与建模的应用

系统辨识与建模的应用是人工智能时代的一个热点话题。基于系统辨识所开发的一些智能产品已经进入人们的日常生活，且被人们所接受。这里仅列举几个常见的应用场景。

（1）过程控制系统

过程控制系统一般包括传质、传热、压力等部分，如炼油、轧钢系统等。由于很多过程控制系统中传递的是连续介质，因此其动力学方程大多为偏微分方程，如化工精馏塔系统等。为了便于设计控制器，常常将偏微分方程系统简化为常微分方程系统，或者直接采用系统辨识的方法建模。由于简化过程产生了模型误差，加上生产过程中进料的组分的不确定性、工作环境的变化，因此需要实时调整模型参数。采用系统辨识的方法就可以完成系统模型在线动态调整，从而可实时调整控制器参数，以保证闭环控制系统的稳定性及产品的质量。

（2）机器人系统

机器人系统中的系统辨识与建模包括机器人动力学参数的辨识，如系统的质量与负载的变化、阻尼系数、驱动电机的电抗参数等。在自主机器人系统中，还包括对周围工作环境的辨识与建模。在基于视觉的机器人系统中，还包括对运动物体的识别与分类等。在智能假肢方面，我国已有达到国际领先水平的产品（如智能踝足假肢），并生产出了具有自主知识产权的高端产品。智能踝足假肢的一个重要研究内容是通过经验样本对假肢进行训练与建模，从而使得假肢可以自主智能地对下一步的行为作出判断。

(3) 交通系统

在智慧交通方面，通过在重要的路口、节点处安装传感器，收集交通流量、车速等信息，可以利用系统辨识方法建立动态交通动力学模型。基于此模型，可以优化车辆从匝道进入高速公路的流量，实时调整十字路口红绿灯信号的时长，缓解交通高峰的拥堵。

(4) 金融系统

当前，很多家庭都会进行投资组合管理。以股票投资为例，投资者可以首先收集所关注股票的历史数据，如日K线、周K线等，将这些数据组成一个股票价格波动的时间序列，然后利用系统辨识法建立该股票的数学模型，对该股的未来走势进行预测，从而做出买入或卖出决策。

# 本章小结

本章对系统辨识与建模所涉及的内容及其意义进行了简单介绍。系统辨识是系统建模的一种手段，包括数据、模型类、辨识准则3个要素。一个辨识好的模型可以取代系统的真实机理模型、参与仿真与控制器的设计等。详细的内容将在后面各个章节展开讨论。

# 本章参考文献


[1] Goodwin G C, Payne R L. Dynamic System Identification: Experiment Design and Data Analysis[M]. New York: Academic Press, 1977.

[2] Eykhoff P. System Identification-Parameter and State Estimation[M]. New York: John Wiley & Sons, 1977.

[3] Lennart L. System Identification, Theory for the User[M]. 2nd ed. Englewood Cliffs: Prentice Hall, Inc, 1999.

[4] Södeström T, Stoica P. System Identification[M]. London: Prentice Hall, 1989.

[5] Verhaegen M, Vincent V. Filtering and System Identification A Least Squares Approach[M]. Cambridge: Cambridge University Press, 2007.

[6] Zadeh L A. From Circuit Theory to System Theory[J]. Proceedings of the Institute of Radio Engineers, 1962, 50:856-865.

[7] 蔡季冰. 系统辨识[M]. 北京：北京理工大学出版社，1991.

[8] 黄德先，王京春，金以慧. 过程控制系统[M]. 北京：清华大学出版社，2011.

[9] 克里斯蒂安，等. 金融AI算法：人工智能在金融领域的前沿应用指南[M]. 武鑫，张帅，张笑，译. 北京：中国人民大学出版社，2021.

[10] 李彦宏. 智能交通[M]. 北京：人民出版社，2021.

[11] 刘金琨. 机器人控制系统的设计与MATLAB仿真：先进设计方法[M]. 北京：清华大学出版社，2022.

# 本章习题

1. 如何产生并收集系统辨识所需要的数据？
2. 结合自己的认识，列举系统辨识的例子。
3. 中医的诊断过程是不是系统辨识？
4. 写出二十四节气与农业生产的对应关系。
5. 论述系统辨识与机理建模的优缺点。
6. 论述智慧交通中的系统辨识问题。
7. 论述智能假肢的系统辨识问题。

# 第2章

# 数学预备知识

本章主要介绍与系统辨识有关的数学知识，涉及概率论与随机过程的一些基本概念与定理。熟悉本章内容的读者可以略过。

## 2.1 概　率　论

### 2.1.1 事件

在相同的条件下，进行一系列试验，所得的结果呈现出一种偶然性，称此种现象为随机现象。对随机现象进行试验、观察或观测称为随机试验。试验可以在相同的条件下重复进行；每次试验的结果可能不止一个，每次试验之前不能确定该次试验将会出现哪一个结果。

随机事件：在每次随机试验中可能出现也可能不出现的结果称为随机事件。

基本事件：在每次随机试验中至少发生一个，也仅发生一个的事件称为基本事件。基本事件是随机试验中不能再分解的最简单的随机事件。基本事件用小写希腊字母 $\omega$ 表示。

复合事件：由若干个基本事件组合而成的事件称为复合事件。

必然事件：在每次随机试验中必定会发生的事件称为必然事件，通常用大写希腊字母 $\Omega$ 表示。

不可能事件：在每次随机试验中一定不会发生的事件称为不可能事件，通常用空集符号 $\varnothing$ 表示。

样本空间：随机试验的所有基本事件所组成的集合称为样本空间，亦称基本事件空间，它是必然事件，因此通常也用大写希腊字母 $\Omega$ 表示。样本空间的每一个基本事件称为一个样本点，用小写希腊字母 $\omega$ 表示，于是样本空间可表示为 $\Omega=\{\omega_1,\omega_2,\cdots,\omega_k\}$ 或 $\Omega=\{\omega\}$。每一个随机事件都是若干个样本点的集合，即随机事件都是样本空间的子集。

随机事件之间有如下的关系及运算。

事件的包含：如果事件 $A$ 发生必然导致事件 $B$ 发生，则称事件 $B$ 包含事件 $A$，记作 $A\subset B$ 或 $B\supset A$。

事件的相等：如果事件 $A$ 包含事件 $B$，事件 $B$ 也包含事件 $A$，则称事件 $A$ 与 $B$ 相等，记作 $A=B$。

事件的并(和)：事件 $A$ 与 $B$ 至少有一个发生，称为事件 $A$ 与 $B$ 的并(和)，记作 $A\cup B$ 或 $A+B$。

事件的交(积)：事件 $A$ 与 $B$ 同时发生，称为事件 $A$ 与 $B$ 的交(积)，记作 $A\cap B$ 或 $AB$。

事件的差：事件 $A$ 发生，而事件 $B$ 不发生，称为事件 $A$ 与 $B$ 的差，记作 $A-B$。

互不相容(互斥)：如果事件 $A$ 与 $B$ 不能同时发生，即 $AB=\varnothing$，则称为事件 $A$ 与 $B$ 互不相容(互斥)。

对立事件：事件 $A$ 不发生的事件称为事件 $A$ 的对立事件(也称为逆事件或补事件)，记作 $\overline{A}$。

完备事件组：若 $A_1,A_2,\cdots,A_n$ 为两两互不相容的事件，且 $A_1\cup A_2\cup\cdots\cup A_n=\Omega$，则称 $A_1,A_2,\cdots,A_n$ 为一个完备事件组。

## 2.1.2 随机事件的概率

在相同条件下，重复进行 $n$ 次试验，事件 $A$ 发生 $m(m\leqslant n)$ 次，则称比值 $m/n$ 为事件 $A$ 发生的频率。当试验次数 $n$ 逐渐增大时，事件 $A$ 发生的频率 $m/n$ 将围绕某一常数 $p$ 上下浮动，且在一般情形下浮动的幅度随 $n$ 的增大而减小，并逐渐趋于稳定，则将频率 $m/n$ 的这个稳定值 $p$ 称为事件 $A$ 的概率，记作 $P(A)=p$。

**1. 概率的古典定义**

具有以下两个特点的试验称为**古典概型**。

① 每次试验只有有限多个可能的试验结果，即样本空间中的基本事件总数为有限多个。

② 每个试验结果出现的概率完全相等。

对于古典概型，若样本空间中的基本事件总数为 $n$ 个，事件 $A$ 包含的基本事件个数为 $m$ 个，则事件 $A$ 发生的概率为

$$P(A)=\frac{A\text{包含的基本事件数}}{\text{基本事件总数}}=\frac{m}{n} \tag{2-1-1}$$

**2. 概率的 3 条公理**

① 非负性：对于任意事件 $A$，有 $0\leqslant P(A)\leqslant 1$。

② 规范性：$P(\Omega)=1$。

③ 可加性：若事件 $A$ 与 $B$ 互不相容，则 $P(A\cup B)=P(A)+P(B)$。

**3. 概率的性质**

由概率的 3 条公理可以推得概率的下列性质。

① 对立事件的概率：$P(\overline{A})=1-P(A)$。

② 不可能事件的概率：$P(\varnothing)=0$。

③ 包含事件的概率：$A\subset B\Rightarrow P(A)\leqslant P(B)$，$P(B-A)=P(B)-P(A)$。

④ 完全可加性：对于有限个或可数个两两互不相容事件 $A_1,A_2,\cdots,A_k,\cdots$，有

$$P(A_1\cup A_2\cup\cdots\cup A_k\cup\cdots)=P(A_1)+P(A_2)+\cdots+P(A_k)+\cdots$$

⑤ 加法公式：对于任意两个随机事件 $A$ 与 $B$，有

$$P(A\cup B)=P(A)+P(B)-P(AB)$$

### 2.1.3 条件概率和独立性

**1. 条件概率**

对于任意两个随机事件 $A$ 与 $B$，且 $P(B)>0$，则称

$$P(A|B)=\frac{P(AB)}{P(B)} \tag{2-1-2}$$

为在事件 $B$ 发生的条件下，事件 $A$ 发生的概率。

设 $A$ 和 $B$ 是任意两个随机事件，且 $P(B)>0$，则有

$$P(AB)=P(B)P(A|B) \tag{2-1-3}$$

全概率公式：设 $A_1,A_2,\cdots,A_n$ 为一完备事件组，$P(A_i)>0$，$i=1,2,\cdots,n$，则对任一事件 $B$，有

$$P(B)=\sum_i P(A_i)P(B\mid A_i) \tag{2-1-4}$$

贝叶斯公式：设 $A_1,A_2,\cdots,A_n$ 为一完备事件组，$P(A_i)>0$，$i=1,2,\cdots,n$，$B$ 是任一事件，$P(B)>0$，则对于任意的 $A_k(k=1,2,\cdots,n)$，有

$$P(A_k\mid B)=\frac{P(A_k)P(B\mid A_k)}{\sum_i P(A_i)P(B\mid A_i)} \tag{2-1-5}$$

**2. 事件的独立性**

设 $A$、$B$ 是任意两个事件，如果等式

$$P(AB)=P(A)P(B) \tag{2-1-6}$$

成立，则称事件 $A$ 与事件 $B$ 相互独立。

根据事件独立性的定义，如果事件 $A$ 与事件 $B$ 相互独立，且 $P(A)>0$，则事件 $B$ 的条件概率与事件 $B$ 的无条件概率相等，即 $P(B|A)=P(B)$，反之亦然。换言之，事件 $A$ 与事件 $B$ 相互独立的充分必要条件是：事件 $B$ 发生的可能性不受事件 $A$ 发生与否的影响。

## 2.2 随机变量及其概率分布

### 2.2.1 随机变量的定义

设有任一随机试验，它的基本事件空间为 $\Omega=\{\omega\}$，如果对每一个 $\omega\in\Omega$，有一个实数 $\xi(\omega)$ 和它对应，我们就得到一个定义在 $\Omega=\{\omega\}$ 上的实值函数 $\xi(\omega)$。

令 $\xi:\Omega\to\mathbb{R}$ 是定义在 $\Omega$ 上的实函数，如果存在一个概率测度 $P$，使所有的 $x\in\mathbb{R}$ 和任意的 $\omega\in\Omega$，$P(\xi(\omega)\leqslant x)$ 可以被定义，那么 $\xi$ 是一个**随机变量**。

**定义 2.2.1** 令 $\Omega=\{\omega\}$ 为随机实验结果，$\Omega=\{\omega\}$ 的任何子集 $A_i$ 都被称为一个事件。令 $\Sigma=\{A_i\}$ 是 $\Omega$ 中所有事件的集合，则 $\Sigma$ 为 $\Omega=\{\omega\}$ 上的一个 Borel 域，$P$ 为 $\Omega=\{\omega\}$ 上的概率测度，$(\Omega,\Sigma,P)$ 是一个**概率空间**。

随机变量 $\xi(\omega)$ 并不是自变量，它是 $\omega$ 的函数，自变量是 $\omega$。在没有必要强调 $\omega$ 时，常省去

$\omega$,而记 $\xi(\omega)$为$\xi$,记 $\xi(\omega)\leqslant x$ 为$\xi\leqslant x$ 等。

## 2.2.2 随机变量的分类

随机变量有两种基本类型:离散型和连续型。

离散型随机变量:随机变量 $\xi$ 的所有可能值只有有限多个或可列多个。

连续型随机变量:随机变量 $\xi$ 的所有可能值由一个或若干个(有限或无限)区间组成。

**1. 离散型随机变量的概率分布**

离散型随机变量的一切可能取值及其取值对应的概率,称作离散型随机变量的概率分布,简称分布。

设离散型随机变量 $\xi$ 的一切可能值为 $x_1,x_2,\cdots$,其相应的概率为 $p_1,p_2,\cdots$,则 $\xi$ 的概率分布有如下的表示形式:

$$P\{\xi=x_i\}=p_i,\quad i=1,2,\cdots \tag{2-2-1}$$

通常,称上式为离散型随机变量 $\xi$ 的概率函数。

离散型随机变量概率分布的基本性质:

① $p_i\geqslant 0,i=1,2,\cdots$

② $\sum\limits_i p_i=1$

**2. 连续型随机变量的概率分布**

对于连续型随机变量 $\xi$,如果存在一个非负可积函数 $f(x)$,对任意实数 $a$ 和 $b$,$a<b$,都有

$$P(a\leqslant\xi\leqslant b)=\int_a^b f(x)\mathrm{d}x \tag{2-2-2}$$

则称 $f(x)$为 $\xi$ 的概率密度函数,简称概率密度或密度函数。

连续型随机变量概率密度函数的基本性质如下:

$$f(x)\geqslant 0,\quad -\infty<x<+\infty \tag{2-2-3}$$

$$\int_{-\infty}^{\infty}f(x)\mathrm{d}x=1 \tag{2-2-4}$$

## 2.2.3 随机变量的数字特征

**1. 随机变量的数学期望**

数学期望是随机变量的一切可能取值,以概率为权重的加权平均值,因此也被称为概率平均值,简称均值。数学期望是对随机变量取值集中趋势的度量,通常用 $E(\xi)$或 $\mu$ 表示。

**2. 离散型随机变量的数学期望**

设 $\xi$ 是离散型随机变量,其概率函数为 $P\{\xi=x_i\}=p_i,i=1,2,\cdots$,如果级数 $\sum\limits_i x_ip_i$ 绝对收敛,则 $\xi$ 的数学期望为

$$E(\xi)=x_1p_1+x_2p_2+\cdots=\sum_i x_ip_i \tag{2-2-5}$$

**3. 连续型随机变量的数学期望**

设 $\xi$ 是连续型随机变量,其概率密度函数为 $f(x)$,如果积分 $\int_{-\infty}^{+\infty}xf(x)\mathrm{d}x$ 绝对收敛,则 $\xi$

的数学期望为

$$E(\xi) = \int_{-\infty}^{+\infty} x f(x) \mathrm{d}x \tag{2-2-6}$$

**4. 随机变量函数的数学期望**

设 $\eta$ 是随机变量 $\xi$ 的连续函数，$\eta = g(\xi)$。

① 如果 $\xi$ 是离散型随机变量，其概率函数为 $P(\xi = x_i) = p_i, i = 1, 2, \cdots$，若级数 $\sum_i g(x_i) p_i$ 绝对收敛，则 $\eta$ 的数学期望为

$$E(\eta) = E[g(\xi)] = \sum_i g(x_i) p_i \tag{2-2-7}$$

② 如果 $\xi$ 是连续型随机变量，其概率密度函数为 $f(x)$，积分 $\int_{-\infty}^{+\infty} g(x) f(x) \mathrm{d}x$ 绝对收敛，则 $\eta$ 的数学期望为

$$E(\eta) = E[g(\xi)] = \int_{-\infty}^{+\infty} g(x) f(x) \mathrm{d}x \tag{2-2-8}$$

**5. 随机变量的方差**

方差是对随机变量取值离散趋势的度量，通常用 $\mathrm{var}(\xi)$ 或 $\sigma^2$ 表示，其计算公式为

$$\sigma^2 = \mathrm{var}(\xi) = E[\xi - E(\xi)]^2 \tag{2-2-9}$$

方差的平方根 $\sigma = \sqrt{\mathrm{var}(\xi)}$ 称为标准差。

离散型随机变量的方差：设 $\xi$ 是离散型随机变量，其概率函数为 $P\{\xi = x_i\} = p_i, i = 1, 2, \cdots$，则 $\xi$ 的方差为

$$\sigma^2 = \mathrm{var}(\xi) = \sum_i [x_i - E(\xi)]^2 \cdot p_i \tag{2-2-10}$$

连续型随机变量的方差：设 $\xi$ 是连续型随机变量，其概率密度函数为 $f(x)$，则 $\xi$ 的方差为

$$\sigma^2 = \mathrm{var}(\xi) = \int_{-\infty}^{+\infty} [x - E(\xi)]^2 f(x) \mathrm{d}x \tag{2-2-11}$$

计算方差的简化公式为

$$\sigma^2 - \mathrm{var}(\xi) = E(\xi^2) - [E(\xi)]^2 \tag{2-2-12}$$

## 2.2.4 随机变量的正态分布

**1. 正态分布的概率密度与分布函数**

如果连续型随机变量 $\xi$ 的概率密度为

$$f(x) = \frac{1}{\sqrt{2\pi}\sigma} \mathrm{e}^{-\frac{(x-\mu)^2}{2\sigma}}, \quad -\infty < x < +\infty \tag{2-2-13}$$

其中 $-\infty < \mu < +\infty, \sigma > 0$，则称随机变量 $\xi$ 服从参数为 $\mu, \sigma^2$ 的正态分布，记作 $\xi \sim N(\mu, \sigma^2)$。

正态分布的数学期望为 $E(\xi) = \mu$；正态分布的方差为 $\mathrm{var}(\xi) = \sigma^2$。

$f(x)$ 有如下性质。

① 它是一条以直线 $x = \mu$ 为对称轴的钟形曲线。

② 它以横轴为渐近线，并且在 $x = \mu \pm \sigma$ 处有拐点。

③ 它在 $x = \mu$ 处取得最大值，最大值为

$$f(\mu) = \frac{1}{\sqrt{2\pi}\sigma}$$

由此可见,标准差 $\sigma$ 越大,$f(x)$的图形就越平缓;标准差 $\sigma$ 越小,$f(x)$的图形就越陡峭。

正态分布的分布函数为

$$F(x)=\int_{-\infty}^{\infty} f(t)\mathrm{d}t=\frac{1}{\sqrt{2\pi}\sigma}\int_{-\infty}^{\infty}\mathrm{e}^{-\frac{(t-\mu)^2}{2\sigma^2}}\mathrm{d}t,\quad -\infty<x<+\infty \tag{2-2-14}$$

**2. 标准正态分布**

若令参数 $\mu=0,\sigma^2=1$,则对应的正态分布称为标准正态分布,记为 $\xi\sim N(0,1)$。标准正态分布的概率密度通常用 $\varphi(x)$表示,有

$$\varphi(x)=\frac{1}{\sqrt{2\pi}}\mathrm{e}^{-\frac{x^2}{2}},\quad -\infty<x<+\infty \tag{2-2-15}$$

标准正态分布的分布函数通常用 $\Phi(x)$表示,定义如下:

$$\Phi(x)=\int_{-\infty}^{x}\varphi(t)\mathrm{d}t=\frac{1}{\sqrt{2\pi}}\int_{-\infty}^{\infty}\mathrm{e}^{-\frac{t^2}{2}}\mathrm{d}t,\quad -\infty<x<+\infty \tag{2-2-16}$$

**3. 正态分布与标准正态分布的关系**

容易验证,如果 $\xi\sim N(\mu,\sigma^2)$,则$\frac{\xi-\mu}{\sigma}\sim N(0,1)$。

于是,一般正态分布的概率密度 $f(x)$和分布函数 $F(x)$与标准正态分布的概率密度 $\varphi(x)$和分布函数 $\Phi(x)$之间存在下列关系:

$$f(x)=\frac{1}{\sigma}\varphi\left(\frac{x-\mu}{\sigma}\right) \tag{2-2-17}$$

$$F(x)=\Phi\left(\frac{x-\mu}{\sigma}\right) \tag{2-2-18}$$

$$P(a\leqslant\xi\leqslant b)=F(b)-F(a)=\Phi\left(\frac{b-\mu}{\sigma}\right)-\Phi\left(\frac{a-\mu}{\sigma}\right) \tag{2-2-19}$$

即计算任一正态分布随机变量的概率都能通过标准正态分布来实现。

## 2.3 多元随机变量及其联合分布

如果 $\xi_1,\xi_2,\cdots,\xi_n$ 是多个实随机变量,且属于同一$(\Omega,\Sigma,P)$,那么函数

$$F(x_1,x_2,\cdots,x_n)=P(\xi_j\leqslant x_j,j=1,\cdots,n)=\int_{-\infty}^{x_1}\cdots\int_{-\infty}^{x_n}f(\lambda_1,\cdots,\lambda_n)\mathrm{d}\lambda_1\cdots\mathrm{d}\lambda_n \tag{2-3-1}$$

称为 $\xi_1,\xi_2,\cdots,\xi_n$ 的多元分布函数或称联合分布函数,$f(x_1,x_2,\cdots,x_n)$称为多元分布密度函数或联合分布密度函数,且 $f(x_1,x_2,\cdots,x_n)>0$,$\int_{-\infty}^{\infty}\cdots\int_{-\infty}^{\infty}f(\lambda_1,\cdots,\lambda_n)\mathrm{d}\lambda_1\cdots\mathrm{d}\lambda_n=1$。

如果 $P(\xi\leqslant x_j,j=1,\cdots,n)=\prod_{i=1}^{n}P(\xi\leqslant x_j)$,则称随机变量集合 $\xi_1,\xi_2,\cdots,\xi_n$ 是统计独立的。换句话说,如果我们能将多元分布函数表示为 $F(x_1,x_2,\cdots,x_n)=\prod_{i=1}^{n}F(x_i)$,那么随机变量就是统计独立的。

**定义 2.3.1** 对于 $\boldsymbol{A},\boldsymbol{B}\in\boldsymbol{\Sigma}$,可以定义当 $\boldsymbol{B}$ 发生时,$\boldsymbol{A}$ 的条件概率如下:

$$P(\boldsymbol{A}|\boldsymbol{B})=\frac{P(\boldsymbol{AB})}{P(\boldsymbol{B})},\quad P(\boldsymbol{B})>0 \tag{2-3-2}$$

设 $\boldsymbol{\xi}=(\xi_1,\cdots,\xi_n)^{\mathrm{T}}$，$\boldsymbol{\eta}=(\eta_1,\cdots,\eta_m)^{\mathrm{T}}$ 为两个随机矢量，假如 $P(\boldsymbol{\xi}\in\boldsymbol{C})>0$，则可以定义条件分布函数如下：

$$P(\eta_1\leqslant y_1,\cdots,\eta_m\leqslant y_m|\boldsymbol{\xi}=\boldsymbol{C})=\frac{P(\boldsymbol{\eta}\leqslant\boldsymbol{y},\boldsymbol{\xi}=\boldsymbol{C})}{P(\boldsymbol{\xi}=\boldsymbol{C})} \tag{2-3-3}$$

假设 $f(\boldsymbol{x},\boldsymbol{y})$ 表示 $\boldsymbol{\xi},\boldsymbol{\eta}$ 的联合分布密度函数，如果 $C$ 是单点集，则条件分布函数可以写成

$$\begin{aligned}F(\boldsymbol{y}\mid\boldsymbol{x})&=P(\eta_1\leqslant y_1,\cdots,\eta_m\leqslant y_m\mid\xi_1=x_1,\cdots,\xi_n=x_n)\\&=\frac{\int_{-\infty}^{y_1}\cdots\int_{-\infty}^{y_m}f(\boldsymbol{x},z_1,\cdots,z_n)\mathrm{d}z_1\cdots\mathrm{d}z_n}{\int_{-\infty}^{\infty}\cdots\int_{-\infty}^{\infty}f(\boldsymbol{x},z_1,\cdots,z_n)\mathrm{d}z_1\cdots\mathrm{d}z_n}\end{aligned} \tag{2-3-4}$$

所以条件概率密度函数为

$$f(\boldsymbol{y}\mid\boldsymbol{x})=\frac{f(\boldsymbol{x},y_1,\cdots,y_n)}{\int_{-\infty}^{\infty}\cdots\int_{-\infty}^{\infty}f(\boldsymbol{x},z_1,\cdots,z_n)\mathrm{d}z_1\cdots\mathrm{d}z_n} \tag{2-3-5}$$

其中 $\int_{-\infty}^{\infty}\cdots\int_{-\infty}^{\infty}f(\boldsymbol{x},z_1,\cdots,z_n)\mathrm{d}z_1\cdots\mathrm{d}z_n$ 为随机变量 $\boldsymbol{\xi}$ 的边缘分布。

**定义 2.3.2(多元正态分布)**　$n$ 维随机变量 $\xi_1,\xi_2,\cdots,\xi_n$ 称为服从一个正态分布，如果它们的联合分布密度函数满足

$$\begin{aligned}f(\boldsymbol{x})=f(x_1,\cdots,x_n)&=\frac{1}{(2\pi)^{\frac{n}{2}}\ |\boldsymbol{B}|^{\frac{1}{2}}}\exp\{-\frac{1}{2}\sum_{j,k=1}^{n}r_{jk}(x_j-a_j)(x_k-a_k)\}\\&=\frac{1}{(2\pi)^{\frac{n}{2}}\ |\boldsymbol{B}|^{\frac{1}{2}}}\exp\left\{-\frac{1}{2}(\boldsymbol{x}-\boldsymbol{a})^{\mathrm{T}}\boldsymbol{B}^{-1}(\boldsymbol{x}-\boldsymbol{a})\right\},\quad\boldsymbol{x}\in\mathbb{R}^n\end{aligned} \tag{2-3-6}$$

其中 $\exp\{x\}\overset{\Delta}{=}\mathrm{e}^x$ 表示指数函数，$\boldsymbol{B}\in\mathbb{R}^{n\times n}$ 是正定协方差矩阵，$|\boldsymbol{B}|$ 表示 $\boldsymbol{B}$ 的行列式，$\boldsymbol{a}=(a_1,a_2,\cdots,a_n)^{\mathrm{T}}$。简记该分布为 $N(\boldsymbol{a},\boldsymbol{B})$。

**定理 2.3.1**　对 $\boldsymbol{\xi}-(\xi_1,\xi_2,\cdots,\xi_n)^{\mathrm{T}}$ 服从正态分布 $N(\boldsymbol{a},\boldsymbol{B})$，则存在一个 $n\times n$ 的正交矩阵 $\boldsymbol{U}$，$\boldsymbol{U}^{-1}=\boldsymbol{U}^{\mathrm{T}}$，令

$$\boldsymbol{\eta}=\boldsymbol{U}(\boldsymbol{\xi}-\boldsymbol{a}) \tag{2-3-7}$$

则 $\boldsymbol{\eta}$ 服从正态分布 $N(0,\boldsymbol{D})$，其中 $\boldsymbol{D}=\mathrm{diag}(\sqrt{d_1},\cdots,\sqrt{d_n})$，$d_i>0$。

**证明**：在式(2-3-6)中，由于 $\boldsymbol{B}$ 是正定的，所以存在正交矩阵 $\boldsymbol{U}$，使得

$$\boldsymbol{UBU}^{\mathrm{T}}=\boldsymbol{D}=\mathrm{diag}(d_1,\cdots,d_n) \tag{2-3-8}$$

代入式(2-3-7)，可以推得由 $\boldsymbol{\eta}$ 所定义的密度函数为

$$\begin{aligned}f_{\boldsymbol{\eta}}(y_1,\cdots,y_n)&=\frac{1}{(2\pi)^{\frac{n}{2}}\ |\boldsymbol{D}|^{\frac{1}{2}}}\exp\left\{-\frac{1}{2}(\boldsymbol{x}-\boldsymbol{a})^{\mathrm{T}}\boldsymbol{B}^{-1}(\boldsymbol{x}-\boldsymbol{a})\right\}\\&=\prod_{j=1}^{n}\frac{1}{\sqrt{2\pi d_{\mathrm{j}}}}\exp\left\{-\frac{y_j^2}{2d_j}\right\}\end{aligned} \tag{2-3-9}$$

由此推出 $\eta_j$ 的密度函数为 $\frac{1}{\sqrt{2\pi d_{\mathrm{j}}}}\exp\left\{-\frac{y_j^2}{2d_j}\right\}$，因此

$$f_{\boldsymbol{\eta}}(y_1,\cdots,y_n)=\prod_{j=1}^{n}f_{\eta_j}(y_j) \tag{2-3-10}$$

从而得出 $\boldsymbol{\xi}=(\xi_1,\xi_2,\cdots,\xi_n)^{\mathrm{T}}$ 的独立性。

**例 2.3.1** 设 $\boldsymbol{x}^{\mathrm{T}}=(\boldsymbol{x}_1^{\mathrm{T}},\boldsymbol{x}_2^{\mathrm{T}})$，$\boldsymbol{x}_1$ 为 $n_1$ 维正态随机向量，$\boldsymbol{x}_2$ 为 $n_2$ 维正态随机向量，$n_1+n_2=n$，$\boldsymbol{x}$ 的联合概率密度函数为

$$f(\boldsymbol{x}_1,\boldsymbol{x}_2)=\frac{1}{(2\pi)^{\frac{n}{2}}|\boldsymbol{B}|^{\frac{1}{2}}}\exp\left\{-\frac{1}{2}[(\boldsymbol{x}_1-\boldsymbol{\mu}_1)^{\mathrm{T}},(\boldsymbol{x}_2-\boldsymbol{\mu}_2)^{\mathrm{T}}]\boldsymbol{B}^{-1}\begin{bmatrix}\boldsymbol{x}_1-\boldsymbol{\mu}_1\\ \boldsymbol{x}_2-\boldsymbol{\mu}_2\end{bmatrix}\right\} \tag{2-3-11}$$

求 $f(\boldsymbol{x}_1|\boldsymbol{x}_2)$。

**解**:记

$$\boldsymbol{B}=\begin{pmatrix}\boldsymbol{B}_{11} & \boldsymbol{B}_{12}\\ \boldsymbol{B}_{12}^{\mathrm{T}} & \boldsymbol{B}_{22}\end{pmatrix},\quad \det\boldsymbol{B}_{22}>0$$

则 $\boldsymbol{x}_2$ 的概率密度函数

$$f(\boldsymbol{x}_2)=\frac{1}{(2\pi)^{\frac{n_2}{2}}|\boldsymbol{B}_{22}|^{\frac{1}{2}}}\exp\left\{-\frac{1}{2}(\boldsymbol{x}_2-\boldsymbol{\mu}_2)^{\mathrm{T}}\boldsymbol{B}_{22}^{-1}(\boldsymbol{x}_2-\boldsymbol{\mu}_2)\right\} \tag{2-3-12}$$

由于

$$\begin{pmatrix}\boldsymbol{I}_{n_1} & -\boldsymbol{B}_{12}\boldsymbol{B}_{22}^{-1}\\ 0 & \boldsymbol{I}_{n_2}\end{pmatrix}\begin{pmatrix}\boldsymbol{B}_{11} & \boldsymbol{B}_{12}\\ \boldsymbol{B}_{12}^{\mathrm{T}} & \boldsymbol{B}_{22}\end{pmatrix}\begin{pmatrix}\boldsymbol{I}_{n_1} & 0\\ -\boldsymbol{B}_{22}^{-1}\boldsymbol{B}_{12}^{\mathrm{T}} & \boldsymbol{I}_{n_2}\end{pmatrix}=\begin{pmatrix}\boldsymbol{B}_{11}-\boldsymbol{B}_{12}\boldsymbol{B}_{22}^{-1}\boldsymbol{B}_{12}^{\mathrm{T}} & 0\\ 0 & \boldsymbol{B}_{22}\end{pmatrix}$$

$$\begin{pmatrix}\boldsymbol{B}_{11} & \boldsymbol{B}_{12}\\ \boldsymbol{B}_{12}^{\mathrm{T}} & \boldsymbol{B}_{22}\end{pmatrix}=\begin{pmatrix}\boldsymbol{I}_{n_1} & -\boldsymbol{B}_{12}\boldsymbol{B}_{22}^{-1}\\ 0 & \boldsymbol{I}_{n_2}\end{pmatrix}^{-1}\begin{pmatrix}\boldsymbol{B}_{11}-\boldsymbol{B}_{12}\boldsymbol{B}_{22}^{-1}\boldsymbol{B}_{12}^{\mathrm{T}} & 0\\ 0 & \boldsymbol{B}_{22}\end{pmatrix}\begin{pmatrix}\boldsymbol{I}_{n_1} & 0\\ -\boldsymbol{B}_{22}^{-1}\boldsymbol{B}_{12}^{\mathrm{T}} & \boldsymbol{I}_{n_2}\end{pmatrix}^{-1}$$

$$\begin{pmatrix}\boldsymbol{B}_{11} & \boldsymbol{B}_{12}\\ \boldsymbol{B}_{12}^{\mathrm{T}} & \boldsymbol{B}_{22}\end{pmatrix}^{-1}=\begin{pmatrix}\boldsymbol{I}_{n_1} & 0\\ -\boldsymbol{B}_{22}^{-1}\boldsymbol{B}_{12}^{\mathrm{T}} & \boldsymbol{I}_{n_2}\end{pmatrix}\begin{pmatrix}(\boldsymbol{B}_{11}-\boldsymbol{B}_{12}\boldsymbol{B}_{22}^{-1}\boldsymbol{B}_{12}^{\mathrm{T}})^{-1} & 0\\ 0 & \boldsymbol{B}_{22}^{-1}\end{pmatrix}\begin{pmatrix}\boldsymbol{I}_{n_1} & -\boldsymbol{B}_{12}\boldsymbol{B}_{22}^{-1}\\ 0 & \boldsymbol{I}_{n_2}\end{pmatrix} \tag{2-3-13}$$

所以令 $\overline{\boldsymbol{B}}_{11}=\boldsymbol{B}_{11}-\boldsymbol{B}_{12}\boldsymbol{B}_{22}^{-1}\boldsymbol{B}_{12}^{\mathrm{T}}$，有

$$\det\boldsymbol{B}=\det\begin{pmatrix}\boldsymbol{B}_{11} & \boldsymbol{B}_{12}\\ \boldsymbol{B}_{12}^{\mathrm{T}} & \boldsymbol{B}_{22}\end{pmatrix}=\det(\boldsymbol{B}_{11}-\boldsymbol{B}_{12}\boldsymbol{B}_{22}^{-1}\boldsymbol{B}_{12}^{\mathrm{T}})\det\boldsymbol{B}_{22}=\det\overline{\boldsymbol{B}}_{11}\det\boldsymbol{B}_{22} \tag{2-3-14}$$

且

$$\begin{pmatrix}\boldsymbol{B}_{11} & \boldsymbol{B}_{12}\\ \boldsymbol{B}_{12}^{\mathrm{T}} & \boldsymbol{B}_{22}\end{pmatrix}^{-1}=\begin{pmatrix}\boldsymbol{I}_{n_1}\\ -\boldsymbol{B}_{22}^{-1}\boldsymbol{B}_{12}^{\mathrm{T}}\end{pmatrix}\overline{\boldsymbol{B}}_{11}^{-1}(\boldsymbol{I}_{n_1}\quad -\boldsymbol{B}_{12}\boldsymbol{B}_{22}^{-1})+\begin{pmatrix}0 & 0\\ 0 & \boldsymbol{B}_{22}^{-1}\end{pmatrix} \tag{2-3-15}$$

将式(2-3-14)与式(2-3-15)代入式(2-3-11)，得

$$\begin{aligned}f(\boldsymbol{x}_1,\boldsymbol{x}_2)&=\frac{1}{(2\pi)^{\frac{n}{2}}|\boldsymbol{B}|^{\frac{1}{2}}}\exp\left\{-\frac{1}{2}\left\{[(\boldsymbol{x}_1-\boldsymbol{\mu}_1)^{\mathrm{T}},(\boldsymbol{x}_2-\boldsymbol{\mu}_2)^{\mathrm{T}}]\boldsymbol{B}^{-1}\begin{bmatrix}\boldsymbol{x}_1-\boldsymbol{\mu}_1\\ \boldsymbol{x}_2-\boldsymbol{\mu}_2\end{bmatrix}\right\}\right\}\\&=\frac{1}{(2\pi)^{\frac{n_1}{2}}|\overline{\boldsymbol{B}}_{11}|^{\frac{1}{2}}}\exp\left\{-\frac{1}{2}[\boldsymbol{x}_1-\boldsymbol{\mu}_1-\boldsymbol{B}_{12}\boldsymbol{B}_{22}^{-1}(\boldsymbol{x}_2-\boldsymbol{\mu}_2)]^{\mathrm{T}}\overline{\boldsymbol{B}}_{11}^{-1}[\boldsymbol{x}_1-\boldsymbol{\mu}_1-\boldsymbol{B}_{12}\boldsymbol{B}_{22}^{-1}(\boldsymbol{x}_2-\boldsymbol{\mu}_2)]\right\}\\&\quad\cdot\frac{1}{(2\pi)^{\frac{n_2}{2}}|\boldsymbol{B}_{22}|^{\frac{1}{2}}}\exp\left\{-\frac{1}{2}(\boldsymbol{x}_2-\boldsymbol{\mu}_2)^{\mathrm{T}}\boldsymbol{B}_{22}^{-1}(\boldsymbol{x}_2-\boldsymbol{\mu}_2)\right\}\end{aligned} \tag{2-3-16}$$

因此

$$\begin{aligned}f(\boldsymbol{x}_1|\boldsymbol{x}_2)&=\frac{f(\boldsymbol{x}_1,\boldsymbol{x}_2)}{f(\boldsymbol{x}_2)}\\&=\frac{1}{(2\pi)^{\frac{n_1}{2}}|\overline{\boldsymbol{B}}_{11}|^{\frac{1}{2}}}\exp\left\{-\frac{1}{2}[\boldsymbol{x}_1-\boldsymbol{\mu}_1-\boldsymbol{B}_{12}\boldsymbol{B}_{22}^{-1}(\boldsymbol{x}_2-\boldsymbol{\mu}_2)]^{\mathrm{T}}\overline{\boldsymbol{B}}_{11}^{-1}[\boldsymbol{x}_1-\boldsymbol{\mu}_1-\boldsymbol{B}_{12}\boldsymbol{B}_{22}^{-1}(\boldsymbol{x}_2-\boldsymbol{\mu}_2)]\right\}\end{aligned} \tag{2-3-17}$$

这说明 $f(\boldsymbol{x}_1|\boldsymbol{x}_2)$ 仍然是正态分布。

下面将给出数学期望、方差与协方差等的定义。

**定义 2.3.3** 数学期望：一个 $n$ 维随机变量 $\boldsymbol{\xi}$ 的数学期望为

$$\boldsymbol{\mu}_{\xi}(t)=E\{\boldsymbol{\xi}\}=\int_{-\infty}^{\infty}\cdots\int_{-\infty}^{\infty}\boldsymbol{x}\mathrm{d}F(\boldsymbol{x})=\int_{-\infty}^{\infty}\cdots\int_{-\infty}^{\infty}\boldsymbol{x}f(x)\mathrm{d}x_1\cdots\mathrm{d}x_n \tag{2-3-18}$$

**定义 2.3.4** 方差：一个 $n$ 维随机变量 $\boldsymbol{\xi}$ 的方差为

$$\begin{aligned}\operatorname{var}\boldsymbol{\xi}(t)&=E\{[\boldsymbol{\xi}-\boldsymbol{\mu}(\boldsymbol{\xi})][\boldsymbol{\xi}-\boldsymbol{\mu}(\boldsymbol{\xi})]^{\mathrm{T}}\}\\&=\int_{-\infty}^{\infty}\cdots\int_{-\infty}^{\infty}[\boldsymbol{x}-\boldsymbol{\mu}(\boldsymbol{\xi})][\boldsymbol{x}-\boldsymbol{\mu}(\boldsymbol{\xi})]^{\mathrm{T}}\mathrm{d}F(\boldsymbol{x})\end{aligned} \tag{2-3-19}$$

**定义 2.3.5** 协方差：设有一个 $n$ 维随机变量 $\boldsymbol{\xi}$ 与一个 $m$ 维随机变量 $\boldsymbol{\eta}$，其联合分布函数为 $F(x_1,\cdots x_n,y_1,\cdots y_n)=F(\boldsymbol{x},\boldsymbol{y})$，则它们的协方差矩阵是一个 $n\times m$ 阶矩阵，定义为

$$\begin{aligned}\operatorname{cov}(\boldsymbol{\xi},\boldsymbol{\eta})&=E\{[\boldsymbol{\xi}-\boldsymbol{\mu}_{\xi}][\boldsymbol{\eta}-\boldsymbol{\mu}_{\eta}]^{\mathrm{T}}\}\\&=\int_{-\infty}^{\infty}\cdots\int_{-\infty}^{\infty}[\boldsymbol{x}-\boldsymbol{\mu}_{\xi}][\boldsymbol{y}-\boldsymbol{\mu}_{\eta}]^{\mathrm{T}}\mathrm{d}F(\boldsymbol{x},\boldsymbol{y})\end{aligned} \tag{2-3-20}$$

如果 $\boldsymbol{\xi}$ 和 $\boldsymbol{\eta}$ 相互独立，则 $\operatorname{cov}(\boldsymbol{\xi},\boldsymbol{\eta})=0$，但是由 $\operatorname{cov}(\boldsymbol{\xi},\boldsymbol{\eta})=0$ 并不能推出 $\boldsymbol{\xi}$ 和 $\boldsymbol{\eta}$ 相互独立，只能称 $\boldsymbol{\xi}$ 和 $\boldsymbol{\eta}$ 不相关。如果 $\boldsymbol{\xi}\in\mathbb{R}^n$，$\boldsymbol{\eta}\in\mathbb{R}^m$ 的联合分布是正态分布，则可以推出 $\boldsymbol{\xi}$ 和 $\boldsymbol{\eta}$ 相互独立。

易验证，均值、方差与协方差还满足如下的运算规则。设 $\boldsymbol{\xi}$ 和 $\boldsymbol{\eta}$ 分别为 $n$ 维和 $m$ 维随机向量，$\boldsymbol{A}$ 和 $\boldsymbol{B}$ 分别为 $r\times n$ 和 $r\times m$ 的常阵，则

$$\begin{aligned}&E(\boldsymbol{A\xi}+\boldsymbol{B\eta})=\boldsymbol{A}\cdot E\boldsymbol{\xi}+\boldsymbol{B}\cdot E\boldsymbol{\eta}\\&\operatorname{var}(\boldsymbol{A\xi})=\boldsymbol{A}(\operatorname{var}\boldsymbol{\xi})\boldsymbol{A}^{\mathrm{T}}\\&\operatorname{cov}(\boldsymbol{A\xi},\boldsymbol{B\eta})=\boldsymbol{A}\operatorname{cov}(\boldsymbol{\xi},\boldsymbol{\eta})\boldsymbol{B}^{\mathrm{T}}\\&E(\boldsymbol{\xi\eta}^{\mathrm{T}})=\operatorname{cov}(\boldsymbol{\xi},\boldsymbol{\eta})+(E\boldsymbol{\xi})(E\boldsymbol{\eta})^{\mathrm{T}}\end{aligned} \tag{2-3-21}$$

**定义 2.3.6** 条件期望与条件方差：设 $\boldsymbol{\xi}$ 和 $\boldsymbol{\eta}$ 分别为 $n$ 维和 $m$ 维随机向量，则可定义在 $\boldsymbol{\eta}=\boldsymbol{y}$ 下，$\boldsymbol{\xi}$ 的条件期望与条件方差分别为

$$E(\boldsymbol{\xi}\mid\boldsymbol{y})=\int_{-\infty}^{\infty}\boldsymbol{x}\mathrm{d}F(\boldsymbol{x}\mid\boldsymbol{y}) \tag{2-3-22}$$

$$\begin{aligned}\operatorname{var}(\boldsymbol{\xi}\mid\boldsymbol{y})&=E\{[\boldsymbol{\xi}-E(\boldsymbol{\xi}\mid\boldsymbol{y})][\boldsymbol{\xi}-E(\boldsymbol{\xi}\mid\boldsymbol{y})]^{\mathrm{T}}\}\\&=\int_{-\infty}^{\infty}[\boldsymbol{\xi}-E(\boldsymbol{\xi}\mid\boldsymbol{y})][\boldsymbol{\xi}-E(\boldsymbol{\xi}\mid\boldsymbol{y})]^{\mathrm{T}}\mathrm{d}F(\boldsymbol{x}\mid\boldsymbol{y})\end{aligned} \tag{2-3-23}$$

对于例 2.3.1，已经计算出条件概率密度如式(2-3-17)所示，因此在已知 $\boldsymbol{x}_2$ 的条件下，$\boldsymbol{x}_1$ 的条件期望与方差分别为

$$E(\boldsymbol{x}_1|\boldsymbol{x}_2)=\boldsymbol{\mu}_1+\boldsymbol{B}_{12}\boldsymbol{B}_{22}^{-1}(\boldsymbol{x}_2-\boldsymbol{\mu}_2)=E(\boldsymbol{x}_1)+\operatorname{cov}(\boldsymbol{x}_1,\boldsymbol{x}_2)(\operatorname{var}\boldsymbol{x}_2)^{-1}[\boldsymbol{x}_2-E(\boldsymbol{x}_2)] \tag{2-3-24}$$

$$\operatorname{var}(\boldsymbol{x}_1|\boldsymbol{x}_2)=\overline{\boldsymbol{B}}_{11}=\boldsymbol{B}_{11}-\boldsymbol{B}_{12}\boldsymbol{B}_{22}^{-1}\boldsymbol{B}_{12}^{\mathrm{T}}=\operatorname{var}\boldsymbol{x}_1-\operatorname{cov}(\boldsymbol{x}_1,\boldsymbol{x}_2)(\operatorname{var}\boldsymbol{x}_2)^{-1}\operatorname{cov}(\boldsymbol{x}_2,\boldsymbol{x}_1) \tag{2-3-25}$$

# 2.4 统计估计

设有一个系统，其状态 $\boldsymbol{X}$ 为一个随机向量，通过观测得到一组观测量 $\boldsymbol{Z}$。现在的问题是：如何通过观测量 $\boldsymbol{Z}$，获得对 $\boldsymbol{X}$ 的最优估计？

## 2.4.1 最小方差估计

最小方差估计是一个与 $\boldsymbol{X}$ 同维数的随机向量，记为 $\hat{\boldsymbol{X}}=\hat{\boldsymbol{X}}(\boldsymbol{Z})$。记估计误差为

$$\widetilde{\boldsymbol{X}}=\boldsymbol{X}-\hat{\boldsymbol{X}}(\boldsymbol{Z}) \tag{2-4-1}$$

显然一个最优估计应当使得估计误差越小越好。在随机系统中，就是要使得估计方差极小，并且误差均值为零。

记 $\boldsymbol{X}$ 的概率密度为 $p_1(\boldsymbol{x})$，$\boldsymbol{Z}$ 的概率密度为 $p_2(\boldsymbol{z})$，$\boldsymbol{X}$，$\boldsymbol{Z}$ 的联合概率密度为 $p(\boldsymbol{x},\boldsymbol{z})$。在给定 $\boldsymbol{X}=\boldsymbol{x}$ 条件下，$\boldsymbol{Z}=\boldsymbol{z}$ 的条件概率密度为 $p(\boldsymbol{z}|\boldsymbol{x})$；在给定 $\boldsymbol{Z}=\boldsymbol{z}$ 条件下，$\boldsymbol{X}$ 的条件概率密度为 $p(\boldsymbol{x}|\boldsymbol{z})$。由贝叶斯公式可知

$$p(\boldsymbol{x},\boldsymbol{z})=p(\boldsymbol{x}|\boldsymbol{z})p_2(\boldsymbol{z})=p(\boldsymbol{z}|\boldsymbol{x})p_1(\boldsymbol{x}) \tag{2-4-2}$$

因此，对于某个估计量，最小方差为

$$\begin{aligned}E\{\tilde{\boldsymbol{x}}\tilde{\boldsymbol{x}}^{\mathrm{T}}\} &= E\{(\boldsymbol{x}-\hat{\boldsymbol{x}}(\boldsymbol{z}))(\boldsymbol{x}-\hat{\boldsymbol{x}}(\boldsymbol{z}))^{\mathrm{T}}\}\\ &=\int_{-\infty}^{\infty}\int_{-\infty}^{\infty}(\boldsymbol{x}-\hat{\boldsymbol{x}}(\boldsymbol{z}))(\boldsymbol{x}-\hat{\boldsymbol{x}}(\boldsymbol{z}))^{\mathrm{T}}p(\boldsymbol{x},\boldsymbol{z})\mathrm{d}\boldsymbol{x}\mathrm{d}\boldsymbol{z}\\ &=\int_{-\infty}^{\infty}\int_{-\infty}^{\infty}(\boldsymbol{x}-\hat{\boldsymbol{x}}(\boldsymbol{z}))(\boldsymbol{x}-\hat{\boldsymbol{x}}(\boldsymbol{z}))^{\mathrm{T}}p(\boldsymbol{x}\mid\boldsymbol{z})p_2(\boldsymbol{z})\mathrm{d}\boldsymbol{x}\mathrm{d}\boldsymbol{z}\end{aligned} \tag{2-4-3}$$

可以看出，式(2-4-3)要取得极小，只需下式为极小即可：

$$\int_{-\infty}^{\infty}(\boldsymbol{x}-\hat{\boldsymbol{x}}(\boldsymbol{z}))(\boldsymbol{x}-\hat{\boldsymbol{x}}(\boldsymbol{z}))^{\mathrm{T}}p(\boldsymbol{x}\mid\boldsymbol{z})p_2(\boldsymbol{z})\mathrm{d}\boldsymbol{x} \tag{2-4-4}$$

而使式(2-4-4)达到极小的 $\hat{\boldsymbol{x}}(\boldsymbol{z})$ 就是在给定 $\boldsymbol{Z}=\boldsymbol{z}$ 条件下 $\boldsymbol{X}$ 的条件极值，即

$$\hat{\boldsymbol{x}}_{\mathrm{MV}}(\boldsymbol{z})=E(\boldsymbol{x}|\boldsymbol{z}) \tag{2-4-5}$$

对式(2-4-5)取数学期望，

$$\begin{aligned}E\{\hat{\boldsymbol{x}}_{\mathrm{MV}}(\boldsymbol{z})\} &= \int_{-\infty}^{\infty}E(\boldsymbol{x}\mid\boldsymbol{z})p_2(\boldsymbol{z})\mathrm{d}\boldsymbol{z}\\ &=\int_{-\infty}^{\infty}\left[\int_{-\infty}^{\infty}\boldsymbol{x}p(\boldsymbol{x}\mid\boldsymbol{z})\mathrm{d}\boldsymbol{x}\right]p_2(\boldsymbol{z})\mathrm{d}\boldsymbol{z}\\ &=\int_{-\infty}^{\infty}\boldsymbol{x}\left[\int_{-\infty}^{\infty}p(\boldsymbol{x},\boldsymbol{z})\mathrm{d}\boldsymbol{z}\right]\mathrm{d}\boldsymbol{x}\\ &=\int_{-\infty}^{\infty}\boldsymbol{x}p_1(\boldsymbol{x})\mathrm{d}\boldsymbol{x}=E\{\boldsymbol{x}\}\end{aligned} \tag{2-4-6}$$

这证明了 $\hat{\boldsymbol{x}}_{\mathrm{MV}}(\boldsymbol{z})$ 是无偏估计，称其为 $\boldsymbol{X}$ 的最小方差估计。

### 2.4.2 极大验后估计与极大似然估计

在实践中,还有两种估计经常被应用,即极大验后估计与极大似然估计。

极大验后估计记为$\hat{\boldsymbol{x}}_{\mathrm{MA}}(\boldsymbol{z})$。它是在已知的实验结果$\boldsymbol{Z}=\boldsymbol{z}$的条件下,使得$\boldsymbol{X}$的条件概率密度(也称为验后概率密度)$p(\boldsymbol{x}|\boldsymbol{z})$达到极大的那个$\boldsymbol{x}$值,即随机变量落在这个最大可能值的小邻域内的概率大于其他任何值的同样邻域内。由于对数函数是单调递增函数,所以$\log p(\boldsymbol{x}|\boldsymbol{z})$与$p(\boldsymbol{x}|\boldsymbol{z})$具有相同的极大值。故由极值必要条件,$\hat{\boldsymbol{x}}_{\mathrm{MA}}(\boldsymbol{z})$应满足

$$\frac{\partial}{\partial \boldsymbol{x}}\ln p(\boldsymbol{x}|\boldsymbol{z})\bigg|_{\boldsymbol{x}=\hat{\boldsymbol{x}}_{\mathrm{MA}}}=0 \tag{2-4-7}$$

式(2-4-7)称为验后方程。

极大似然估计记为$\hat{\boldsymbol{x}}_{\mathrm{ML}}(\boldsymbol{z})$,它在历史上出现的最早。

$\hat{\boldsymbol{x}}_{\mathrm{ML}}(\boldsymbol{z})$的取值是使得条件概率$p(\boldsymbol{z}|\boldsymbol{x})$取极大的那个$\boldsymbol{x}$的值,应满足方程

$$\frac{\partial}{\partial \boldsymbol{x}}\ln p(\boldsymbol{z}|\boldsymbol{x})\bigg|_{\boldsymbol{x}=\hat{\boldsymbol{x}}_{\mathrm{ML}}}=0 \tag{2-4-8}$$

式(2-4-8)称为似然方程。

**例 2.4.1** 利用例 2.3.1 的条件数学期望的表达式,求$\boldsymbol{x}_1$的极大似然估计$\hat{\boldsymbol{x}}_{1\mathrm{ML}}(\boldsymbol{x}_2)$。

**解**:对式(2-3-17)两端取对数

$$\ln f(\boldsymbol{x}_1|\boldsymbol{x}_2)=-\frac{n_1}{2}\ln(2\pi)-\frac{1}{2}\ln|\overline{\boldsymbol{B}}_{11}|-\frac{1}{2}[\boldsymbol{x}_1-\boldsymbol{\mu}_1-\boldsymbol{B}_{12}\boldsymbol{B}_{22}^{-1}(\boldsymbol{x}_2-\boldsymbol{\mu}_2)]^{\mathrm{T}}\overline{\boldsymbol{B}}_{11}^{-1}[\boldsymbol{x}_1-\boldsymbol{\mu}_1-\boldsymbol{B}_{12}\boldsymbol{B}_{22}^{-1}(\boldsymbol{x}_2-\boldsymbol{\mu}_2)]$$

则

$$\frac{\partial}{\partial \boldsymbol{x}_1}\ln f(\boldsymbol{x}_1|\boldsymbol{x}_2)=-\overline{\boldsymbol{B}}_{11}^{-1}[\boldsymbol{x}_1-\boldsymbol{\mu}_1-\boldsymbol{B}_{12}\boldsymbol{B}_{22}^{-1}(\boldsymbol{x}_2-\boldsymbol{\mu}_2)] \tag{2-4-9}$$

显然,使得式(2-4-9)等于零的$\hat{\boldsymbol{x}}_{1\mathrm{ML}}(\boldsymbol{x}_2)$为

$$\hat{\boldsymbol{x}}_{1\mathrm{ML}}=\boldsymbol{\mu}_1+\boldsymbol{B}_{12}\boldsymbol{B}_{22}^{-1}(\boldsymbol{x}_2-\boldsymbol{\mu}_2) \tag{2-4-10}$$

## 2.5 随机过程

### 2.5.1 随机过程的定义及数字特征

**定义 2.5.1** 一个随机过程是由一个$n$维随机变量$\boldsymbol{\xi}=(\xi_1,\xi_2,\cdots,\xi_n)^{\mathrm{T}}$按时间组成的一个数组。$t\in T$,如果$T$是一个离散集,那么$\boldsymbol{\xi}_k$,$k=1,2,\cdots$,是一个离散时间随机过程。如果$T$是$\mathbb{R}$的一个子区间,那么$\boldsymbol{\xi}(t)$是一个连续时间随机过程。

随机过程$\boldsymbol{\xi}$在每一个时间点$t$上都是一个随机变量,其概率密度函数$f(\boldsymbol{x},t)$随时间变化。

**定义 2.5.2** 如果在所有时间点上,一个随机过程的概率分布都相同,即概率密度函数

$f(\boldsymbol{x})$不随时间变化，则称该随机过程为平稳随机过程。

**定义 2.5.3** 对于平稳随机过程，若其谱密度函数与概率密度函数类似，时间平均等于集合平均，则称该过程为各态遍历平稳随机过程。图 2.5.1 为各态遍历平稳随机过程的信号图及概率密度函数图。

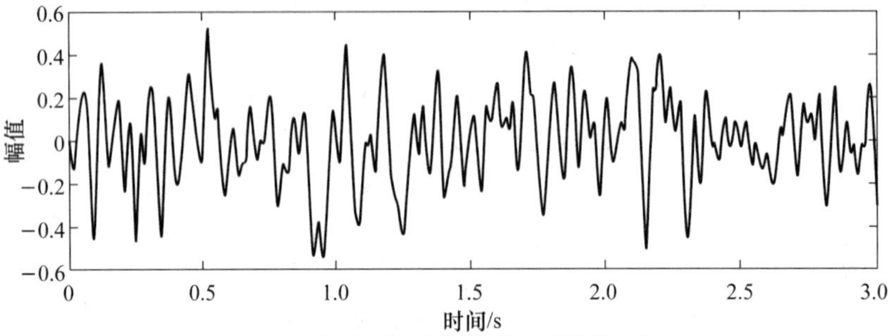

(a) 各态遍历平稳随机过程的信号图

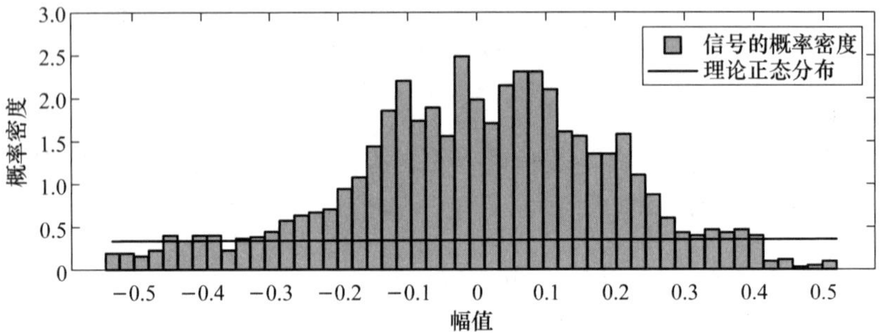

(b) 概率密度函数图

图 2.5.1 各态遍历平稳随机过程的信号图及概率密度函数图

下面给出随机过程的几个重要数字特征。

**定义 2.5.4** $\boldsymbol{\xi}(t)$是一个随机过程，其概率密度函数为 $f(\boldsymbol{x},t)$，则称

$$\boldsymbol{\mu}_x(t)=\int_{-\infty}^{\infty}\boldsymbol{x}f(\boldsymbol{x},t)\mathrm{d}\boldsymbol{x} \tag{2-5-1}$$

为该随机过程的均值。

对于平稳随机过程，$\boldsymbol{\mu}_x(t)\equiv\boldsymbol{\mu}_x=$常数；对于各态遍历平稳随机过程，

$$\boldsymbol{\mu}_x(t)\equiv\boldsymbol{\mu}_x=\lim_{T\to\infty}\frac{1}{2T}\int_{-T}^{T}\boldsymbol{x}(t)\mathrm{d}t=\lim_{N\to\infty}\frac{1}{N}\sum_{k=1}^{N}\boldsymbol{x}(k) \tag{2-5-2}$$

**定义 2.5.5** 对于一个随机过程 $\boldsymbol{\xi}(t)$，定义

$$\begin{aligned}\boldsymbol{V}_x=\operatorname{var}_x(t)&=E\{[\boldsymbol{x}(t)-\boldsymbol{\mu}_x(t)][\boldsymbol{x}(t)-\boldsymbol{\mu}_x(t)]^{\mathrm{T}}\}\\&=\int_{-\infty}^{\infty}[\boldsymbol{x}(t)-\boldsymbol{\mu}_x(t)][\boldsymbol{x}(t)-\boldsymbol{\mu}_x(t)]^{\mathrm{T}}f(\boldsymbol{x},t)\mathrm{d}\boldsymbol{x}\end{aligned} \tag{2-5-3}$$

称式(2-5-3)为该随机过程在时刻 $t$ 的方差。对于平稳随机过程，其方差矩阵为常数矩阵；对于各态遍历平稳随机过程，

$$V_x=\lim_{T\to\infty}\frac{1}{2T}\int_{-T}^{T}[\boldsymbol{x}(t)-\boldsymbol{\mu}_x][\boldsymbol{x}(t)-\boldsymbol{\mu}_x]^{\mathrm{T}}\mathrm{d}t=\lim_{N\to\infty}\frac{1}{N}\sum_{k=1}^{N}[\boldsymbol{x}(k)-\boldsymbol{\mu}_x][\boldsymbol{x}(k)-\boldsymbol{\mu}_x]^{\mathrm{T}} \tag{2-5-4}$$

**定义 2.5.6** 对于一个随机过程 $\boldsymbol{\xi}(t)$ 及两个不同的时刻 $t_1$、$t_2$，其联合密度函数为 $f_2(\boldsymbol{x}_1, \boldsymbol{x}_2; t_1, t_2)$，定义

$$\boldsymbol{R}_x(t_1, t_2) = E\{\boldsymbol{x}(t_1)\boldsymbol{x}(t_2)\} = \int_{-\infty}^{\infty}\int_{-\infty}^{\infty} \boldsymbol{x}_1 \boldsymbol{x}_2^{\mathrm{T}} f_2(\boldsymbol{x}_1, \boldsymbol{x}_2; t_1, t_2)\mathrm{d}\boldsymbol{x}_1 \mathrm{d}\boldsymbol{x}_2 \tag{2-5-5}$$

$$\begin{aligned}\boldsymbol{C}_x(t_1, t_2) &= E\{[\boldsymbol{x}(t_1) - \boldsymbol{\mu}_x(t_1)][\boldsymbol{x}(t_2) - \boldsymbol{\mu}_x(t_2)]^{\mathrm{T}}\} \\ &= \int_{-\infty}^{\infty}\int_{-\infty}^{\infty} [\boldsymbol{x}(t_1) - \boldsymbol{\mu}_x(t_1)][\boldsymbol{x}(t_2) - \boldsymbol{\mu}_x(t_2)]^{\mathrm{T}} f_2(\boldsymbol{x}_1, \boldsymbol{x}_2; t_1, t_2)\mathrm{d}\boldsymbol{x}_1 \mathrm{d}\boldsymbol{x}_2\end{aligned} \tag{2-5-6}$$

称式(2-5-5)为该随机过程在 $t_1$、$t_2$ 处的自相关函数矩阵，称式(2-5-6)为该随机过程在 $t_1$、$t_2$ 处的自协方差矩阵。

对于平稳随机过程，

$$\boldsymbol{R}_x(t_1, t_2) = \boldsymbol{R}_x(0, t_2 - t_1) = \boldsymbol{R}_x(\tau) \tag{2-5-7}$$

$$\boldsymbol{C}_x(t_1, t_2) = \boldsymbol{C}_x(0, t_2 - t_1) = \boldsymbol{C}_x(\tau), \quad \tau = t_2 - t_1 \tag{2-5-8}$$

对于各态遍历平稳随机过程，

$$\begin{aligned}\boldsymbol{R}_x(\tau) = \boldsymbol{R}_x(-\tau) &= \lim_{T\to\infty} \frac{1}{2T}\int_{-T}^{T} \boldsymbol{x}(t)\boldsymbol{x}^{\mathrm{T}}(t+\tau)\mathrm{d}t \\ &= \lim_{N\to\infty} \frac{1}{N}\sum_{k=1}^{N} \boldsymbol{x}(k)\boldsymbol{x}^{\mathrm{T}}(k+l)\end{aligned} \tag{2-5-9}$$

$$\begin{aligned}\boldsymbol{C}_x(\tau) = \boldsymbol{C}_x(-\tau) &= \lim_{T\to\infty} \frac{1}{2T}\int_{-\mathrm{T}}^{\mathrm{T}} [\boldsymbol{x}(t) - \boldsymbol{\mu}_x][\boldsymbol{x}(t+\tau) - \boldsymbol{\mu}_x]^{\mathrm{T}}\mathrm{d}t \\ &= \lim_{N\to\infty} \frac{1}{N}\sum_{k=1}^{N} [\boldsymbol{x}(k) - \boldsymbol{\mu}_x][\boldsymbol{x}(k+l) - \boldsymbol{\mu}_x]^{\mathrm{T}}\end{aligned} \tag{2-5-10}$$

**定义 2.5.7** 假设有两个随机过程 $\boldsymbol{\xi}(t)$、$\boldsymbol{\eta}(t)$ 及其两个不同时刻 $t_1$、$t_2$，其联合密度函数为 $f_2(\boldsymbol{x}_1, \boldsymbol{x}_2; t_1, t_2)$，定义

$$\boldsymbol{R}_{xy}(t_1, t_2) = E\{\boldsymbol{x}(t_1)\boldsymbol{y}^{\mathrm{T}}(t_2)\} = \int_{-\infty}^{\infty}\int_{-\infty}^{\infty} \boldsymbol{x}\boldsymbol{y}^{\mathrm{T}} f_2(\boldsymbol{x}, \boldsymbol{y}; t_1, t_2)\mathrm{d}\boldsymbol{x}\mathrm{d}\boldsymbol{y} \tag{2-5-11}$$

$$\begin{aligned}\boldsymbol{C}_{xy}(t_1, t_2) &= \mathrm{cov}(\boldsymbol{x}(t_1), \boldsymbol{y}(t_2)) = E\{[\boldsymbol{x}(t_1) - \boldsymbol{\mu}_x(t_1)][\boldsymbol{y}(t_2) - \boldsymbol{\mu}_y(t_2)]^{\mathrm{T}}\} \\ &= \int_{-\infty}^{\infty}\int_{-\infty}^{\infty} [\boldsymbol{x} - \boldsymbol{\mu}_x(t_1)][\boldsymbol{y} - \boldsymbol{\mu}_y(t_2)]^{\mathrm{T}} f_2(\boldsymbol{x}, \boldsymbol{y}, t_1, t_2)\mathrm{d}\boldsymbol{x}\mathrm{d}\boldsymbol{y}\end{aligned} \tag{2-5-12}$$

称式(2-5-11)为 $\boldsymbol{\xi}(t)$、$\boldsymbol{\eta}(t)$ 在 $t_1$、$t_2$ 处的互相关函数矩阵，称式(2-5-12)为 $\boldsymbol{\xi}(t)$、$\boldsymbol{\eta}(t)$ 在 $t_1$、$t_2$ 处的互协方差函数矩阵。

对于平稳随机过程，

$$\boldsymbol{R}_{xy}(t_1, t_2) = \boldsymbol{R}_{xy}(\tau), \quad \tau = t_2 - t_1 \tag{2-5-13}$$

$$\boldsymbol{C}_{xy}(t_1, t_2) = \boldsymbol{C}_{xy}(\tau), \quad \tau = t_2 - t_1 \tag{2-5-14}$$

对于各态遍历平稳随机过程，

$$\boldsymbol{R}_{xy}(\tau) = \lim_{T\to\infty} \frac{1}{2T}\int_{-T}^{T} \boldsymbol{x}(t)\boldsymbol{y}(t+\tau)\mathrm{d}t = \lim_{N\to\infty} \frac{1}{N}\sum_{k=1}^{N} \boldsymbol{x}(k)\boldsymbol{y}(k+l) \tag{2-5-15}$$

$$\begin{aligned}\boldsymbol{C}_{xy}(\tau) &= \lim_{T\to\infty} \frac{1}{2T}\int_{-T}^{T} [\boldsymbol{x}(t) - \boldsymbol{\mu}_x][\boldsymbol{y}(t+\tau) - \boldsymbol{\mu}_y]\mathrm{d}t \\ &= \lim_{N\to\infty} \frac{1}{N}\sum_{k=1}^{N} [\boldsymbol{x}(k) - \boldsymbol{\mu}_x][\boldsymbol{y}(k+l) - \boldsymbol{\mu}_y]\end{aligned} \tag{2-5-16}$$

注：进行离散计算时假设采样时间间隔为 $T_0$，则时延 $\tau = l \times T_0$。

## 2.5.2 随机过程的功率谱及维纳-辛钦定理

先考虑实函数的功率谱密度。设实函数 $x(t)$，$-\infty<t<\infty$，满足 $\int_{-\infty}^{\infty}|x(t)|\mathrm{d}t<\infty$，则它的傅里叶变换存在，为 $X(\omega)=\int_{-\infty}^{\infty}x(t)\mathrm{e}^{-\mathrm{j}\omega t}\mathrm{d}t$，称 $X(\omega)$ 为其功率谱密度。图 2.5.2 为一个函数的功率谱密度图。

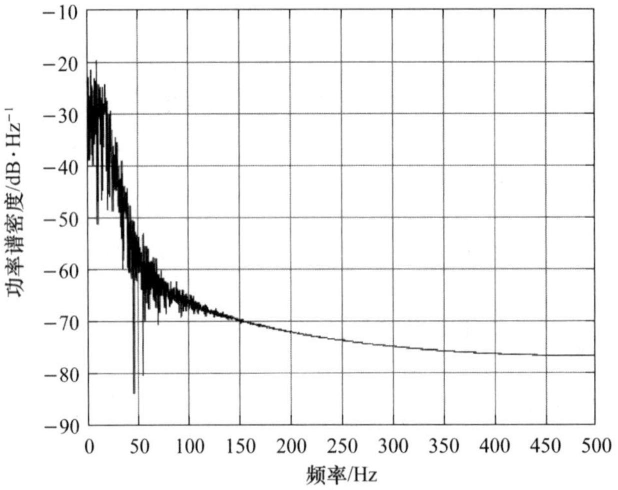


图 2.5.2 功率谱密度图

一个信号的能量在频域与时域上是相等的，体现为如下的 Parseval 定理。

**定理 2.5.1(Parseval 定理)** 一个确定性信号 $x(t)$ 的总能量满足如下等式：

$$\int_{-\infty}^{\infty}x^2(t)\mathrm{d}t=\frac{1}{2\pi}\int_{-\infty}^{\infty}\|X(\omega)\|^2\mathrm{d}\omega \tag{2-5-17}$$

其中，$\|\cdot\|$ 表示复数的模。很多函数可能不满足 $\int_{-\infty}^{\infty}|x(t)|<\infty$，如正弦函数，但可以定义它的平均功率。

**定义 2.5.8(平均功率)** 一个确定性信号 $x(t)$ 的平均功率定义为

$$\lim_{T\to\infty}\frac{1}{2T}\int_{-T}^{T}x^2(t)\mathrm{d}t=\frac{1}{2\pi}\int_{-\infty}^{\infty}\lim_{T\to\infty}\frac{1}{2T}\|X_T(\omega)\|^2\mathrm{d}\omega \tag{2-5-18}$$

**定义 2.5.9(平均谱密度)** 一个确定性信号 $x(t)$ 的平均谱密度定义为

$$S_x(\omega)=\lim_{T\to\infty}\frac{1}{2T}\|X_T(\mathrm{j}\omega)\|^2 \tag{2-5-19}$$

**定义 2.5.10** 对于一个平稳随机信号 $x(t)$，若它在 $[-T,T]$ 上均方可积，则它的平均功率定义为

$$\lim_{T\to\infty}E\left\{\frac{1}{2T}\int_{-T}^{T}x^2(t)\mathrm{d}t\right\}=E\left\{\frac{1}{2\pi}\int_{-\infty}^{\infty}\lim_{T\to\infty}\frac{1}{2T}\|X_T(\omega)\|^2\mathrm{d}\omega\right\} \tag{2-5-20}$$

平均谱密度定义为

$$S_x(\omega)=\lim_{T\to\infty}\frac{1}{2T}E\{\|X_T(\mathrm{j}\omega)\|^2\} \tag{2-5-21}$$

**定理 2.5.2** 设 $x(t)$ 为一个均方连续的平稳随机过程，其自相关函数 $R_x(\tau)$ 在任一有限区间上只有有限个极值，且在 $(-\infty,\infty)$ 上绝对可积，则 $R_x(\tau)$ 与 $S_x(\omega)$ 构成一组傅里叶变换对：

$$\begin{aligned} S_x(\omega) &= \int_{-\infty}^{\infty} R_x(\tau)\mathrm{e}^{-\mathrm{j}\omega\tau}\mathrm{d}\tau \\ R_x(\tau) &= \frac{1}{2\pi}\int_{-\infty}^{\infty} S_x(\omega)\mathrm{e}^{\mathrm{j}\omega\tau}\mathrm{d}\omega \end{aligned} \tag{2-5-22}$$

该定理也称为维纳-辛钦(Wiener-Khinchin)定理，其证明在很多随机过程教材中都能找到。

**例 2.5.1** 考虑信号 $x(t)=A\cos(\omega_0 t)$，易计算其自相关函数

$$R_x(\tau) = \lim_{T\to\infty}\frac{1}{2T}\int_{-T}^{T} A^2\cos(\omega_0 t)\cos\omega_0(t+\tau)\mathrm{d}t = \frac{A^2}{2}\cos(\omega_0\tau)$$

功率谱为

$$\begin{aligned} S_x(\omega) &= \int_{-\infty}^{\infty} \frac{A^2}{2}\cos(\omega_0\tau)\mathrm{e}^{-\mathrm{j}\omega\tau}\mathrm{d}\tau \\ &= \int_{-\infty}^{\infty} \frac{A^2}{4}(\mathrm{e}^{\mathrm{j}\omega_0\tau} + \mathrm{e}^{-\mathrm{j}\omega_0\tau})\mathrm{e}^{-\mathrm{j}\omega\tau}\mathrm{d}\tau = \frac{A^2}{4}\int_{-\infty}^{\infty}(\mathrm{e}^{\mathrm{j}(\omega_0-\omega)\tau} + \mathrm{e}^{-\mathrm{j}(\omega_0+\omega)\tau})\mathrm{d}\tau \\ &= \frac{A^2}{4}[\delta(\omega_0-\omega) + \delta(\omega_0+\omega)] \end{aligned}$$

**定义 2.5.11** 设 $x(t)$、$y(t)$ 为两个平稳随机过程，记 $S_{xy}(\omega)$ 为 $x(t)$、$y(t)$ 的互谱密度函数，定义如下：

$$S_{xy}(\omega) \triangleq \lim_{T\to\infty}\frac{1}{2T}E\{X(-\omega,T)Y(\omega,T)\} \tag{2-5-23}$$

其中 $X(\omega,T) = \int_{-T}^{T} x(t)\mathrm{e}^{-\mathrm{j}\omega t}\mathrm{d}t, Y(\omega,T) = \int_{-T}^{T} y(t)\mathrm{e}^{-\mathrm{j}\omega t}\mathrm{d}t$。

互谱密度满足下列性质。

① 互谱密度为互相关函数的傅里叶变换：

$$\begin{aligned} S_{xy}(\omega) &= \int_{-\infty}^{\infty} R_{xy}(\tau)\mathrm{e}^{-\mathrm{j}\omega\tau}\mathrm{d}\tau \\ R_{xy}(\tau) &= \frac{1}{2\pi}\int_{-\infty}^{\infty} S_{xy}(\omega)\mathrm{e}^{\mathrm{j}\omega\tau}\mathrm{d}\omega \end{aligned} \tag{2-5-24}$$

② 共轭性：

$$S_{xy}(\omega) = \overline{S_{yx}(\omega)} \tag{2-5-25}$$

③ 互谱密度模值约束：

$$|S_{xy}(\omega)| \leqslant S_x(\omega)S_y(\omega) \tag{2-5-26}$$

如果图 2.5.3 所示线性定常系统是稳定的，应用维纳-辛钦关系式，可以证明，在随机输入 $u(t)$ 下的输出谱密度和互谱密度分别为

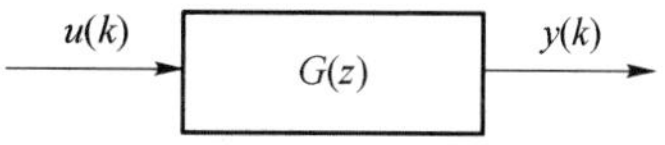

图 2.5.3 一个线性定常系统

$$S_y(\omega) = |G(\omega)|^2 S_u(\omega) \tag{2-5-27}$$

$$S_{uy}(\omega) = G(\omega)S_u(\omega) \tag{2-5-28}$$

输出谱密度关系告诉我们：要想充分激励系统，就要使输入信号的频谱“宽”于系统频谱。

## 2.5.3 白噪声

白噪声是平稳时间序列中的一个极端情况，它在前后时点上的值不相关，且功率谱密度为

常数。

**定义 2.5.12(白噪声)** 如果一个随机序列$\{\xi_k\}$满足下列条件：

$$E\{\xi_k\}=\mathbf{0} \tag{2-5-29}$$

$$s_\xi(w)=\sigma^2 \tag{2-5-30}$$

$$\mathrm{cov}(\xi_i,\xi_j,)=\boldsymbol{R}_i\delta_{ij} \tag{2-5-31}$$

其中

$$\delta_{ij}=\begin{cases}1, & i=j\\0, & i\neq j\end{cases}$$

则称$\{\xi_k\}$为一个白噪声序列，否则称为有色噪声序列。

白噪声可以作为被辨识系统输入，可以对系统充分激励；可以防止输入数据病态，保证辨识精度；可以根据输出估计误差是否具有白色性来判断辨识方法的优劣，也可以用来判断模型的结构和参数是否合适；可以用来产生有色噪声。

利用 MATLAB，可产生均匀分布的白噪声信号：

```
U1 = rand(1,300);
plot(U1);
set(gca,'FontSize',10);
title('服从均匀分布的白噪声');
```

运行结果如图 2.5.4 所示。

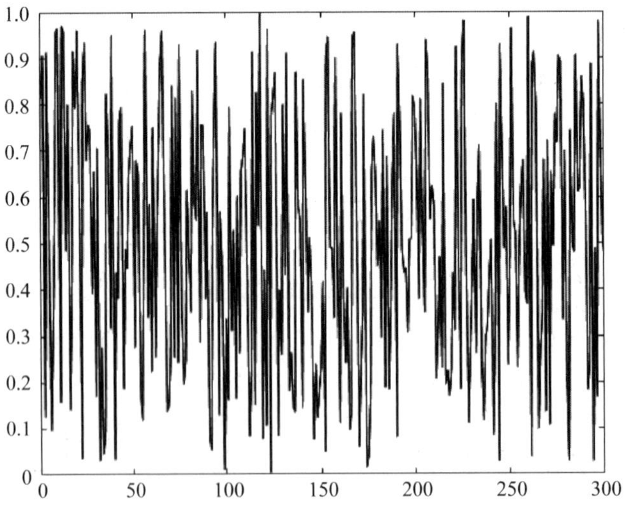


图 2.5.4 服从均匀分布的白噪声

**定义 2.5.13(高斯白噪声)** 如果一个白噪声序列又是正态随机序列，则序列中随机向量的两两不相关性就是相互独立性，这时称这个序列为正态白噪声序列。

高斯白噪声是指信号中包含从负无穷到正无穷之间的所有频率分量，且各频率分量在信号中的权值相同。白光包含各个频率成分的光，白噪声这个名称是由此而来的。

利用 MATLAB，可产生高斯分布的白噪声(均值为 0，方差为 1)信号：

```
U2 = randn(1,300);
var_value= 0.01;
average =0;
y=U2 * sqrt(var_value) + average;
plot(y);
set(gca,'FontSize',10);
title('服从高斯分布的白噪声');
```

运行结果如图 2.5.5 所示。

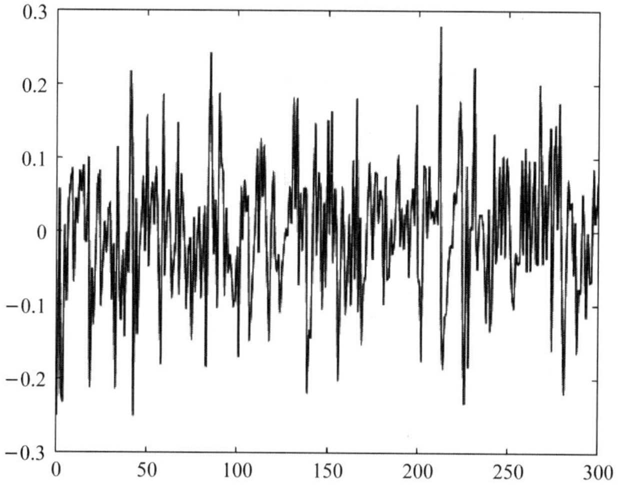


图 2.5.5 服从高斯分布的白噪声

### 2.5.4 有色噪声

有色噪声是指每一时刻的噪声和另一时刻的噪声相关,因而其谱密度不再是常数。在工业生产实际中,白噪声在物理上是不存在的,常见的是有色噪声。

有色噪声可以由白噪声产生。设有一有色噪声序列$\{e(k)\}$,则必定存在一个渐近稳定的线性环节,使得在输入为白噪声序列$\varepsilon(k)$的情况下,输出是有色噪声序列$\{e(k)\}$,如图 2.5.6 所示。

图 2.5.6 利用白噪声产生有色噪声

图 2.5.6 表示的过程又称为有色噪声的白化,即有色噪声可以由一个白噪声经过滤波生成。在系统辨识中,遇到有色噪声时,经常采用白化的处理手段。

## 2.6 M 序列

### 2.6.1 M 序列的生成

M 序列又称为最长线性移位寄存器序列。顾名思义,其是由多级移位寄存器或其延迟元件通过线性反馈产生的最长的码序列。在二进制移位寄存器中，若 $n$ 为移位寄存器的级数，则 $n$ 级移位寄存器共有 $2^n$ 个状态，除全 0 状态外还剩下 $2^n-1$ 种状态，因此它能产生的最大长度的码序列为 $2^n-1$ 位。M 序列是一种既基本又典型的伪随机序列。

图 2.6.1 所示为一个线性反馈移位寄存器。其中，$c_0,c_1,\cdots,c_n$ 均为反馈线，$c_0=c_n=1$，表示反馈连接。由于 M 序列是由循环序列发生器产生的，因此 $c_0$ 和 $c_n$ 肯定为 1，即参与反馈。而对于反馈系数 $c_1,c_2,\cdots,c_{n-1}$，若为 1，则表示参与反馈；若为 0，则表示断开反馈线，不参与反馈。一个线性反馈移位寄存器能否产生 M 序列取决于它的反馈系数 $c_i(i=0,1,2,\cdots,n)$。

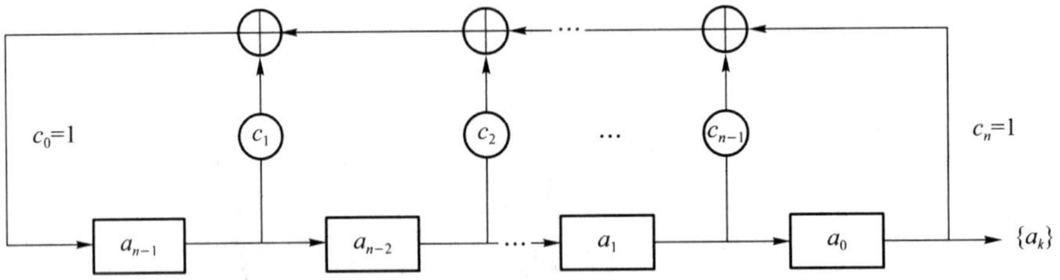


图 2.6.1 线性反馈移位寄存器

一般用多项式 $f(x)$ 来描述线性反馈移位寄存器的反馈连接状态，即

$$f(x)=c_0+c_1x+\cdots+c_nx^n=\sum_{i=0}^{n}c_ix^i \tag{2-6-1}$$

其中，$n$ 表示移位寄存器的级数，$c_i$ 的取值确定反馈线的连接状态。线性移位寄存器具有周期性，定义周期 $p\leqslant 2^n-1$。

$n$ 级线性反馈移存器能产生 M 序列的充要条件是：寄存器的多项式 $f(x)$ 为本原多项式。

如果一个多项式 $f(x)$ 满足如下 3 个条件，则称其为本原多项式。

① $f(x)$ 为不能因式分解的多项式。

② $f(x)$ 可以整除 $x^p+1$，$p=2^n-1$。

③ $f(x)$ 除不尽 $x^q+1$，$q<p$。

## 2.6.2 M 序列的性质和应用

**1. 均衡性（平衡性）**

在 M 序列的一个周期中，0 和 1 的数目基本相等。准确来说，1 的数目比 0 的数目多 1。例如，在 $p=15$ 的 M 序列中，1 的个数为 8，0 的个数为 7。当 $p$ 足够大时，1 和 0 出现的次数相等。

**2. 游程分布**

M 序列中取值相同的那些相继的元素合称为一个游程，即一个序列中（1 或 0）相同部分连在一起的元素的统称。游程中元素的个数称为游程长度。在 $n$ 级的 M 序列中，总共有 $2^{n-1}$ 个游程，其中长度为 1 的游程占总游程数的 1/2，长度为 2 的游程占总游程数的 1/4，长度为 $k$ 的游程占总游程数的 $2^{-k}$，且在长度为 $k$ 的游程中，连 0 与连 1 的游程数各占一半。例如，在一个 M 序列 001111010110001 中，共有 8 个游程，长度为 4 的游程有一个，为“1111”，长度为 3 的游程有一个，为“000”，长度为 2 的游程有两个，分别为“00”和“11”，长度为 1 的游程有 4 个，即

“0”和“1”各两个。

**3. 移位相加特性(线性叠加性)**

一个周期为 $p$ 的 M 序列 $m_p$ 与其经过任意次移位产生的另一个不同的序列 $m_r$ 模二相加后得到的序列仍然是 M 序列的某次延迟移位序列。例如，$m_p=000111101011001$，延迟 2 位得到 $m_r=010001111010110$，模二相加后得到 $m_s=m_p+m_r=010110010001111$，其为 $m_p$ 延迟 8 位得到的 M 序列。

**4. 自相关特性**

周期为 $p$ 的 M 序列的自相关函数为

$$R(j)=\frac{A-D}{A+D}=\frac{A-D}{p} \tag{2-6-2}$$

其中，$A$ 为该序列与其 $j$ 次移位序列一个周期中对应元素相同的数目，$D$ 为该序列与其 $j$ 次移位序列一个周期中对应元素不同的数目，$p$ 为序列周期。

由移位相加特性和均衡性可知，M 序列的自相关函数为

$$R(j)=\begin{cases}1, & j=0\\ \dfrac{-1}{p}, & j=1,2,\cdots,p-1\end{cases} \tag{2-6-3}$$

M 序列的自相关函数如图 2.6.2 所示。

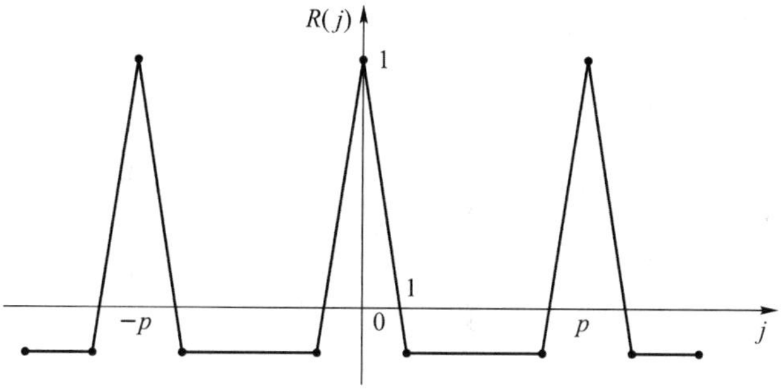


图 2.6.2 M 序列的自相关函数

**5. 功率谱密度**

信号的自相关函数和功率谱密度构成一对傅里叶变换。由 M 序列的自相关函数经过傅里叶变换求出其功率谱密度为

$$P_s(\omega)=\frac{m+1}{m^2}\left[\frac{\sin(\omega T_0/2m)}{(\omega T_0/2m)}\right]^2\sum_{n=-\infty}^{\infty}\delta\left(\omega-\frac{2\pi n}{T_0}\right)+\frac{1}{m^2}\delta(\omega) \tag{2-6-4}$$

M 序列的功率谱密度曲线如图 2.6.3 所示。

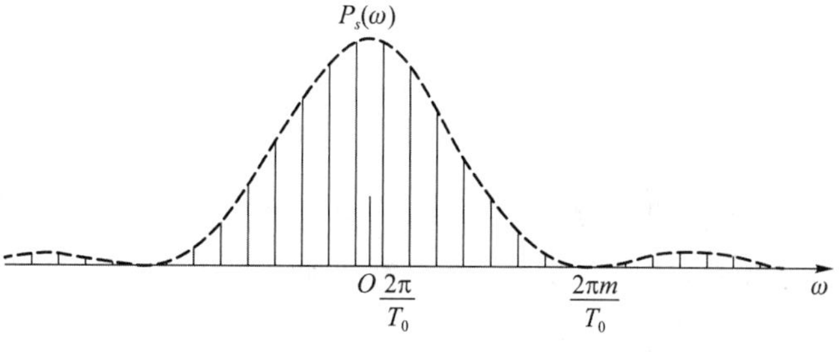


图 2.6.3 M 序列的功率谱密度曲线

由图 2.6.3 可知，在 $T_0 \to \infty$ 和 $m/T_0 \to \infty$ 时，$P_s(\omega)$ 的特性趋于白噪声的功率谱特性。

**6. 伪噪声特性**

由于 M 序列的均衡性游程分布和自相关特性与上述随机序列的基本性质相似，因此通常将 M 序列称为伪噪声序列或伪随机序列(PN 序列)。M 序列的功率谱密度的包络是 $(\sin x/x)^2$ 形的。

利用 MATLAB，产生周期为 63 的 M 序列，如图 2.6.4 所示。图 2.6.5 所示为周期为 63 的 M 序列的自相关函数。

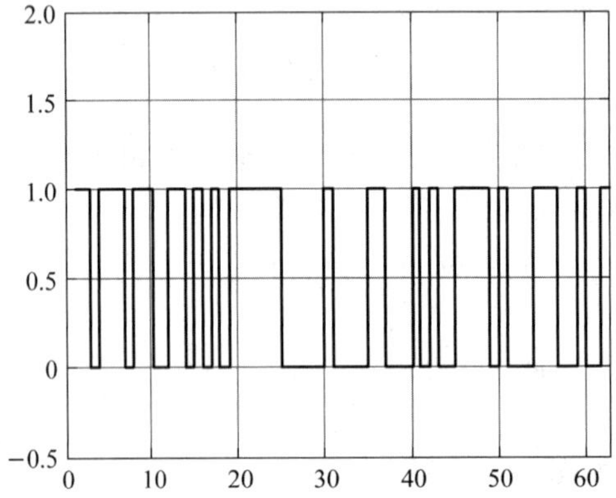


图 2.6.4　周期为 63 的 M 序列

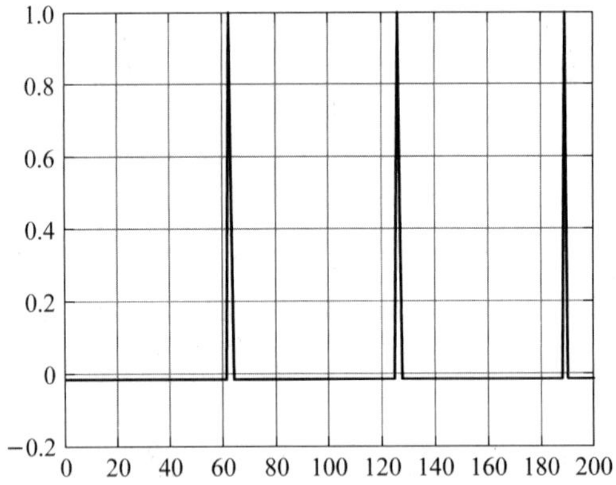


图 2.6.5　周期为 63 的 M 序列的自相关函数

设 M 序列的码元宽度为 $T_1$ 秒，则大约在 0 至 $(1/T_1)\times 45\%$ Hz 的频率范围内，可以认为它具有均匀的功率谱密度。可以用 M 序列的这一部分频谱作为噪声产生器的噪声输出。

## 本 章 小 结

本章简单介绍了与系统辨识有关的数学知识，主要包括概率论与随机过程的基本概念与定理。如果想详细学习有关知识，可参阅本章参考文献[1]～[5]。

## 本章参考文献

[1] 傅盛,陈希儒. 概率论与随机过程[M]. 北京:高等教育出版社,2014.

[2] 王殿坤. 概率论与数理统计[M]. 北京:科学出版社,2021.

[3] 肖国镇,梁传甲,王育民. 伪随机序列及其应用[M]. 北京:国防工业出版社,1985.

[4] 印勇. 随机信号处理教程[M]. 北京:北京邮电大学出版社,2016.

[5] Sheldon M R. Introduction to Probability Models[M]. Amsterdam: Elsevier, 2014.

## 本章习题

1. 在10件产品中有8件合格品、2件不合格品;而在8件合格品中有5件一等品、3件二等品。现从中任取一件,试求:

(1) 取到一等品的概率;

(2) 在取到合格品的条件下,所取产品是一等品的概率。

2. 假设某企业3个车间生产同一种零件,每个车间生产零件的数量分别占总产量的25%、30%和45%,次品率分别为2%、3%和5%。从该企业生产的零件中任取1件,经检测是次品。试判断此零件可能是哪个车间生产的。

3. 设 $\xi \sim N(4,4)$,求下列概率:

(1) $P(\xi \leqslant 6)$

(2) $P(-2 \leqslant \xi \leqslant 6)$

4. 设 $\boldsymbol{x}^{\mathrm{T}}=(\boldsymbol{x}_1^{\mathrm{T}},\boldsymbol{x}_2^{\mathrm{T}})$, $\boldsymbol{x}_1$ 为 $n_1$ 维正态随机向量,$\boldsymbol{x}_2$ 为 $n_2$ 维正态随机向量,$n_1+n_2=n$,$\boldsymbol{x}$ 的联合概率密度函数为

$$f(\boldsymbol{x}_1,\boldsymbol{x}_2)=\frac{1}{(2\pi)^{\frac{n}{2}}\,|\boldsymbol{B}|^{\frac{1}{2}}}\exp\left\{-\frac{1}{2}\left[(\boldsymbol{x}_1-\boldsymbol{\mu}_1)^{\mathrm{T}},(\boldsymbol{x}_2-\boldsymbol{\mu}_2)^{\mathrm{T}}\right]\boldsymbol{B}^{-1}\begin{bmatrix}\boldsymbol{x}_1-\boldsymbol{\mu}_1\\ \boldsymbol{x}_2-\boldsymbol{\mu}_2\end{bmatrix}\right\}$$

求 $f(x_2|x_1)$。

5. 什么是极大似然估计?什么是极大验后估计?

6. 结合相关函数,证明如下结论:

(1) $\psi_x^2=R_x(0)\geqslant 0$;

(2) $R_x(0)\geqslant |R_x(\tau)|$;

(3) $R_x(\tau)=R_x(-\tau)$;

(4) 若 $x(t)$ 是周期为 $T$ 的信号,则其自相关函数也是周期为 $T$ 的信号,即

$$x(t)=x(t+T)\Rightarrow R_x(\tau)=R_x(\tau+T)$$

(5) 若 $x(t)=y(t)+z(t)$,且 $y(t)$ 与 $z(t)$ 互不相关($R_{yz}(\tau)\equiv 0$),则

$$R_x(\tau)=R_y(\tau)+R_z(\tau)$$

(6) 若 $x(t)=y(t)+z$,其中 $E\{y\}=0$,$z$ 是一个常数,则

$$R_x(\tau)=R_y(\tau)+z^2$$

(7) 若 $x(t)$的均值为 0，且不含有周期性成分，则当 $\tau$ 很大时，$x(t)$与 $x(t+\tau)$必然是互相独立(不相关)的，因此 $R_x(\tau)=0$，$\tau$ 充分大；

(8) 若 $x(t)$的均值为 0，则 $C_x(\tau)=R_x(\tau)$，这是因为在通常情况下，$C_x(\tau)$等于 $R_x(\tau)$向下平移 $\mu_x^2$，因此当 $\mu_x^2=0$ 时，两者相等；

(9) 对于线性系统 $y(z)=G(z)u(z)$，有 $R_{yu}(\tau)=G(z)R_u(\tau)$。

7. 什么是有色噪声的白化?

8. 利用 MATLAB 生成一个方差为 4、均值为 1 的高斯白噪声。

9. 利用 MATLAB 生成一个周期为 255 的 M 序列，并计算其自相关函数。

# 第3章 动态系统的数学模型

对于控制系统的数学模型，若按线性与非线性分类，可分为线性模型与非线性模型两类；若按连续与离散分类，可以分为连续模型与离散模型两类。连续模型一般用微分方程描述，而离散模型一般用差分方程描述。对于连续系统，采用适当的采样频率，可以将其近似为一个离散模型。若按模型是否参数化分类，数学模型可以分为非参数化模型与参数化模型两类。

在自动控制原理中，常用的数学模型是传递函数与常微分方程。在系统辨识中，这两类模型仍然经常被用到。

## 3.1 线性模型

如果一个控制系统对两个不同输入信号的输出响应是两个信号各自所产生的响应的线性叠加，则称该控制系统是线性系统。一个线性系统的状态响应是零时刻状态响应与外部输入信号响应的和。

如果线性系统方程的参数都为常数，即不随时间改变，则称该系统是定常的。

如果系统在某时刻 $t>0$ 的输出只依赖 $t$ 时刻之前的系统输入信息，则称该系统是因果的。

在自动控制原理中，所熟知的模型是传递函数模型。图 3.1.1 所示为一个单输入单输出(Single-Input Single-Output，SISO)线性定常系统，其中，$U(s)$ 与 $Y(s)$ 表示系统的输入输出信号的拉普拉斯变换，$H(s)$ 称为系统的传递函数。在复域 $s$ 上，可以写为

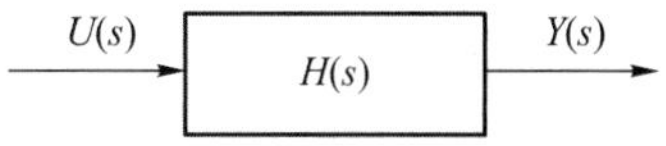

图 3.1.1 单输入单输出线性定常系统

$$Y(s)=H(s)U(s) \tag{3-1-1}$$

它表示的是在系统初始条件为 0 时，输入与输出之间的关系。如果传递函数 $H(s)$ 的特征根都在复左半平面，则系统是稳定的。

显然传递函数是一种线性系统模型。在经典的自动控制原理中，对于不太复杂的控制系统，如对于一阶或二阶系统，可以采用时域分析法确定模型参数，例如，用单位脉冲响应或单位阶跃响应可确定传递函数的时间常数、放大倍数、阻尼比、谐振频率等。利用频域分析法，通过分析系统的幅频图与相频图(Bode 图)，也可以确定系统的传递函数。这些内容在自动控制原

理相关的教材中都可以找到，因此这里不再赘述。

在实际应用中，如在计算机控制中，常用的是离散控制系统模型。因此，下面将主要介绍离散线性系统的非参数化模型、参数化模型、状态空间模型等。

## 3.1.1 非参数化模型——权模型

这里所讲的非参数化模型主要指线性定常系统的脉冲激励模型。

式(3.1.1)在时域上的表达式为

$$y(t)=\int_0^t h(t-\tau)u(\tau)\mathrm{d}\tau=\int_0^t h(\tau)u(t-\tau)\mathrm{d}\tau \tag{3-1-2}$$

如果取采样周期为 $T=t/N, kT=kt/N$，则记 $y(k)\overset{\Delta}{=}y(kT)$， $y(N)\overset{\Delta}{=}y(NT)=y(t)$，因此可对式(3-1-2)右端进行近似积分，采用左矩形近似法有

$$\begin{aligned}y(k)=y(kT)&=\int_0^{kT}h(\tau)u(kT-\tau)\mathrm{d}\tau=\sum_{i=0}^{k-1}\int_{iT}^{(i+1)T}h(\tau)u(kT-\tau)\mathrm{d}\tau\\&=T\sum_{i=0}^{k-1}h(iT)u(kT-iT)=T\sum_{i=0}^{k-1}h(i)u(k-i)\end{aligned} \tag{3-1-3}$$

不妨令 $T=1$(若 $T\neq 1$，则可令 $\overline{H}(i)\overset{\Delta}{=}TH(i)$)，并记 $q^{-1}=z^{-1}$，则式(3-1-3)写为

$$y(k)=\sum_{i=0}^{k-1}h(i)u(k-i)=\sum_{i=0}^{k-1}h(i)q^{-i}u(k) \tag{3-1-4}$$

其中，$q^{-1}$ 为后移算子，表示 $q^{-1}u(k)=u(k-1)$。

$q^{-1}$ 与 $z$ 变换中的算子 $z^{-1}$ 等价，因此在本书中有时将二者互用。对式(3-1-4)两边取 $z$ 变换，则得

$$\frac{y(z)}{u(z)}=\sum_{i=0}^{k-1}h(i)z^{-i}\overset{\Delta}{=}H(z^{-1}) \tag{3-1-5}$$

称 $H(z^{-1})$ 为式(3-1-1)的离散传递函数。

显然式(3-1-5)依赖 $h(i)$，$h(i)$ 是系统在 $i$ 时刻单位脉冲的响应值。式(3-1-4)又称为系统(3-1-1)的权模型，即输出 $y(k)$ 可以看作输入 $u(0), u(1), \cdots, u(k-1)$ 的加权线性组合，而 $h(k), h(k-1), \cdots, h(1)$ 则为加权系数。

权函数模型是控制系统的经典建模方法之一。该方法的优点是不需要系统精确的机理信息或先验信息，如不需要预先知道系统阶次、是否存在滞后等，且易于实现。因为权函数建模法是在时域上进行的，所以要保证系统的稳定性，在离散情形下，关于稳定性有如下定义。

**定义 3.1.1** 如果 $\left|\sum_{i=0}^{\infty}h(i)\right|<\infty$，则系统是稳定的，即 $H(q^{-1})$ 的以 $q^{-1}$ 为变量的特征根都在复平面单位圆外。

**定义 3.1.2** 如果 $\sum_{i=0}^{\infty}i\left|h(i)\right|<\infty$，则称系统是严格稳定的。

**注 3.1.1** 如果对式(3-1-2)的右端采用右矩形近似法，则得如下近似表达式：

$$\begin{aligned}y(k)&=\int_0^{kT}h(\tau)u(kT-\tau)\mathrm{d}\tau=\sum_{i=1}^{k}\int_{(i-1)T}^{iT}h(\tau)u(kT-\tau)\mathrm{d}\tau\\&=T\sum_{i=1}^{k}h(iT)u(kT-iT)\underset{T=1}{=}\sum_{i=1}^{k}h(i)u(k-i)=\sum_{i=1}^{k}h(i)q^{-i}u(k)\end{aligned} \tag{3-1-6}$$

其中控制序列为 $u(1),u(2),\cdots,u(k)$。

在式(3-1-6)中,传递函数为

$$H(z^{-1})=\sum_{i=1}^{k}h(i)z^{-i}=h(1)z^{-1}+h(2)z^{-2}+\cdots+h(k)z^{-k} \tag{3-1-7}$$

显然式(3-1-7)中没有常数项,这与式(3-1-4)不同。本章参考文献[3]采用的是式(3-1-7)。

**定义 3.1.3** 如果 $H(0)=0$,则称系统是严格因果的,即系统存在滞后因子。

易验证式(3-1-7)是严格因果的。在系统辨识中,如果能判断系统的输出是满足严格因果的,则建议采用式(3-1-7)。

在实际系统中,各种干扰信号可能会通过输入端对输出产生影响,输出的测量环节也可能存在测量误差,由于系统的线性特性,因此可将这些不确定信息的影响集结为一个噪声项 $v(t)$,添加到系统的输出,如图 3.1.2所示。

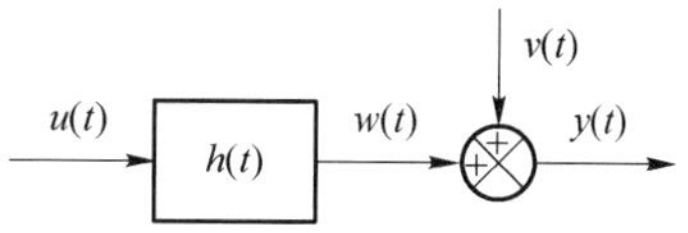

图 3.1.2 带有观测噪声的控制系统

此时,

$$y(t)=w(t)+v(t) \tag{3-1-8a}$$

$$w(t)=\int_0^t h(\tau)u(t-\tau)\mathrm{d}\tau \tag{3-1-8b}$$

从模型拟合的角度看,$v(t)$可以看作建模误差或拟合残差。无论是系统辨识还是模型拟合,都希望 $v(t)$的影响越小越好。若 $v(t)$是确定的,则可以令辨识指标为

$$J(\theta)=\min_{h(0),\cdots,h(N-1)}\frac{1}{2}\sum_{k=0}^{N-1}v^2(k) \tag{3-1-9}$$

若 $v(t)$是随机的,例如 $v(t)\sim N(0,1)$,则只需将辨识指标改为

$$J(\theta)=\min_{h(0),\cdots,h(N-1)}\frac{1}{2}E\left\{\sum_{k=0}^{N-1}v^2(k)\right\} \tag{3-1-10}$$

其中,$E\{\cdot\}$为数学期望算子。

如果残差 $v(t)$是有色噪声,则可以将 $v(t)$看作对一个白噪声 $e(t)$滤波后所得,即

$$v(t)=c_0e(t)+c_1e(t-1)+\cdots+c_pe(t-p)=(c_0+c_1q^{-1}+\cdots+c_pq^{-p})e(t)=C(q^{-1})e(t) \tag{3-1-11}$$

或者

$$v(t)=\frac{1}{D(q^{-1})}e(t) \tag{3-1-12}$$

其中,$C(q^{-1})=c_0+c_1q^{-1}+\cdots+c_pq^{-p}$,$D(q^{-1})=d_0+d_1q^{-1}+\cdots+d_lq^{-l}$。

**注 3.1.2** 对于$\dfrac{1}{D(q^{-1})}$,利用长除法,可以得到 $C(q^{-1})$,且 $D(q^{-1})C(q^{-1})=1$。

## 3.1.2 参数化线性模型——线性差分方程

考虑一个单输入单输出线性定常系统,输入 $u(k)$与输出 $y(k)$之间的关系可以用如下的 $n$ 阶差分方程描述:

$$y(k)+a_1y(k-1)+\cdots+a_ny(k-n)=b_0u(k)+b_1u(k-1)+\cdots+b_nu(k-n) \tag{3-1-13}$$

或者

$$y(k)+\sum_{j=1}^{n}a_jy(k-j)=\sum_{j=0}^{n}b_ju(k-j) \tag{3-1-14}$$

其中，$k$ 是采样时刻，$a_i$、$b_i$ 是常数。

如果引进移位算子 $q$，其定义为

$$q^{-1}y(k)=y(k-1) \tag{3-1-15}$$

关于 $q^{-1}$ 的多项式为

$$\begin{aligned}A(q^{-1})&=1+a_1q^{-1}+\cdots+a_nq^{-n}\\B(q^{-1})&=b_0+b_1q^{-1}+\cdots+b_nq^{-n}\end{aligned} \tag{3-1-16}$$

式(3-1-14)简写为

$$A(q^{-1})y(k)=B(q^{-1})u(k) \tag{3-1-17}$$

这是我们进行系统辨识所常用的最基本模型。

假设初始值为零，且 $y(k)=u(k)=0, k<0$，我们可以对式(3-1-13)两边同时取 $z$ 变换，得

$$(1+a_1z^{-1}+\cdots+a_nz^{-n})Y(z)=(b_0+b_1z^{-1}+\cdots+b_nz^{-n})U(z) \tag{3-1-18}$$

于是可得到传递函数

$$H(z)=\frac{Y(z)}{U(z)}=\frac{b_0+b_1z^{-1}+\cdots+b_nz^{-n}}{1+a_1z^{-1}+\cdots+a_nz^{-n}}=\frac{B(z^{-1})}{A(z^{-1})} \tag{3-1-19}$$

**注 3.1.3** 上述的建模方式也可以推广到多输入多输出(Multi-Input Multi-Output，MIMO)线性定常系统。考虑 $m$ 个输入和 $p$ 个输出的线性定常系统，其中

$$\boldsymbol{U}(k)=\begin{pmatrix}u_1(k)\\\vdots\\u_m(k)\end{pmatrix},\quad \boldsymbol{Y}(k)=\begin{pmatrix}y_1(k)\\\vdots\\y_p(k)\end{pmatrix}$$

该系统可以表示成为向量的差分方程

$$\boldsymbol{Y}(k)+\sum_{j=1}^{k}\boldsymbol{A}_j\boldsymbol{Y}(k-j)=\sum_{j=0}^{k}\boldsymbol{B}_j\boldsymbol{U}(k-j) \tag{3-1-20}$$

其中，$\boldsymbol{A}_i$、$\boldsymbol{B}_i$ 分别是 $p\times p$ 维、$p\times m$ 维的常数矩阵。

采用移位算子公式(3-1-13)，也可以把方程(3-1-20)表达成下列形式：

$$\boldsymbol{A}(z^{-1})\boldsymbol{Y}(k)=\boldsymbol{B}(z^{-1})\boldsymbol{U}(k) \tag{3-1-21}$$

其中，

$$\boldsymbol{A}(z^{-1})=\boldsymbol{I}+\boldsymbol{A}_1z^{-1}+\cdots+\boldsymbol{A}_nz^{-n} \tag{3-1-22}$$

$$\boldsymbol{B}(z^{-1})=\boldsymbol{B}_0+\boldsymbol{B}_1z^{-1}+\cdots+\boldsymbol{B}_nz^{-n} \tag{3-1-23}$$

在参数化模型中，也会存在建模误差或者外部干扰噪声。以 SISO 线性定常系统为例，一般可以采用如下带有噪声 $v(t)$ 的数学模型描述：

$$A(z^{-1})y(k)=\frac{B(z^{-1})}{F(z^{-1})}u(k)+\frac{C(z^{-1})}{D(z^{-1})}v(k) \tag{3-1-24}$$

其中，

$$A(z^{-1})=1+a_1z^{-1}+\cdots+a_{n_a}z^{-n_a} \tag{3-1-25a}$$

$$B(z^{-1})=b_1z^{-1}+\cdots+b_{n_b}z^{-n_b} \tag{3-1-25b}$$

$$C(z^{-1})=1+c_1z^{-1}+\cdots+c_{n_c}z^{-n_c} \tag{3-1-25c}$$

$$D(z^{-1})=1+d_1z^{-1}+\cdots+d_{n_d}z^{-n_d} \tag{3-1-25d}$$

$$F(z^{-1})=1+f_1z^{-1}+\cdots+f_{n_f}z^{-n_f} \tag{3-1-25e}$$

其中，$\{u(k)\}$与$\{y(k)\}$分别表示系统的输入与输出，$n_a$、$n_b$、$n_c$、$n_d$、$n_f$ 均为非负整数，表示多项式的阶次。

对于 $A(z^{-1})$、$B(z^{-1})$、$C(z^{-1})$、$D(z^{-1})$、$F(z^{-1})$ 的不同取值，可以衍生出如下几类特殊的模型。

(1) 有限脉冲响应滤波器模型

在式(3-1-24)中，如果 $A(z^{-1})=1$，$F(z^{-1})=1$，$C(z^{-1})=0$，则得到如下的有限脉冲响应(Finite Impulse Response，FIR)滤波器模型：

$$y(k)=b_1u(k-1)+b_2u(k-2)+\cdots+b_{n_b}(k-n_b) \tag{3-1-26}$$

(2) 自回归模型

如果 $B(z^{-1})=0$，$C(z^{-1})=D(z^{-1})=1$，则得到自回归(Auto-Regressive, AR)模型：

$$y(k)+a_1y(k-1)+a_2y(k-2)+\cdots+a_{n_a}y(k-n_a)=v(k) \tag{3-1-27}$$

或者 $A(z^{-1})=1$，$B(z^{-1})=0$，$C(z^{-1})=1$，可得

$$y(k)+d_1y(k-1)+d_2y(k-2)+\cdots+d_{n_d}y(k-n_d)=v(k) \tag{3-1-28}$$

(3) 滑动平均模型

令 $A(z^{-1})=1$，$B(z^{-1})=0$，$D(z^{-1})=1$，就得到滑动平均(Moving Average，MA)模型：

$$y(k)=v(k)+c_1v(k-1)+c_2v(k-2)+\cdots+c_{n_c}v(k-n_c) \tag{3-1-29}$$

(4) 自回归滑动平均模型

令 $B(z^{-1})=0$，$D(z^{-1})=1$，就得到自回归滑动平均(Auto-Regressive Moving Average，ARMA)模型：

$$\begin{aligned}&y(k)+a_1y(k-1)+a_2y(k-2)+\cdots+a_{n_a}y(k-n_a)\\&=v(k)+c_1v(k-1)+c_2v(k-2)+\cdots+c_{n_c}v(k-n_c)\end{aligned} \tag{3-1-30}$$

(5) 带有外部输入的自回归模型

令 $C(z^{-1})=D(z^{-1})=F(z^{-1})=1$，就得到带有外部输入的自回归(Auto-Regressive with eXogenous input，ARX)模型：

$$\begin{aligned}&y(k)+a_1y(k-1)+a_2y(k-2)+\cdots+a_{n_a}y(k-n_a)\\&=b_1u(k-1)+b_2u(k-2)+\cdots+b_{n_c}u(k-n_b)+v(k)\end{aligned} \tag{3-1-31}$$

(6) 带有外部输入的自回归滑动平均模型

令 $D(z^{-1})=F(z^{-1})=1$，则得到一个带有外部输入的自回归滑动平均(Auto-Regressive Moving Average with eXogenous input，ARMAX)模型：

$$\begin{aligned}&y(k)+a_1y(k-1)+a_2y(k-2)+\cdots+a_{n_a}y(k-n_a)\\&=b_1u(k-1)+b_2u(k-2)+\cdots+b_{n_c}u(k-n_b)\\&\quad+v(k)+c_1v(k-1)+c_2v(k-2)+\cdots+c_{n_c}v(k-n_c)\end{aligned} \tag{3-1-32}$$

(7) 鲍科斯-詹金斯模型

令 $A(z^{-1})=1$，就得到了鲍科斯-詹金斯(Box-Jenkins)模型：

$$y(k)=\frac{B(z^{-1})}{F(z^{-1})}u(k)+\frac{C(z^{-1})}{D(z^{-1})}v(k) \tag{3-1-33}$$

### 3.1.3 非参数化模型与参数化模型之间的关系

对于系统(3-1-19)，按变量 $z^{-1}$ 进行长除法(或者在 $z^{-1}=0$ 处进行泰勒级数展开)，得

$$\frac{b_0+b_1z^{-1}+\cdots+b_nz^{-n}}{1+a_1z^{-1}+\cdots+a_nz^{-n}}=h_0+h_1z^{-1}+h_2z^{-2}+\cdots \tag{3-1-34}$$

因此，有

$$b_0+b_1z^{-1}+\cdots+b_nz^{-n}=(1+a_1z^{-1}+\cdots+a_nz^{-n})(h_0+h_1z^{-1}+h_2z^{-2}+\cdots) \tag{3-1-35}$$

比较两边的系数，有

$$\begin{aligned}&\sum_{m=0}^{i}a_mh_{i-m}=b_i,\quad i=1,2,\cdots,n\\&\sum_{m=0}^{n}a_mh_{i-m}=0,\quad i>n\\&a_0=1,\quad b_0=h_0\end{aligned} \tag{3-1-36}$$

这个方程组把权序列 $\{h(i)\}$ 与差分方程(3-1-15)中的 $a_i$、$b_i$ 直接联系了起来。因此，如果已知 $a_0=1,b_0=h_0$，又已知 $h_1$，则 $b_1=h_1+a_1h_0$。

对于 $m$ 个输入和 $p$ 个输出的系统，权系数就变成了权矩阵，即

$$\boldsymbol{H}(k)=\begin{pmatrix}h_{i1}(k) & \cdots & h_{im}(k)\\ \vdots & & \vdots\\ h_{p1}(k) & \cdots & h_{pm}(k)\end{pmatrix} \tag{3-1-37}$$

其中，$h_{ij}(k)$ 是 $j$ 个输入到 $i$ 个输出的权序列。

写成输入输出关系就是

$$\boldsymbol{Y}(k)=\sum_{i=0}^{k-1}\boldsymbol{H}(k-i)\boldsymbol{U}(i) \tag{3-1-38}$$

### 3.1.4 状态变量方程

一个离散 SISO 线性定常系统的另外一种描述是状态变量方程，即

$$\boldsymbol{x}(k+1)=\boldsymbol{\Phi x}(k)+\boldsymbol{\Gamma u}(k) \tag{3-1-39}$$

$$\boldsymbol{y}(k)=\boldsymbol{Gx}(k)+\boldsymbol{Du}(k) \tag{3-1-40}$$

其中，$\boldsymbol{x}\in\mathbb{R}^n$ 是状态变量，$\boldsymbol{u}\in\mathbb{R}$ 是控制变量，$\boldsymbol{y}\in\mathbb{R}$ 是量测变量，$\boldsymbol{\Phi}$、$\boldsymbol{\Gamma}$、$\boldsymbol{G}$、$\boldsymbol{D}$ 是相应维数的常数矩阵。

这里假设式(3-1-39)与式(3-1-40)是能控与能观测的，即

$$\text{rank}[\boldsymbol{\Gamma},\boldsymbol{\Phi\Gamma},\boldsymbol{\Phi}^2\boldsymbol{\Gamma},\cdots,\boldsymbol{\Phi}^{n-1}\boldsymbol{\Gamma}]=n \tag{3-1-41}$$

$$\text{rank}[\boldsymbol{G}^{\mathrm{T}},\boldsymbol{\Phi}^{\mathrm{T}}\boldsymbol{G}^{\mathrm{T}},(\boldsymbol{\Phi}^{\mathrm{T}})^2\boldsymbol{\Gamma}^{\mathrm{T}},\cdots,(\boldsymbol{\Phi}^{\mathrm{T}})^{n-1}\boldsymbol{\Gamma}]=n \tag{3-1-42}$$

式(3-1-39)与式(3-1-40)中涉及的参数变量的总数为 $n^2+2n+1$，远远多于采用输入输出模型(3-1-19)所需要的 $2n+1$ 个参数。可以采用状态变换，将式(3-1-39)与式(3-1-40)转化为能控或者能观测标准型，大大减少模型参数。

由于存在状态变换，因此状态空间描述表达式就不是唯一的。这里将式(3-1-39)与式(3-1-40)化成能观测标准型，令

$$\bar{\boldsymbol{x}}=\boldsymbol{T}\boldsymbol{x} \tag{3-1-43}$$

其中，

$$\boldsymbol{T}=\begin{pmatrix} \boldsymbol{G} \\ \boldsymbol{G}\boldsymbol{\Phi} \\ \vdots \\ \boldsymbol{G}\boldsymbol{\Phi}^{n-1} \end{pmatrix} \tag{3-1-44}$$

在新状态空间所产生的状态方程为

$$\begin{aligned} \bar{\boldsymbol{x}}(k+1)&=\bar{\boldsymbol{\Phi}}\bar{\boldsymbol{x}}(k)+\bar{\boldsymbol{\Gamma}}u(k) \\ \boldsymbol{y}(k)&=\bar{\boldsymbol{G}}\bar{\boldsymbol{x}}(k)+\boldsymbol{D}u(k) \end{aligned} \tag{3-1-45}$$

其中，

$$\bar{\boldsymbol{\Phi}}=\boldsymbol{T}\boldsymbol{\Phi}\boldsymbol{T}^{-1}=\begin{pmatrix} 0 & 1 & \cdots & 0 \\ 0 & 0 & \cdots & 0 \\ \vdots & \vdots & & \vdots \\ -\bar{\phi}_n & -\bar{\phi}_{n-1} & \cdots & \bar{\phi}_1 \end{pmatrix}$$

$$\bar{\boldsymbol{\Gamma}}=\boldsymbol{T}\boldsymbol{\Gamma}=\begin{pmatrix} \bar{\gamma}_1 \\ \bar{\gamma}_2 \\ \vdots \\ \bar{\gamma}_n \end{pmatrix},\quad \bar{\boldsymbol{G}}=\boldsymbol{G}\boldsymbol{T}^{-1}=(1\quad 0\quad \cdots\quad 0) \tag{3-1-46}$$

这样在新坐标系统中，$\bar{\boldsymbol{\Phi}}$、$\bar{\boldsymbol{\Gamma}}$、$\bar{\boldsymbol{G}}$、$\boldsymbol{D}$ 中总的参数是 $2n+1$ 个，这与采用输入输出传递函数模型描述的参数个数是相等的。

更进一步，我们还可以给出式(3-1-45)与式(3-1-14)的参数之间的关系。

$$\begin{aligned} \bar{\phi}_i&=a_i \\ D&=b_0 \end{aligned} \tag{3-1-47}$$

$$\begin{pmatrix} \bar{\gamma}_1 \\ \bar{\gamma}_2 \\ \vdots \\ \bar{\gamma}_n \end{pmatrix}=\begin{pmatrix} 1 & 0 & 0 & 0 \\ a_1 & 1 & 0 & 0 \\ \vdots & & \vdots & \vdots \\ a_{n-1} & \cdots & a_1 & 1 \end{pmatrix}^{-1}\begin{pmatrix} b_1-b_0a_1 \\ b_2-b_0a_2 \\ \vdots \\ b_n-b_0a_n \end{pmatrix}$$

**注 3.1.4** 式(3-1-43)仅对 SISO 系统有效，对于 MIMO 系统，类似变换就很复杂，不仅要求 $\boldsymbol{\Phi}$ 的特征根是两两互异的，还要求多重特征根必须是循环的，这种标准型才存在。

对式(3-1-39)和式(3-1-40)两边做 $z$ 变换，可得系统的传递函数为

$$H(z)=\boldsymbol{G}(z\boldsymbol{I}-\boldsymbol{\Phi})^{-1}\boldsymbol{\Gamma}+D \tag{3-1-48}$$

对于 SISO 情形，可以求出与式(3-1-19)一样的表达式。

对于 MIMO 情形，当 $t\geqslant k_0$ 时，系统的解为

$$\boldsymbol{Y}(k)=\boldsymbol{G}\boldsymbol{\Phi}^{k-k_0}\boldsymbol{X}(k_0)+\sum_{m=k_0}^{k-1}\boldsymbol{G}\boldsymbol{\Phi}^{k-m-1}\boldsymbol{\Gamma}\boldsymbol{U}(m)+\boldsymbol{D}\boldsymbol{U}(k) \tag{3-1-49}$$

令 $k_0=0$，且 $\boldsymbol{X}(k_0)=0$，得

$$\begin{aligned}\boldsymbol{Y}(k) &= \sum_{m=0}^{k-1}\boldsymbol{G\Phi}^{k-m-1}\boldsymbol{\Gamma U}(m)+\boldsymbol{DU}(k)\\ &= \sum_{m=0}^{k}\boldsymbol{H}(k-m)\boldsymbol{U}(m)\end{aligned} \tag{3-1-50}$$

其中，$\boldsymbol{H}(k)$为权序列矩阵，定义为

$$\boldsymbol{H}(k)=\begin{cases}\boldsymbol{G\Phi}^{k-1}\boldsymbol{\Gamma}, & k\geqslant 1\\ \boldsymbol{D}, & k=0\end{cases} \tag{3-1-51}$$

**注 3.1.5** 考虑如下的连续定常线性系统：

$$\begin{aligned}\dot{\boldsymbol{x}}&=\boldsymbol{Ax}+\boldsymbol{Bu}\\ \boldsymbol{y}&=\boldsymbol{Cx}+\boldsymbol{Du}\end{aligned} \tag{3-1-52}$$

设采样周期为 $T$，则系统(3-1-52)可以离散为如下系统：

$$\begin{aligned}\boldsymbol{x}(k+1)&=\boldsymbol{\Phi x}(k)+\boldsymbol{\Gamma u}(k)\\ \boldsymbol{y}(k)&=\boldsymbol{Gx}(k)+\boldsymbol{Du}(k)\end{aligned} \tag{3-1-53}$$

其中，

$$\boldsymbol{\Phi}=\mathrm{e}^{AT}\approx \boldsymbol{I}+AT,\quad \boldsymbol{\Gamma}=\int_0^T \mathrm{e}^{A\tau}\mathrm{d}\tau\boldsymbol{B}=\boldsymbol{A}^{-1}(\boldsymbol{\Phi}-\boldsymbol{I})\boldsymbol{B} \tag{3-1-54}$$

若 $T$ 很小，可以近似计算出

$$\boldsymbol{A}=\ln\boldsymbol{\Phi}/T\approx(\boldsymbol{\Phi}-\boldsymbol{I})/T,\quad \boldsymbol{B}=(\boldsymbol{\Phi}-\boldsymbol{I})^{-1}\boldsymbol{A\Gamma} \tag{3-1-55}$$

## 3.2 非线性模型

自然界中所有的动力学系统都是非线性的。例如，一个单输入单输出系统的非线性模型可以写成如下形式：

$$f(y(k),y(k-1),\cdots,y(0),u(k-1),u(k-2),\cdots,u(0),\xi(k-1),\xi(k-2),\cdots,\xi(0),\boldsymbol{P})=0 \tag{3-2-1}$$

其中，$u$、$y$、$\xi$ 分别表示系统为输入、输出与噪声，$\boldsymbol{P}\in\mathbb{R}^p$属于未知参数向量，$f:\mathbb{R}^{3k+p+1}\to\mathbb{R}$ 是一个分段连续非线性映射。

一般假设在某点$(\bar{y},\bar{u},\bar{\xi})$处，式(3-2-1)满足隐函数存在定理，即

$$\frac{\partial f}{\partial y(k)}\neq 0 \tag{3-2-2}$$

需要强调的是，不是所有非线性系统模型都适用于系统辨识。下面介绍几种可以方便地用于非线性系统辨识的模型。

### 3.2.1 沃尔泰拉模型

沃尔泰拉(Volterra)模型是一种用级数来近似非线性系统输入输出关系的数学描述。

考虑图 3.2.1 所示的单输入单输出非线性系统，其输入输出关系表示为连续沃尔泰拉级数为

$$
\begin{cases}
w(t) = \int_{-\infty}^{t} g_1(\tau)u(t-\tau)\mathrm{d}\tau + \int_{-\infty}^{t}\int_{-\infty}^{t} g_2(\tau_1,\tau_2)u(t-\tau_1)u(t-\tau_2)\mathrm{d}\tau_1\mathrm{d}\tau_2 + \cdots + \\
\qquad \int_{-\infty}^{t}\cdots\int_{-\infty}^{t} g_n(\tau_1,\cdots,\tau_n)\prod_{i=1}^{n} u(t-\tau_i)\mathrm{d}\tau_i + \cdots \\
y(t) = w(t) + \xi(t)
\end{cases}
\tag{3-2-3}
$$

其中，$g_n(\tau_1,\cdots,\tau_n)$称为 $n$ 维沃尔泰拉核，表示第 $n$ 阶项的权函数。这里第 $n$ 阶项是一个 $n$ 重积分。显然，线性系统可以作为非线性系统的一种特殊情况，因此可也用沃尔泰拉级数表达式处理。

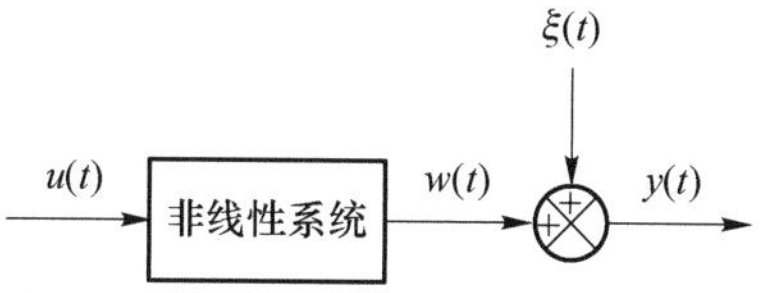


图 3.2.1 单输入单输出非线性系统

假定所讨论的非线性系统是稳定的，且建模时间有限，$g_n(\tau_1,\cdots,\tau_n)$为辨识核，则离散沃尔泰拉级数的近似表达式如下：

$$
\begin{aligned}
w(k) = & \sum_{i=0}^{p} h(i)u(k-i) + \sum_{i=0}^{p}\sum_{j=0}^{p} h(i,j)u(k-i)u(k-j) + \\
& \sum_{i=0}^{p}\sum_{j=0}^{p}\sum_{m=0}^{p} h(i,j,m)u(k-i)u(k-j)u(k-m) + \cdots
\end{aligned}
\tag{3-2-4}
$$

其中，$t_k = kT$，$k \geqslant p$，$T$ 为采样周期，$pT$ 是当前时刻，

$$h(i) = g_1(iT)T,\quad h(i,j) = g_2(iT,jT)T^2,\ \cdots$$

本节内容在第 8 章还会详细讨论。

## 3.2.2 维纳模型与哈默斯坦模型

有一类非线性系统，它们可以用互相连接的无记忆非线性增益环节和线性子系统来构建。这样的模型可能有 3 种基本的构造形式：维纳模型、哈默斯坦模型和一般组合模型。这些模型如图 3.2.2 所示。

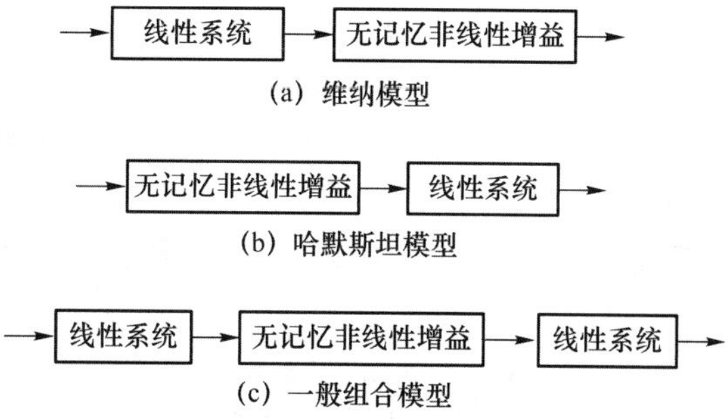


图 3.2.2 3 种模型

哈默斯坦模型的结构如图 3.2.3 所示。

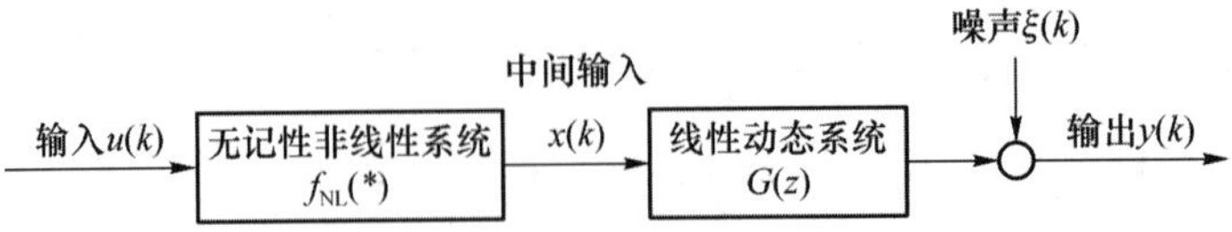


图 3.2.3 哈默斯坦模型的结构

非线性增益环节可用下列的 $N$ 次升幂多项式来近似：

$$f(u)=\gamma_0+\gamma_1 u+\cdots+\gamma_n u^N \tag{3-2-5}$$

而线性系统可用如下差分方程描述：

$$y(k)=\frac{B(p^{-1})}{A(p^{-1})}x(k)+\xi(k) \tag{3-2-6}$$

其中，

$$A(p^{-1})=1+a_1 q^{-1}+\cdots+a_n q^{-n} \tag{3-2-7}$$

$$B(p^{-1})=b_0+b_1 q^{-1}+\cdots+b_n q^{-n} \tag{3-2-8}$$

假定线性系统是稳定的，输出附加噪声 $\xi(k)$ 是零均值的白噪声随机变量。辨识问题就是对于预先选定的 $n$ 和 $N$，根据测量数据序列 $\{u(k),y(k)\}$ 来估计参数 $a_i$、$b_i$、$\gamma_i$。

**注 3.2.1** 不失一般性，将 $\gamma_0$ 设为 1。还要注意的是剩下的各 $\gamma_i$ 将乘以 $B(q^{-1})$ 的各 $b_j$，因此得出乘积 $\gamma_i b_j$。这意味着需要求解一个非线性参数辨识问题。但是，当把这些乘积作为新参数看待时，问题就变成线性的了。

## 3.2.3 NARMAX 模型

下面给出一个非线性差分方程的例子：

$$y(k)=\theta_1 y^2(k-1)+\theta_2 u(k-1)+\theta_3 u(k-1)y(k) \tag{3-2-9}$$

可以看到，$u(k)$ 和 $y(k)$ 既有线性项，也有平方项及交叉乘积项，但是参数 $\theta_i$ 是严格线性的。因此，在这种情况下 $\theta$ 的辨识与线性差分方程中 $\theta$ 的辨识是一样的。

定义

$$\boldsymbol{\theta}=(\theta_1,\theta_2,\theta_3)^{\mathrm{T}}$$

$$\boldsymbol{x}(k)=(y^2(k-1),u(k-1),u(k-1)y(k))^{\mathrm{T}}$$

可以写为

$$y(k)=\boldsymbol{x}^{\mathrm{T}}(k)\boldsymbol{\theta}+\varepsilon(k) \tag{3-2-10}$$

一般来说，一个 NARMAX 模型可以近似为式(3-2-10)。矢量 $\boldsymbol{x}$ 称为近似的基函数，$\boldsymbol{\theta}$ 为待定系数。例如，一个典型的 NARMX 模型是如下的系统：

$$y(k)=f(y(k-1),\cdots,y(0),u(k-1),u(k-2),\cdots,u(0),\boldsymbol{P})+\xi(k-1) \tag{3-2-11}$$

其中，$f(\cdots)$ 为自变量的多元多项式。

然而更广泛存在的情况是，在非线性模型描述中，未知参数可能也是非线性形式。

例如，系统

$$y(k)=\theta_1\sin(\theta_2 k+\theta_3) \tag{3-2-12}$$

该类问题的辨识问题就需要转化为非线性规划问题来实现。

## 3.2.4 神经网络模型

利用神经网络进行系统辨识与控制是当前的研究热点之一。由于神经网络具有强大的学习能力,因此用非线性系统的输入输出数据样本集合可以训练一个神经网络,如前馈(前向)神经网络。一个训练好的神经网络可以充当一个非线性系统模型。

图 3.2.4 所示为一个 3 层前馈神经网络。

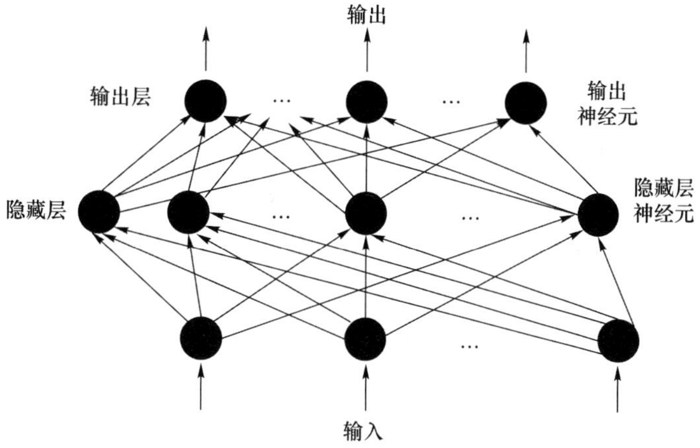


图 3.2.4 一个 3 层前馈神经网络示意图

输入向量为 $\boldsymbol{X}=(x_1,x_2,\cdots,x_i,\cdots,x_n)^{\mathrm{T}}$,如加入 $x_0=-1$,可为隐藏层神经元引入阈值;隐藏层输出向量为 $\boldsymbol{Y}=(y_1,y_2,\cdots,y_j,\cdots,y_m)^{\mathrm{T}}$,如加入 $y_0=-1$,可为输出层神经元引入阈值;输出层输出向量 $\boldsymbol{O}=(o_1,o_2,\cdots,o_k,\cdots,o_r)^{\mathrm{T}}$,期望输出向量为 $\boldsymbol{d}=(d_1,d_2,\cdots,d_k,\cdots,d_r)^{\mathrm{T}}$。输入层到隐藏层之间的权值矩阵用 $\boldsymbol{V}$ 表示,$\boldsymbol{V}=(\boldsymbol{V}_1,\boldsymbol{V}_2,\cdots,\boldsymbol{V}_j,\cdots,\boldsymbol{V}_m)$,其中列向量 $\boldsymbol{V}_j$ 为隐藏层第 $j$ 个神经元对应的权向量;隐藏层到输出层之间的权值矩阵用 $\boldsymbol{W}$ 表示,$\boldsymbol{W}=(\boldsymbol{W}_1,\boldsymbol{W}_2,\cdots,\boldsymbol{W}_K,\cdots,\boldsymbol{W}_r)$,其中列向量 $\boldsymbol{W}_K$ 为输出层第 $k$ 个神经元对应的权向量。它们之间的关系为

$$
\begin{aligned}
O_k &= f(\mathrm{net}_k), \quad k=1,2,\cdots,r \\
\mathrm{net}_k &= \sum_{j=0}^{m} w_{jk} y_j, \quad k=1,2,\cdots,r \\
y_j &= f(\mathrm{net}_j), \quad j=1,2,\cdots,m \\
\mathrm{net}_j &= \sum_{i=0}^{n} v_{ij} x_i, \quad j=1,2,\cdots,m
\end{aligned} \tag{3-2-13}
$$

其中,激活函数为

$$
f(x)=\frac{1}{1+\mathrm{e}^{-x}} \tag{3-2-14}
$$

式(3-2-13)与式(3-2-14)组成一个 3 层前馈神经网络的训练模型,也称多层感知器模型。

## 3.3 时空模型

广义的时空建模包括机理建模与基于数据的统计建模。

如果将一个对象近似看成一个质点，其动力学特性通常可用常微(差)分方程来表述。如果所研究的控制对象的状态变量除了随时间变化，还跟对象点所在的空间位置有关，则这类系统的动力学特性一般要用偏微分方程来表述，如热传导方程、流体力学方程、梁的弹性振动方程等。

在控制领域，由偏微分方程表述的控制系统称为分布参数系统。对于分布参数系统，也有输入端与输出端(依赖位置)，如何利用输入输出端的信息来重建系统的动力学特性，是控制领域的一个重要研究方向，也是人工智能深度学习所要解决的问题之一。

一般来说，分布参数系统的状态变量依赖空间变量与时间变量。例如，在某个时刻，状态在某个空间区域上的信息构成了一张照片，随着采样时间段的变化，就形成了一个照片序列。一种时空建模方法就是要求在所获得照片序列的基础上，利用机器学习等技术，获得系统的动力学模型，详细内容将在第 11 章与第 12 章进行讨论。

## 本章小结

模型类是系统辨识的重要组成部分。本章主要介绍了几类在本书中所要用到的数学模型。数学模型分为线性模型与非线性模型两大类。线性模型又分为参数化模型与非线性参数化模型两类。非线性模型主要介绍了沃尔泰拉模型、维纳模型、哈默斯坦模型、NARMAX 模型、神经网络模型、时空模型等。

## 本章参考文献


[1] Billings S A. Nonlinear System Identification : NARMAX Methods in the Time, Frequency, and Spatio-temporal Domains[M]. New York:John Wiley & Sons, 2013.

[2] Eykhoff P. System Identification-Parameter and State Estimation[M]. New York: John Wiley & Sons, 1974.

[3] Ljung L. System Identification: Theory for the User[M]. Englewood Cliffs, NJ: Prentice-Hall, 1999.

[4] Liu G P. Nonlinear Identification and Control: A Neural Network Approach[M]. Berlin:Springer-Verlag, 2001.

[5] Södeström T,Stoica P. System Identification[M]. London: Prentice-Hall, 1989.

[6] Schetzen M. The Volterra and Wiener Theories of Nonlinear System[M]. New York: John Wiley & Sons, 1980.

[7] 王佳璆,邓敏,程涛,等.时空序列数据分析和建模[M].北京:科学出版社, 2012.

[8] 郑大钟,赵千川.线性系统理论基本教程[M].北京:清华大学出版社,2022.

# 本章习题

1. 参数化模型与非参数化模型各有什么优缺点?

2. 已知热电偶的输出电势 $E$ 可用下列模型描述:

$$E=\alpha t+\frac{1}{2}\beta t^2$$

其中:$t$ 为热电偶冷热端之间的温差;$\alpha$ 和 $\beta$ 为模型参数。试将热电偶输出电势模型化成关于参数 $\alpha$ 和 $\beta$ 的线性函数。

3. 已知平面上的一条二次曲线的方程为

$$ax^2+bxy+cy^2+dx+ey+f=0$$

式中:$(x,y)$ 为平面测量数据点的横、纵坐标;$(a,b,c,d,e,f)$ 为方程的参数。试写出关于参数的线性方程。

4. 假设系统的初值为零,输入为单位脉冲,写出系统的输入输出权模型:

(1) $\dfrac{s+1}{s(s+2)}$;

(2) $\dfrac{s+1}{s^2+5s+6}$。

5. 假设系统的初值为零,输入为单位脉冲,写出系统的输入输出权模型:

(1) $\dfrac{1}{z^{-2}+z^{-1}+2}$;

(2) $\dfrac{z^{-1}+5}{z^{-2}+3z^{-1}+2}$。

6. 已知状态方程:

$$\begin{cases}\dot{x}_1=x_2\\ \dot{x}_2=-x_2-2x_1+u\end{cases}$$

假设 $x_1(0)=x_2(0)=0$,采样周期 $T=2$,写出系统的离散状态方程,并计算离散传递函数。

7. 将如下系统变成 $z$ 变换模型:

(1) $\dfrac{1}{s+2}$;

(2) $\dfrac{s^2+1}{s^2+5s+6}$。

8. 已知状态方程:

$$\begin{cases}\dot{x}_1=x_2\\ \dot{x}_2=-x_2-2x_1+u\end{cases}$$

$$y=4x_1$$

假设 $x_1(0)=x_2(0)=0$,采样周期 $T=2$,写出系统的近似离散方程,并计算离散传递函数。

9. 已知一个离散状态方程:

$$\begin{cases}\dot{x}_1(k+1)=x_2(k)\\ \dot{x}_2(k+1)=-2x_2(k)-2x_1(k)+u(k)\end{cases}$$

$$y=2x_1(k)$$

假设 $x_1(0)=x_2(0)=0$,已知采样周期 $T=3$,写出系统的近似连续状态方程。

10. 写出图 3.2.2(a)对应的维纳模型的一个数学描述。

11. 已知线性系统:

$$\dot{\boldsymbol{x}}=\boldsymbol{A}\boldsymbol{x}+\boldsymbol{b}u,\quad \boldsymbol{x}\in\mathbb{R}^n,\quad u\in\mathbb{R},\quad \boldsymbol{x}(0)=\boldsymbol{x}_0$$

$$y=\boldsymbol{C}\boldsymbol{x},\quad y\in\mathbb{R}$$

写出系统的沃尔泰拉模型。

12. 假设一个前向神经网络只有输入层与输出层,激活函数为式(3-2-11),画出该神经网络的连接图并写出该神经网络的数学模型。

# 第4章

# 最小二乘估计

最小二乘法是一种用于处理数据拟合和参数估计问题的数学方法。它由法国数学家勒让德和德国数学家高斯于19世纪初在研究天体测量中分别独立发现。勒让德在1806年发表了一篇论文，提出了最小二乘法的一般形式，并提供了详细的推导和解释。他还介绍了如何使用最小二乘法来拟合方程，并对误差的性质进行了研究。而高斯在1809年系统地阐述了最小二乘法，并将其扩展到非线性情形。

最小二乘法的基本原理是，通过最小化残差的平方和来确定最佳的参数值。残差是指观测值与模型预测值之间的差异。最小二乘法通过调整模型参数，使得这些差异的平方和达到最小。最小二乘法可以应用于线性模型和非线性模型。对于线性模型，最小二乘法可以通过求解正规方程组或使用矩阵运算来得到最优解。对于非线性模型，最小二乘法通常需要使用迭代优化算法进行求解。

## 4.1 一般原理

### 4.1.1 最小二乘估计的算法推导

给定一个观测模型：

$$\boldsymbol{y}=\boldsymbol{H}\boldsymbol{x}+\boldsymbol{v} \tag{4-1-1}$$

其中 $\boldsymbol{y}\in\mathbb{R}^m$ 是量测矢量，$\boldsymbol{x}\in\mathbb{R}^n$ 是待估计参数或矢量，$\boldsymbol{v}\in\mathbb{R}^m$ 是量测误差或噪声，$\boldsymbol{H}\in\mathbb{R}^{m\times n}$ 是常阵，被称为观测矩阵，且 $\boldsymbol{v}$ 与 $\boldsymbol{H}$ 无关。

定义性能指标：

$$J=(\boldsymbol{y}-\boldsymbol{H}\boldsymbol{x})^{\mathrm{T}}(\boldsymbol{y}-\boldsymbol{H}\boldsymbol{x}) \tag{4-1-2}$$

要求一个最优的 $\boldsymbol{x}$ 的估计值 $\hat{\boldsymbol{x}}$，使得 $J$ 达到极小。如果 $\hat{\boldsymbol{x}}$ 存在，则 $\hat{\boldsymbol{x}}$ 称为 $\boldsymbol{x}$ 的最小二乘估计。

(1) 分析求解法

展开指标函数

$$J=(\boldsymbol{y}-\boldsymbol{H}\boldsymbol{x})^{\mathrm{T}}(\boldsymbol{y}-\boldsymbol{H}\boldsymbol{x})=\boldsymbol{y}^{\mathrm{T}}\boldsymbol{y}-\boldsymbol{y}^{\mathrm{T}}\boldsymbol{H}\boldsymbol{x}-\boldsymbol{x}^{\mathrm{T}}\boldsymbol{H}^{\mathrm{T}}\boldsymbol{y}+\boldsymbol{x}^{\mathrm{T}}\boldsymbol{H}^{\mathrm{T}}\boldsymbol{H}\boldsymbol{x} \tag{4-1-3}$$

基于函数极值的必要条件为

$$\frac{\partial J}{\partial \boldsymbol{x}}=2\boldsymbol{H}^{\mathrm{T}}\boldsymbol{H}\boldsymbol{x}-2\boldsymbol{H}^{\mathrm{T}}\boldsymbol{y} \tag{4-1-4}$$

$\hat{\boldsymbol{x}}$ 如果是 $\boldsymbol{x}$ 的最小二乘估计，应满足

$$\left.\frac{\partial J}{\partial \boldsymbol{x}}\right|_{x=\hat{x}}=\boldsymbol{0} \tag{4-1-5}$$

即

$$\boldsymbol{H}^{\mathrm{T}}\boldsymbol{H}\hat{\boldsymbol{x}}-\boldsymbol{H}^{\mathrm{T}}\boldsymbol{y}=\boldsymbol{0} \tag{4-1-6}$$

如果 $\boldsymbol{H}^{\mathrm{T}}\boldsymbol{H}$ 可逆，则

$$\hat{\boldsymbol{x}}=(\boldsymbol{H}^{\mathrm{T}}\boldsymbol{H})^{-1}\boldsymbol{H}^{\mathrm{T}}\boldsymbol{y} \tag{4-1-7}$$

由于

$$\frac{\partial^2 J}{\partial \boldsymbol{x}^2}=2\boldsymbol{H}^{\mathrm{T}}\boldsymbol{H}>\boldsymbol{0} \tag{4-1-8}$$

因此 $\hat{\boldsymbol{x}}$ 使 $J$ 达到极小。

**注 4.1.1** $\boldsymbol{H}^{\mathrm{T}}\boldsymbol{H}$ 可逆的充分必要条件是 $\boldsymbol{H}$ 为列满秩，即 $\mathrm{rank}\ \boldsymbol{H}=n\leqslant m$。

(2) 配方法

对于式(4-1-3)，假设 $\boldsymbol{H}^{\mathrm{T}}\boldsymbol{H}$ 可逆，则

$$J=[\boldsymbol{x}-(\boldsymbol{H}^{\mathrm{T}}\boldsymbol{H})^{-1}\boldsymbol{H}^{\mathrm{T}}\boldsymbol{y}]^{\mathrm{T}}(\boldsymbol{H}^{\mathrm{T}}\boldsymbol{H})[\boldsymbol{x}-(\boldsymbol{H}^{\mathrm{T}}\boldsymbol{H})^{-1}\boldsymbol{H}^{\mathrm{T}}\boldsymbol{y}]+\boldsymbol{y}^{\mathrm{T}}\boldsymbol{y}-\boldsymbol{y}^{\mathrm{T}}\boldsymbol{H}(\boldsymbol{H}^{T}\boldsymbol{H})^{-1}\boldsymbol{H}^{\mathrm{T}}\boldsymbol{y} \tag{4-1-9}$$

因此，

$$\hat{\boldsymbol{x}}=(\boldsymbol{H}^{\mathrm{T}}\boldsymbol{H})^{-1}\boldsymbol{H}^{\mathrm{T}}\boldsymbol{y} \tag{4-1-10}$$

此时 $J$ 达到最小，最小值

$$\min J=\boldsymbol{y}^{\mathrm{T}}\boldsymbol{y}-\boldsymbol{y}^{\mathrm{T}}\boldsymbol{H}(\boldsymbol{H}^{\mathrm{T}}\boldsymbol{H})^{-1}\boldsymbol{H}^{\mathrm{T}}\boldsymbol{y}=\boldsymbol{y}^{\mathrm{T}}(\boldsymbol{y}-\boldsymbol{H}\hat{\boldsymbol{x}}) \tag{4-1-11}$$

综上所述，有如下定理。

**定理 4.1.1** 已知观测模型(4-1-1)和指标(4-1-2)，假设 $\mathrm{rank}\ \boldsymbol{H}=n\leqslant m$，则由 $\boldsymbol{y}$ 所决定的 $\boldsymbol{x}$ 的最小二乘估计为 $\hat{\boldsymbol{x}}=(\boldsymbol{H}^{\mathrm{T}}\boldsymbol{H})^{-1}\boldsymbol{H}^{\mathrm{T}}\boldsymbol{y}$。

### 4.1.2 最小二乘估计的统计特性

如果系统的噪声已知，则可以分析最小二乘法的统计特性。假设 $\boldsymbol{H}$ 与 $\boldsymbol{v}$ 相互统计独立，并且 $\boldsymbol{v}$ 是均值为零的矢量，$\boldsymbol{E}\{\boldsymbol{v}\}=\boldsymbol{0}$，$\boldsymbol{v}$ 的诸分量之间两两相互独立且同分布，即

$$\boldsymbol{E}\{v_i\}=0,i=1,\cdots,m,\quad \boldsymbol{E}\{v_iv_i\}=\sigma^2,\quad \boldsymbol{E}\{v_iv_j\}=0,\quad i\neq j \tag{4-1-12}$$

则

① $\hat{\boldsymbol{x}}$ 是 $\boldsymbol{x}$ 的无偏估计，即

$$\boldsymbol{E}\{\boldsymbol{x}\}=\boldsymbol{E}\{\hat{\boldsymbol{x}}\} \tag{4-1-13}$$

② 参数估计的最小方差为

$$\boldsymbol{E}\{(\boldsymbol{x}-\hat{\boldsymbol{x}})(\boldsymbol{x}-\hat{\boldsymbol{x}})^{\mathrm{T}}\}=\sigma^2(\boldsymbol{H}^{\mathrm{T}}\boldsymbol{H})^{-1} \tag{4-1-14}$$

如果 $\sigma$ 未知，那么 $\sigma$ 的估计值为

$$\hat{\sigma}^2=\frac{1}{m-n}\boldsymbol{E}\{(\boldsymbol{y}-\boldsymbol{H}\hat{\boldsymbol{x}})^{\mathrm{T}}(\boldsymbol{y}-\boldsymbol{H}\hat{\boldsymbol{x}})\} \tag{4-1-15}$$

**证明**:① 对最小二乘取数学期望:

$$
\begin{aligned}
\boldsymbol{E}\{\hat{\boldsymbol{x}}\} &= \boldsymbol{E}\{(\boldsymbol{H}^{\mathrm{T}}\boldsymbol{H})^{-1}\boldsymbol{H}^{\mathrm{T}}\boldsymbol{y}\} \\
&= \boldsymbol{E}\{(\boldsymbol{H}^{\mathrm{T}}\boldsymbol{H})^{-1}\boldsymbol{H}^{\mathrm{T}}(\boldsymbol{Hx}+\boldsymbol{v})\} \\
&= \boldsymbol{E}\{\boldsymbol{x}\}+\boldsymbol{E}\{(\boldsymbol{H}^{\mathrm{T}}\boldsymbol{H})^{-1}\boldsymbol{H}^{\mathrm{T}}\boldsymbol{v}\} \\
&= \boldsymbol{E}\{\boldsymbol{x}\}
\end{aligned}
$$

由于 $\hat{\boldsymbol{x}}$ 关于 $\boldsymbol{y}$ 是线性的,也称其为 $\boldsymbol{x}$ 的线性估计。

② 计算估计误差方差:

$$
\begin{aligned}
\boldsymbol{E}\{(\boldsymbol{x}-\hat{\boldsymbol{x}})(\boldsymbol{x}-\hat{\boldsymbol{x}})^{\mathrm{T}}\} &= \boldsymbol{E}\{[\boldsymbol{x}-(\boldsymbol{H}^{\mathrm{T}}\boldsymbol{H})^{-1}\boldsymbol{H}^{\mathrm{T}}\boldsymbol{y}][\boldsymbol{x}-(\boldsymbol{H}^{\mathrm{T}}\boldsymbol{H})^{-1}\boldsymbol{H}^{\mathrm{T}}\boldsymbol{y}]^{\mathrm{T}}\} \\
&= \boldsymbol{E}\{[\boldsymbol{x}-(\boldsymbol{H}^{\mathrm{T}}\boldsymbol{H})^{-1}\boldsymbol{H}^{\mathrm{T}}(\boldsymbol{Hx}+\boldsymbol{v})][\boldsymbol{x}-(\boldsymbol{H}^{\mathrm{T}}\boldsymbol{H})^{-1}\boldsymbol{H}^{\mathrm{T}}(\boldsymbol{Hx}+\boldsymbol{v})]^{\mathrm{T}}\} \\
&= \boldsymbol{E}\{[(\boldsymbol{H}^{\mathrm{T}}\boldsymbol{H})^{-1}\boldsymbol{H}^{\mathrm{T}}\boldsymbol{v}][(\boldsymbol{H}^{\mathrm{T}}\boldsymbol{H})^{-1}\boldsymbol{H}^{\mathrm{T}}\boldsymbol{v}]^{\mathrm{T}}\} \\
&= (\boldsymbol{H}^{\mathrm{T}}\boldsymbol{H})^{-1}\boldsymbol{H}^{\mathrm{T}}\boldsymbol{E}\{\boldsymbol{vv}^{\mathrm{T}}\}\boldsymbol{H}(\boldsymbol{H}^{\mathrm{T}}\boldsymbol{H})^{-1} \\
&= \sigma^2(\boldsymbol{H}^{\mathrm{T}}\boldsymbol{H})^{-1}
\end{aligned}
$$

$$
\begin{aligned}
\boldsymbol{y}-\boldsymbol{H}\hat{\boldsymbol{x}} &= \boldsymbol{y}-\boldsymbol{H}(\boldsymbol{H}^{\mathrm{T}}\boldsymbol{H})^{-1}\boldsymbol{H}^{\mathrm{T}}\boldsymbol{y} \\
&= [\boldsymbol{I}-\boldsymbol{H}(\boldsymbol{H}^{\mathrm{T}}\boldsymbol{H})^{-1}\boldsymbol{H}^{\mathrm{T}}](\boldsymbol{Hx}+\boldsymbol{v}) \\
&= [\boldsymbol{I}-\boldsymbol{H}(\boldsymbol{H}^{\mathrm{T}}\boldsymbol{H})^{-1}\boldsymbol{H}^{\mathrm{T}}]\boldsymbol{v}
\end{aligned}
$$

于是

$$
\begin{aligned}
&(\boldsymbol{y}-\boldsymbol{H}\hat{\boldsymbol{x}})^{\mathrm{T}}(\boldsymbol{y}-\boldsymbol{H}\hat{\boldsymbol{x}}) \\
&= \boldsymbol{v}^{\mathrm{T}}[\boldsymbol{I}-\boldsymbol{H}(\boldsymbol{H}^{\mathrm{T}}\boldsymbol{H})^{-1}\boldsymbol{H}^{\mathrm{T}}]^{\mathrm{T}}[\boldsymbol{I}-\boldsymbol{H}(\boldsymbol{H}^{\mathrm{T}}\boldsymbol{H})^{-1}\boldsymbol{H}^{\mathrm{T}}]\boldsymbol{v} \\
&= \boldsymbol{v}^{\mathrm{T}}[\boldsymbol{I}-\boldsymbol{H}(\boldsymbol{H}^{\mathrm{T}}\boldsymbol{H})^{-1}\boldsymbol{H}^{\mathrm{T}}]\boldsymbol{v}
\end{aligned}
$$

对上述两边求数学期望:

$$
\begin{aligned}
&\boldsymbol{E}\{(\boldsymbol{y}-\boldsymbol{H}\hat{\boldsymbol{x}})^{\mathrm{T}}(\boldsymbol{y}-\boldsymbol{H}\hat{\boldsymbol{x}})\} \\
&= \boldsymbol{E}\{\mathrm{tr}(\boldsymbol{y}-\boldsymbol{H}\hat{\boldsymbol{x}})(\boldsymbol{y}-\boldsymbol{H}\hat{\boldsymbol{x}})^{\mathrm{T}}\} \\
&= \boldsymbol{E}\{\mathrm{tr}[\boldsymbol{v}^{\mathrm{T}}(\boldsymbol{I}-\boldsymbol{H}(\boldsymbol{H}^{\mathrm{T}}\boldsymbol{H})^{-1}\boldsymbol{H}^{\mathrm{T}})\boldsymbol{v}]\} \\
&= \boldsymbol{E}\{\mathrm{tr}[(\boldsymbol{I}-\boldsymbol{H}(\boldsymbol{H}^{\mathrm{T}}\boldsymbol{H})^{-1}\boldsymbol{H}^{\mathrm{T}})\boldsymbol{vv}^{\mathrm{T}}]\} \\
&= \mathrm{tr}\{(\boldsymbol{I}-\boldsymbol{H}(\boldsymbol{H}^{\mathrm{T}}\boldsymbol{H})^{-1}\boldsymbol{H}^{\mathrm{T}})\}\boldsymbol{E}\{\boldsymbol{vv}^{\mathrm{T}}\} \\
&= \sigma^2\,\mathrm{tr}\{\boldsymbol{I}-\boldsymbol{H}(\boldsymbol{H}^{\mathrm{T}}\boldsymbol{H})^{-1}\boldsymbol{H}^{\mathrm{T}}\} \\
&= \sigma^2(m-\mathrm{tr}\{(\boldsymbol{H}^{\mathrm{T}}\boldsymbol{H})^{-1}\boldsymbol{H}^{\mathrm{T}}\boldsymbol{H})\} \\
&= \sigma^2(m-n)
\end{aligned}
$$

因此,如果 $\sigma$ 未知,那么

$$
\hat{\sigma}^2=\frac{1}{m-n}\boldsymbol{E}\{(\boldsymbol{y}-\boldsymbol{H}\hat{\boldsymbol{x}})^{\mathrm{T}}(\boldsymbol{y}-\boldsymbol{H}\hat{\boldsymbol{x}})\}
$$

**例 4.1.1** 曲线拟合问题。

假设一个质点在平面上运动,在运动中测得坐标分别为$(x_1,y_1)$,$(x_2,y_2)$,$\cdots$,$(x_m,y_m)$,试求该质点在平面上运动曲线的近似方程。

**解**:因为任何一条光滑的曲线都可以用一个多项式逼近,所以我们假设该曲线方程是

$$
y=a_0+a_1x+a_2x^2+\cdots+a_nx^n
$$

其中,$a_i(i=0,\cdots,n)$是待定的系数。

假设 $y=f(x)$是真实的曲线,对于给定的量测坐标:

$$y_1=a_0+a_1x_1+\cdots+a_nx_1^n+v_1$$
$$\vdots$$
$$y_m=a_0+a_1x_m+\cdots+a_nx_m^n+v_m$$

记

$$\boldsymbol{y}=\begin{pmatrix}y_1\\ \vdots\\ y_m\end{pmatrix},\quad \boldsymbol{H}=\begin{pmatrix}1 & x_1 & \cdots & x_1^n\\ \vdots & \vdots & & \vdots\\ 1 & x_m & \cdots & x_m^n\end{pmatrix},\quad \boldsymbol{x}=\begin{pmatrix}a_0\\ \vdots\\ a_n\end{pmatrix},\quad \boldsymbol{v}=\begin{pmatrix}v_1\\ \vdots\\ v_m\end{pmatrix}$$

因此

$$\boldsymbol{y}=\boldsymbol{Hx}+\boldsymbol{v}$$

令辨识指标为

$$J=\sum_{i=1}^{m}\left(y_i-\sum_{j=0}^{n}a_jx_i^j\right)^2$$

如果 rank $\boldsymbol{H}=n+1\leqslant m$，则

$$\hat{\boldsymbol{x}}=(\boldsymbol{H}^{\mathrm{T}}\boldsymbol{H})^{-1}\boldsymbol{H}^{\mathrm{T}}\boldsymbol{y}$$

特别地，当 $n=1$ 时，$y=a_0+a_1x$。

$$\boldsymbol{H}=\begin{pmatrix}1 & x_1\\ \vdots & \vdots\\ 1 & x_m\end{pmatrix},\quad \boldsymbol{H}^{\mathrm{T}}\boldsymbol{H}=\begin{pmatrix}m & \sum_{i=1}^{m}x_i\\ \sum_{i=1}^{m}x_i & \sum_{i=1}^{m}x_i^2\end{pmatrix}$$

$$(\boldsymbol{H}^{\mathrm{T}}\boldsymbol{H})^{-1}=\frac{1}{m\left(\sum_{i=1}^{m}x_i^2\right)-\left(\sum_{i=1}^{m}x_i\right)^2}\begin{pmatrix}\sum_{i=1}^{m}x_i^2 & -\sum_{i=1}^{m}x_i\\ -\sum_{i=1}^{m}x_i & m\end{pmatrix},\quad \boldsymbol{H}^{\mathrm{T}}\boldsymbol{y}=\begin{pmatrix}\sum_{i=1}^{m}y_i\\ \sum_{i=1}^{m}x_iy_i\end{pmatrix}$$

$$a_0=\frac{1}{m\left(\sum_{i=1}^{m}x_i^2\right)-\left(\sum_{i=1}^{m}x_i\right)^2}\left(\sum_{i=1}^{m}x_i^2\sum_{i=1}^{m}y_i-\sum_{i=1}^{m}x_i\sum_{i=1}^{m}x_iy_i\right)$$

$$a_1=\frac{1}{m\left(\sum_{i=1}^{m}x_i^2\right)-\left(\sum_{i=1}^{m}x_i\right)^2}\left(-\sum_{i=1}^{m}x_i\sum_{i=1}^{m}x_i+m\sum_{i=1}^{m}x_iy_i\right)$$

当 $m=2$ 时，$a_0=\dfrac{y_2x_1-y_1x_2}{x_1-x_2}$，$a_1=\dfrac{y_1-y_2}{x_1-x_2}$。

**例 4.1.2** ARX 系统参数估计问题。

假设有一个单输入单输出系统：

$$\begin{aligned}&y(t)+\alpha_1y(t-1)+\alpha_2y(t-2)+\cdots+\alpha_ny(t-n)\\ &=\beta_1u(t-1)+\beta_2u(t-2)+\cdots+\beta_nu(t-n)+e(t)\end{aligned}$$

其中，$y(t)$是输出，$u(t)$是输入，$e(t)$是噪声，$\alpha_i(i=1,\cdots,n)$、$\beta_j(j=1,\cdots,n)$为待定参数。

问题：利用外部数据辨识 $\alpha_i$、$\beta_j$。

**解**：设一共采样了 $N$ 次系统的输入与输出，构成下列矢量：

$$\boldsymbol{y}=\begin{pmatrix} y(n+1) \\ y(n+2) \\ \vdots \\ y(n+N) \end{pmatrix},\quad \boldsymbol{\theta}=\begin{pmatrix} \alpha_1 \\ \vdots \\ \alpha_n \\ \beta_1 \\ \vdots \\ \beta_n \end{pmatrix},\quad \boldsymbol{e}=\begin{pmatrix} e(n+1) \\ e(n+2) \\ \vdots \\ e(n+N) \end{pmatrix}$$

$$\boldsymbol{H}=\begin{pmatrix} -y(n) & -y(n-1) & \cdots & -y(1) & u(n) & u(n-1) & \cdots & u(1) \\ -y(n+1) & -y(n) & \cdots & -y(2) & u(n+1) & u(n) & \cdots & u(2) \\ \vdots & \vdots & & \vdots & \vdots & \vdots & & \vdots \\ -y(n+N-1) & -y(n+N-2) & \cdots & -y(N) & u(n+N-1) & u(n+N-2) & \cdots & u(N) \end{pmatrix}$$

因此

$$\boldsymbol{y}=\boldsymbol{H}\boldsymbol{\theta}+\boldsymbol{e}$$

定义指标：

$$J=\sum_{i=1}^{N} e^2(n+i)$$

$\boldsymbol{H}$ 应保证列满秩，即 $\operatorname{rank}\boldsymbol{H}=2n\leqslant N$，则 $\boldsymbol{\theta}$ 的最小二乘估计为

$$\hat{\boldsymbol{\theta}}=(\boldsymbol{H}^{\mathrm{T}}\boldsymbol{H})^{-1}\boldsymbol{H}^{\mathrm{T}}\boldsymbol{y}$$

## 4.2 加权最小二乘估计和马尔柯夫估计

考虑观测模型：

$$\boldsymbol{y}=\boldsymbol{H}\boldsymbol{x}+\boldsymbol{v},\quad \boldsymbol{y}\in\mathbb{R}^m,\quad \boldsymbol{x}\in\mathbb{R}^n \tag{4-2-1}$$

诸变量意义同前。

由于测量数据本身误差各异，因此可以在性能指标中取加权，取加权之后的性能指标为

$$J=(\boldsymbol{y}-\boldsymbol{H}\boldsymbol{x})^{\mathrm{T}}\boldsymbol{\Sigma}(\boldsymbol{y}-\boldsymbol{H}\boldsymbol{x}) \tag{4-2-2}$$

其中，$\boldsymbol{\Sigma}$ 是 $m\times m$ 的对称正定矩阵，也称加权矩阵。

同样假设 $\operatorname{rank}\boldsymbol{H}=n\leqslant m$。

问题：给定观测数据 $\boldsymbol{y}$，求使 $J$ 达到最小的 $\boldsymbol{x}$ 的估计，记为 $\hat{\boldsymbol{x}}_w$，$\hat{\boldsymbol{x}}_w$ 称为 $\boldsymbol{x}$ 的加权最小二乘估计。

由

$$\left.\frac{\partial J}{\partial \boldsymbol{x}}\right|_{\hat{\boldsymbol{x}}_w}=0$$

$$\Rightarrow -2\boldsymbol{H}^{\mathrm{T}}\boldsymbol{\Sigma}(\boldsymbol{y}-\boldsymbol{H}\boldsymbol{x})\Big|_{\hat{\boldsymbol{x}}_w}=\boldsymbol{0}$$

得

$$\hat{\boldsymbol{x}}_w=(\boldsymbol{H}^{\mathrm{T}}\boldsymbol{\Sigma}\boldsymbol{H})^{-1}\boldsymbol{H}^{\mathrm{T}}\boldsymbol{\Sigma}\boldsymbol{y} \tag{4-2-3}$$

由于 $\partial^2 J/\partial \boldsymbol{x}^2=2\boldsymbol{H}^{\mathrm{T}}\boldsymbol{\Sigma}\boldsymbol{H}>0$，因此 $\hat{\boldsymbol{x}}_w$ 使 $J$ 达到极小，事实上，由于 $\boldsymbol{\Sigma}$ 对称正定，存在非奇异 $\boldsymbol{C}\in\mathbb{R}^{m\times n}$，$\boldsymbol{\Sigma}=\boldsymbol{C}^{\mathrm{T}}\boldsymbol{C}$，因此

$$J=(\boldsymbol{y}-\boldsymbol{Hx})^{\mathrm{T}}\boldsymbol{C}^{\mathrm{T}}\boldsymbol{C}(\boldsymbol{y}-\boldsymbol{Hx})=(\boldsymbol{Cy}-\boldsymbol{CHx})^{\mathrm{T}}(\boldsymbol{Cy}-\boldsymbol{CHx}) \tag{4-2-4}$$

若记量测模型为 $\boldsymbol{Cy}=\boldsymbol{CHx}+\boldsymbol{Cv}$，则加权最小二乘估计就变成了一般意义下的最小二乘估计。由

$$\hat{\boldsymbol{x}}_w=(\boldsymbol{H}^{\mathrm{T}}\boldsymbol{C}^{\mathrm{T}}\boldsymbol{CH})^{-1}\boldsymbol{H}^{\mathrm{T}}\boldsymbol{C}^{\mathrm{T}}\boldsymbol{Cy}=(\boldsymbol{H}^{\mathrm{T}}\boldsymbol{\Sigma H})^{-1}\boldsymbol{H}^{\mathrm{T}}\boldsymbol{\Sigma y}$$

这就是式(4-2-3)。如果 $\boldsymbol{\Sigma}=\boldsymbol{I}$，就是 4.1 节一般意义下的表达式。

**马尔柯夫估计**：假设 $\boldsymbol{v}$ 的均值为 $\boldsymbol{0}$，$\boldsymbol{E}\{v_i\}=0, i=1,\cdots,m$，$\boldsymbol{v}$ 的协方差阵为

$$\boldsymbol{E}\{\boldsymbol{vv}^{\mathrm{T}}\}=\boldsymbol{R},\quad \boldsymbol{R}>0$$

如果 $\boldsymbol{\Sigma}=\boldsymbol{R}^{-1}$，则

$$\hat{\boldsymbol{x}}_w=(\boldsymbol{H}^{\mathrm{T}}\boldsymbol{R}^{-1}\boldsymbol{H})^{-1}\boldsymbol{H}^{\mathrm{T}}\boldsymbol{R}^{-1}\boldsymbol{y} \tag{4-2-5}$$

此时称其为 $\boldsymbol{x}$ 的马尔柯夫估计，记为 $\hat{\boldsymbol{x}}_m$。

现在研究 $\hat{\boldsymbol{x}}_w$ 的估计误差 $\tilde{\boldsymbol{x}}_w=\boldsymbol{x}-\hat{\boldsymbol{x}}_w$ 的统计特性，当 $\boldsymbol{H}$ 与 $\boldsymbol{v}$ 统计上相互独立时，$\hat{\boldsymbol{x}}_w$ 是 $\boldsymbol{x}$ 的无偏估计，即

$$\boldsymbol{E}\{\hat{\boldsymbol{x}}_w\}=\boldsymbol{E}\{\boldsymbol{x}\}$$

验证如下：

$$\begin{aligned}\boldsymbol{E}\{\hat{\boldsymbol{x}}_w\}&=\boldsymbol{E}\{(\boldsymbol{H}^{\mathrm{T}}\boldsymbol{\Sigma H})^{-1}\boldsymbol{H}^{\mathrm{T}}\boldsymbol{\Sigma y}\}\\&=\boldsymbol{E}\{(\boldsymbol{H}^{\mathrm{T}}\boldsymbol{\Sigma H})^{-1}\boldsymbol{H}^{\mathrm{T}}\boldsymbol{\Sigma}(\boldsymbol{Hx}+\boldsymbol{v})\}\\&=\boldsymbol{E}\{\boldsymbol{x}+(\boldsymbol{H}^{\mathrm{T}}\boldsymbol{\Sigma H})^{-1}\boldsymbol{H}^{\mathrm{T}}\boldsymbol{\Sigma v}\}\\&=\boldsymbol{E}\{\boldsymbol{x}\}\end{aligned}$$

**引理 4.2.1(矩阵施瓦兹不等式)** 设有 $\boldsymbol{A}\in\mathbb{R}^{m\times n}$，$\boldsymbol{B}\in\mathbb{R}^{m\times n}$ 的常阵，$m\geqslant n$，$\mathrm{rank}\,\boldsymbol{B}=n$，则

$$\boldsymbol{A}^{\mathrm{T}}\boldsymbol{A}\geqslant(\boldsymbol{A}^{\mathrm{T}}\boldsymbol{B})(\boldsymbol{B}^{\mathrm{T}}\boldsymbol{B})^{-1}(\boldsymbol{B}^{\mathrm{T}}\boldsymbol{A}) \tag{4-2-6}$$

**证明**：取两个 $n$ 维矢量 $\boldsymbol{z}$、$\boldsymbol{u}$，显然

$$(\boldsymbol{Bz}+\boldsymbol{Au})^{\mathrm{T}}(\boldsymbol{Bz}+\boldsymbol{Au})\geqslant 0$$

展开上式得

$$\boldsymbol{z}^{\mathrm{T}}\boldsymbol{B}^{\mathrm{T}}\boldsymbol{Bz}+\boldsymbol{z}^{\mathrm{T}}\boldsymbol{B}^{\mathrm{T}}\boldsymbol{Au}+\boldsymbol{u}^{\mathrm{T}}\boldsymbol{A}^{\mathrm{T}}\boldsymbol{Bz}+\boldsymbol{u}^{\mathrm{T}}\boldsymbol{A}^{\mathrm{T}}\boldsymbol{Au}\geqslant 0$$

由于 $\mathrm{rank}\,\boldsymbol{B}=n$，所以 $\boldsymbol{B}^{\mathrm{T}}\boldsymbol{B}>\boldsymbol{0}$(正定)，可逆。

将以上不等式配方为

$$\begin{aligned}&[\boldsymbol{z}+(\boldsymbol{B}^{\mathrm{T}}\boldsymbol{B})^{-1}\boldsymbol{B}^{\mathrm{T}}\boldsymbol{Au}]^{\mathrm{T}}\boldsymbol{B}^{\mathrm{T}}\boldsymbol{B}[\boldsymbol{z}+(\boldsymbol{B}^{\mathrm{T}}\boldsymbol{B})^{-1}\boldsymbol{B}^{\mathrm{T}}\boldsymbol{Au}]+\\&\boldsymbol{u}^{\mathrm{T}}[\boldsymbol{A}^{\mathrm{T}}\boldsymbol{A}-(\boldsymbol{A}^{\mathrm{T}}\boldsymbol{B})(\boldsymbol{B}^{\mathrm{T}}\boldsymbol{B})^{-1}(\boldsymbol{B}^{\mathrm{T}}\boldsymbol{A})]\boldsymbol{u}\geqslant 0\end{aligned}$$

由于 $\boldsymbol{z}$ 的任意性，令 $\boldsymbol{z}=-(\boldsymbol{B}^{\mathrm{T}}\boldsymbol{B})^{-1}\boldsymbol{B}^{\mathrm{T}}\boldsymbol{Au}$，得

$$\boldsymbol{u}^{\mathrm{T}}(\boldsymbol{A}^{\mathrm{T}}\boldsymbol{A}-(\boldsymbol{A}^{\mathrm{T}}\boldsymbol{B})(\boldsymbol{B}^{\mathrm{T}}\boldsymbol{B})^{-1}(\boldsymbol{B}^{\mathrm{T}}\boldsymbol{A}))\boldsymbol{u}\geqslant 0$$

由于 $u$ 的任意性，所以

$$\boldsymbol{A}^{\mathrm{T}}\boldsymbol{A}\geqslant(\boldsymbol{A}^{\mathrm{T}}\boldsymbol{B})(\boldsymbol{B}^{\mathrm{T}}\boldsymbol{B})^{-1}(\boldsymbol{B}^{\mathrm{T}}\boldsymbol{A})$$

**定理 4.2.1** 在所有的加权最小二乘估计中，马尔柯夫估计的方差最小，所以也称马尔柯夫估计为线性最小方差估计。

**证明**：令 $\hat{\boldsymbol{x}}_w$ 为任意一个加权最小二乘估计，$\tilde{\boldsymbol{x}}_w=\boldsymbol{x}-\hat{\boldsymbol{x}}_w$，则最小方差为

$$\begin{aligned}&\boldsymbol{E}\{\tilde{\boldsymbol{x}}_w\tilde{\boldsymbol{x}}_w^{\mathrm{T}}\}=\boldsymbol{E}\{[\boldsymbol{x}-\hat{\boldsymbol{x}}_w][\boldsymbol{x}-\hat{\boldsymbol{x}}_w]^{\mathrm{T}}\}\\&=\boldsymbol{E}\{[\boldsymbol{x}-(\boldsymbol{H}^{\mathrm{T}}\boldsymbol{\Sigma H})^{-1}\boldsymbol{H}^{\mathrm{T}}\boldsymbol{\Sigma}(\boldsymbol{Hx}+\boldsymbol{v})][\boldsymbol{x}-(\boldsymbol{H}^{\mathrm{T}}\boldsymbol{\Sigma H})^{-1}\boldsymbol{H}^{\mathrm{T}}\boldsymbol{\Sigma}(\boldsymbol{Hx}+\boldsymbol{v})]^{\mathrm{T}}\}\\&=\boldsymbol{E}\{[(\boldsymbol{H}^{\mathrm{T}}\boldsymbol{\Sigma H})^{-1}\boldsymbol{H}^{\mathrm{T}}\boldsymbol{\Sigma v}][\boldsymbol{v}^{\mathrm{T}}\boldsymbol{\Sigma H}(\boldsymbol{H}^{\mathrm{T}}\boldsymbol{\Sigma H})^{-1}]\}\\&=(\boldsymbol{H}^{\mathrm{T}}\boldsymbol{\Sigma H})^{-1}\boldsymbol{H}^{\mathrm{T}}\boldsymbol{\Sigma E}\{\boldsymbol{vv}^{\mathrm{T}}\}\boldsymbol{\Sigma H}(\boldsymbol{H}^{\mathrm{T}}\boldsymbol{\Sigma H})^{-1}\\&=(\boldsymbol{H}^{\mathrm{T}}\boldsymbol{\Sigma H})^{-1}\boldsymbol{H}^{\mathrm{T}}\boldsymbol{\Sigma R\Sigma H}(\boldsymbol{H}^{\mathrm{T}}\boldsymbol{\Sigma H})^{-1}\end{aligned}$$

而马尔柯夫估计误差的方差为

$$\begin{aligned}&\boldsymbol{E}\{\tilde{\boldsymbol{x}}_m\tilde{\boldsymbol{x}}_m^{\mathrm{T}}\}=\boldsymbol{E}\{(\boldsymbol{x}-\hat{\boldsymbol{x}}_m)(\boldsymbol{x}-\hat{\boldsymbol{x}}_m)^{\mathrm{T}}\}\\=&\boldsymbol{E}\{[\boldsymbol{x}-(\boldsymbol{H}^{\mathrm{T}}\boldsymbol{R}^{-1}\boldsymbol{H})^{-1}\boldsymbol{H}^{\mathrm{T}}\boldsymbol{R}^{-1}\boldsymbol{y}][\boldsymbol{x}-(\boldsymbol{H}^{\mathrm{T}}\boldsymbol{R}^{-1}\boldsymbol{H})^{-1}\boldsymbol{H}^{\mathrm{T}}\boldsymbol{R}^{-1}\boldsymbol{y}]^{\mathrm{T}}\}\\=&\boldsymbol{E}\{[(\boldsymbol{H}^{\mathrm{T}}\boldsymbol{R}^{-1}\boldsymbol{H})^{-1}\boldsymbol{H}^{\mathrm{T}}\boldsymbol{R}^{-1}\boldsymbol{v}][(\boldsymbol{H}^{\mathrm{T}}\boldsymbol{R}^{-1}\boldsymbol{H})^{-1}\boldsymbol{H}^{\mathrm{T}}\boldsymbol{R}^{-1}\boldsymbol{v}]^{\mathrm{T}}\}\\=&(\boldsymbol{H}^{\mathrm{T}}\boldsymbol{R}^{-1}\boldsymbol{H})^{-1}\boldsymbol{H}^{\mathrm{T}}\boldsymbol{R}^{-1}\boldsymbol{E}\{\boldsymbol{v}\boldsymbol{v}^{\mathrm{T}}\}[\boldsymbol{R}^{-1}\boldsymbol{H}(\boldsymbol{H}^{\mathrm{T}}\boldsymbol{R}^{-1}\boldsymbol{H})^{-1}]^{\mathrm{T}}\\=&(\boldsymbol{H}^{\mathrm{T}}\boldsymbol{R}^{-1}\boldsymbol{H})^{-1}\end{aligned}$$

令

$$\boldsymbol{R}=\boldsymbol{C}^{\mathrm{T}}\boldsymbol{C},\quad \boldsymbol{A}=\boldsymbol{C}\boldsymbol{\Sigma}\boldsymbol{H}\,(\boldsymbol{H}^{\mathrm{T}}\boldsymbol{\Sigma}\boldsymbol{H})^{-1},\quad \boldsymbol{B}=\boldsymbol{C}^{-\mathrm{T}}\boldsymbol{H}$$

则

$$\begin{aligned}\boldsymbol{B}^{\mathrm{T}}\boldsymbol{B}&=\boldsymbol{H}^{\mathrm{T}}\boldsymbol{C}^{-1}\boldsymbol{C}^{-\mathrm{T}}\boldsymbol{H}=\boldsymbol{H}^{\mathrm{T}}\boldsymbol{R}^{-1}\boldsymbol{H}=\boldsymbol{E}\{\tilde{\boldsymbol{x}}_m\tilde{\boldsymbol{x}}_m^{\mathrm{T}}\}\\\boldsymbol{A}^{\mathrm{T}}\boldsymbol{A}&=(\boldsymbol{H}^{\mathrm{T}}\boldsymbol{\Sigma}\boldsymbol{H})^{-1}\boldsymbol{H}^{\mathrm{T}}\boldsymbol{\Sigma}\boldsymbol{C}^{\mathrm{T}}\boldsymbol{C}\boldsymbol{\Sigma}\boldsymbol{H}(\boldsymbol{H}^{\mathrm{T}}\boldsymbol{\Sigma}\boldsymbol{H})^{-1}\\&=(\boldsymbol{H}^{\mathrm{T}}\boldsymbol{\Sigma}\boldsymbol{H})^{-1}\boldsymbol{H}^{\mathrm{T}}\boldsymbol{\Sigma}\boldsymbol{R}\boldsymbol{\Sigma}\boldsymbol{H}(\boldsymbol{H}^{\mathrm{T}}\boldsymbol{\Sigma}\boldsymbol{H})^{-1}\\&=\boldsymbol{E}\{\tilde{\boldsymbol{x}}_w\tilde{\boldsymbol{x}}_w^{\mathrm{T}}\}\\\boldsymbol{A}^{\mathrm{T}}\boldsymbol{B}&=(\boldsymbol{H}^{\mathrm{T}}\boldsymbol{\Sigma}\boldsymbol{H})^{-1}\boldsymbol{H}^{\mathrm{T}}\boldsymbol{\Sigma}\boldsymbol{C}^{\mathrm{T}}\boldsymbol{C}^{-\mathrm{T}}\boldsymbol{H}=\boldsymbol{I}\end{aligned}$$

由施瓦兹不等式,可得

$$\boldsymbol{E}\{\tilde{\boldsymbol{x}}_w\tilde{\boldsymbol{x}}_w^{\mathrm{T}}\}\geqslant\boldsymbol{E}\{\tilde{\boldsymbol{x}}_m\tilde{\boldsymbol{x}}_m^{\mathrm{T}}\}$$

所以在所有的加权最小二乘估计中,马尔柯夫估计的方差最小。

## 4.3 递推最小二乘估计

观察如下的例子。

**例 4.3.1** 已知观测模型 $y_i=x+v_i$, $i=1,2,\cdots$,其中,$y_i$ 为第 $i$ 次观测值,$v_i$ 为第 $i$ 次观测误差,假设共有 $n$ 个观测值,由最小二乘估计公式得

$$\hat{x}_n=\frac{1}{n}\sum_{i=1}^{n}y_i$$

如果增加一个观测数据 $y_{n+1}$,则 $x$ 的最小二乘估计为

$$\begin{aligned}\hat{x}_{n+1}&=\frac{1}{n+1}\sum_{i=1}^{n+1}y_i=\frac{1}{n+1}\left(\sum_{i=1}^{n}y_i+y_{n+1}\right)\\&=\frac{1}{n+1}\left(n\cdot\frac{1}{n}\sum_{i=1}^{n}y_i+y_{n+1}\right)\\&=\frac{n}{n+1}\hat{x}_n+\frac{1}{n+1}y_{n+1}\end{aligned}$$

这样就得出一个递推关系式。当 $n\to\infty$ 时,增加的数据对估计不起作用(数据饱和)。

考虑如式(4-1-1)所定义的观测模型(第 $k$ 次观测模型):

$$\boldsymbol{y}_k=\boldsymbol{H}_k\boldsymbol{x}+\boldsymbol{v}_k,\quad \boldsymbol{y}_k\in\mathbb{R}^m,\quad \boldsymbol{x}\in\mathbb{R}^n \tag{4-3-1}$$

其中各变量意义同前。

定义指标函数

$$J_N=\sum_{k=1}^{N}(\boldsymbol{y}_k-\boldsymbol{H}_k\boldsymbol{x})^{\mathrm{T}}(\boldsymbol{y}_k-\boldsymbol{H}_k\boldsymbol{x}) \tag{4-3-2}$$

问题：给定 $\boldsymbol{y}_1,\cdots,\boldsymbol{y}_N$ 个观测数据，求使 $J$ 达到极小的 $\boldsymbol{x}$ 的估计值，记为 $\hat{\boldsymbol{x}}_N$。

记

$$\boldsymbol{y}_{(N)}=\begin{pmatrix}\boldsymbol{y}_1\\ \boldsymbol{y}_2\\ \vdots\\ \boldsymbol{y}_N\end{pmatrix},\quad \boldsymbol{H}_{(N)}=\begin{pmatrix}\boldsymbol{H}_1\\ \boldsymbol{H}_2\\ \vdots\\ \boldsymbol{H}_N\end{pmatrix},\quad \boldsymbol{v}_{(N)}=\begin{pmatrix}\boldsymbol{v}_1\\ \boldsymbol{v}_2\\ \vdots\\ \boldsymbol{v}_N\end{pmatrix}$$

因此

$$\boldsymbol{y}_{(N)}=\boldsymbol{H}_{(N)}\boldsymbol{x}+\boldsymbol{v}_{(N)} \tag{4-3-3}$$

指标函数为

$$J_{(N)}=(\boldsymbol{y}_{(N)}-\boldsymbol{H}_{(N)}\boldsymbol{x})^{\mathrm{T}}(\boldsymbol{y}_{(N)}-\boldsymbol{H}_{(N)}\boldsymbol{x}) \tag{4-3-4}$$

由 4.1 节得出 $\hat{\boldsymbol{x}}_N=(\boldsymbol{H}_{(N)}^{\mathrm{T}}\boldsymbol{H}_{(N)})^{-1}\boldsymbol{H}_{(N)}^{\mathrm{T}}\boldsymbol{y}_{(N)}$，如果增加一个观测数据 $\boldsymbol{y}_{(N+1)}$，并令

$$\boldsymbol{y}_{(N+1)}=\begin{pmatrix}\boldsymbol{y}_{(N)}\\ \boldsymbol{y}_{N+1}\end{pmatrix},\quad \boldsymbol{H}_{(N+1)}=\begin{pmatrix}\boldsymbol{H}_{(N)}\\ \boldsymbol{H}_{N+1}\end{pmatrix},\quad \boldsymbol{v}_{(N+1)}=\begin{pmatrix}\boldsymbol{v}_{(N)}\\ \boldsymbol{v}_{N+1}\end{pmatrix} \tag{4-3-5}$$

则

$$\boldsymbol{y}_{(N+1)}=\boldsymbol{H}_{(N+1)}\boldsymbol{x}+\boldsymbol{v}_{(N+1)} \tag{4-3-6}$$

若令

$$J_{N+1}=(\boldsymbol{y}_{(N+1)}-\boldsymbol{H}_{(N+1)}\boldsymbol{x})^{\mathrm{T}}(\boldsymbol{y}_{(N+1)}-\boldsymbol{H}_{(N+1)}\boldsymbol{x}) \tag{4-3-7}$$

则

$$\begin{aligned}\hat{\boldsymbol{x}}_{N+1}&=(\boldsymbol{H}_{(N+1)}^{\mathrm{T}}\boldsymbol{H}_{(N+1)})^{-1}\boldsymbol{H}_{(N+1)}^{\mathrm{T}}\boldsymbol{y}_{(N+1)}\\ &=\left\{(\boldsymbol{H}_{(N)}^{\mathrm{T}}\quad \boldsymbol{H}_{N+1}^{\mathrm{T}})\begin{pmatrix}\boldsymbol{H}_{(N)}\\ \boldsymbol{H}_{N+1}\end{pmatrix}\right\}^{-1}(\boldsymbol{H}_{(N)}^{\mathrm{T}}\quad \boldsymbol{H}_{N+1}^{\mathrm{T}})\begin{pmatrix}\boldsymbol{y}_{(N)}\\ \boldsymbol{y}_{N+1}\end{pmatrix}\\ &=(\boldsymbol{H}_{(N)}^{\mathrm{T}}\boldsymbol{H}_{(N)}+\boldsymbol{H}_{N+1}^{\mathrm{T}}\boldsymbol{H}_{N+1})^{-1}(\boldsymbol{H}_{(N)}^{\mathrm{T}}\boldsymbol{y}_{(N)}+\boldsymbol{H}_{N+1}^{\mathrm{T}}\boldsymbol{y}_{N+1})\end{aligned} \tag{4-3-8}$$

令

$$\boldsymbol{P}_N^{-1}=(\boldsymbol{H}_{(N)}^{\mathrm{T}}\boldsymbol{H}_{(N)}) \tag{4-3-9}$$

$$\boldsymbol{P}_{N+1}^{-1}=(\boldsymbol{H}_{(N+1)}^{\mathrm{T}}\boldsymbol{H}_{(N+1)}) \tag{4-3-10}$$

所以

$$\boldsymbol{P}_{N+1}=(\boldsymbol{P}_N^{-1}+\boldsymbol{H}_{N+1}^{\mathrm{T}}\boldsymbol{H}_{N+1})^{-1} \tag{4-3-11}$$

**引理 4.3.1(矩阵求逆公式)** 如果矩阵 $\boldsymbol{A}$、$\boldsymbol{C}$ 可逆，$\boldsymbol{B}$、$\boldsymbol{D}$ 为相关维数的矩阵，则有

$$(\boldsymbol{A}+\boldsymbol{BCD})^{-1}=\boldsymbol{A}^{-1}-\boldsymbol{A}^{-1}\boldsymbol{B}(\boldsymbol{C}^{-1}+\boldsymbol{DA}^{-1}\boldsymbol{B})^{-1}\boldsymbol{DA}^{-1} \tag{4-3-12}$$

**证明：**用$(\boldsymbol{A}+\boldsymbol{BCD})$左乘式(4-3-12)两端得

$$\boldsymbol{I}=(\boldsymbol{A}+\boldsymbol{BCD})[\boldsymbol{A}^{-1}-\boldsymbol{A}^{-1}\boldsymbol{B}(\boldsymbol{C}^{-1}+\boldsymbol{DA}^{-1}\boldsymbol{B})^{-1}\boldsymbol{DA}^{-1}]$$

$$\begin{aligned}&(\boldsymbol{A}+\boldsymbol{BCD})[\boldsymbol{A}^{-1}-\boldsymbol{A}^{-1}\boldsymbol{B}(\boldsymbol{C}^{-1}+\boldsymbol{DA}^{-1}\boldsymbol{B})^{-1}\boldsymbol{DA}^{-1}]\\ &=\boldsymbol{I}+\boldsymbol{BCDA}^{-1}-\boldsymbol{B}(\boldsymbol{C}^{-1}+\boldsymbol{DA}^{-1}\boldsymbol{B})^{-1}\boldsymbol{DA}^{-1}-\boldsymbol{BCDA}^{-1}\boldsymbol{B}(\boldsymbol{C}^{-1}+\boldsymbol{DA}^{-1}\boldsymbol{B})^{-1}\boldsymbol{DA}^{-1}\\ &=\boldsymbol{I}+\boldsymbol{BCDA}^{-1}-\boldsymbol{B}[\boldsymbol{I}+\boldsymbol{CDA}^{-1}\boldsymbol{B}][\boldsymbol{C}^{-1}+\boldsymbol{DA}^{-1}\boldsymbol{B}]^{-1}\boldsymbol{DA}^{-1}\\ &=\boldsymbol{I}+\boldsymbol{BCDA}^{-1}-\boldsymbol{BC}[\boldsymbol{C}^{-1}+\boldsymbol{DA}^{-1}\boldsymbol{B}][\boldsymbol{C}^{-1}+\boldsymbol{DA}^{-1}\boldsymbol{B}]^{-1}\boldsymbol{DA}^{-1}\\ &=\boldsymbol{I}+\boldsymbol{BCDA}^{-1}-\boldsymbol{BCDA}^{-1}\\ &=\boldsymbol{I}\end{aligned}$$

将求逆公式应用于矩阵(4-3-11)得

$$\boldsymbol{P}_{N+1}=\boldsymbol{P}_N-\boldsymbol{P}_N\boldsymbol{H}_{N+1}^{\mathrm{T}}(\boldsymbol{I}+\boldsymbol{H}_{N+1}\boldsymbol{P}_N\boldsymbol{H}_{N+1}^{\mathrm{T}})^{-1}\boldsymbol{H}_{N+1}\boldsymbol{P}_N \tag{4-3-13}$$

易验证：$\boldsymbol{P}_{N+1}$、$\boldsymbol{P}_N$ 都是对称矩阵。

令

$$\boldsymbol{K}_{N+1}=\boldsymbol{P}_N\boldsymbol{H}_{N+1}^{\mathrm{T}}(\boldsymbol{I}+\boldsymbol{H}_{N+1}\boldsymbol{P}_N\boldsymbol{H}_{N+1}^{\mathrm{T}})^{-1} \tag{4-3-14}$$

则

$$\begin{aligned}\hat{\boldsymbol{x}}_{N+1}&=\boldsymbol{P}_{N+1}\boldsymbol{H}_{(N+1)}^{\mathrm{T}}\boldsymbol{y}_{(N+1)}\\&=(\boldsymbol{I}-\boldsymbol{K}_{N+1}\boldsymbol{H}_{N+1})\boldsymbol{P}_N(\boldsymbol{H}_{(N+1)}^{\mathrm{T}}\boldsymbol{y}_{(N)}+\boldsymbol{H}_{N+1}^{\mathrm{T}}\boldsymbol{y}_{N+1})\\&=(\boldsymbol{I}-\boldsymbol{K}_{N+1}\boldsymbol{H}_{N+1})(\hat{\boldsymbol{x}}+\boldsymbol{P}_N\boldsymbol{H}_{N+1}^{\mathrm{T}}\boldsymbol{y}_{N+1})\\&=(\boldsymbol{I}-\boldsymbol{K}_{N+1}\boldsymbol{H}_{N+1})\hat{\boldsymbol{x}}+(\boldsymbol{I}-\boldsymbol{K}_{N+1}\boldsymbol{H}_{N+1})\boldsymbol{P}_N\boldsymbol{H}_{N+1}^{\mathrm{T}}\boldsymbol{y}_{N+1}\end{aligned} \tag{4-3-15}$$

注意到

$$\begin{aligned}\boldsymbol{K}_{N+1}&=\boldsymbol{P}_N\boldsymbol{H}_{N+1}^{\mathrm{T}}(\boldsymbol{I}+\boldsymbol{H}_{N+1}\boldsymbol{P}_N\boldsymbol{H}_{N+1}^{\mathrm{T}})^{-1}\\&\Rightarrow\boldsymbol{K}_{N+1}(\boldsymbol{I}+\boldsymbol{H}_{N+1}\boldsymbol{P}_N\boldsymbol{H}_{N+1}^{\mathrm{T}})=\boldsymbol{P}_N\boldsymbol{H}_{N+1}^{\mathrm{T}}\\&\Rightarrow\boldsymbol{K}_{N+1}=\boldsymbol{P}_N\boldsymbol{H}_{(N+1)}^{\mathrm{T}}-\boldsymbol{K}_{N+1}\boldsymbol{H}_{N+1}\boldsymbol{P}_N\boldsymbol{H}_{N+1}^{\mathrm{T}}\\&=(\boldsymbol{I}-\boldsymbol{K}_{N+1}\boldsymbol{H}_{N+1})\boldsymbol{P}_N\boldsymbol{H}_{N+1}^{\mathrm{T}}\end{aligned} \tag{4-3-16}$$

所以

$$\begin{aligned}\hat{\boldsymbol{x}}_{N+1}&=(\boldsymbol{I}-\boldsymbol{K}_{N+1}\boldsymbol{H}_{N+1})\hat{\boldsymbol{x}}_N+\boldsymbol{K}_{N+1}\boldsymbol{y}_{N+1}\\&=\hat{\boldsymbol{x}}_N+\boldsymbol{K}_{N+1}(\boldsymbol{y}_{N+1}-\boldsymbol{H}_{N+1}\hat{\boldsymbol{x}}_N)\end{aligned} \tag{4-3-17}$$

$\boldsymbol{K}_{N+1}$称为递推最小二乘估计的增益矩阵。

总结如下。

**定理 4.3.1** 对于量测系统(4-3-1)及性能指标(4-3-2)，$N$ 是时间指标，则递推最小二乘公式如下：

$$\begin{aligned}&\hat{\boldsymbol{x}}_{N+1}=\hat{\boldsymbol{x}}_N+\boldsymbol{K}_{N+1}(\boldsymbol{y}_{N+1}-\boldsymbol{H}_{N+1}\hat{\boldsymbol{x}}_N)\\&\boldsymbol{K}_{N+1}=\boldsymbol{P}_N\boldsymbol{H}_{(N+1)}^{\mathrm{T}}(\boldsymbol{I}+\boldsymbol{H}_{N+1}\boldsymbol{P}_N\boldsymbol{H}_{(N+1)}^{\mathrm{T}})^{-1}\\&\boldsymbol{P}_{N+1}=(\boldsymbol{I}-\boldsymbol{K}_{N+1}\boldsymbol{H}_{N+1})\boldsymbol{P}_N\end{aligned} \tag{4-3-18}$$

$\boldsymbol{P}_0$、$\hat{\boldsymbol{x}}_0$ 的选择有两种方法。

① 选前 $N$ 个数据，利用最小二乘估计

$$\hat{\boldsymbol{x}}_0=\Big(\sum_{i=-N+1}^{0}\boldsymbol{H}_i^{\mathrm{T}}\boldsymbol{H}_i\Big)^{-1}\sum_{i=-N+1}^{0}\boldsymbol{H}_i^{\mathrm{T}}\boldsymbol{y}_i \tag{4-3-19}$$

$$\boldsymbol{P}_0=\Big(\sum_{i=-N+1}^{0}\boldsymbol{H}_i^{\mathrm{T}}\boldsymbol{H}_i\Big)^{-1} \tag{4-3-20}$$

② 假设$\hat{\boldsymbol{x}}_0=0$，$\boldsymbol{P}_0=\boldsymbol{I}/\varepsilon$，$\varepsilon$ 充分小。

由于

$$\boldsymbol{P}_{N+1}=(\boldsymbol{H}_{(N+1)}^{\mathrm{T}}\boldsymbol{H}_{(N+1)})^{-1}=(\boldsymbol{P}_N^{-1}+\boldsymbol{H}_{N+1}^{\mathrm{T}}\boldsymbol{H}_{N+1})^{-1} \tag{4-3-21}$$

则有

$$\boldsymbol{P}_{N+1}\leqslant\boldsymbol{P}_N \tag{4-3-22}$$

因而$\{\boldsymbol{P}_N\}$是递减的且$\boldsymbol{P}_N\geqslant\boldsymbol{0}$，$\forall N$，有下界，因此$\lim\limits_{N\to\infty}\boldsymbol{P}_N$ 存在，记$\lim\limits_{N\to\infty}\boldsymbol{P}_N=\boldsymbol{P}$。

假设

$$\lim_{N\to\infty}\left(\frac{1}{N}\sum_{i=1}^{N}\boldsymbol{H}_i^{\mathrm{T}}\boldsymbol{H}_i\right)^{-1}=\lim_{N\to\infty}N\left(\sum_{i=1}^{N}\boldsymbol{H}_i^{\mathrm{T}}\boldsymbol{H}_i\right)^{-1}=\boldsymbol{\Gamma} \tag{4-3-23}$$

其中，$\boldsymbol{\Gamma}$ 是常数矩阵，则 $\lim\limits_{N\to\infty}\boldsymbol{P}_N=\boldsymbol{0}$。

另外，

$$\begin{aligned}\hat{\boldsymbol{x}}_N&=(\sum_{i=-N+1}^{N}\boldsymbol{H}_i^{\mathrm{T}}\boldsymbol{H}_i)^{-1}\sum_{i=-N+1}^{N}H_i^{\mathrm{T}}\boldsymbol{y}_i\\&=(\sum_{i=-N+1}^{0}\boldsymbol{H}_i^{\mathrm{T}}\boldsymbol{H}_i+\sum_{i=1}^{N}\boldsymbol{H}_i^{\mathrm{T}}\boldsymbol{H}_i)^{-1}(\sum_{i=-N+1}^{0}\boldsymbol{H}_i^{\mathrm{T}}y_i+\sum_{i=1}^{N}\boldsymbol{H}_i^{\mathrm{T}}\boldsymbol{y}_i)\\&=(\boldsymbol{P}_0^{-1}+\sum_{i=1}^{N}\boldsymbol{H}_i^{\mathrm{T}}\boldsymbol{H}_i)^{-1}(\boldsymbol{P}_0^{-1}\hat{\boldsymbol{x}}_0+\sum_{i=1}^{N}\boldsymbol{H}_i^{\mathrm{T}}\boldsymbol{y}_i)\end{aligned} \tag{4-3-24}$$

如果 $\boldsymbol{P}_0=\boldsymbol{I}/\varepsilon$，$\varepsilon$ 足够小，则 $\boldsymbol{P}_0^{-1}$ 就足够小，$\boldsymbol{P}_0^{-1}\hat{\boldsymbol{x}}_0$ 就变小，因此不妨令 $\hat{\boldsymbol{x}}_0=\boldsymbol{0}$。

假设 $\{\boldsymbol{v}_i\}$ 的均值为 $\boldsymbol{0}$，协方差为 $\boldsymbol{R}_i>0$ 的相互独立的随机序列，这时

$$\begin{aligned}\tilde{\boldsymbol{x}}_N&=\boldsymbol{x}-\hat{\boldsymbol{x}}=\boldsymbol{x}-(\boldsymbol{H}_{(N)}^{\mathrm{T}}\boldsymbol{H}_{(N)})^{-1}\boldsymbol{H}_{(N)}^{\mathrm{T}}\boldsymbol{y}_{(N)}\\&=\boldsymbol{x}-\left(\sum_{i=1}^{N}\boldsymbol{H}_i^{\mathrm{T}}\boldsymbol{H}_i\right)^{-1}\sum_{i=1}^{N}\boldsymbol{H}_i^{\mathrm{T}}(\boldsymbol{H}_i\boldsymbol{x}+\boldsymbol{v}_i)\\&=-(\sum_{i=1}^{N}\boldsymbol{H}_i^{\mathrm{T}}\boldsymbol{H}_i)^{-1}\sum_{i=1}^{N}\boldsymbol{H}_i^{\mathrm{T}}\boldsymbol{v}_i\end{aligned} \tag{4-3-25}$$

如果 $\boldsymbol{H}_i$ 与 $\boldsymbol{v}_i$ 相互独立，则

$$\boldsymbol{E}\{\tilde{\boldsymbol{x}}_N\tilde{\boldsymbol{x}}_N^{\mathrm{T}}\}=\left(\sum_{i=1}^{N}\boldsymbol{H}_i^{\mathrm{T}}\boldsymbol{H}_i\right)^{-1}\sum_{i=1}^{N}\boldsymbol{H}_i^{\mathrm{T}}\boldsymbol{R}_i\boldsymbol{H}_i\left(\sum_{i=1}^{N}\boldsymbol{H}_i^{\mathrm{T}}\boldsymbol{H}_i\right)^{-1}\leqslant\alpha\left(\sum_{i=1}^{N}\boldsymbol{H}_i^{\mathrm{T}}\boldsymbol{H}_i\right)^{-1} \tag{4-3-26}$$

其中，$\alpha$ 为所有 $\boldsymbol{R}_i$ 的最大特征值，$i=1,\cdots,N$。

如果 $\lim\limits_{N\to\infty}\left(\frac{1}{N}\sum\limits_{i=1}^{N}\boldsymbol{H}_i^{\mathrm{T}}\boldsymbol{H}_i\right)^{-1}=\boldsymbol{\Gamma}$ 为常阵，则

$$\lim_{N\to\infty}\left(\sum_{i=1}^{N}\boldsymbol{H}_i^{\mathrm{T}}\boldsymbol{H}_i\right)^{-1}=\lim_{N\to\infty}\frac{1}{N}\left(\frac{1}{N}\sum_{i=1}^{N}\boldsymbol{H}_i^{\mathrm{T}}\boldsymbol{H}_i\right)^{-1}=\boldsymbol{0} \tag{4-3-27}$$

这时 $\lim\limits_{N\to\infty}\boldsymbol{E}\{\tilde{\boldsymbol{x}}_N\tilde{\boldsymbol{x}}_N^{\mathrm{T}}\}=\boldsymbol{0}$。这说明 $\hat{\boldsymbol{x}}_N$ 依概率均方收敛于 $\boldsymbol{x}$，即 $\hat{\boldsymbol{x}}_N$ 是 $\boldsymbol{x}$ 的相容估计。

假设 $\{\boldsymbol{v}_i\}$ 是各态历经的，

$$\tilde{\boldsymbol{x}}_N=-\left(\sum_{i=1}^{N}\boldsymbol{H}_i^{\mathrm{T}}\boldsymbol{H}_i\right)^{-1}\sum_{i=1}^{N}\boldsymbol{H}_i^{\mathrm{T}}\boldsymbol{v}=-\left(\frac{1}{N}\sum_{i=1}^{N}\boldsymbol{H}_i^{\mathrm{T}}\boldsymbol{H}_i\right)^{-1}\frac{1}{N}\sum_{i=1}^{N}\boldsymbol{H}_i^{\mathrm{T}}\boldsymbol{v} \tag{4-3-28}$$

则

$$\lim_{N\to\infty}\tilde{\boldsymbol{x}}_N=-\lim_{N\to\infty}\left(\frac{1}{N}\sum_{i=1}^{N}\boldsymbol{H}_i^{\mathrm{T}}\boldsymbol{H}_i\right)^{-1}\lim_{N\to\infty}\left(\frac{1}{N}\sum_{i=1}^{N}\boldsymbol{H}_i^{\mathrm{T}}\boldsymbol{v}\right)=\boldsymbol{0} \tag{4-3-29}$$

则称 $\hat{\boldsymbol{x}}_N$ 为 $x$ 的强一致收敛估计。

易验证，当 $N\to\infty$ 时，$\lim\limits_{N\to\infty}\boldsymbol{K}_{N+1}=\boldsymbol{0}$。由于

$$\boldsymbol{P}_{N+1}=\boldsymbol{P}_N-\boldsymbol{P}_N\boldsymbol{H}_{N+1}^{\mathrm{T}}(\boldsymbol{H}_{N+1}\boldsymbol{P}_N\boldsymbol{H}_{N+1}^{\mathrm{T}}+\boldsymbol{I})^{-1}\boldsymbol{H}_{N+1}\boldsymbol{P}_N \tag{4-3-30}$$

于是

$$P_{N+1}-P_N=-P_N H_{N+1}^{\mathrm{T}}(H_{N+1}P_N H_{N+1}^{\mathrm{T}}+I)^{-1}H_{N+1}P_N \tag{4-3-31}$$

令

$$\lim_{N\to\infty} P_N = P \tag{4-3-32}$$

可得出

$$\lim_{N\to\infty} P_N H_{N+1}^{\mathrm{T}}(H_{N+1}P_N H_{N+1}^{\mathrm{T}}+I)^{-1}H_{N+1}P_N = 0$$

$$\Rightarrow \lim_{N\to\infty} P_N H_{N+1}^{\mathrm{T}} = 0 \tag{4-3-33}$$

由 $K_{N+1}=P_N H_{(N+1)}^{\mathrm{T}}(I+H_{N+1}P_N H_{N+1}^{\mathrm{T}})^{-1}$ 而 $(I+H_{N+1}+P_N H_{N+1})^{-1}$ 单调递减有下界，可知

$$\lim_{N\to\infty} K_{N+1}=0 \tag{4-3-34}$$

这说明，递推最小二乘估计会出现数据饱和现象。

将递推最小二乘估计改写为

$$\hat{x}_{N+1}=(I-K_{N+1}H_{N+1})\hat{x}_N+K_{N+1}y_{N+1} \tag{4-3-35}$$

因此，递推算法可以看成一个离散线性系统，状态转移矩阵为 $\Phi_N=I-K_{N+1}H_{N+1}$，而 $y_{N+1}$ 则可以看成输入。

**例 4.3.2** 考虑如下的单输入单输出线性、因果且时不变系统：

$$y_k = \sum_{i=0}^{n-1} h_i u_{k-i} + v_k \tag{4-3-36}$$

其中，$y_k$ 为系统的输出，$u_k$ 为系统的输入，$h_i$ 为系统的权函数，$v_k$ 为均值为零、方差为 $\sigma^2$ 的高斯白噪声。要求用递推最小二乘法实现权系数辨识。

**解：**首先令系统的标定权函数为 $\boldsymbol{h}=(0.5,-0.4,0.3)$。输入信号为均值为 0、方差为 1 的随机信号，噪声为均值为零、方差为 0.04 的高斯白噪声。

然后对该系统进行 20 次递推最小二乘辨识，辨识过程中权函数估计值变化如图 4.3.1 所示。

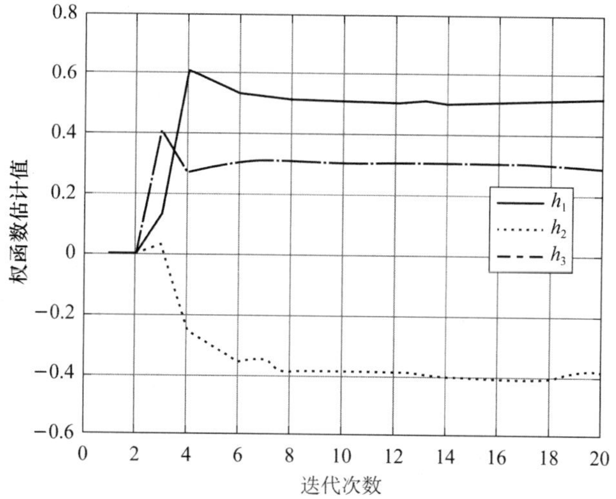


图 4.3.1 系统权函数估计值变化曲线

仿真代码如下所示：

```
% MATLAB代码生成数据
% 初始化参数
h_true = [0.5, -0.4, 0.3]; % 真实权函数
n = length(h_true); % 权函数长度
N = 20; % 样本数量
u = randn(N, 1); % 输入信号(单位阶跃信号)
v = 0.04 * randn(N, 1); % 高斯白噪声

% 生成输出信号
y = filter(h_true, 1, u) + v;

% 递推最小二乘法初始化
theta = zeros(n, 1); % 权函数初始估计
P = eye(n) * 1000; % 协方差矩阵初始值
lambda = 1; % 忘记因子

% 保存每次递推的权函数估计值
theta_history = zeros(N, n);

% 递推最小二乘法
for k = n:N
    phi = u(k:-1:k-n+1); % 回归向量
    K = P * phi / (lambda + phi' * P * phi); % 增益
    theta = theta + K * (y(k) - phi' * theta); % 更新权函数估计
    P = (P - K * phi' * P) / lambda; % 更新协方差矩阵

    % 保存当前估计值
    theta_history(k, :) = theta';
end

% 绘制每个权函数估计值的变化曲线
figure;
hold on;
for i = 1:n
    plot(theta_history(:, i), 'DisplayName', sprintf('h_%d', i));
end
hold off;
xlabel('迭代次数');
ylabel('权函数估计值');
title('递推最小二乘法的权函数估计值变化');
legend show;
grid on;
```

## 4.4 加权递推最小二乘估计

考虑观测模型

$$\boldsymbol{y}_N = \boldsymbol{H}_N \boldsymbol{x} + \boldsymbol{v}_N \tag{4-4-1}$$

各变量定义同式(4-3-1),考察如下性能指标:

$$J_N = \sum_{i=1}^{N} (\boldsymbol{y}_i - \boldsymbol{H}_i \boldsymbol{x})^{\mathrm{T}} \boldsymbol{\Sigma}_i (\boldsymbol{y}_i - \boldsymbol{H}_i \boldsymbol{x}), \quad \boldsymbol{\Sigma}_i > \boldsymbol{0} \tag{4-4-2}$$

定义

$$\boldsymbol{y}_{(N)} = \begin{pmatrix} \boldsymbol{y}_1 \\ \vdots \\ \boldsymbol{y}_N \end{pmatrix}, \quad \boldsymbol{H}_{(N)} = \begin{pmatrix} \boldsymbol{H}_1 \\ \vdots \\ \boldsymbol{H}_N \end{pmatrix}, \quad \boldsymbol{\Sigma}_{(N)} = \begin{pmatrix} \boldsymbol{\Sigma}_1 & \cdots & 0 \\ \vdots & \ddots & \vdots \\ 0 & \cdots & \boldsymbol{\Sigma}_N \end{pmatrix} \tag{4-4-3}$$

则

$$\boldsymbol{y}_{(N)} = \boldsymbol{H}_{(N)} \boldsymbol{x} + \boldsymbol{v}_{(N)} \tag{4-4-4}$$

指标

$$J_N = (\boldsymbol{y}_{(N)} - \boldsymbol{H}_{(N)} \boldsymbol{x})^{\mathrm{T}} \boldsymbol{\Sigma}_{(N)} (\boldsymbol{y}_{(N)} - \boldsymbol{H}_{(N)} \boldsymbol{x}) \tag{4-4-5}$$

根据加权最小二乘估计表达式

$$\hat{\boldsymbol{x}}_N = (\boldsymbol{H}_{(N)}^{\mathrm{T}} \boldsymbol{\Sigma}_{(N)} \boldsymbol{H}_{(N)})^{-1} \boldsymbol{H}_{(N)}^{\mathrm{T}} \boldsymbol{\Sigma}_{(N)} \boldsymbol{y}_{(N)} \tag{4-4-6}$$

同样,对新增的一个观测量 $\boldsymbol{y}_{N+1}$,对应的估计为

$$\hat{\boldsymbol{x}}_{N+1} = (\boldsymbol{H}_{(N+1)}^{\mathrm{T}} \boldsymbol{\Sigma}_{(N+1)} \boldsymbol{H}_{(N+1)})^{-1} \boldsymbol{H}_{(N+1)}^{\mathrm{T}} \boldsymbol{\Sigma}_{(N+1)} \boldsymbol{y}_{(N+1)} \tag{4-4-7}$$

其中,

$$\begin{aligned} \boldsymbol{H}_{(N+1)}^{\mathrm{T}} \boldsymbol{\Sigma}_{(N+1)} \boldsymbol{H}_{(N+1)} &= (\boldsymbol{H}_{(N)}^{\mathrm{T}} \quad \boldsymbol{H}_{N+1}^{\mathrm{T}}) \begin{pmatrix} \boldsymbol{\Sigma}_{(N)} & 0 \\ 0 & \boldsymbol{\Sigma}_{N+1} \end{pmatrix} \begin{pmatrix} \boldsymbol{H}_{(N)} \\ \boldsymbol{H}_{N+1} \end{pmatrix} \\ &= \boldsymbol{H}_{(N)}^{\mathrm{T}} \boldsymbol{\Sigma}_{(N)} \boldsymbol{H}_{(N)} + \boldsymbol{H}_{N+1}^{\mathrm{T}} \boldsymbol{\Sigma}_{N+1} \boldsymbol{H}_{N+1} \end{aligned} \tag{4-4-8}$$

$$\begin{aligned} \boldsymbol{H}_{(N+1)}^{\mathrm{T}} \boldsymbol{\Sigma}_{(N+1)} \boldsymbol{y}_{(N+1)} &= (\boldsymbol{H}_{(N)}^{\mathrm{T}} \quad \boldsymbol{H}_{N+1}^{\mathrm{T}}) \begin{pmatrix} \boldsymbol{\Sigma}_{(N)} & 0 \\ 0 & \boldsymbol{\Sigma}_{N+1} \end{pmatrix} \begin{pmatrix} \boldsymbol{y}_{(N)} \\ \boldsymbol{y}_{N+1} \end{pmatrix} \\ &= \boldsymbol{H}_{(N)}^{\mathrm{T}} \boldsymbol{\Sigma}_{(N)} \boldsymbol{y}_{(N)} + \boldsymbol{H}_{N+1}^{\mathrm{T}} \boldsymbol{\Sigma}_{N+1} \boldsymbol{y}_{N+1} \end{aligned} \tag{4-4-9}$$

令

$$\begin{aligned} \boldsymbol{P}_N &= [\boldsymbol{H}_{(N)}^{\mathrm{T}} \boldsymbol{\Sigma}_{(N)} \boldsymbol{H}_{(N)}]^{-1} \\ \boldsymbol{P}_{N+1} &= [\boldsymbol{H}_{(N+1)}^{\mathrm{T}} \boldsymbol{\Sigma}_{(N+1)} \boldsymbol{H}_{(N+1)}]^{-1} = [\boldsymbol{P}_N^{-1} + \boldsymbol{H}_{N+1}^{\mathrm{T}} \boldsymbol{\Sigma}_{N+1} \boldsymbol{H}_{N+1}]^{-1} \end{aligned} \tag{4-4-10}$$

则

$$\boldsymbol{P}_{N+1}^{-1} = \boldsymbol{P}_N^{-1} + \boldsymbol{H}_{N+1}^{\mathrm{T}} \boldsymbol{\Sigma}_{N+1} \boldsymbol{H}_{N+1} \tag{4-4-11}$$

利用矩阵求逆公式得

$$\boldsymbol{P}_{N+1} = \boldsymbol{P}_N - \boldsymbol{P}_N \boldsymbol{H}_{N+1}^{\mathrm{T}} (\boldsymbol{\Sigma}_{N+1}^{-1} + \boldsymbol{H}_{N+1} \boldsymbol{P}_N \boldsymbol{H}_{N+1}^{\mathrm{T}})^{-1} \boldsymbol{H}_{N+1} \boldsymbol{P}_N \tag{4-4-12}$$

再令

$$\boldsymbol{K}_{N+1}=\boldsymbol{P}_N\boldsymbol{H}_{N+1}^{\mathrm{T}}(\boldsymbol{\Sigma}_{N+1}^{-1}+\boldsymbol{H}_{N+1}\boldsymbol{P}_N\boldsymbol{H}_{N+1}^{\mathrm{T}})^{-1} \tag{4-4-13}$$

则

$$\boldsymbol{P}_{N+1}=(\boldsymbol{I}-\boldsymbol{K}_{N+1}\boldsymbol{H}_{N+1})\boldsymbol{P}_N \tag{4-4-14}$$

因此

$$\begin{aligned}\hat{\boldsymbol{x}}_{N+1}&=\boldsymbol{P}_{N+1}(\boldsymbol{H}_{(N)}^{\mathrm{T}}\boldsymbol{\Sigma}_{(N)}\boldsymbol{y}_{(N)}+\boldsymbol{H}_{N+1}^{\mathrm{T}}\boldsymbol{\Sigma}_{N+1}\boldsymbol{y}_{N+1})\\&=(\boldsymbol{I}-\boldsymbol{K}_{N+1}\boldsymbol{H}_{N+1})\boldsymbol{P}_N(\boldsymbol{H}_{(N)}^{\mathrm{T}}\boldsymbol{\Sigma}_{(N)}\boldsymbol{y}_{(N)}+\boldsymbol{H}_{N+1}^{\mathrm{T}}\boldsymbol{\Sigma}_{N+1}\boldsymbol{y}_{N+1})\\&=(\boldsymbol{I}-\boldsymbol{K}_{N+1}\boldsymbol{H}_{N+1})(\hat{\boldsymbol{x}}_N+\boldsymbol{P}_N\boldsymbol{H}_{N+1}^{\mathrm{T}}\boldsymbol{\Sigma}_{N+1}\boldsymbol{y}_{N+1})\\&=(\boldsymbol{I}-\boldsymbol{K}_{N+1}\boldsymbol{H}_{N+1})\hat{\boldsymbol{x}}_N+(\boldsymbol{I}-\boldsymbol{K}_{N+1}\boldsymbol{H}_{N+1})\boldsymbol{P}_N\boldsymbol{H}_{N+1}^{\mathrm{T}}\boldsymbol{\Sigma}_{N+1}\boldsymbol{y}_{N+1}\end{aligned} \tag{4-4-15}$$

由于

$$\begin{aligned}&(\boldsymbol{I}-\boldsymbol{K}_{N+1}\boldsymbol{H}_{N+1})\boldsymbol{P}_N\boldsymbol{H}_{N+1}^{\mathrm{T}}\boldsymbol{\Sigma}_{N+1}\\&=\boldsymbol{P}_N\boldsymbol{H}_{N+1}^{\mathrm{T}}\boldsymbol{\Sigma}_{N+1}-\boldsymbol{K}_{N+1}\boldsymbol{H}_{N+1}\boldsymbol{P}_N\boldsymbol{H}_{N+1}^{\mathrm{T}}\boldsymbol{\Sigma}_{N+1}\\&=\boldsymbol{P}_N\boldsymbol{H}_{N+1}^{\mathrm{T}}\boldsymbol{\Sigma}_{N+1}-(\boldsymbol{P}_N\boldsymbol{H}_{N+1}^{\mathrm{T}}-\boldsymbol{K}_{N+1}\boldsymbol{\Sigma}_{N+1}^{-1})\boldsymbol{\Sigma}_{N+1}\\&=\boldsymbol{K}_{N+1}\end{aligned} \tag{4-4-16}$$

则

$$\hat{\boldsymbol{x}}_{N+1}=(\boldsymbol{I}-\boldsymbol{K}_{N+1}\boldsymbol{H}_{N+1})\hat{\boldsymbol{x}}_N+\boldsymbol{K}_{N+1}\boldsymbol{y}_{N+1} \tag{4-4-17}$$

或

$$\hat{\boldsymbol{x}}_{N+1}=\hat{\boldsymbol{x}}_N+\boldsymbol{K}_{N+1}(\boldsymbol{y}_{N+1}-\boldsymbol{H}_{N+1}\hat{\boldsymbol{x}}_N) \tag{4-4-18}$$

总结如下。

**定理 4.4.1** 已知观测模型 $\boldsymbol{y}_N=\boldsymbol{H}_N\boldsymbol{x}+\boldsymbol{v}_N$ 以及性能指标：

$$J=\sum_{i=0}^{N}(\boldsymbol{y}_i-\boldsymbol{H}_i\boldsymbol{x})^{\mathrm{T}}\boldsymbol{\Sigma}_i(\boldsymbol{y}_i-\boldsymbol{H}_i\boldsymbol{x}),\quad \boldsymbol{\Sigma}_i>\boldsymbol{0} \tag{4-4-19}$$

则 $\boldsymbol{x}$ 的加权最小二乘估计 $\hat{\boldsymbol{x}}_N$ 的递推关系为

$$\hat{\boldsymbol{x}}_{N+1}=\hat{\boldsymbol{x}}_N+\boldsymbol{K}_{N+1}(\boldsymbol{y}_{N+1}-\boldsymbol{H}_{N+1}\hat{\boldsymbol{x}}_N) \tag{4-4-20a}$$

$$\boldsymbol{K}_{N+1}=\boldsymbol{P}_N\boldsymbol{H}_{N+1}^{\mathrm{T}}(\boldsymbol{\Sigma}_{N+1}^{-1}+\boldsymbol{H}_{N+1}\boldsymbol{P}_N\boldsymbol{H}_{N+1}^{\mathrm{T}})^{-1} \tag{4-4-20b}$$

$$\boldsymbol{P}_{N+1}=(\boldsymbol{I}-\boldsymbol{K}_{N+1}\boldsymbol{H}_{N+1})\boldsymbol{P}_N \tag{4-4-20c}$$

$$\hat{\boldsymbol{x}}_0=0,\quad \boldsymbol{P}_0=\boldsymbol{I}/\varepsilon \tag{4-4-20d}$$

如果 $\{\boldsymbol{v}_i\}$ 是均值为 0 的随机序列，$\boldsymbol{E}\{\boldsymbol{v}_N\boldsymbol{v}_N^{\mathrm{T}}\}=\boldsymbol{R}_N>\boldsymbol{0}$，$\boldsymbol{E}\{\boldsymbol{v}_i\boldsymbol{v}_j^{\mathrm{T}}\}=0$，$i\neq j$，当 $\boldsymbol{\Sigma}_N=\boldsymbol{R}_N^{-1}$ 时，

$$\boldsymbol{K}_{N+1}=\boldsymbol{P}_N\boldsymbol{H}_{N+1}^{\mathrm{T}}(\boldsymbol{R}_{N+1}+\boldsymbol{H}_{N+1}\boldsymbol{P}_N\boldsymbol{H}_{N+1}^{\mathrm{T}})^{-1} \tag{4-4-21}$$

此时所得出的 $\hat{\boldsymbol{x}}_N$ 为 $\boldsymbol{x}$ 的马尔柯夫递推估计。

## 4.5 衰减记忆最小二乘估计

考虑观测模型

$$\boldsymbol{y}_N=\boldsymbol{H}_N\boldsymbol{x}+\boldsymbol{v}_N \tag{4-5-1}$$

变量定义同前，性能指标为

$$J_N=\sum_{i=1}^{N}\lambda^{N-i}(\boldsymbol{y}_i-\boldsymbol{H}_i\boldsymbol{x})^{\mathrm{T}}(\boldsymbol{y}_i-\boldsymbol{H}_i\boldsymbol{x}) \tag{4-5-2}$$

其中,$0<\lambda<1$ 是常数,称为衰减因子。求使得 $J_N$ 达到极小的 $\boldsymbol{x}$ 的估计值。

实际上,此时加权矩阵为

$$\boldsymbol{\Sigma}_{(N)}=\begin{pmatrix}\lambda^{N-1} & 0 & \cdots & 0\\ 0 & \lambda^{N-2} & \cdots & 0\\ 0 & 0 & \cdots & 0\\ 0 & 0 & \cdots & 1\end{pmatrix} \tag{4-5-3}$$

我们除了采用 4.4 节的递推公式,还可以采用如下方式。

定义

$$\bar{\boldsymbol{v}}_{(N)}=(\sqrt{\lambda^{N-1}}\boldsymbol{v}_1,\sqrt{\lambda^{N-2}}\boldsymbol{v}_2,\cdots,\boldsymbol{v}_{N-1})^{\mathrm{T}}=\sqrt{\boldsymbol{\Sigma}_{(N)}}\boldsymbol{v}_{(N)}$$

$$\bar{\boldsymbol{y}}_{(N)}=(\sqrt{\lambda^{N-1}}\boldsymbol{y}_1,\sqrt{\lambda^{N-2}}\boldsymbol{y}_2,\cdots,\boldsymbol{y}_{N-1})^{\mathrm{T}}=\sqrt{\boldsymbol{\Sigma}_{(N)}}\boldsymbol{y}_{(N)}$$

$$\overline{\boldsymbol{H}}_{(N)}=(\sqrt{\lambda^{N-1}}\boldsymbol{H}_1,\sqrt{\lambda^{N-2}}\boldsymbol{H}_2,\cdots,\boldsymbol{H}_{N-1})^{\mathrm{T}}=\sqrt{\boldsymbol{\Sigma}_{(N)}}\boldsymbol{H}_{(N)}$$

则指标为

$$J_N=\sum_{i=1}^{N}\lambda^{N-i}(\boldsymbol{y}_i-\boldsymbol{H}_i\boldsymbol{x})^{\mathrm{T}}(\boldsymbol{y}_i-\boldsymbol{H}_i\boldsymbol{x})=\bar{\boldsymbol{v}}_{(N)}{}^{\mathrm{T}}\bar{\boldsymbol{v}}_{(N)} \tag{4-5-4}$$

那么相应的最小二乘估计为

$$\hat{\boldsymbol{x}}_N=(\overline{\boldsymbol{H}}_{(N)}^{\mathrm{T}}\overline{\boldsymbol{H}}_{(N)})^{-1}\overline{\boldsymbol{H}}_{(N)}^{\mathrm{T}}\bar{\boldsymbol{y}}_{(N)} \tag{4-5-5}$$

对于 $N+1$ 个数组,定义

$$J_{N+1}=\bar{\boldsymbol{v}}_{(N+1)}^{\mathrm{T}}\bar{\boldsymbol{v}}_{(N+1)}=\lambda J_N+\boldsymbol{v}_{N+1}^{\mathrm{T}}\boldsymbol{v}_{N+1}=\begin{pmatrix}\sqrt{\lambda}\bar{\boldsymbol{v}}_{(N)}\\ \boldsymbol{v}_{N+1}\end{pmatrix}^{\mathrm{T}}\begin{pmatrix}\sqrt{\lambda}\bar{\boldsymbol{v}}_{(N)}\\ \boldsymbol{v}_{N+1}\end{pmatrix} \tag{4-5-6}$$

于是由 $J_{N+1}$ 所产生的最小二乘估计为

$$\begin{aligned}\hat{\boldsymbol{x}}_{N+1}&=(\overline{\boldsymbol{H}}_{N+1}^{\mathrm{T}}\overline{\boldsymbol{H}}_{(N+1)})(\overline{\boldsymbol{H}}_{N+1}^{\mathrm{T}}\bar{\boldsymbol{y}}_{(N+1)})\\ &=\left[\begin{pmatrix}\sqrt{\lambda}\boldsymbol{H}_{(N)}\\ \boldsymbol{H}_{N+1}\end{pmatrix}^{\mathrm{T}}\begin{pmatrix}\sqrt{\lambda}\boldsymbol{H}_{(N)}\\ \boldsymbol{H}_{N+1}\end{pmatrix}\right]^{-1}\left[\begin{pmatrix}\sqrt{\lambda}\boldsymbol{H}_{(N)}\\ \boldsymbol{H}_{N+1}\end{pmatrix}^{\mathrm{T}}\begin{pmatrix}\sqrt{\lambda}\boldsymbol{y}_{(N)}\\ \boldsymbol{y}_{N+1}\end{pmatrix}\right]\\ &=(\lambda\boldsymbol{H}_{(N)}^{\mathrm{T}}\boldsymbol{\Sigma}_{(N)}\boldsymbol{H}_{(N)}+\boldsymbol{H}_{N+1}^{\mathrm{T}}\boldsymbol{H}_{N+1})^{-1}(\lambda\boldsymbol{H}_{(N)}^{\mathrm{T}}\boldsymbol{\Sigma}_{(N)}\boldsymbol{Y}_{(N)}+\boldsymbol{H}_{N+1}^{\mathrm{T}}\boldsymbol{y}_{N+1})\\ &=(\lambda\boldsymbol{P}_N+\boldsymbol{H}_{N+1}^{\mathrm{T}}\boldsymbol{H}_{N+1})^{-1}(\lambda\boldsymbol{H}_{(N)}^{\mathrm{T}}\boldsymbol{\Sigma}_{(N)}\boldsymbol{Y}_{(N)}+\boldsymbol{H}_{N+1}^{\mathrm{T}}\boldsymbol{y}_{N+1})\end{aligned} \tag{4-5-7}$$

其中,

$$\boldsymbol{P}_N^{-1}=\boldsymbol{H}_{(N)}^{\mathrm{T}}\boldsymbol{\Sigma}_{(N)}\boldsymbol{H}_{(N)}$$

$$\boldsymbol{P}_{N+1}^{-1}=\boldsymbol{H}_{(N+1)}^{\mathrm{T}}\boldsymbol{\Sigma}_{(N+1)}\boldsymbol{H}_{(N+1)}=\lambda\boldsymbol{P}_N^{-1}+\boldsymbol{H}_{N+1}^{\mathrm{T}}\boldsymbol{H}_{N+1} \tag{4-5-8}$$

则

$$\boldsymbol{P}_{N+1}=(\lambda\boldsymbol{P}_N^{-1}+\boldsymbol{H}_{N+1}^{\mathrm{T}}\boldsymbol{H}_{N+1})^{-1}=\frac{1}{\lambda}\boldsymbol{P}_N-\frac{1}{\lambda}\boldsymbol{P}_N\boldsymbol{H}_{N+1}^{\mathrm{T}}(\lambda\boldsymbol{I}+\boldsymbol{H}_{N+1}\boldsymbol{P}_N\boldsymbol{H}_{N+1}^{\mathrm{T}})^{-1}\boldsymbol{H}_{N+1}\boldsymbol{P}_N \tag{4-5-9}$$

令

$$\boldsymbol{K}_{N+1}=\boldsymbol{P}_N\boldsymbol{H}_{N+1}^{\mathrm{T}}(\lambda\boldsymbol{I}+\boldsymbol{H}_{N+1}\boldsymbol{P}_N\boldsymbol{H}_{N+1}^{\mathrm{T}})^{-1} \tag{4-5-10}$$

可得

$$\begin{aligned}\boldsymbol{P}_{N+1}&=\frac{1}{\lambda}\boldsymbol{P}_N-\frac{1}{\lambda}\boldsymbol{P}_N\boldsymbol{H}_{N+1}^{\mathrm{T}}(\lambda\boldsymbol{I}+\boldsymbol{H}_{N+1}\boldsymbol{P}_N\boldsymbol{H}_{N+1}^{\mathrm{T}})^{-1}\boldsymbol{H}_{N+1}\boldsymbol{P}_N\\&=\frac{1}{\lambda}\boldsymbol{P}_N-\frac{1}{\lambda}\boldsymbol{K}_{N+1}\boldsymbol{H}_{N+1}\boldsymbol{P}_N=\frac{1}{\lambda}(\boldsymbol{I}-\boldsymbol{K}_{N+1}\boldsymbol{H}_{N+1})\boldsymbol{P}_N\end{aligned}\tag{4-5-11}$$

而由式(4-5-10)可得

$$\boldsymbol{K}_{N+1}\boldsymbol{H}_{N+1}\boldsymbol{P}_N\boldsymbol{H}_{N+1}^{\mathrm{T}}=\boldsymbol{P}_N\boldsymbol{H}_{N+1}^{\mathrm{T}}-\lambda\boldsymbol{K}_{N+1}\tag{4-5-12}$$

所以

$$\boldsymbol{K}_{N+1}=\frac{1}{\lambda}(\boldsymbol{I}-\boldsymbol{K}_{N+1}\boldsymbol{H}_{N+1})\boldsymbol{P}_N\boldsymbol{H}_{N+1}^{\mathrm{T}}\tag{4-5-13}$$

因此,利用式(4-5-13)可得

$$\begin{aligned}\hat{\boldsymbol{x}}_{N+1}&=(\lambda\boldsymbol{P}_N^{-1}+\boldsymbol{H}_{N+1}^{\mathrm{T}}\boldsymbol{H}_{N+1})^{-1}(\lambda\boldsymbol{H}_{(N)}\boldsymbol{\Sigma}_{(N)}\boldsymbol{Y}_{(N)}+\boldsymbol{H}_{N+1}^{\mathrm{T}}\boldsymbol{y}_{N+1})\\&=\frac{1}{\lambda}(\boldsymbol{I}-\boldsymbol{K}_{N+1}\boldsymbol{H}_{N+1})\boldsymbol{P}_N(\lambda\boldsymbol{H}_{(N)}\boldsymbol{\Sigma}\boldsymbol{Y}_{(N)}+\boldsymbol{H}_{N+1}^{\mathrm{T}}\boldsymbol{y}_{N+1})\\&=(\boldsymbol{I}-\boldsymbol{K}_{N+1}\boldsymbol{H}_{N+1})\hat{\boldsymbol{x}}_N+\frac{1}{\lambda}(\boldsymbol{I}-\boldsymbol{K}_{N+1}\boldsymbol{H}_{N+1})\boldsymbol{P}_N\boldsymbol{H}_{N+1}^{\mathrm{T}}\boldsymbol{y}_{N+1}\\&=\hat{\boldsymbol{x}}_N-\boldsymbol{K}_{N+1}\boldsymbol{H}_{N+1}\hat{\boldsymbol{x}}_N+\boldsymbol{K}_{N+1}\boldsymbol{y}_{N+1}\\&=\hat{\boldsymbol{x}}_N+\boldsymbol{K}_{N+1}(\boldsymbol{y}_{N+1}-\boldsymbol{H}_{N+1}\hat{\boldsymbol{x}}_N)\end{aligned}\tag{4-5-14}$$

可推出递推公式如下:

$$\begin{aligned}\hat{\boldsymbol{x}}_{N+1}&=\hat{\boldsymbol{x}}_N+\boldsymbol{K}_{N+1}(\boldsymbol{y}_{N+1}-\boldsymbol{H}_{N+1}\hat{\boldsymbol{x}}_N)\\\boldsymbol{K}_{N+1}&=\boldsymbol{P}_N\boldsymbol{H}_{N+1}^{\mathrm{T}}(\lambda\boldsymbol{I}+\boldsymbol{H}_{N+1}\boldsymbol{P}_N\boldsymbol{H}_{N+1}^{\mathrm{T}})^{-1}\\\boldsymbol{P}_{N+1}&=\frac{1}{\lambda}(\boldsymbol{I}-\boldsymbol{K}_{N+1}\boldsymbol{H}_{N+1})\boldsymbol{P}_N\end{aligned}\tag{4-5-15}$$

选取$\hat{\boldsymbol{x}}_0=0$,$\boldsymbol{P}_0=\boldsymbol{I}/\varepsilon$。

**例 4.5.1** 考虑如下的单输入单输出系统:

$$y(k)+a(k)y(k-1)=b(k)u(k-1)+v(k)\tag{4-5-16}$$

其中,$y(k)$为系统的输出,$u(k)$为系统的输入,$v(k)$为均值为 0、方差为 $\sigma^2$ 的高斯白噪声。$a(k)$、$b(k)$具有下列标定值:

$$\begin{cases}a(k)=0.7,\quad b(k)=1.5,\quad k<50\\a(k)=0.4,\quad b(k)=0.9,\quad k\geqslant 50\end{cases}\tag{4-5-17}$$

要求使用衰减记忆最小二乘法估计参数$[a(k),b(k)]$。

**解**:采用衰减记忆最小二乘法来估计单输入单输出系统的两个参数,并检测系统在某个时间点后参数的变化。假设输入信号 $u(k)$是均值为 0、方差为 1 的白噪声,噪声 $v(k)$为零均值的高斯白噪声,方差为 0.1。当残差(预测误差)超过某个检测阈值时,认为系统参数发生了变化,并相应地调整参数估计过程。对于衰减因子 $\lambda=0.5$ 和 $\lambda=0.7$,仿真如下。

当衰减因子 $\lambda=0.5$ 时,输入信号以及辨识结果如图 4.5.1 所示。

当衰减因子 $\lambda=0.7$ 时,输入信号以及辨识结果如图 4.5.2 所示。

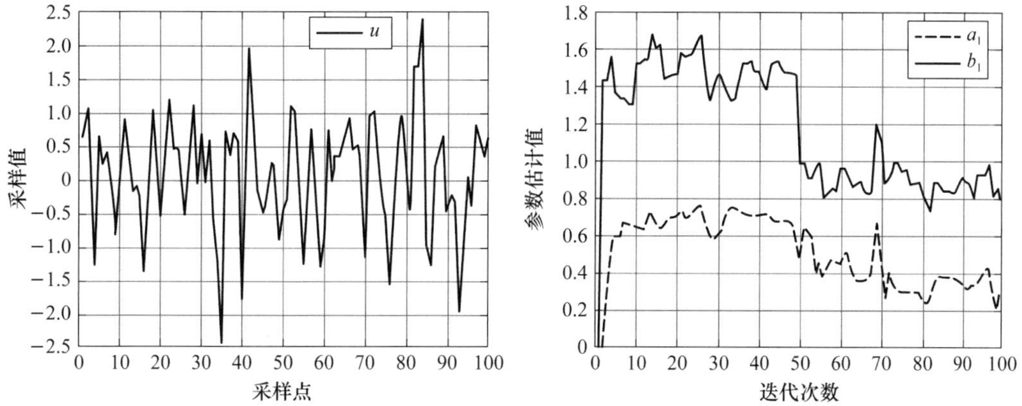


(a) 采样输入序列 (b) 参数变化检测的衰减记忆最小二乘法的参数估计值变化

图 4.5.1 具有噪声污染的一阶系统实时辨识结果($\lambda=0.5$)

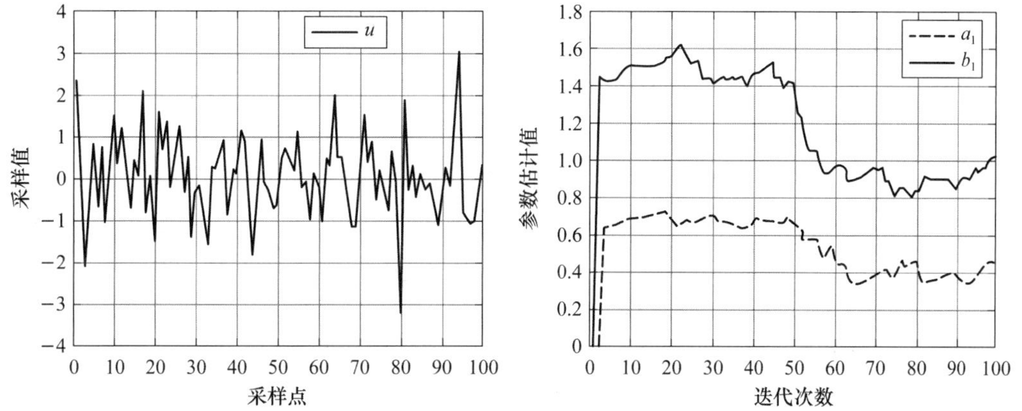


(a) 采样输入序列 (b) 参数变化检测的衰减记忆最小二乘法的参数估计值变化

图 4.5.2 具有噪声污染的一阶系统实时辨识结果($\lambda=0.7$)

从仿真结果可以看出：$\lambda$ 越小，估计值修改得越快，但与此同时估计值受噪声影响就越大；$\lambda$ 越大，则出现相反的效果。

## 4.6 限定记忆最小二乘估计

在辨识过程中，随着时间的推移，采集到的数据越来越多，如果辨识算法对新、旧数据给予相同的信度，那么说明其对新数据中的关注度不够，而且如前面所述，会出现“数据饱和”现象。为了消除“数据饱和”现象，可以采用限定记忆方式或称限定窗的方式。所谓限定记忆，即辨识所引用的数据长度保持不变，参数估计值始终依赖有限个最新数据所提供的信息，每增加一个新数据的信息，就要去掉一个老数据的信息。

考虑一个观测模型(第 $k$ 次观测模型)：

$$\boldsymbol{y}_k=\boldsymbol{H}_k\boldsymbol{x}+\boldsymbol{v}_k,\quad \boldsymbol{y}_k\in\mathbb{R}^m,\boldsymbol{x}\in\mathbb{R}^n \tag{4-6-1}$$

变量意义同前。

记

$$\boldsymbol{Y}_{(1,N)}=\begin{bmatrix}\boldsymbol{y}_1\\ \boldsymbol{y}_2\\ \vdots\\ \boldsymbol{y}_N\end{bmatrix},\quad \boldsymbol{H}_{(1,N)}=\begin{bmatrix}\boldsymbol{H}_1\\ \boldsymbol{H}_2\\ \vdots\\ \boldsymbol{H}_N\end{bmatrix},\quad \boldsymbol{V}_{(1,N)}=\begin{bmatrix}\boldsymbol{v}_1\\ \boldsymbol{v}_2\\ \vdots\\ \boldsymbol{v}_N\end{bmatrix},\quad \boldsymbol{\Sigma}_{(1,N)}=\begin{pmatrix}\boldsymbol{\Sigma}_1 & \cdots & 0\\ \vdots & \ddots & \vdots\\ 0 & \cdots & \boldsymbol{\Sigma}_N\end{pmatrix} \tag{4-6-2}$$

$$\boldsymbol{Y}_{(1,N+1)}=\begin{bmatrix}\boldsymbol{y}_1\\ \boldsymbol{y}_2\\ \vdots\\ \boldsymbol{y}_{N+1}\end{bmatrix},\quad \boldsymbol{H}_{(1,N+1)}=\begin{bmatrix}\boldsymbol{H}_1\\ \boldsymbol{H}_2\\ \vdots\\ \boldsymbol{H}_{N+1}\end{bmatrix},\quad \boldsymbol{V}_{(1,N+1)}=\begin{bmatrix}\boldsymbol{v}_1\\ \boldsymbol{v}_2\\ \vdots\\ \boldsymbol{v}_{N+1}\end{bmatrix},\quad \boldsymbol{\Sigma}_{(1,N+1)}=\begin{pmatrix}\boldsymbol{\Sigma}_1 & \cdots & 0\\ \vdots & \ddots & \vdots\\ 0 & \cdots & \boldsymbol{\Sigma}_{N+1}\end{pmatrix} \tag{4-6-3}$$

$$\boldsymbol{Y}_{(2,N+1)}=\begin{bmatrix}\boldsymbol{y}_2\\ \boldsymbol{y}_3\\ \vdots\\ \boldsymbol{y}_{N+1}\end{bmatrix},\quad \boldsymbol{H}_{(2,N+1)}=\begin{bmatrix}\boldsymbol{H}_2\\ \boldsymbol{H}_3\\ \vdots\\ \boldsymbol{H}_{N+1}\end{bmatrix},\quad \boldsymbol{V}_{(2,N+1)}=\begin{bmatrix}\boldsymbol{v}_2\\ \boldsymbol{v}_3\\ \vdots\\ \boldsymbol{v}_{N+1}\end{bmatrix},\quad \boldsymbol{\Sigma}_{(2,N+1)}=\begin{pmatrix}\boldsymbol{\Sigma}_2 & \cdots & 0\\ \vdots & \ddots & \vdots\\ 0 & \cdots & \boldsymbol{\Sigma}_{N+1}\end{pmatrix} \tag{4-6-4}$$

要求基于数据组(4-6-4)，求 $\boldsymbol{x}$ 的加权最小二乘估计，使得指标函数

$$J_{(2,N+2)}=\sum_{k=2}^{N+1}(\boldsymbol{y}_k-\boldsymbol{H}_k\boldsymbol{x})^{\mathrm{T}}\boldsymbol{\Sigma}_k(\boldsymbol{y}_k-\boldsymbol{H}_k\boldsymbol{x}),\quad \boldsymbol{\Sigma}_k>0 \tag{4-6-5}$$

达到最小。

由第 4.4 节，基于数据组(4-6-4)，$\boldsymbol{x}$ 的加权最小二乘估计 $\hat{\boldsymbol{x}}$ 为

$$\hat{\boldsymbol{x}}_{2,N+1}=(\boldsymbol{H}_{(2,N+1)}^{\mathrm{T}}\boldsymbol{\Sigma}_{(2,N+1)}\boldsymbol{H}_{(2,N+1)})^{-1}\boldsymbol{H}_{(2,N+1)}^{\mathrm{T}}\boldsymbol{\Sigma}_{(2,N+1)}\boldsymbol{Y}_{(2,N+1)} \tag{4-6-6}$$

首先考虑数据组(4-6-3)，由 4.3 节可知，基于 $N+1$ 个数据的 $\hat{\boldsymbol{x}}$ 的递推加权最小二乘估计如 4.4 节式(4-4-20a)～式(4-4-20d)所示。

$$\hat{\boldsymbol{x}}_{1,N+1}=\hat{\boldsymbol{x}}_{1,N}+\boldsymbol{K}_{1,N+1}(\boldsymbol{y}_{N+1}-\boldsymbol{H}_{N+1}\hat{\boldsymbol{x}}_{1,N})$$

$$\boldsymbol{K}_{1,N+1}=\boldsymbol{P}_{1,N}\boldsymbol{H}_{N+1}^{\mathrm{T}}(\boldsymbol{\Sigma}_{N+1}^{-1}+\boldsymbol{H}_{N+1}\boldsymbol{P}_{1,N}\boldsymbol{H}_{N+1}^{\mathrm{T}})^{-1}$$

$$\boldsymbol{P}_{1,N+1}=(\boldsymbol{I}-\boldsymbol{K}_{1,N+1}\boldsymbol{H}_{N+1})\boldsymbol{P}_{1,N}$$

$$\boldsymbol{P}_{1,N}=(\boldsymbol{H}_{(1,N)}^{\mathrm{T}}\boldsymbol{\Sigma}_{(1,N)}\boldsymbol{H}_{(1,N)})^{-1}$$

再回到式(4-6-6)

$$\begin{aligned}\hat{\boldsymbol{x}}_{2,N+1}&=(\boldsymbol{H}_{(2,N+1)}^{\mathrm{T}}\boldsymbol{\Sigma}_{(2,N+1)}\boldsymbol{H}_{(2,N+1)})^{-1}\boldsymbol{H}_{(2,N+1)}^{\mathrm{T}}\boldsymbol{\Sigma}_{(2,N+1)}\boldsymbol{Y}_{(2,N+1)}\\&=(\boldsymbol{H}_{(1,N+1)}^{\mathrm{T}}\boldsymbol{\Sigma}_{(1,N+1)}\boldsymbol{H}_{(1,N+1)}-\boldsymbol{H}_1^{\mathrm{T}}\boldsymbol{\Sigma}_1\boldsymbol{H}_1)^{-1}(\boldsymbol{H}_{(1,N+1)}^{\mathrm{T}}\boldsymbol{\Sigma}_{(1,N+1)}\boldsymbol{Y}_{(1,N+1)}-\boldsymbol{H}_1^{\mathrm{T}}\boldsymbol{\Sigma}_1\boldsymbol{Y}_1)\end{aligned} \tag{4-6-7}$$

令

$$\boldsymbol{P}_{2,N+1}^{-1}=\boldsymbol{H}_{(2,N+1)}^{\mathrm{T}}\boldsymbol{\Sigma}_{(2,N+1)}\boldsymbol{H}_{(2,N+1)} \tag{4-6-8}$$

所以

$$\boldsymbol{P}_{2,N+1}^{-1}=\boldsymbol{P}_{1,N+1}^{-1}-\boldsymbol{H}_1^{\mathrm{T}}\boldsymbol{\Sigma}_1\boldsymbol{H}_1 \tag{4-6-9}$$

对式(4-6-9)利用矩阵求逆公式

$$\boldsymbol{P}_{2,N+1}=\boldsymbol{P}_{1,N+1}+\boldsymbol{P}_{1,N+1}\boldsymbol{H}_1^{\mathrm{T}}(\boldsymbol{\Sigma}_1^{-1}-\boldsymbol{H}_1\boldsymbol{P}_{1,N+1}\boldsymbol{H}_1^{\mathrm{T}})^{-1}\boldsymbol{H}_1\boldsymbol{P}_{1,N+1} \tag{4-6-10}$$

令

$$\boldsymbol{K}_{2,N+1}=\boldsymbol{P}_{1,N+1}\boldsymbol{H}_1^{\mathrm{T}}(\boldsymbol{\Sigma}_1^{-1}-\boldsymbol{H}_1\boldsymbol{P}_{1,N+1}\boldsymbol{H}_1^{\mathrm{T}})^{-1} \tag{4-6-11}$$

则

$$\boldsymbol{K}_{2,N+1}\boldsymbol{H}_1\boldsymbol{P}_{1,N+1}\boldsymbol{H}_1^{\mathrm{T}}=-\boldsymbol{P}_{1,N+1}\boldsymbol{H}_1^{\mathrm{T}}+\boldsymbol{K}_{2,N+1}\boldsymbol{\Sigma}_1^{-1} \tag{4-6-12}$$

所以

$$\boldsymbol{P}_{2,N+1}=(\boldsymbol{I}+\boldsymbol{K}_{2,N+1}\boldsymbol{H}_1)\boldsymbol{P}_{1,N+1} \tag{4-6-13}$$

$$\begin{aligned}\hat{\boldsymbol{x}}_{2,N+1}&=(\boldsymbol{I}+\boldsymbol{K}_{2,N+1}\boldsymbol{H}_1)\boldsymbol{P}_{1,N+1}(\boldsymbol{H}_{(1,N+1)}^{\mathrm{T}}\boldsymbol{\Sigma}_{(1,N+1)}\boldsymbol{Y}_{(1,N+1)}-\boldsymbol{H}_1^{\mathrm{T}}\boldsymbol{\Sigma}_1\boldsymbol{Y}_1)\\&=(\boldsymbol{I}+\boldsymbol{K}_{2,N+1}\boldsymbol{H}_1)(\hat{\boldsymbol{x}}_{1,N+1})-(\boldsymbol{I}+\boldsymbol{K}_{2,N+1}\boldsymbol{H}_1)\boldsymbol{P}_{1,N+1}\boldsymbol{H}_1^{\mathrm{T}}\boldsymbol{\Sigma}_1\boldsymbol{Y}_1\end{aligned} \tag{4-6-14}$$

其中，

$$\begin{aligned}(\boldsymbol{I}+\boldsymbol{K}_{2,N+1}\boldsymbol{H}_1)\boldsymbol{P}_{1,N+1}\boldsymbol{H}_1^{\mathrm{T}}\boldsymbol{\Sigma}_1&=\boldsymbol{P}_{1,N+1}\boldsymbol{H}_1^{\mathrm{T}}\boldsymbol{\Sigma}_1+\boldsymbol{K}_{2,N+1}\boldsymbol{H}_1\boldsymbol{P}_{1,N+1}\boldsymbol{H}_1^{\mathrm{T}}\ \boldsymbol{E}_1\\&=\boldsymbol{P}_{1,N+1}\boldsymbol{H}_1^{\mathrm{T}}\boldsymbol{\Sigma}_1+(-\boldsymbol{P}_{1,N+1}\boldsymbol{H}_1^{\mathrm{T}}+\boldsymbol{K}_{2,N+1}\boldsymbol{\Sigma}_1^{-1})\boldsymbol{\Sigma}_1\\&=\boldsymbol{K}_{2,N+1}\end{aligned} \tag{4-6-15}$$

所以

$$\hat{\boldsymbol{x}}_{2,N+1}=\hat{\boldsymbol{x}}_{1,N+1}-\boldsymbol{K}_{2,N+1}(\boldsymbol{Y}_1-\boldsymbol{H}_1\hat{\boldsymbol{x}}_{1,N+1}) \tag{4-6-16}$$

综上所述，假定输入输出数据窗的长度设为 $N$，则限定记忆最小二乘算法为

$$\hat{\boldsymbol{x}}_{1,N+1}=\hat{\boldsymbol{x}}_{1,N}+\boldsymbol{K}_{1,N+1}(\boldsymbol{y}_{N+1}-\boldsymbol{H}_{N+1}\hat{\boldsymbol{x}}_{1,N}) \tag{4-6-17a}$$

$$\boldsymbol{K}_{1,N+1}=\boldsymbol{P}_{1,N}\boldsymbol{H}_{N+1}^{\mathrm{T}}(\boldsymbol{\Sigma}_{N+1}^{-1}+\boldsymbol{H}_{N+1}\boldsymbol{P}_{1,N}\boldsymbol{H}_{N+1}^{\mathrm{T}})^{-1} \tag{4-6-17b}$$

$$\boldsymbol{P}_{1,N+1}=(\boldsymbol{I}-\boldsymbol{K}_{1,N+1}\boldsymbol{H}_{N+1})\boldsymbol{P}_{1,N} \tag{4-6-17c}$$

$$\boldsymbol{P}_{1,N}=(\boldsymbol{H}_{(1,N)}^{\mathrm{T}}\boldsymbol{\Sigma}_{(1,N)}\boldsymbol{H}_{(1,N)})^{-1} \tag{4-6-17d}$$

为了保持数据窗的长度 $N$，剔除 1 时刻的观测值 $\boldsymbol{y}_1$，于是

$$\hat{\boldsymbol{x}}_{2,N+1}=\hat{\boldsymbol{x}}_{1,N+1}-\boldsymbol{K}_{2,N+2}(\boldsymbol{Y}_1-\boldsymbol{H}_1\hat{\boldsymbol{x}}_{1,N+1}) \tag{4-6-18a}$$

$$\boldsymbol{K}_{2,N+1}=\boldsymbol{P}_{1,N+1}\boldsymbol{H}_1^{\mathrm{T}}(\boldsymbol{\Sigma}_1^{-1}-\boldsymbol{H}_1\boldsymbol{P}_{1,N+1}\boldsymbol{H}_1^{\mathrm{T}})^{-1} \tag{4-6-18b}$$

$$\boldsymbol{P}_{2,N+1}=(\boldsymbol{I}+\boldsymbol{K}_{2,N+1}\boldsymbol{H}_1)\boldsymbol{P}_{1,N+1} \tag{4-6-18c}$$

而初始条件选为

$$\boldsymbol{P}_{1,0}=\frac{\boldsymbol{I}}{\varepsilon},\quad \hat{\boldsymbol{\theta}}_{1,0}=\boldsymbol{\mu}_0\quad \text{或者}\quad \boldsymbol{0} \tag{4-6-18d}$$

**例 4.6.1** 考虑与例 4.3.2 同样的单输入单输出系统：

$$y_k=\sum_{i=0}^{n-1}h_iu_{k-i}+v_k \tag{4-6-19}$$

其中，$y_k$ 为系统的输出，$u_k$ 为系统的输入，$h_i$ 为系统的权函数，$v_k$ 为均值为 0 且方差为 $\sigma^2$ 的高斯白噪声。要求使用限定记忆最小二乘法估计权函数 $h$，窗口长度为 10。

**解：**首先设定系统的权系数为 $\boldsymbol{h}=(0.5,-0.4,0.3)$。输入信号为均值为 0、方差为 1 的随机信号，噪声为均值为 0、方差为 0.04 的高斯白噪声。

然后使用限定长度为 10 的窗口进行最小二乘估计，根据新数据的到来情况去掉旧数据。

最后仿真得到的输入输出信号如图 4.6.1 和图 4.6.2 所示，并输出最终的权函数估计值。

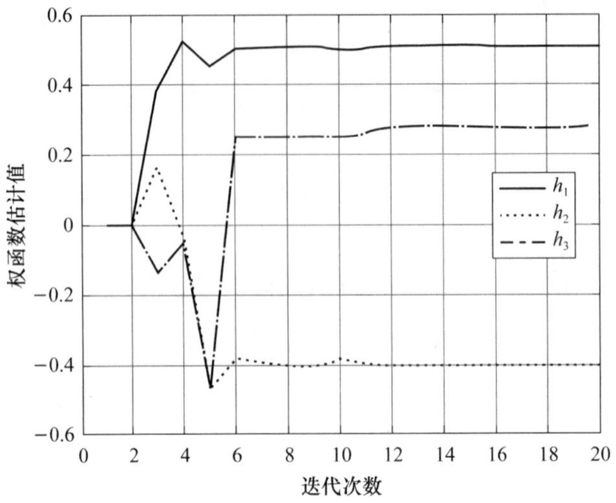


图 4.6.1　权函数估计值变化曲线

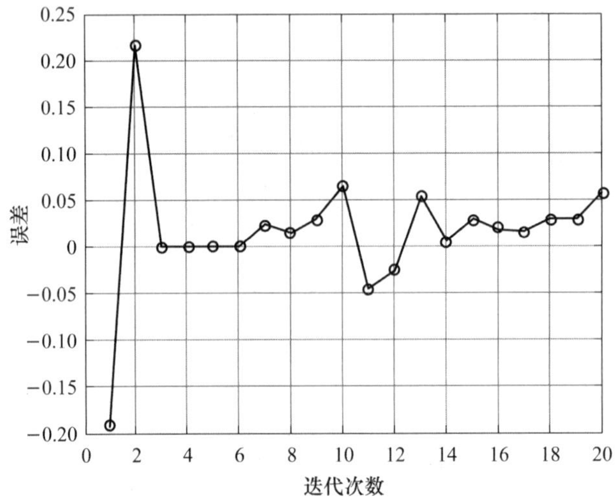


图 4.6.2　实际输出和辨识输出之间的误差曲线

仿真代码如下所示：

```
% 初始化参数
h_true = [0.5, -0.4, 0.3]; % 真实权函数
n = length(h_true); % 权函数长度
N = 20; % 样本数量
window_size = 10; % 窗口大小
u = randn(N, 1); % 输入信号(单位阶跃信号)
v = 0.04 * randn(N, 1); % 高斯白噪声

% 生成输出信号
y = filter(h_true, 1, u) + v;
```

```
% 限定记忆最小二乘法初始化
theta = zeros(n, 1); % 权函数初始估计
P = eye(n) * 1000; % 协方差矩阵初始值
lambda = 1; % 忘记因子

% 保存每次递推的权函数估计值
theta_history = zeros(N, n);
y_estimated = zeros(N, 1); % 保存每次递推的输出估计值

% 限定记忆最小二乘法
for k = n:N
    % 构造回归向量 phi
    phi = u(k:-1:k-n+1); % 回归向量

    % 计算增益
    K = P * phi / (lambda + phi' * P * phi);

    % 更新权函数估计
    theta = theta + K * (y(k) - phi' * theta);

    % 更新协方差矩阵
    P = (P - K * phi' * P) / lambda;

    % 保存当前估计值
    theta_history(k, :) = theta';

    % 计算输出估计值
    y_estimated(k) = phi' * theta;
end

% 绘制每个权函数估计值的变化曲线
figure(1);
hold on;
for i = 1:n
    plot(theta_history(:, i), 'DisplayName', sprintf('h_%d', i));
end
hold off;
xlabel('迭代次数');
ylabel('权函数估计值');
title('限定记忆最小二乘法的权函数估计值变化');
legend show;
grid on;
```

```
% 计算误差并绘制误差曲线
error = y - y_estimated; % 计算实际输出和估计输出之间的误差

figure(2);
plot(1:N, error, '-o');
xlabel('迭代次数');
ylabel('误差');
title('实际输出和辨识输出之间的误差曲线');
grid on;
```

# 4.7 豪斯霍尔德变换

豪斯霍尔德变换(Householder Transformation)是一个线性变换,将一个向量变换为由一个超平面反射的镜像,因此又称为初等反射。豪斯霍尔德在1958年揭示了这一变换在数值线性代数上的意义。

## 4.7.1 豪斯霍尔德变换及其性质

**定义 4.7.1** 设 $\boldsymbol{\omega}\in\mathbb{R}^n$,$\|\boldsymbol{\omega}\|_2=1$,这里采用欧几里得范数。定义

$$\boldsymbol{H}=\boldsymbol{I}-2\boldsymbol{\omega}\boldsymbol{\omega}^{\mathrm{T}},\quad \boldsymbol{H}\in\mathbb{R}^{n\times n} \tag{4-7-1}$$

称 $\boldsymbol{H}$ 为豪斯霍尔德变换(矩阵)。

豪斯霍尔德变换具有如下性质:

① 对称性:$\boldsymbol{H}^{\mathrm{T}}=\boldsymbol{H}$。

② 正交性:$\boldsymbol{H}^{\mathrm{T}}\boldsymbol{H}=\boldsymbol{I}$。

③ 对合性:$\boldsymbol{H}\boldsymbol{H}=\boldsymbol{I}$。

④ 反射性:对任意 $\boldsymbol{x}\in\mathbb{R}^n$,$\boldsymbol{H}\boldsymbol{x}$ 是 $\boldsymbol{x}$ 关于 $\boldsymbol{\omega}$ 的垂直超平面(即 $\mathrm{span}\{\boldsymbol{\omega}^{\perp}\}$)的镜面反射。

性质①~③不难证明,这里仅证性质④。设 $\boldsymbol{x}\in\mathbb{R}^n$,则可以将 $\boldsymbol{x}$ 表示为

$$\boldsymbol{x}=\boldsymbol{u}+\alpha\boldsymbol{\omega}$$

其中 $\boldsymbol{u}\in\mathrm{span}\{\boldsymbol{\omega}^{\perp}\}$(即 $\boldsymbol{\omega}$ 的正交补空间),$\alpha\in\mathbb{R}$,则

$$\boldsymbol{H}\boldsymbol{x}=\boldsymbol{H}(\boldsymbol{u}+\alpha\boldsymbol{\omega})=(\boldsymbol{I}-2\boldsymbol{\omega}\boldsymbol{\omega}^{\mathrm{T}})\boldsymbol{u}+\alpha(\boldsymbol{I}-2\boldsymbol{\omega}\boldsymbol{\omega}^{\mathrm{T}})\boldsymbol{\omega}=\boldsymbol{u}-\alpha\boldsymbol{\omega}$$

从以上证明过程可以看出,$\boldsymbol{H}$ 将 $\boldsymbol{x}$ 沿 $\boldsymbol{\omega}$ 的分量映射到超平面的反方向,而没有改变垂直 $\boldsymbol{\omega}$(即沿超平面方向)的分量方向,因此导致 $\boldsymbol{x}$ 经过 $\boldsymbol{H}$ 变换以后成为关于 $\boldsymbol{\omega}$ 的垂直超平面的镜面反射,实际上,以上证明的本质可以概括为 $\boldsymbol{H}$ 的以下两个性质,即

$$\boldsymbol{H}\boldsymbol{u}=\boldsymbol{u},\quad \boldsymbol{H}\boldsymbol{\omega}=-\boldsymbol{\omega}$$

由于豪斯霍尔德变换具有反射性,因此其又被称为初等反射矩阵或镜像变换。

**定理 4.7.1** 给定任意两个向量 $\boldsymbol{x}$ 和 $\boldsymbol{y}$($\boldsymbol{x},\boldsymbol{y}\in\mathbb{R}^n$,$\|\boldsymbol{x}\|=\|\boldsymbol{y}\|$),都可以找到一个豪斯霍尔德变换 $\boldsymbol{H}$,使得 $\boldsymbol{y}=\boldsymbol{H}\boldsymbol{x}$。

**证明**:采用构造性的方法:令 $\boldsymbol{\omega}=(\boldsymbol{x}-\boldsymbol{y})/\|\boldsymbol{x}-\boldsymbol{y}\|$,$\boldsymbol{H}=\boldsymbol{I}-2\boldsymbol{\omega}\boldsymbol{\omega}^{\mathrm{T}}$,即有 $\boldsymbol{y}=\boldsymbol{H}\boldsymbol{x}$,得证。

由定理 4.7.1 自然得到定理 4.7.2。

**定理 4.7.2** 设 $0\neq \boldsymbol{x}\in\mathbb{R}^n$，则可构造单位向量 $\boldsymbol{\omega}\in\mathbb{R}^n$，使得由式(4-7-1)定义的豪斯霍尔德变换 $\boldsymbol{H}$ 满足 $\boldsymbol{Hx}=\alpha\boldsymbol{e}_1$，$\boldsymbol{e}_1=(1,0,\cdots,0)^{\mathrm{T}}$，其中 $\alpha=\pm\|\boldsymbol{x}\|$。

## 4.7.2 豪斯霍尔德变换的应用

豪斯霍尔德变换的主要用途在于，它能通过选取指定的单位向量，把一个向量的若干个分量置为0。

从定理4.7.1和定理4.7.2可推出，$\boldsymbol{\omega}$ 和 $\boldsymbol{H}$ 的基本构造方法如下。

第一步：计算 $\boldsymbol{v}=\boldsymbol{x}\pm\|\boldsymbol{x}\|\boldsymbol{e}_1$。

第二步：计算 $\boldsymbol{\omega}=\boldsymbol{v}/\|\boldsymbol{v}\|$。

第三步：构造 $\boldsymbol{H}=\boldsymbol{I}-2\boldsymbol{\omega}\boldsymbol{\omega}^{\mathrm{T}}$。

利用上面的步骤，可以通过构造一系列 $\boldsymbol{H}$ 的乘积，将一个矩阵变换称为一个上三角形。

**例 4.7.1** 求变换矩阵 $\boldsymbol{H}$，将矩阵

$$A=\begin{pmatrix}1&2&0&1\\1&0&3&1\\1&0&3&2\\1&2&0&2\end{pmatrix}$$

变换为上三角形(矩阵的QR分解)。

**解**：首先考虑矩阵第一列，

$$\boldsymbol{a}=\begin{pmatrix}1\\1\\1\\1\end{pmatrix},\quad \alpha_1=\|\boldsymbol{a}\|=2,\quad \boldsymbol{\omega}_1=\frac{\boldsymbol{a}_1-\alpha_1\boldsymbol{e}_1}{\|\boldsymbol{a}_1-\alpha_1\boldsymbol{e}_1\|}=\frac{1}{2}\begin{pmatrix}-1\\1\\1\\1\end{pmatrix}$$

则

$$\boldsymbol{H}_1=\boldsymbol{I}-2\boldsymbol{\omega}_1\boldsymbol{\omega}_1^{\mathrm{T}}=\frac{1}{2}\begin{pmatrix}1&1&1&1\\1&1&-1&-1\\1&-1&1&-1\\1&-1&-1&-1\end{pmatrix},\quad \boldsymbol{H}_1\boldsymbol{A}=\begin{pmatrix}2&2&3&3\\0&0&0&-1\\0&0&0&0\\0&2&-3&0\end{pmatrix}=\begin{pmatrix}2&*\\0&\boldsymbol{A}_2\end{pmatrix}$$

再考虑子矩阵 $\boldsymbol{A}_2$，利用其第一列

$$\boldsymbol{a}_2=\begin{pmatrix}0\\0\\2\end{pmatrix},\quad \alpha_2=\|\boldsymbol{\alpha}_2\|,\quad \boldsymbol{\omega}_2=\frac{\boldsymbol{a}_2-\alpha_2\boldsymbol{e}_1}{\|\boldsymbol{a}_2-\alpha_2\boldsymbol{e}_1\|}=\frac{\sqrt{2}}{2}\begin{pmatrix}1\\0\\1\end{pmatrix}$$

$$\widetilde{\boldsymbol{H}}_2=\boldsymbol{I}-2\boldsymbol{\omega}_2\boldsymbol{\omega}_2^{\mathrm{T}}=\begin{pmatrix}0&0&1\\0&1&0\\1&0&0\end{pmatrix},\quad \widetilde{\boldsymbol{H}}_2A_2=\begin{pmatrix}2&-3&0\\0&0&0\\0&0&-1\end{pmatrix}$$

构造

$$\boldsymbol{H}_2=\begin{pmatrix}\boldsymbol{I}&\boldsymbol{0}\\\boldsymbol{0}&\widetilde{\boldsymbol{H}}_2\end{pmatrix}=\begin{pmatrix}1&0&0&0\\0&0&0&1\\0&0&1&0\\0&1&0&0\end{pmatrix},\quad \boldsymbol{H}_2(\boldsymbol{H}_1\boldsymbol{A})=\begin{pmatrix}2&2&3&3\\0&2&-3&0\\0&0&0&0\\0&0&0&-1\end{pmatrix}\stackrel{\Delta}{=}\boldsymbol{R}$$

因为 $\boldsymbol{R}$ 已经是上三角形，所以计算结束。

令

$$\boldsymbol{Q}^{-1}=\boldsymbol{H}_2\boldsymbol{H}_1\Rightarrow\boldsymbol{Q}=\boldsymbol{H}_1\boldsymbol{H}_2$$

所以 $\boldsymbol{A}=\boldsymbol{QR}$。

回到观测模型，我们有如下结论。

**定理 4.7.3** 设有一观测模型：

$$\boldsymbol{Y}=\boldsymbol{Hx}+\boldsymbol{v}$$

其中，$\boldsymbol{H}$ 是一个 $m\times n$ 阶矩阵，且 $m>n$，则存在一个正交变换 $\boldsymbol{\Phi}$ 使得

$$\boldsymbol{\Phi H}=\begin{pmatrix}\boldsymbol{R}\\ \boldsymbol{0}\end{pmatrix}$$

其中，$\boldsymbol{R}$ 是 $n\times n$ 的上三角矩阵，而 $\boldsymbol{\Phi}$ 则是 $n$ 个 $N\times N$ 阶 $\boldsymbol{H}$ 变换的乘积。

**证明**：可利用构造性方法，参考例 4.7.1。留做习题。

现在，考察观测方程

$$\boldsymbol{Y}=\boldsymbol{Hx}+\boldsymbol{v}$$

两边同乘以 $\boldsymbol{\Phi}$，即

$$\begin{pmatrix}\boldsymbol{\eta}_1\\ \boldsymbol{\eta}_2\end{pmatrix}=\boldsymbol{\Phi Y}=\boldsymbol{\Phi Hx}+\boldsymbol{\Phi v}=\begin{pmatrix}\boldsymbol{R}\\ \boldsymbol{0}\end{pmatrix}x+\boldsymbol{\Phi v}$$

则指标

$$\begin{aligned}J&=(\boldsymbol{Y}-\boldsymbol{Hx})^{\mathrm{T}}(\boldsymbol{Y}-\boldsymbol{Hx})\\&=(\boldsymbol{Y}-\boldsymbol{Hx})^{\mathrm{T}}\boldsymbol{\Phi}^{\mathrm{T}}\boldsymbol{\Phi}(\boldsymbol{Y}-\boldsymbol{Hx})\\&=\boldsymbol{v}^{\mathrm{T}}\boldsymbol{\Phi}^{\mathrm{T}}\boldsymbol{\Phi v}=\begin{pmatrix}\boldsymbol{\eta}_1-\boldsymbol{Rx}\\ \boldsymbol{\eta}\end{pmatrix}^{\mathrm{T}}\begin{pmatrix}\boldsymbol{\eta}_1-\boldsymbol{Rx}\\ \boldsymbol{\eta}\end{pmatrix}\\&=(\boldsymbol{\eta}_1-\boldsymbol{Rx})^{\mathrm{T}}(\boldsymbol{\eta}_1-\boldsymbol{Rx})+\boldsymbol{\eta}_2^{\mathrm{T}}\boldsymbol{\eta}_2\end{aligned}$$

由于 $\boldsymbol{R}$ 是方阵，且非奇异，所以

$$\hat{\boldsymbol{x}}=\boldsymbol{R}^{-1}\boldsymbol{\eta}_1$$

指标的最小值为 $\hat{J}=\boldsymbol{\eta}_2^{\mathrm{T}}\boldsymbol{\eta}_2$。

# 本章小结

最小二乘是系统辨识的核心算法之一。线性系统的参数辨识实现基本上都基于最小二乘算法。最小二乘法的优点在于：其理论扎实、推导过程简单；能得到无偏置的最优参数估计，可以提供参数的置信区间和拟合优度等统计指标，以评估模型的拟合程度和可靠性等。最小二乘估计还可以递推化，因此更易编程实现。本章介绍了加权最小二乘估计与马尔柯夫估计。在递推最小二乘法基础上，进一步介绍了加权递推最小二乘估计、衰减记忆最小二乘估计、限定记忆最小二乘估计、Householder 变换等。最小二乘法在数据拟合、回归分析、信号处理、图像处理、机器学习等各种数据分析问题中都有广泛的应用。

# 本章参考文献


[1] Golub G H, Van Loan C F. Matrix Computations[M]. 3rd ed. Baltimore: The Johns Hopkins University Press, 1996.

[2] Verhaegen M, Vincent V. Filtering and System Identification A Least Squares Approach[M]. Cambridge: Cambridge University Press,2007.

[3] 李言俊,张科,余瑞星. 系统辨识理论及应用[M]. 北京:国防工业出版社,2011.

[4] 潘立登,潘仰东. 系统辨识与建模[M]. 北京:化学工业出版社,2004.

[5] 王秀峰,卢桂章. 系统建模与辨识[M]. 北京:电子工业出版社, 2004.

[6] 夏天长. 系统辨识最小二乘法[M]. 熊光楞,李芳芸,译. 北京:清华大学出版社,1983.


# 本 章 习 题

1. 设有一组观测数据,如下表所示。

| $t$/s | 1 | 2 | 3 | 4 |
|---|---|---|---|---|
| $x$ | 0.8 | 1.3 | 1.7 | 2.1 |

设 $x=x_1+x_2t$,求 $x_1$、$x_2$ 的最小二乘估计。

2. 在农业实验中,每亩下不同数量肥料的试验序列及其产量如下表所示。

| $u$(肥料数量) | 1 | 2 | 3 | 4 | 5 | 6 | 7 | 8 | 9 | 10 | 11 | 12 |
|---|---|---|---|---|---|---|---|---|---|---|---|---|
| $y$(产量) | 1.1 | 0.9 | 1.1 | 1.4 | 1.3 | 1.1 | 1.2 | 1.6 | 2.1 | 2.0 | 1.6 | 1.9 |

设这 12 次实验是独立的,要求基于数据拟合一个如下形式的线性模型:

$$y_k=\beta_0+\beta_1 u_k+\varepsilon_k$$

其中,$\{\varepsilon_k\}$为均值为 0、方差为 $\sigma^2$ 的独立正态随机变量序列。

3. 用最小二乘法拟合二次函数 $y(t)=at^2+bt+c$,观测序列如下表所示。

| $t$ | 1 | 2 | 3 | 4 | 5 | 6 | 7 | 8 | 9 | 10 |
|---|---|---|---|---|---|---|---|---|---|---|
| $y_t$ | 9.6 | 4.1 | 1.3 | 0.4 | 0.05 | 0.1 | 0.7 | 1.8 | 3.8 | 9.0 |

试求 $a$、$b$、$c$。

4. 设有一个电容电路,初始电压 $V_0=100$ V,测得放电瞬间的电压 $V$ 与 $t$ 的对应数据如下表所示。

| $t$/s | 0 | 1 | 2 | 3 | 4 | 5 | 6 | 7 |
|---|---|---|---|---|---|---|---|---|
| $V$/V | 100 | 75 | 55 | 40 | 30 | 20 | 15 | 10 |

已知 $V=V_0e^{-\alpha t}$，用最小二乘法估计 $\alpha$。

5. 已知测得直线上 3 个点的坐标分别为：(0.1，1.1)，(1.05，3.95)，(0.95，−2.05)，试用马尔柯夫估计该直线方程，其中测量误差的协方差阵为

$$\boldsymbol{R}=\begin{pmatrix}0.1 & 0 & 0\\ 0 & 0.05 & 0\\ 0 & 0 & 0.05\end{pmatrix}$$

6. (利用 MATLAB)设单输入输出系统的差分方程为

$$y(k)=-a_1y(k-1)-a_2y(k-2)+b_1u(k-1)+b_2u(k-1)+v(k)$$

设 $v(k)$ 为均值为 0、方差 0.5 的高斯白噪声，$u(t)=\sin t$，$y(0)=0$，$y(1)=0$，在标定模型参数

$$\boldsymbol{\theta}=[a_1,a_2,b_1,b_2]^{\mathrm{T}}=[1.642,0.715,0.39,0.35]^{\mathrm{T}}$$

上产生 200 对输入输出测量数据。要求：

(1) 用递推最小二乘法估计参数 $\hat{\boldsymbol{\theta}}$；

(2) 用衰减记忆递推最小二乘法估计参数 $\hat{\boldsymbol{\theta}}$，衰减因子为 0.9。

(3) 用限定记忆递推最小二乘法估计参数 $\hat{\boldsymbol{\theta}}$，限定记忆窗口长度为 10。

7. 求变换矩阵 $\boldsymbol{H}$，将矩阵

$$\boldsymbol{A}=\begin{pmatrix}1 & 2 & 0 & 1\\ 2 & 0 & 1 & 1\\ 2 & 0 & 3 & 0\\ 1 & 2 & 0 & 2\end{pmatrix}$$

变换为上三角形(矩阵的 $QR$ 分解)。

8. $\boldsymbol{P}(k)=\left[\sum_{i=1}^{k}\boldsymbol{h}(i)\boldsymbol{h}^{\mathrm{T}}(i)\right]^{-1}$ 是最小二乘递推辨识算法的协方差矩阵，试证：

$$\lambda_{\min}(\boldsymbol{P}^{-1}(k))\geqslant\lambda_{\min}(\boldsymbol{P}^{-1}(k-1))\geqslant\cdots\geqslant\lambda_{\min}(\boldsymbol{P}^{-1}(0))$$

其中，$\lambda_{\min}(\cdot)$ 表示矩阵 $\boldsymbol{P}^{-1}(k)$ 的最小特征值。

# 第5章

# 系统辨识法

本章主要介绍控制系统常用的系统辨识法。首先介绍输入信号的设计，然后介绍非参数化模型的系统辨识、参数化模型的系统辨识、基于广义最小二乘的系统辨识等。

## 5.1 输入信号的设计

在系统辨识中，实验数据是辨识的先决条件。好的数据能带来精确的辨识结果，而差的数据可能导致错误的辨识结果或者得不到解。系统辨识是在数理统计的时间序列分析的基础上建立的。在系统辨识中，系统的激励信号可以设计，而在时间序列分析中，激励信号不可以设计。因此，系统辨识可以通过设计良好的激励信号而获得精度高的辨识模型。

在经典自动控制原理中，人们熟知的信号有脉冲信号、阶跃信号与余弦（正弦）信号等。这些信号作为系统输入可以帮助我们对简单控制系统进行分析与设计。但对复杂线性系统，传递函数可以写成很多一阶、二阶子模态的和或者乘积。模型的阶次可能会很高，为了辨识出模型的所有子模态，就需要输入信号包含丰富的频谱信息，从而激发出系统的所有模态特征信息。

下面将介绍持续激励信号的概念。

**定义 5.1.1** 一个平稳激励信号 $u$ 称为 $n$ 阶的持续激励，如果矩阵

$$\boldsymbol{R}_n=\begin{pmatrix} R_u(0) & \cdots & R_u(n-1) \\ \vdots & & \vdots \\ R_u(n-1) & \cdots & R_u(0) \end{pmatrix} \tag{5-1-1}$$

是正定的，其中 $R_u(\tau)\overset{\Delta}{=}\lim\limits_{N\to\infty}\dfrac{1}{N}\sum\limits_{k=1}^{N}u(k+\tau)u(k)$ 为自相关系数。

**注 5.1.1** 在有的文献中，式(5-1-1)中的自相关系数 $R_u(\tau)$ 用互协方差系数 $C_u(\tau)$ 替代。当数学期望 $\bar{u}\overset{\Delta}{=}\lim\limits_{N\to\infty}\dfrac{1}{N}\sum\limits_{k=1}^{N}u(k)=0$ 时，这两个定义是一致的。

**定理 5.1.1** 已知 $\boldsymbol{u}$ 为一个维数为 $n_u$ 的平稳输入，$\boldsymbol{u}$ 的功率谱为 $\boldsymbol{\Phi}_u(\omega)$。若对于至少 $n$ 个不同频率，都有 $\boldsymbol{\Phi}_u(\omega)>\boldsymbol{0}$，则 $\boldsymbol{u}$ 为一个 $n$ 阶持续激励。

**证明：** 令 $\boldsymbol{g}^{\mathrm{T}}=(\boldsymbol{g}_1,\cdots,\boldsymbol{g}_n)$，$\boldsymbol{g}_i\in\mathbb{R}^{n_u}$ 为行向量的矩阵，使得 $\boldsymbol{g}^{\mathrm{T}}\boldsymbol{R}_n\boldsymbol{g}=\boldsymbol{0}$。

定义

$$G(q^{-1}) = \sum_{i=1}^{n} g_i q^{-i} \tag{5-1-2}$$

则

$$\begin{aligned} \mathbf{0} = \mathbf{g}^{\mathrm{T}} \mathbf{R}_n \mathbf{g} &= E[(\mathbf{G}(q^{-1})\mathbf{u})(\mathbf{G}(q^{-1})\mathbf{u})^{\mathrm{T}}] \\ &= \int_{-\pi}^{\pi} \mathbf{G}(\mathrm{e}^{\mathrm{j}\omega})\boldsymbol{\Phi}_u(\omega)\mathbf{G}^{\mathrm{T}}(\mathrm{e}^{\mathrm{j}\omega})\mathrm{d}\omega \end{aligned}$$

因此，$\mathbf{G}(\mathrm{e}^{\mathrm{j}\omega})\boldsymbol{\Phi}_u(\omega)\mathbf{G}^{\mathrm{T}}(\mathrm{e}^{\mathrm{j}\omega})=\mathbf{0}$。已知在 $n$ 个不同的频率下，都有 $\boldsymbol{\Phi}_u(\omega)>\mathbf{0}$，所以在这些频率上，可推出 $\mathbf{G}(\mathrm{e}^{\mathrm{j}\omega})=\mathbf{0}$，即 $\mathbf{g}(t)=\mathbf{0}$。

**定理 5.1.2(标量情形)** 如果 $\boldsymbol{u}$ 为一个 $n$ 阶持续激励，则至少存在 $n$ 个不同频率使得 $\boldsymbol{\Phi}_u(\mathrm{e}^{\mathrm{j}\omega})\neq\mathbf{0}$。

**证明：**用反证法，假设最多有 $n-1$ 不同频率使得 $\boldsymbol{\Phi}_u(\mathrm{e}^{\mathrm{j}\omega})\neq\mathbf{0}$。

令 $\mathbf{g}$ 为满足 $\mathbf{G}(q^{-1}) = \sum_{i=1}^{n} \mathbf{g}_i q^{-i}$ 的任一如式(5-1-2)所定义的矩阵，则 $\mathbf{g}^{\mathrm{T}}\mathbf{R}_n\mathbf{g} = \mathbf{0}$ 等价于

$$|\mathbf{G}(\mathrm{e}^{\mathrm{j}\omega})|\boldsymbol{\Phi}(\omega)=\mathbf{0}$$

存在一个非零矩阵 $\mathbf{g}\neq\mathbf{0}$，它在满足 $\boldsymbol{\Phi}_u(\mathrm{e}^{\mathrm{j}\omega})\neq\mathbf{0}$ 的最多 $n-1$ 个不同频率下，使得 $|\mathbf{G}(\mathrm{e}^{\mathrm{j}\omega})|=0$，而在其他频率下，$|\mathbf{G}(\mathrm{e}^{\mathrm{j}\omega})|\neq 0$。

但是由持续激励的假设，有 $\mathbf{g}^{\mathrm{T}}\mathbf{R}_n\mathbf{g}=\mathbf{0}$，而 $\mathbf{R}_n$ 是正定的，所以 $\mathbf{g}=\mathbf{0}$，矛盾。得证！

下面通过几个例子来判定信号的持续激励性及阶次。

**例 5.1.1** 单位阶跃信号

$$u(t)=\begin{cases}1, & t\geqslant 0\\ 0, & t<0\end{cases}$$

易验证这是一个 1 阶持续激励信号。

**例 5.1.2** 一个由不同频率正弦信号叠加的信号为

$$u(t) = \sum_{i=1}^{m} a_i \sin(\omega_i t + \phi_i),\quad 0\leqslant\omega_1\leqslant\omega_2\leqslant\cdots\leqslant\omega_n\leqslant\pi$$

经计算可得其自相关函数及功率谱为

$$R_u(\tau) = \sum_{j=1}^{m} \frac{a_j^2}{2}\cos(\omega_i\tau)$$

$$\boldsymbol{\Phi}_u(\omega) = \sum_{j=1}^{m} \frac{a_j^2}{4}[\delta(\omega-\omega_j)+\delta(\omega+\omega_j)]$$

$\boldsymbol{\Phi}_u$ 恰好在如下 $n$ 个频率处非零：

$$n=\begin{cases}2m, & 0<\omega_1,\omega_n<\pi\\ 2m-1, & 0<\omega_1 \text{ 或 } \omega_n=\pi\\ 2m-2, & 0=\omega_1 \text{ 且 } \omega_n=\pi\end{cases}$$

因此，$u(t)$ 为一个 $n$ 阶持续激励信号。

**例 5.1.3** 考虑一个 M 序列，将其写成如下状态方程形式：

$$x(k+1)=\begin{pmatrix} a_1 & a_2 & \cdots & a_n\\ 1 & 0 & \cdots & 0\\ 0 & \ddots & \ddots & 0\\ 0 & 0 & 1 & 0\end{pmatrix}x(k),\mathrm{mod}(2)$$

$$y(k)=(0\quad 0\quad \cdots\quad 1)x(k),\mathrm{mod}(2)$$

由第 2 章,它的协方差函数为

$$R_u(\tau)=\begin{cases}a^2, & \tau=0,\pm M,\pm 2M,\cdots \\ -\dfrac{a^2}{M}, & \tau=\text{其他值}\end{cases}$$

谱密度函数为

$$S_u(\omega)=\sum_{\tau=-\infty}^{\infty}R_u(\tau)\mathrm{e}^{-\mathrm{j}\omega\tau}=\sum_{k=0}^{M-1}C_k\delta\left(\omega-\frac{2\pi k}{M}\right)$$

通过计算 $C_k$,可得

$$S_u(\omega)=2\pi\frac{a^2}{M^2}\left[\delta(\omega)+(M+1)\sum_{k=0}^{M-1}\delta\left(\omega-\frac{2\pi k}{M}\right)\right]$$

事实上,对于给定任意一个光滑函数 $f(t)$,则下列两个积分

$$I_1=\int_{-\pi}^{\pi}f(\omega)S_u(\omega)\mathrm{d}\omega=2\pi\left[\frac{a^2}{M^2}f(0)+\frac{a^2(M+1)}{M^2}\sum_{k=0}^{M-1}f\left(\frac{2\pi k}{M}\right)\right]$$

$$I_2=\int_{-\pi}^{\pi}f(\omega)\lambda^2\mathrm{d}\omega=\lambda^2\int_{-\pi}^{\pi}f(\omega)\mathrm{d}\omega$$

对 $I_2$ 采用黎曼近似求和,可得 $I_1\approx I_2$。因此,M 序列的谱近似于一个白噪声的谱。

假定 $n\leqslant M$,可以计算得出

$$\boldsymbol{R}_n=\begin{pmatrix}a^2 & -\dfrac{a^2}{M} & \cdots & -\dfrac{a^2}{M} \\ -\dfrac{a^2}{M} & a^2 & \cdots & -\dfrac{a^2}{M} \\ \vdots & \vdots & \ddots & \vdots \\ -\dfrac{a^2}{M} & \cdots & \cdots & -a^2\end{pmatrix}$$

容易验证该矩阵非奇异,验证过程留为习题。

而如果再增加一行,则得

$$R_{M+1}=\begin{pmatrix}a^2 & -\dfrac{a^2}{M} & \cdots & -\dfrac{a^2}{M} & a^2 \\ -\dfrac{a^2}{M} & a^2 & \cdots & \cdots & -\dfrac{a^2}{M} \\ \vdots & \vdots & \vdots & \ddots & \vdots \\ a^2 & -\dfrac{a^2}{M} & \cdots & -\dfrac{a^2}{M} & a^2\end{pmatrix}$$

第一行与最后一行相同,$R_{M+1}$ 奇异。因此,M 序列是一个 $M$ 阶的持续激励。

**定理 5.1.3** 假设 $\boldsymbol{u}(t)$ 是一个平稳随机信号,定义 $\boldsymbol{z}(t)=\sum_{i=1}^{n}\boldsymbol{H}_i\boldsymbol{u}(t-i)$,则

$$E\{\boldsymbol{z}(t)\boldsymbol{z}(t)^{\mathrm{T}}\}=\boldsymbol{0}\Rightarrow\boldsymbol{H}_i=\boldsymbol{0},\quad i=1,\cdots,n$$

的充分必要条件为 $\boldsymbol{u}(t)$ 是一个 $n$ 阶的持续激励。

**证明:** 定义 $\overline{\boldsymbol{H}}=(H_1,\cdots,H_n)^{\mathrm{T}}$,$\boldsymbol{\Phi}(t)=(\boldsymbol{u}^{\mathrm{T}}(t-1),\cdots,\boldsymbol{u}^{\mathrm{T}}(t-n))^{\mathrm{T}}$,则

$$z(t)=\boldsymbol{H}^{\mathrm{T}}\boldsymbol{\Phi}(t)$$

因此

$$\boldsymbol{z}(t)\boldsymbol{z}(t)^{\mathrm{T}}=\boldsymbol{H}^{\mathrm{T}}\boldsymbol{\Phi}(t)\boldsymbol{\Phi}^{\mathrm{T}}(t)\boldsymbol{H}$$

而

$$E\{z(t)z(t)^{\mathrm{T}}\}=\boldsymbol{H}^{\mathrm{T}}E\{\boldsymbol{\Phi}(t)\boldsymbol{\Phi}^{\mathrm{T}}(t)\}\boldsymbol{H}=\boldsymbol{H}^{\mathrm{T}}\boldsymbol{R}_n\boldsymbol{H}$$

因此若 $\boldsymbol{u}(t)$ 为持续激励，则 $\boldsymbol{R}_n$ 正定，从 $E\{z(t)z(t)^{\mathrm{T}}\}=\boldsymbol{H}^{\mathrm{T}}\boldsymbol{R}_n\boldsymbol{H}=\boldsymbol{0}$ 很容易得出 $\boldsymbol{H}=\boldsymbol{0}$。反之，若 $\boldsymbol{H}^{\mathrm{T}}\boldsymbol{R}_n\boldsymbol{H}=\boldsymbol{0}$，但 $\boldsymbol{R}_n$ 不正定，则存在 $\boldsymbol{H}\neq\boldsymbol{0}$，使得 $\boldsymbol{H}^{\mathrm{T}}\boldsymbol{R}_n\boldsymbol{H}=\boldsymbol{0}$ 成立，但这与 $\boldsymbol{H}=\boldsymbol{0}$ 相矛盾，因此 $\boldsymbol{R}_n$ 必正定，即 $\boldsymbol{u}(t)$ 为 $n$ 阶的持续激励。

# 5.2 非参数化模型的系统辨识

本节主要介绍基于相关分析法的系统辨识与基于权函数模型的系统辨识。

## 5.2.1 基于相关分析法的系统辨识

### 1. 基本原理

考虑一个图 5.2.1 所示的带有噪声的单输入单输出线性系统。

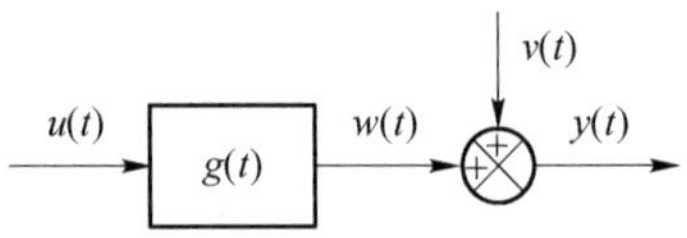


图 5.2.1　一个带有噪声的单输入单输出线性系统

系统的输入输出方程为

$$y(t)=w(t)+v(t) \tag{5-2-1}$$

其中：$u$ 为系统输入，是一个各态遍历的平稳随机过程；$w(t)$ 为系统的输出；$v(t)$ 为均值为 0 的测量噪声；$E\{v\}=0$。

假设 $u$ 与 $v$ 在统计上相互独立。$w(t)$ 满足如下卷积方程：

$$w(t)=\int_{-\infty}^{\infty}g(\tau)u(t-\tau)\mathrm{d}\tau \tag{5-2-2}$$

假设物理系统是可实现的，即 $g(t)=0, u(t)=0, \forall t<0$，则式(5-2-2)可写成

$$w(t)=\int_{0}^{\infty}g(\tau)u(t-\tau)\mathrm{d}\tau \tag{5-2-3}$$

将式(5-2-3)代入式(5-2-1)，得

$$y(t)=\int_{0}^{\infty}g(\tau)u(t-\tau)\mathrm{d}\tau+v(t) \tag{5-2-4}$$

两边同乘以 $u(t-\lambda)$，得

$$y(t)u(t-\lambda)=\int_{0}^{\infty}g(\tau)u(t-\tau)u(t-\lambda)\mathrm{d}\tau+v(t)u(t-\lambda) \tag{5-2-5}$$

两边同取数学期望，可得

$$R_{uy}(\lambda)=\int_{0}^{\infty}g(\tau)R_u(\lambda-\tau)\mathrm{d}\tau+R_{vu}(\lambda) \tag{5-2-6}$$

由于 $u$ 与 $v$ 相互独立，$R_{vu}(\lambda)=0$，所以

$$R_{uy}(\lambda)=\int_0^{\infty}g(\tau)R_u(\lambda-\tau)\mathrm{d}\tau \tag{5-2-7}$$

其中，

$$R_u(\tau)=\lim_{T\to\infty}\frac{1}{T}\int_0^T u(t+\tau)u(t)\mathrm{d}t$$

$$R_{uy}(\tau)=\lim_{T\to\infty}\frac{1}{T}\int_0^T u(t)y(t+\tau)\mathrm{d}t$$

式(5-2-7)称为 Wiener-Hopf 方程。Wiener-Hopf 方程是一个积分方程，通过式(5-2-7)求解出脉冲传递函数 $g(t)$是困难的。但对于一些特殊信号，是可以得到解的。例如，假如 $u(t)$为均值为 0 的白噪声信号，其相关函数为

$$R_u=\sigma_u^2\delta(\lambda) \tag{5-2-8}$$

则式(5-2-7)变为

$$R_{uy}(\lambda)=\int_0^{\infty}g(\tau)\sigma_u^2\delta(\lambda-\tau)\mathrm{d}\tau=\sigma_u^2 g(\lambda) \tag{5-2-9}$$

因此

$$g(t)=\frac{R_{uy}(t)}{\sigma_u^2} \tag{5-2-10}$$

即所要辨识的传递函数。

**2. 最优性证明**

可以采用变分法对辨识模型的最优性进行证明。

考虑一个真实系统与辨识模型的对比，如图 5.2.2 所示。输出误差方程为

$$\tilde{y}=y(t)-\hat{y}(t) \tag{5-2-11}$$

其中，$v(t)$为均值为 0 的白噪声，其自相关函数为 $R_v(\tau)=a^2\delta(\tau)$，$\tilde{y}$ 为输出误差。

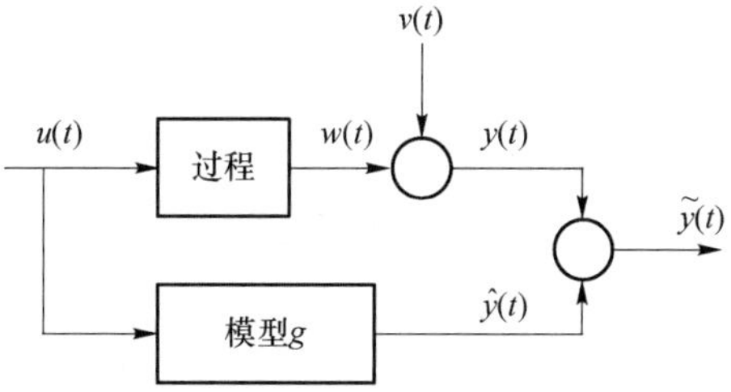


图 5.2.2　真实系统与模型的对比图

假设系统模型的脉冲响应函数可以写为

$$g(t)=\hat{g}(t)+ag_a(t) \tag{5-2-12}$$

其中，函数 $g_a(t)$任意可选并满足 $g_a(t)=0$，$\forall t<0$，$a$ 为任意一实数，则称 $\hat{g}(t)$为最小均方误差下对 $g(t)$的最优估计。

系统输出为

$$\hat{y}(t)=\int_0^t[\hat{g}(\tau)+ag_a(\tau)]u(t-\tau)\mathrm{d}\tau \tag{5-2-13}$$

输出均方误差定义为

$$\varepsilon(T)=\frac{1}{T}\int_0^T \tilde{y}^2\,\mathrm{d}t \tag{5-2-14}$$

以式(5-2-14)为系统辨识的最优性能指标，

$$J=\lim_{T\to\infty}\frac{1}{T}\int_0^T \tilde{y}^2\,\mathrm{d}t=\lim_{T\to\infty}\frac{1}{T}\int_0^T\left\{y(t)-\int_0^t[\hat{g}(\tau)+ag_a(\tau)]u(t-\tau)\,\mathrm{d}\tau\right\}^2\mathrm{d}t \tag{5-2-15}$$

显然当 $a=0$ 时，式(5-2-15)达到极小值，所以

$$0=\left.\frac{\mathrm{d}J}{\mathrm{d}a}\right|_{a=0}=\lim_{T\to\infty}\frac{-2}{T}\int_0^T\left\{y(t)-\int_0^t[\hat{g}(\tau)+ag_a(\tau)]u(t-\tau)\,\mathrm{d}\tau\right\}\{g_a(\tau)u(t-\tau)\}\,\mathrm{d}t\,\Big|_{a=0}$$

$$=\lim_{T\to\infty}\frac{-2}{T}\int_0^T\left\{y(t)-\int_0^t[\hat{g}(\theta)]u(t-\theta)\,\mathrm{d}\theta\right\}\left\{\int_0^t g_a(\tau)u(t-\tau)\right\}\mathrm{d}t \tag{5-2-16}$$

对式(5-2-16)交换积分次序，并两边除以$-2$得

$$\frac{1}{T}\int_0^T g_a(\tau)\lim_{T\to\infty}\int_0^T\{y(t)-\int_0^t\hat{g}(\theta)u(t-\theta)\,\mathrm{d}\theta\}u(t-\tau)\,\mathrm{d}t\mathrm{d}\tau=0 \tag{5-2-17}$$

由于 $g_a(t)$具有可变性，所以应有

$$\frac{1}{T}\lim_{T\to\infty}\int_0^T\{y(t)-\int_0^t\hat{g}(\theta)u(t-\theta)\,\mathrm{d}\theta\}u(t-\tau)\,\mathrm{d}t=0 \tag{5-2-18}$$

从而可推出

$$\frac{1}{T}\lim_{T\to\infty}\int_0^T y(t)u(t-\tau)\,\mathrm{d}t=\frac{1}{T}\int_0^T\hat{g}(\theta)\{\lim_{T\to\infty}\int_0^t[u(t-\theta)u(t-\tau)]\mathrm{d}t\}\,\mathrm{d}\theta \tag{5-2-19}$$

从而

$$R_{uy}(\tau)=\int_0^\infty\hat{g}(\theta)R_u(\tau-\theta)\,\mathrm{d}\theta \tag{5-2-20}$$

这就是 Wiener-Hopf 方程。

**3. 采用 M 序列的系统辨识**

如果在时域上直接采用式(5-2-7)求解传递函数，则需要计算互相关函数。这就要解决积分时间长与白噪声的产生问题。对于积分时间长问题，可以采用周期性白噪声，而对于白噪声的产生问题，可以采用近似白噪声序列——M 序列。如果采用周期性的 M 序列，则可以同时解决积分时间长与白噪声的产生问题。

先讨论周期信号的性质。设信号 $u(t)$是一个周期为 $T$ 的信号，即 $u(t+T)=u(t)$，容易验证，它的自相关函数也是以 $T$ 为周期的，即 $R_u(t+T)=R_u(t)$，其中

$$R_u(\tau)\overset{\Delta}{=}\frac{1}{T}\int_0^T u(t+\tau)u(t)\,\mathrm{d}t \tag{5-2-21}$$

$$\begin{aligned}R_{uy}(\tau)&=\int_0^\infty g(\theta)R_u(\tau-\theta)\,\mathrm{d}\theta=\int_0^\infty g(\theta)\left[\frac{1}{T}\int_0^T u(t+\tau-\theta)u(t)\,\mathrm{d}t\right]\mathrm{d}\theta\\&=\frac{1}{T}\int_0^T u(t)\left[\int_0^T g(\theta)u(t+\tau-\theta)\,\mathrm{d}\theta\right]\mathrm{d}t\\&=\frac{1}{T}\int_0^T u(t)y(t+\tau)\,\mathrm{d}t\end{aligned} \tag{5-2-22}$$

由于是在时域上进行辨识，所以假定系统是稳定的。一般来说，$T$ 的选取应当大于冲激响应 $g(t)$衰减到零的时间。

M 序列的性质在第 2 章已经讨论过。在系统辨识中，常用 M 序列作为系统的输入信号。为了提高辨识精度，可以采用减小 M 序列的时钟周期以及增加 M 序列长度的方法等。

用 M 序列辨识传递函数的步骤如下。

(1) 步骤一：设置 M 序列的参数

① 通过实验，获取先验知识，如最大工作频率、瞬态响应时间、线性工作范围等。

② 为了使 M 序列的频谱有效覆盖被辨识系统的重要工作区，一般选择时钟周期为

$$\Delta \leqslant \frac{2\pi}{3\omega_{\max}} \tag{5-2-23}$$

其中，$\omega_{\max}$ 为系统的最高工作频率或者截止频率。

③ 为了能使冲激响应在 M 的一个周期内近似趋于零，应满足 $(N_p-1)\Delta > T_s$，一般取 $N_p\Delta = 1.2T_s - 1.5T_s$，$T_s$ 为被辨识系统的瞬态响应时间。

④ M 序列幅度 $a$ 可以根据被辨识系统的线性部分和信噪比来确定。

(2) 步骤二：计算相关函数

将相关函数的积分近似为求和，即

$$R_{uy}(m) = \frac{1}{N_p}\sum_{k=0}^{N_p-1} u(k-m)y(k) \tag{5-2-24}$$

通过增加 $N_p$ 和减小 $\Delta$，可提高 $R_{uy}$ 的计算精度。一般从第二个周期开始读取数据，取 1～4 个周期的数据。

$$\begin{aligned} R_{uy}(m) &= \frac{1}{rN_p}\sum_{k=0}^{rN_p-1} u(k-m)y(k) \\ &= \frac{1}{rN_p}[u(-m), u(-m+1), \cdots, u(rN_p-1)]\begin{pmatrix} y(0) \\ y(1) \\ \vdots \\ y(rN_p-1) \end{pmatrix} \\ m &= 0,1,\cdots,N_p-1, \quad r = 1 \sim 4 \end{aligned} \tag{5-2-25}$$

记

$$\boldsymbol{R}_{uy} = (R_{uy}(1), R_{uy}(2), \cdots, R_{uy}(rN_p-1))^{\mathrm{T}} \tag{5-2-26}$$

$$\boldsymbol{Z} = (z(0), z(1), \cdots, z(rN_p-1))^{\mathrm{T}} \tag{5-2-27}$$

$$\boldsymbol{U} = \begin{pmatrix} u(0) & u(-1) & \cdots & u(-N_p+1) \\ u(1) & u(0) & \cdots & u(-N_p+2) \\ \vdots & \vdots & & \vdots \\ u(rN_p-1) & u(rN_p-2) & \cdots & u(rN_p-N_p) \end{pmatrix}_{rN_p \times N_p} \tag{5-2-28}$$

因此

$$\boldsymbol{R}_{uy} = \frac{1}{rN_p}\boldsymbol{U}^{\mathrm{T}} Z \tag{5-2-29}$$

(3) 步骤三：计算 $g(m)$

对于 Wiener-Hopf 方程(5-2-20)，令 $\Delta = nT_0 = 1$，$\tau = m\Delta$，$t = k\Delta$，$\theta = j\Delta$，则

$$R_{uy}(m) = \sum_{j=0}^{N_p-1} g(j)R_u(m-j) \tag{5-2-30}$$

其中，

$$R_u=\begin{cases}a^2, & m=0\\ -\dfrac{a^2}{N_p}, & 1\leqslant m\leqslant N_p-1\end{cases} \tag{5-2-31}$$

所以

$$\begin{aligned}R_{uy}(m)&=\sum_{j=0}^{N_p-1}g(j)R_u(m-j)\\&=a^2g(m)-\frac{a^2}{N_p}\Big[\sum_{j=0}^{m-1}g(j)+\sum_{j=m+1}^{N_p-1}g(j)\Big]\\&=a^2g(m)+\frac{a^2}{N_p}g(m)-\frac{a^2}{N_p}\sum_{j=0}^{N_p-1}g(j)\\&=\frac{1+N_p}{N_p}a^2g(m)-c\end{aligned} \tag{5-2-32}$$

其中，$c=\dfrac{a^2}{N_p}\sum\limits_{j=0}^{N_p-1}g(j)$。可解出

$$\hat{g}(m)=\frac{N_p}{(1+N_p)a^2}[R_{uy}(m)+c] \tag{5-2-33}$$

由稳定性假设，$\lim\limits_{m\to\infty}\hat{g}(m)=0$，所以$\lim\limits_{m\to\infty}R_{uy}(m)=-c$。

对式(5-2-32)从 0 到 $N_p-1$ 求和，即

$$\begin{aligned}\sum_{m=0}^{N_p-1}R_{uy}(m)&=\frac{1+N_p}{N_p}a^2\sum_{m=0}^{N_p-1}g(m)-a^2\sum_{m=0}^{N_p-1}g(m)\\&=\frac{a^2}{N_p}\sum_{m=0}^{N_p-1}g(m)=c\end{aligned} \tag{5-2-34}$$

所以

$$\begin{aligned}\hat{g}(m)&=\frac{N_p}{(1+N_p)a^2}\Big[R_{uy}(m)+\frac{a^2}{N_p}\sum_{m=0}^{N_p-1}g(m)\Big]\\&=\frac{N_p}{(1+N_p)a^2}\Big[R_{uy}(m)+\sum_{m=0}^{N_p-1}R_{uy}(m)\Big]\end{aligned} \tag{5-2-35}$$

可将算法写成如下矩阵形式：

$$\hat{\boldsymbol{R}}_{uy}=\boldsymbol{R}_u\cdot\boldsymbol{g} \tag{5-2-36}$$

其中，

$$\hat{\boldsymbol{R}}_{uy}=(R_{uy}(1),R_{uy}(2),\cdots,R_{uy}(N_p-1))^{\mathrm{T}} \tag{5-2-37}$$

$$\boldsymbol{g}=(g(0)\quad g(1)\quad\cdots\quad g(N_p-1))^{\mathrm{T}} \tag{5-2-38}$$

$$\boldsymbol{R}_u=\begin{pmatrix}R_u(0) & R_u(-1) & \cdots & R_u(-N_p+1)\\ R_u(1) & R_u(0) & \cdots & R_u(-N_p+2)\\ \vdots & \vdots & & \vdots\\ R_u(N_p-1) & R_u(N_p-2) & \cdots & R_u(0)\end{pmatrix}_{N_p\times N_p}$$

$$
= a^2 \begin{pmatrix} 1 & -\frac{1}{N_p} & \cdots & -\frac{1}{N_p} \\ -\frac{1}{N_p} & 1 & \cdots & -\frac{1}{N_p} \\ \vdots & \vdots & & \vdots \\ -\frac{1}{N_p} & -\frac{1}{N_p} & \cdots & 1 \end{pmatrix}
$$

$$
\Leftrightarrow \boldsymbol{R}_u^{-1} = \frac{N_p}{(1+N_p)a^2} \begin{pmatrix} 2 & 1 & \cdots & 1 \\ 1 & 2 & \cdots & 1 \\ \vdots & \vdots & & \vdots \\ 1 & 1 & \cdots & 2 \end{pmatrix} \tag{5-2-39}
$$

所以可近似计算出冲激响应 $\hat{\boldsymbol{g}}$,即

$$
\hat{\boldsymbol{g}} = \boldsymbol{R}_u^{-1} \hat{\boldsymbol{R}}_{uy} \tag{5-2-40}
$$

对于测试信号,必须要求是持续激励的,即激励信号必须充分激发出被辨识对象的所有模态。从谱分析的角度来讲,输入信号的频谱必须覆盖系统的频谱。

**例 5.2.1** 考虑如下的离散二阶系统,其传递函数在 $z$ 域下为

$$
G(z) = \frac{b_0 + b_1 z^{-1} + b_2 z^{-2}}{1 + a_1 z^{-1} + a_2 z^{-2}} = g_0 + g_1 z^{-1} + g_2 z^{-2}
$$

假定系统的标定参数为

- $b_0 = 0.2, b_1 = 0.4, b_2 = 0.2$;
- $a_1 = -1.3, a_2 = 0.42$;
- 可以通过长除法得到标定的 $g_0 = 0.20, g_1 = 0.66, g_2 = 0.116$。

通过以下步骤使用 M 序列对该系统进行辨识,求得系统的离散传递函数。

已知:

- 系统的采样时间 $T_s = 0.1$ s;
- M 序列的阶数为 $n$,其时钟周期为 $T_c = T_s$;
- 输入信号为周期 M 序列,系统输出在时域上采样。

**解:**步骤 1:生成 M 序列输入信号。

使用阶数为 $n=3$ 的 M 序列,其周期为 $2^n - 1 = 15$。时钟周期 $T_c = T_s = 0.1$ s。

步骤 2:系统响应仿真。

定义离散系统 $G(z)$,并通过 M 序列输入计算系统的离散输出信号。

步骤 3:计算互相关函数。

根据公式 $R_{xy}(k) = \frac{1}{N} \sum_{i=0}^{N-k-1} x(i) \cdot y(i+k)$ 计算输入和输出的互相关函数。

步骤 4:求解 Wiener-Hopf 方程。

根据公式 $\hat{\boldsymbol{g}} = \boldsymbol{R}_u^{-1} \hat{\boldsymbol{R}}_{uy}$ 得到系统的冲激响应,并得到 $g_0$、$g_1$、$g_2$、$g_3$。

步骤 5:验证辨识结果。

将辨识的传递函数与真实系统进行对比,绘制输出对比图。

参数辨识结果如表 5.2.1 所示。

表 5.2.1 M 序列参数辨识结果

| 标定值 | $g_0=0.2$ | $g_1=0.66$ | $g_2=0.116$ |
|---|---|---|---|
| 辨识值 | 0.183 | 0.657 | 0.124 |

辨识系统输出曲线及原系统输出曲线如图 5.2.3 所示。

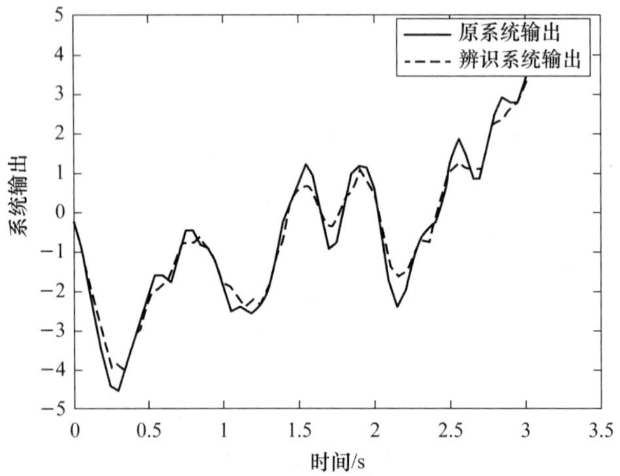


图 5.2.3 辨识系统输出曲线及原系统输出曲线

**4. 基于频域的间接辨识**

由时域的 Wiener-Hopf 方程，计算采用功率谱，就得到频率域上的维纳-辛钦表达式：

$$\boldsymbol{\Phi}_{yu}(\omega)=\boldsymbol{G}(e^{j\omega})\boldsymbol{\Phi}_{u}(\omega) \tag{5-2-41}$$

所以只要计算出 $\boldsymbol{\Phi}_{yu}(e^{j\omega})$ 与 $\boldsymbol{\Phi}_{u}(\omega)$，就可以确定出传递函数 $\boldsymbol{G}(e^{j\omega})$。

事实上，若输入为 $u(t)=a\cos\omega_0 t$，则由自动控制原理，线性系统的输出为

$$y(t)=a|G(j\omega_0)|\cos(\omega_0 t+\phi),\quad \phi=\angle G(j\omega_0) \tag{5-2-42}$$

其中，$|G(j\omega_0)|$ 表示传递函数在频率 $\omega_0$ 处的幅值，$\phi$ 为在频率 $\omega_0$ 处的相角。如果能计算出这两者，就可以得到一个近似的传递函数 $\hat{G}(j\omega_0)$。

但是系统的输出可能含有噪声，为了兼顾噪声影响，可采用相关分析法来辨识模型，具体步骤如下。

步骤 1：由输入信号及输出响应，可计算 $\boldsymbol{\Phi}_{yu}(\omega)$ 与 $\boldsymbol{\Phi}_{u}(\omega)$，令 $u=e^{j\frac{2\pi}{N}k}$，可以得到

$$\hat{G}(e^{j\frac{2\pi}{N}k})=\frac{\Phi_{uy}\left(\frac{2\pi}{N}k\right)}{\Phi_{u}\left(\frac{2\pi}{N}k\right)},\quad k=1,2,\cdots,N \tag{5-2-43}$$

步骤 2：计算 $\hat{G}(e^{j\frac{2\pi}{N}k})$，$k=1,2,\cdots,N$ 的逆傅里叶变换：

$$g(t)=\frac{1}{N}\sum_{k=1}^{N}G(e^{j\frac{2\pi}{N}k})e^{j\frac{2\pi}{N}kt},\quad t=1,\cdots,N \tag{5-2-44}$$

步骤 3：定义

$$G(z)=\sum_{t-1}^{N}g(t)z^{-t} \tag{5-2-45}$$

## 5.2.2 基于权函数模型的系统辨识

**1. 单输入单输出线性系统辨识**

考虑图 5.2.1 所示的一个定常、线性、因果系统，假定系统初始时刻 $t$ 为 0，且初始输出为 0，则可得连续系统输出的时域卷积表达式：

$$y(t)=\int_0^t g(t-\tau)u(\tau)\mathrm{d}\tau+v(t) \tag{5-2-46}$$

假定对系统以周期 $T$ 连续采样，$T$ 足够小，则在一个采样周期内，$u(kT)$ 与 $y(kT)$可以近似为常数：

$$u(t)\cong u(kT),\quad g(t)\cong g(kT),\quad kT\leqslant t\leqslant(k+1)T$$

于是式(5-2-46)可以近似为如下求和：

$$w(kT)=\sum_{i=0}^{k-1}Tg(kT-iT)u(iT) \tag{5-2-47}$$

定义一个等价的权序列 $h(kT)$为

$$h(kT)\overset{\Delta}{=}Tg(kT),\quad k=0,1,\cdots \tag{5-2-48}$$

则

$$w(kT)=\sum_{i=0}^{k-1}h(kT-iT)u(iT) \tag{5-2-49}$$

于是得到一个离散的卷积和表达式：

$$y(kT)=\sum_{i=0}^{k-1}h(kT-iT)u(iT)+v(kT) \tag{5-2-50}$$

若系统是稳定的，则$\lim\limits_{k\to\infty}h(k)=0$，因此若 $k$ 足够大，则当 $j\geqslant k+1$ 时，$h(jT)\cong 0$，系统的权函数可取为有限个，即 $h(k),h(k-1),\cdots,h(1)$。式(5-2-50)中的 $k$ 称为权模型的阶。

为方便起见，以下将 $u(kT)$、$y(kT)$、$v(kT)$简写为 $u(k)$、$y(k)$、$v(k)$。于是式(5-2-50)就改写为

$$y(k)=\sum_{i=0}^{k-1}h(k-i)u(i)+v(k) \tag{5-2-51}$$

权函数模型的辨识问题为：产生一组输入输出序列$\{u(k)\}$，$\{y(k)\}$，$k=0,1,2,\cdots,p$，如何估计权函数 $g(k)=h(k)/T$?

如果系统是稳定的，并且输入信号是持续激励的，则权函数是可以辨识的。

令 $u(k)$是一个持续激励函数，例如是一个均值为 0 的白噪声。从 $k_0=0$ 开始，共获取了 $m$ 组输入数据，其中 $m>k$，并记录输出响应的 $m$ 个序列$\{y(k+j)\}$，$j=0,\cdots,m$，其中

$$y(k+j)=\sum_{i=j}^{k+j-1}h(k+j-i)u(i)+v(k+j) \tag{5-2-52}$$

将观测模型写成矩阵形式，得到一个维数大于 $k$ 的观测方程：

$$\boldsymbol{Y}=\boldsymbol{U}h+\boldsymbol{V} \tag{5-2-53}$$

其中，

$$
\begin{aligned}
&\boldsymbol{Y}=(y(k),y(k+1),\cdots,y(k+m))^{\mathrm{T}}\\
&\boldsymbol{V}=(v(k),v(k+1),\cdots,v(k+m))^{\mathrm{T}}\\
&\boldsymbol{h}=(h(1),h(2),\cdots,h(k))^{\mathrm{T}}\\
&\boldsymbol{U}=\begin{pmatrix} u(k-1) & u(k-2) & \cdots & u(0)\\ u(k) & u(k-1) & \cdots & u(1)\\ \vdots & \vdots & & \vdots\\ u(k+m-1) & u(k+m-1) & \cdots & u(m)\end{pmatrix}
\end{aligned}
\tag{5-2-54}
$$

显然,关于式(5-2-53)中矢量 $\boldsymbol{h}$ 的估计问题可转化为一个标准的最小二乘估计问题。利用第 4 章所介绍的各种递推最小二乘计算方法,可以得到 $\boldsymbol{h}$ 的最小二乘估计表达式。

**例 5.2.2** 考虑如下的 SISO 线性、因果与时不变系统:

$$
y(k)=\sum_{i=0}^{1}h(i)u(k-i)+e(k)
$$

其中,$y(k)$为系统的输出,$u(k)$为系统的输入,$h(i)$为系统的权函数,$e(k)$为噪声。要求用递推最小二乘法实现辨识权系数。

**解:**使用仿真实验生成 100 对输入输出数据样本。输入信号为单位阶跃信号,噪声为均值为 0、方差为 1 的高斯白噪声。系统的权函数设定为 $\boldsymbol{h}=(0.5,0.3)$。仿真得到的输入输出信号如图 5.2.4 所示。

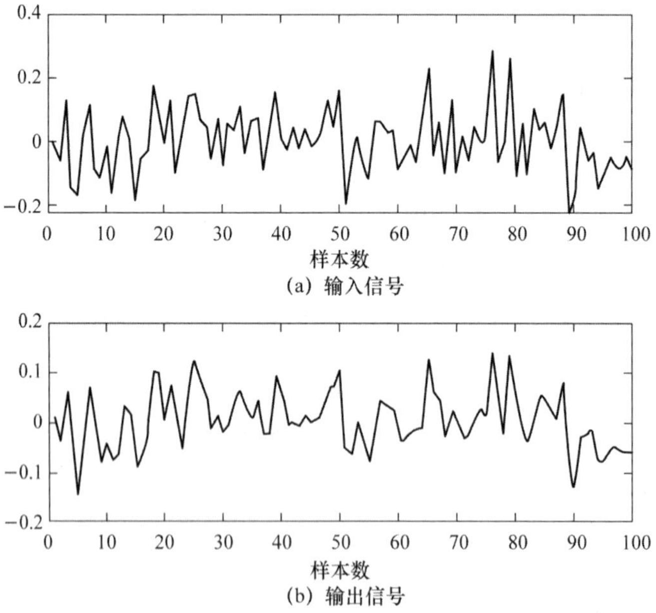


图 5.2.4 输入输出信号图

使用递推最小二乘法进行权函数辨识,模型阶数设为 2。假设初始权函数系数为零或小的随机值,协方差矩阵初始化为较大的对角矩阵。在每个时间步,接受新的输入和输出数据,计算模型输出和误差,更新权函数系数,直至模型收敛。

表 5.2.2 所示为系统参数辨识结果。

表 5.2.2 系统参数辨识结果

| 标定值 | $a$=0.5 | $b$=0.3 |
|---|---|---|
| 辨识值 | 0.48 | 0.29 |

仿真代码如下：

```
% MATLAB 代码生成数据
n = 100;
t = (1:n)';
u = 0.1 * randn(n, 1); % 单位阶跃输入
e = 0.01 * randn(n, 1); % 高斯白噪声,均值为 0,方差为 1

% 系统的权函数
h = [0.5, 0.3]';
y = filter(h, 1, u) + e;

% 绘制输入输出信号
figure;
subplot(2,1,1); plot(t, u); title('输入信号');
subplot(2,1,2); plot(t, y); title('输出信号');

% 递推最小二乘法辨识权函数
N = 2; % 模型阶数
theta = zeros(N, 1); % 初始化参数
P = eye(N) * 1000; % 初始化协方差矩阵

for k = N:n
    phi = u(k:-1:k-N+1);
    K = P * phi / (1 + phi' * P * phi);
    theta = theta + K * (y(k) - phi' * theta);
    P = (eye(N) - K * phi') * P;
end

% 绘制辨识结果
figure;
stem(theta); title('辨识得到的权函数系数');

% 绘制输入输出信号及辨识结果
figure;
subplot(3,1,1); plot(t, u); title('输入信号');
subplot(3,1,2); plot(t, y); title('输出信号');
subplot(3,1,3); stem(theta); title('辨识得到的权函数系数');
```

**2. MIMO 线性系统辨识**

对于 MIMO 线性系统，如有 $r$ 个输入 $r$ 个输出，卷积表达式为

$$\boldsymbol{Y}(t)=\int_0^t \boldsymbol{G}(t-\tau)\boldsymbol{U}(\tau)\mathrm{d}\tau,\quad \boldsymbol{Y}=(y_1,\cdots,y_p)^{\mathrm{T}},\quad \boldsymbol{U}=(u_1,\cdots,u_p)^{\mathrm{T}} \tag{5-2-55}$$

其中，权函数矩阵为$\boldsymbol{G}(t)=[g_{ij}(t)]$，$i=1,\cdots,p$，$j=1,\cdots,r$，共有$p\times r$个元素。

类似于 SISO 情形的处理方法，采用有限序列$\{g_{ij}(kT)\}$，$k=1,\cdots,q$逼近一个权函数$g_{ij}(t)$。根据$h_{ij}(kT)=Tg_{ij}(kT)$定义响应的权序列$\{h_{ij}(kT)\}$，$k=1,\cdots,q$，于是我们有

$$y_i(kT)=\sum_{i=1}^{r}\sum_{\lambda=0}^{q}h_{ij}(kT-\lambda T)u_j(\lambda T)+v_i(kT) \tag{5-2-56}$$

仿照单变量的情形，对$m+1$组观测结果，为每个输出建立如下的量测方程：

$$\boldsymbol{y}_i=[\boldsymbol{U}_1,\cdots,\boldsymbol{U}_r]\boldsymbol{h}_j+\boldsymbol{v}_i \tag{5-2-57}$$

其中，

$$\boldsymbol{y}_i=(y_i(k),y_i(k+1),\cdots,y_i(k+m))^{\mathrm{T}}$$

$$\boldsymbol{v}_i=(v_i(k),v_i(k+1),\cdots,v_i(k+m))^{\mathrm{T}}$$

$$\boldsymbol{U}_j=\begin{pmatrix} u_j(k) & u_j(k-1) & \cdots & u_j(0)\\ u_j(k+1) & u_j(k) & \cdots & u_j(1)\\ \vdots & \vdots & & \vdots\\ u_j(k+m) & u_j(k+m-1) & \cdots & u_j(m)\end{pmatrix}$$

$$\boldsymbol{h}_i=(h_{i1}^{\mathrm{T}}(0),h_{i2}^{\mathrm{T}}(1),\cdots,h_{ir}^{\mathrm{T}}(k))^{\mathrm{T}}$$

$$\boldsymbol{h}_{ij}=(h_{ij}(0),h_{ij}(1),\cdots,h_{ij}(k))^{\mathrm{T}}$$

利用第 4 章的最小二乘估计法，可得向量$h$的估计公式为

$$\hat{h}_i=(\boldsymbol{U}^{\mathrm{T}}\boldsymbol{U})^{-1}\boldsymbol{U}^{\mathrm{T}}\boldsymbol{y}_i \tag{5-2-58}$$

可以采用第 4 章中的各种递推最小二乘法来完成对式(5-2-57)的估计。

**算法 5.2.1** 权函数模型的辨识算法

| | |
|---|---|
| 1. 初始化 | 初始化$g_0,g_1,\cdots,g_n$。这些系数表示系统的动态响应，通常初始化为 0 或小的随机值。 |
| 2. 输入数据 | 在每个时间步$k$，接收新的输入$u(k)$和输出$y(k)$数据。 |
| 3. 计算模型输出 | 使用当前的权函数系数计算模型输出：$\hat{y}(k)=\sum_{i=0}^{n}g_iu(k-i)$，其中$n$是模型的阶数，即考虑的时间延迟的数量 |
| 4. 计算误差 | 计算输出误差：$e(k)=y(k)-\hat{y}(k)$。 |
| 5. 更新权函数 | 使用适当的参数更新算法(如最小二乘法、梯度下降法等)来更新权函数系数：$g_i=g_i+\mu e(k)u(k-i)$，其中$\mu$是学习率，用于调节更新的步长。 |
| 6. 评估模型 | 可以选择性地计算某些性能指标(如均方误差)来评估模型的表现，并决定是否继续迭代。 |
| 7. 输出结果 | 输出当前的权函数系数$g_0,g_1,\cdots,g_n$。 |
| 8. 循环 | 如果模型未达到预定的性能标准或者未完成预定的迭代次数，重复步骤 2～7。 |

# 5.3 参数化模型的系统辨识

## 5.3.1 辨识模型的建立及辨识算法

对于参数化的控制模型，首先要将其转化为可以用于辨识的量测模型。在系统辨识中，一般常用如下形式的测量模型：

$$\boldsymbol{y}(k)=\boldsymbol{f}[\boldsymbol{y}(k-1),\cdots,\boldsymbol{y}(k-n_a),\boldsymbol{u}(k-1),\cdots,\boldsymbol{u}(k-n_b)],\quad \boldsymbol{y}\in\mathbb{R}^p,\boldsymbol{u}\in\mathbb{R}^m \tag{5-3-1}$$

该类模型具有因果性，且呈递推关系，便于编程计算。

对于单输入单输出定常线性系统，系统的输入输出关系可以写成如下形式：

$$y(t)=G(q^{-1})u(t)+H(q^{-1})v(t) \tag{5-3-2}$$

其中，$u(t)$为输入信号，$v(t)$为均值为零的外部白噪声，$G(q^{-1})$为一个真有理（分子的最高次数小于分母的次数）的传递函数，利用长除法，可以写成 $G(q^{-1})=\sum_{k=1}^{\infty}g(k)q^{-k}$，$H(q^{-1})$为有理传递函数且可以写成 $H(q^{-1})=\sum_{k=1}^{\infty}h(k)q^{-k}$。

对式(5-3-2)需要辨识 $g(k)$、$h(k)$，将式(5-3-2)改写成

$$\frac{1}{H(q^{-1})}y(t)=\frac{G(q^{-1})}{H(q^{-1})}u(t)+v(t) \tag{5-3-3}$$

在式(5-3-3)两边同时加上$\left[1-\frac{1}{H(q^{-1})}\right]y(t)$，则得

$$y(t)=\frac{G(q^{-1})}{H(q^{-1})}u(t)+\left[1-\frac{1}{H(q^{-1})}\right]y(t)+v(t) \tag{5-3-4}$$

该式将用于产生递推关系的量测方程。

**注 5.3.1** 在本章参考文献[4]中，由于 $\boldsymbol{v}$ 为噪声，不可预知，构造如下的估计模型：

$$\hat{y}(t)=\frac{G(q^{-1})}{H(q^{-1})}u(t)+\left[1-\frac{1}{H(q^{-1})}\right]y(t) \tag{5-3-5}$$

本书为了推导的一致性，采用了式(5-3-4)所示的表达式。

利用长除法容易验证，$\left[1-\frac{1}{H(q^{-1})}\right]y(t)$中只有 $y(t-1),y(t-2),\cdots$。式(5-3-5)被称为预报模型，预报误差为 $v(t)=y(t)-\hat{y}(t)$。如果选取系统辨识的指标函数为 $J=\frac{1}{N}\sum_{t=1}^{N}v^2$，则可推导出模型参数的无偏最小二乘估计。

下面分别讨论3种常用的控制模型的转化。

**1. ARX 模型的转化**

考虑一个真有理 SISO 线性定常系统，其差分方程描述为

$$y(k)+a_1y(k-1)+\cdots+a_ny(k-a_n)=b_1u(k-1)+\cdots+b_nu(k-b_n)+v(k) \tag{5-3-6}$$

或者写成

$$A(q^{-1})y(k)=B(q^{-1})u(k) \tag{5-3-7}$$

其中，

$$A(q^{-1})=1+a_1q^{-1}+\cdots+a_nq^{-a_n}$$
$$B(q^{-1})=b_1q^{-1}+\cdots+b_nq^{-b_n} \tag{5-3-8}$$

这个系统具有传递函数

$$H(z)=\frac{B(z)}{A(z)} \tag{5-3-9}$$

假设系统(5-3-9)是稳定的，给定 $N>n_a+n_b$ 个输入输出$\{u(k)\}$，$\{y(k)\}$测量对，要求估计系统参数

$$\boldsymbol{\theta}=(a_1,\cdots,a_n,b_1,\cdots,b_n)^{\mathrm{T}} \tag{5-3-10}$$

记观测矢量为

$$\boldsymbol{h}(k)=(-y(k-1),\cdots,-y(k-n),u(k-1),\cdots u(k-n))^{\mathrm{T}} \tag{5-3-11}$$

重写式(5-3-6)，得到如下的估计量测方程：

$$\begin{aligned} y(k)&=-a_1y(k-1)-\cdots-a_ny(k-n)+b_1u(k-1)+\cdots+b_nu(k-n)+v(k)\\ &=\boldsymbol{h}^{\mathrm{T}}(k)\boldsymbol{\theta}+v(k) \end{aligned} \tag{5-3-12}$$

因此，得到了一个与第 4 章一致的量测模型。

**2. ARMAX 模型的转化**

考虑如下的 ARMAX 模型：

$$\begin{aligned} &y(t)+a_1y(t-1)+\cdots+a_{n_a}y(t-n_a)\\ &=b_1u(t-1)+\cdots+b_{n_b}u(t-n_b)+e(t)+c_1e(t)+\cdots+c_{n_c}e(t-n_c) \end{aligned} \tag{5-3-13}$$

或者简写为

$$A(q^{-1})y(t)=B(q^{-1})u(t)+C(q^{-1})e(t) \tag{5-3-14}$$

其中，

$$\begin{aligned} A(q^{-1})&=1+a_1q^{-1}+\cdots+a_{n_a}q^{-n_a}\\ B(q^{-1})&=b_1q^{-1}+\cdots+b_{n_b}q^{-n_b}\\ C(q^{-1})&=1+c_1q^{-1}+\cdots+c_{n_c}q^{-n_c} \end{aligned} \tag{5-3-15}$$

$e(t)$为噪声。

显然要辨识的模型参数为

$$\boldsymbol{\theta}=(a_1,\cdots,a_{n_a},b_1,\cdots,b_{n_b},c_1,\cdots,c_{n_c})^{\mathrm{T}} \tag{5-3-16}$$

为此，需要建立一个关于 $\boldsymbol{\theta}$ 的线性量测模型。

由式(5-3-14)两边同除以 $C(q^{-1})$，得到如下系统方程：

$$\frac{A(q^{-1})}{C(q^{-1})}y(t)=\frac{B(q^{-1})}{C(q^{-1})}u(t)+e(t) \tag{5-3-17}$$

得

$$y(t)=\frac{B(q^{-1})}{C(q^{-1}t)}u(t)+\left(1-\frac{A(q^{-1})}{C(q^{-1})}\right)y(t)+e(t) \tag{5-3-18}$$

定义预测变量

$$\hat{y}(t)=\frac{B(q^{-1})}{C(q^{-1}t)}u(t)+\left(1-\frac{A(q^{-1})}{C(q^{-1})}\right)y(t) \tag{5-3-19}$$

即 $y(t)-\hat{y}(t)=e(t)$。

由式(5-3-19)得

$$C(q^{-1})\hat{y}(t)=B(q^{-1})u(t)+(C(q^{-1})-A(q^{-1}))y(t) \tag{5-3-20}$$

上式两边同时加上$[1-C(q^{-1})]\hat{y}(t)$，得

$$\begin{aligned}\hat{y}(t) &= B(q^{-1})u(t)+[1-A(q^{-1})]y(t)+[C(q^{-1})-1][y(t)-\hat{y}(t)] \\ &= [1-A(q^{-1})]y(t)+B(q^{-1})u(t)+[C(q^{-1})-1]e(t)\end{aligned} \tag{5-3-21}$$

通过辅助变量，构造观测矢量为

$$\boldsymbol{h}(t)=(-y(t-1),\cdots,-y(t-n_a),u(t-1),\cdots,u(t-n_b),e(t-1),\cdots,e(t-n_c))^{\mathrm{T}} \tag{5-3-22}$$

因此就得到了如下的标准的参数化量测模型：

$$\hat{y}(t)=\boldsymbol{h}(t)\boldsymbol{\theta} \tag{5-3-23}$$

**3. 一般模型的转化**

考虑如下的定常线性系统：

$$A(q^{-1})y(t)=\frac{B(q^{-1})}{F(q^{-1})}u(t)+\frac{C(q^{-1})}{D(q^{-1})}e(t) \tag{5-3-24}$$

将式(5-3-24)写为

$$\frac{D(q^{-1})A(q^{-1})}{C(q^{-1})}y(t)=\frac{B(q^{-1})D(q^{-1})}{F(q^{-1})C(q^{-1})}u(t)+e(t) \tag{5-3-25}$$

其中，$A(q^{-1})$、$B(q^{-1})$、$C(q^{-1})$如式(5-3-15)所示，且

$$\begin{aligned}D(q^{-1})&=1+d_1q^{-1}+\cdots+d_{n_d}q^{-n_d} \\ F(q^{-1})&=1+f_1q^{-1}+\cdots+f_{n_f}q^{-n_f}\end{aligned} \tag{5-3-26}$$

定义一个辅助预报变量 $\hat{y}(t)$为

$$\hat{y}(t)=\frac{B(q^{-1})D(q^{-1})}{F(q^{-1})C(q^{-1})}u(t)+\left[1-\frac{D(q^{-1})A(q^{-1})}{C(q^{-1})}\right]y(t) \tag{5-3-27}$$

或者

$$F(q^{-1})C(q^{-1})\hat{y}(t)=B(q^{-1})D(q^{-1})u(t)+F(q^{-1})[C(q^{-1})-D(q^{-1})A(q^{-1})]y(t) \tag{5-3-28}$$

定义观测误差

$$\varepsilon(t)=y(t)-\hat{y}(t) \tag{5-3-29}$$

则

$$\varepsilon(t)=\frac{D(q^{-1})}{C(q^{-1})}\left[A(q^{-1})y(t)-\frac{B(q^{-1})}{F(q^{-1})}u(t)\right] \tag{5-3-30}$$

再引入辅助变量 $w(t)$、$\rho(t)$，满足

$$w(t)=\frac{B(q^{-1})}{F(q^{-1})}u(t) \tag{5-3-31}$$

$$\rho(t)=A(q^{-1})y(t)-w(t) \tag{5-3-32}$$

所以可得 $w(t)$为

$$w(t)=b_1u(t-1)+\cdots+b_{n_b}u(t-n_b)-f_1w(t-1)-\cdots-f_{n_f}w(t-n_f) \tag{5-3-33}$$

而式(5-3-32)中的 $\rho(t)$可以写成

$$\rho(t)=y(t)+a_1y(t-1)+\cdots+a_{n_a}y(t-n_a)-w(t) \tag{5-3-34}$$

那么

$$\varepsilon(t)=\frac{D(q^{-1})}{C(q^{-1})}\rho(t) \tag{5-3-35}$$

所以可得 $\varepsilon(t)$ 的表达式为

$$\varepsilon(t)=\rho(t)+d_1\rho(t-1)+\cdots+d_{n_d}\rho(t-n_d)-c_1\varepsilon(t-1)-\cdots-c_{n_c}\varepsilon(t-n_c) \tag{5-3-36}$$

待估计参数矢量为

$$\boldsymbol{\theta}=(a_1,\cdots,a_{n_a},b_1,\cdots,b_{n_b},f_1,\cdots,f_{n_f},c_1,\cdots,c_{n_c},d_1,\cdots,d_{n_d})^{\mathrm{T}} \tag{5-3-37}$$

再引入观测矢量

$$\begin{aligned}\boldsymbol{h}(t)=&(-y(t-1),\cdots,-y(t-n_a),u(t-1),\cdots,u(t-n_b),\\&-w(t-1),\cdots,-w(t-n_f),\varepsilon(t-1),\cdots,\varepsilon(t-n_c),-\rho(t-1),\cdots,-\rho(t-n_d))^{\mathrm{T}}\end{aligned} \tag{5-3-38}$$

将式(5-3-33)、式(5-3-34)代入式(5-3-36)，可以得到

$$\varepsilon(t)=y(t)-\hat{y}(t)=y(t)-\boldsymbol{h}^{\mathrm{T}}(t)\boldsymbol{\theta} \tag{5-3-39}$$

辨识指标可令 $\sum_{t=1}^{N}\varepsilon^2(t)$ 达到极小，所以 $\hat{y}(t)=\boldsymbol{h}^{\mathrm{T}}(t)\boldsymbol{\theta}$ 即所得到的量测模型。

**4. 辨识算法**

对于式(5-3-39)，假设从 $k$ 时刻起，有如下 $N$ 个观测数据，$N>n_a+n_b+n_c+n_d+n_f$，

$$\begin{aligned}y(k+1)&=\boldsymbol{h}^{\mathrm{T}}(k+1)\boldsymbol{\theta}\\y(k+2)&=\boldsymbol{h}^{\mathrm{T}}(k+2)\boldsymbol{\theta}\\&\vdots\\y(k+N)&=\boldsymbol{h}^{\mathrm{T}}(k+N)\boldsymbol{\theta}\end{aligned} \tag{5-3-40}$$

令

$$\boldsymbol{Y}=(y(k+1),\cdots,y(k+N))^{\mathrm{T}} \tag{5-3-41}$$

则可得向量形式的测量方程为

$$\boldsymbol{Y}=\boldsymbol{H\theta} \tag{5-3-42}$$

其中

$$\boldsymbol{H}=\begin{pmatrix}\boldsymbol{h}^{\mathrm{T}}(n+1)\\\boldsymbol{h}^{\mathrm{T}}(n+2)\\\vdots\\\boldsymbol{h}^{\mathrm{T}}(n+N)\end{pmatrix} \tag{5-3-43}$$

则利用第 4 章的递推最小二乘法，可以得到 $\boldsymbol{\theta}$ 的估计值 $\hat{\boldsymbol{\theta}}$。

## 5.3.2 系统阶的确定与有效性检验

在前面几节的讨论中，假设系统的阶次是已知的。因此，模型的系统辨识问题就变成了权值或参数估计问题。在很多实际系统中，模型的阶次往往很难知道，因此阶的确定也成了系统辨识中的一个关键问题。另外，如何判断系统是否存在滞后、若存在滞后如何计算滞后量大小也需要探讨。本节将以 ARMA 模型为例，对阶的确定、滞后量的确定以及模型有效性检验等问题进行阐述。

**1. 用脉冲响应序列确定系统的阶次**

考虑单输入单输出离散线性系统，假定系统是能控与能观测的，

$$\boldsymbol{x}(k+1)=\boldsymbol{A}\boldsymbol{x}(k)+\boldsymbol{b}u(k)$$
$$y(k)=\boldsymbol{c}\boldsymbol{x}(k) \tag{5-3-44}$$

其传递函数为

$$G(z)=\boldsymbol{c}\,(z\boldsymbol{I}-\boldsymbol{A})^{-1}\boldsymbol{b} \tag{5-3-45}$$

当系统稳定时，即 $\boldsymbol{A}$ 的特征根都在单位圆内时，传递函数可以展开成为如下级数：

$$G(z)=\sum_{k=0}^{\infty} z^{-(k+1)}\boldsymbol{c}\boldsymbol{A}^{k}\boldsymbol{b}=\sum_{k=1}^{\infty} g(k)z^{-k} \tag{5-3-46}$$

其中，

$$g(k)=\begin{cases}0, & k\leqslant 0\\ \boldsymbol{c}\boldsymbol{A}^{k-1}\boldsymbol{b}, & k>0\end{cases} \tag{5-3-47}$$

为系统(5-3-45)的脉冲响应序列。

**定义 5.3.1** 如下矩阵称为系统(5-3-8)的汉克尔(Hankel)矩阵

$$\boldsymbol{H}(l,k)=\begin{pmatrix} g(k) & g(k+1) & \cdots & g(k+l-1)\\ g(k+1) & g(k+2) & \cdots & g(k+l)\\ \vdots & \vdots & & \vdots\\ g(k+l-1) & g(k+l) & \cdots & g(k+2l-2)\end{pmatrix} \tag{5-3-48}$$

显然式(5-3-48)可以写成如下形式：

$$\boldsymbol{H}(l,k)=\begin{pmatrix}\boldsymbol{c}\\ \boldsymbol{c}\boldsymbol{A}\\ \vdots\\ \boldsymbol{c}\boldsymbol{A}^{l-1}\end{pmatrix}\boldsymbol{A}^{k-1}(\boldsymbol{b}\quad \boldsymbol{A}\boldsymbol{b}\quad \cdots\quad \boldsymbol{A}^{l-1}\boldsymbol{b}) \tag{5-3-49}$$

假设 $\boldsymbol{A}\in\mathbb{R}^{n\times n}$，则由系统的能控与能观性假设，当 $l\geqslant n$ 时，有

$$\operatorname{rank}\begin{pmatrix}\boldsymbol{c}\\ \boldsymbol{c}\boldsymbol{A}\\ \vdots\\ \boldsymbol{c}\boldsymbol{A}^{l-1}\end{pmatrix}=n,\quad \operatorname{rank}(\boldsymbol{b}\quad \boldsymbol{A}\boldsymbol{b}\quad \cdots\quad \boldsymbol{A}^{l-1}\boldsymbol{b})=n \tag{5-3-50}$$

如果 $\boldsymbol{A}\in\mathbb{R}^{n\times n}$ 是非奇异的，由西尔维斯特(Sylvester)定理，当 $l\geqslant n$ 时

$$\operatorname{rank}\boldsymbol{H}(l,k)=n,\quad \forall k \tag{5-3-51}$$

因为汉克尔矩阵(5-3-48)是 $l\times l$ 阶矩阵，所以当 $l>n$ 时，$\det \boldsymbol{H}(l,k)=0$。因此，可以不断改变 $l$，通过判断汉克尔矩阵(5-3-48)的奇异性来确定系统的阶次。

(1) 情形 1：系统不含噪声

假定脉冲响应序列(5-3-47)，$k=1,2,\cdots,L$ 不含噪声，则对于给定的 $l$，可以计算 $k=1$ 至 $k=L-2l+2$ 的 $\det \boldsymbol{H}(l,k)$，有

$$\det \boldsymbol{H}(l,k)=0,\quad l\leqslant n \tag{5-3-52}$$
$$\det \boldsymbol{H}(l,k)\neq 0,\quad l>n \tag{5-3-53}$$

(2) 情形 2：系统带有弱噪声

对于给定的 $l$，定义汉克尔矩阵行列式的平均值

$$D_l \triangleq \frac{\dfrac{1}{L-2l+2}\sum_{k=1}^{L-2l+2}\boldsymbol{H}(l,k)}{\dfrac{1}{L-2l}\sum_{k=1}^{L-2l}\boldsymbol{H}(l+1,k)} \tag{5-3-54}$$

显然,若没有噪声,当 $l=n$ 时,式(5-3-17)的分母为 0,则 $D_l\to\infty$。若系统存在弱噪声,则系统的阶次按如下法则选取:

$$n=l_0,\quad D_{l0}=\max\{D_l\} \tag{5-3-55}$$

(3) 情形 3:强噪声情形

若假定脉冲响应序列(5-3-47),$k=1,2,\cdots,L$ 含强噪声,此时不能直接采用脉冲响应序列构造汉克尔矩阵,要用$\{g(k)\}$的如下自相关函数 $\rho(k)$来代替,构成如下的汉克尔矩阵:

$$\boldsymbol{H}(l,k)=\begin{bmatrix}\rho(k) & \rho(k+1) & \cdots & \rho(k+l-1)\\ \rho(k+1) & \rho(k+2) & \cdots & \rho(k+l)\\ \vdots & \vdots & & \vdots\\ \rho(k+l-1) & \rho(k+l) & \cdots & \rho(k+2l-2)\end{bmatrix} \tag{5-3-56}$$

其中,

$$\begin{cases}\rho(k)=\dfrac{R_g(k)}{R_g(0)}\\ R_g(k)=\dfrac{1}{L-k}\displaystyle\sum_{i=1}^{L-k}g(i)g(i+k)\end{cases} \tag{5-3-57}$$

利用式(5-3-54)确定 $D_l$,从而再利用式(5-3-55)可以确定系统的阶次。

**2. 利用拟合度优劣确定系统的阶次**

以 ARX 系统为例,由式(5-3-12),采用输入输出数据进行辨识时,采用不同的阶次,将得到不同的辨识参数值。很明显,不同的辨识参数,将导致不同的量测残差:

$$\boldsymbol{e}=\boldsymbol{Y}-\boldsymbol{H}\hat{\boldsymbol{\theta}} \tag{5-3-58}$$

从而导致不同的性能指标值:

$$J=(\boldsymbol{Y}-\boldsymbol{H}\hat{\boldsymbol{\theta}})^{\mathrm{T}}(\boldsymbol{Y}-\boldsymbol{H}\hat{\boldsymbol{\theta}}) \tag{5-3-59}$$

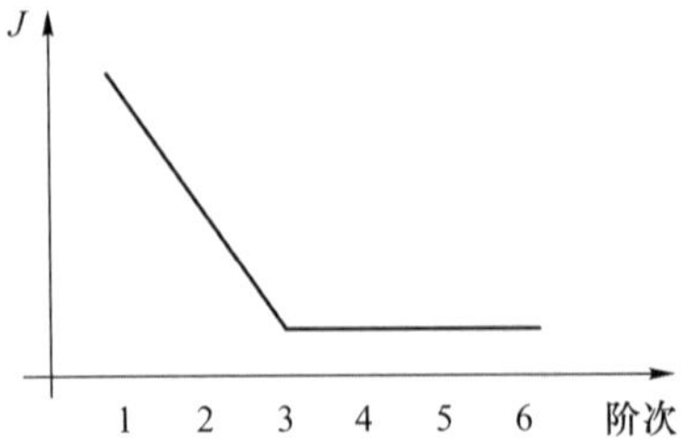


图 5.3.1 性能指标走势图

拟合度定阶法的思想如下:首先系统辨识需要最小二乘解,因此输入输出数据组的个数一定大于模型参数的个数;其次随着模型阶次的增加,性能指标(5-3-59)会开始下降,到达真实的阶次之后,再增加系统的阶次,所得到的指标的值会基本保持不变,如图 5.3.1 所示。

现在要指出,随着模型阶的增加,如何推导新的 $\hat{\theta}$。假设模型阶从 $n$ 增加到 $n+1$,重新排列参数向量如下:

$$\boldsymbol{\theta}=(a_1,\cdots,a_n,b_0,\cdots,b_n,a_{n+1},b_{n+1})^{\mathrm{T}}=(\boldsymbol{\theta}_{(1)}^{\mathrm{T}},\boldsymbol{\theta}_{(2)}^{\mathrm{T}})^{\mathrm{T}} \tag{5-3-60}$$

相应的分块矩阵是 $\boldsymbol{H}_1$、$\boldsymbol{H}_2$$(m>n)$矩阵。

根据最小二乘估计表达式,其中用到矩阵求逆公式

$$\begin{pmatrix}\boldsymbol{H}_1^{\mathrm{T}}\boldsymbol{H}_1 & \boldsymbol{H}_1^{\mathrm{T}}\boldsymbol{H}_2\\ \boldsymbol{H}_2^{\mathrm{T}}\boldsymbol{H}_1 & \boldsymbol{H}_2^{\mathrm{T}}\boldsymbol{H}_2\end{pmatrix}^{-1}=\begin{pmatrix}\boldsymbol{C}-\boldsymbol{A}\boldsymbol{H}_2^{\mathrm{T}}\boldsymbol{H}\boldsymbol{C} & -\boldsymbol{A}\\ -\boldsymbol{A}^{\mathrm{T}} & \boldsymbol{B}\end{pmatrix} \tag{5-3-61}$$

其中，

$$\boldsymbol{A}=(\boldsymbol{H}_1^{\mathrm{T}}\boldsymbol{H}_1)^{-1}\boldsymbol{H}_1^{\mathrm{T}}\boldsymbol{H}_2[\boldsymbol{H}_2^{\mathrm{T}}\boldsymbol{H}_2-\boldsymbol{H}_2^{\mathrm{T}}\boldsymbol{H}_1(\boldsymbol{H}_1^{\mathrm{T}}\boldsymbol{H}_1)^{-1}\boldsymbol{H}_1^{\mathrm{T}}\boldsymbol{H}_2]^{-1}$$

$$\boldsymbol{B}=[\boldsymbol{H}_2^{\mathrm{T}}\boldsymbol{H}_2-\boldsymbol{H}_2^{\mathrm{T}}\boldsymbol{H}_1(\boldsymbol{H}_1^{\mathrm{T}}\boldsymbol{H}_1)^{-1}\boldsymbol{H}_1^{\mathrm{T}}\boldsymbol{H}_2]^{-1}$$

$$\boldsymbol{C}=(\boldsymbol{H}_1^{\mathrm{T}}\boldsymbol{H}_1)^{-1}$$

因此

$$\begin{pmatrix}\hat{\boldsymbol{\theta}}_1\\ \hat{\boldsymbol{\theta}}_2\end{pmatrix}=\begin{pmatrix}\boldsymbol{H}_1^{\mathrm{T}}\boldsymbol{H}_1 & \boldsymbol{H}_1^{\mathrm{T}}\boldsymbol{H}_2\\ \boldsymbol{H}_2^{\mathrm{T}}\boldsymbol{H}_1 & \boldsymbol{H}_2^{\mathrm{T}}\boldsymbol{H}_2\end{pmatrix}^{-1}\begin{pmatrix}\boldsymbol{H}_1^{\mathrm{T}}\\ \boldsymbol{H}_2^{\mathrm{T}}\end{pmatrix}\boldsymbol{Y} \tag{5-3-62}$$

经计算，可得

$$\hat{\boldsymbol{\theta}}_{(1)}=\hat{\hat{\boldsymbol{\theta}}}_{(1)}-\boldsymbol{A}\boldsymbol{H}_2^{\mathrm{T}}(\boldsymbol{Y}-\boldsymbol{H}_1\hat{\hat{\boldsymbol{\theta}}}_{(1)}) \tag{5-3-63}$$

$$\hat{\boldsymbol{\theta}}_{(2)}=\boldsymbol{B}\boldsymbol{H}_2^{\mathrm{T}}(\boldsymbol{Y}-\boldsymbol{H}_1\hat{\hat{\boldsymbol{\theta}}}_{(1)}) \tag{5-3-64}$$

其中，

$$\hat{\hat{\boldsymbol{\theta}}}_{(1)}=(\boldsymbol{H}_1^{\mathrm{T}}\boldsymbol{H}_1)^{-1}\boldsymbol{H}_1^{\mathrm{T}}\boldsymbol{Y} \tag{5-3-65}$$

利用上述算法可以通过修正老的第 $n$ 阶的参数估计 $\hat{\hat{\boldsymbol{\theta}}}_{(1)}$ 来计算新的 $n+1$ 阶的参数估计 $(\boldsymbol{\theta}_{(1)}^{\mathrm{T}},\boldsymbol{\theta}_{(2)}^{\mathrm{T}})^{\mathrm{T}}$，计算过程中仅需要计算一个 $2\times2$ 的矩阵 $\boldsymbol{B}$，从而使计算复杂度大大降低。

**例 5.3.1** 设一个 SISO 线性定常系统，其差分方程描述为

$$\begin{aligned}&y(k)+a_1y(k-1)+a_2y(k-2)+\cdots+a_ny(k-n)\\&=b_0u(k)+b_1u(k-1)+\cdots+b_mu(k-m)+e(k)\end{aligned}$$

其中，$y(k)$ 为系统输出，$u(k)$ 为系统输入，$e(k)$ 为噪声，$a_j$、$b_j$ 为系统参数。系统参数设定为 $a_1=-1.5$，$a_2=0.7$，$b_0=1.0$，$b_1=0.5$。要求按拟合度优劣判断系统阶次。

**解：**利用 100 对输入输出数据样本，输入信号为均值为 0、方差为 1 的高斯白噪声。使用不同阶次的模型进行拟合，通过比较不同阶次模型的拟合优劣，确定系统的最优阶次。拟合优劣的评估标准为均方误差(MSE)。

仿真结果包括不同阶次模型的误差(图 5.3.2)及估计得到的系统参数(表 5.3.1)。可以看出系统阶次可选为 2。

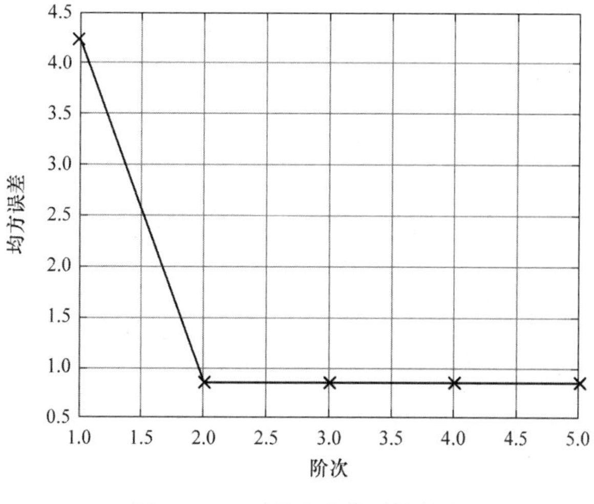


图 5.3.2 不同阶次模型的误差

表 5.3.1 不同阶次模型估计得到的系统参数

| | $a_1$ | $b_0$ | $a_2$ | $b_1$ | $a_3$ | $b_2$ | $a_4$ | $b_3$ | $a_5$ | $b_4$ |
|---|---|---|---|---|---|---|---|---|---|---|
| 一阶辨识 | −0.903 7 | 0.947 7 | | | | | | | | |
| 二阶辨识 | −1.547 3 | 1.037 3 | 0.775 5 | 0.439 4 | | | | | | |
| 三阶辨识 | −1.506 1 | 1.039 3 | 0.707 6 | 0.487 4 | 0.037 0 | 0.032 1 | | | | |
| 四阶辨识 | −1.503 3 | 1.042 2 | 0.652 1 | 0.483 8 | 0.168 5 | −0.026 6 | −0.093 9 | 0.161 8 | | |
| 五阶辨识 | −1.530 8 | 1.007 3 | 0.686 2 | 0.456 3 | 0.257 0 | −0.075 6 | −0.283 3 | 0.252 5 | 0.112 5 | −0.010 1 |

仿真代码如下：

```
% 初始化
N = 100; % 数据点数量
x = linspace(1, 10, N); % 输入数据
a_real = [-1.5, 0.7]; % 真实参数 a1, a2
b_real = [1.0, 0.5]; % 真实参数 b0, b1
u = randn(1, N); % 随机输入信号
e = randn(1, N); % 高斯白噪声
y = zeros(1, N); % 初始化输出信号

% 生成输出数据
for k = 3:N
    y(k) = -a_real(1) * y(k-1) - a_real(2) * y(k-2) + b_real(1) * u(k-1) + b_real
        (2) * u(k-2) + e(k);
end

% 显示生成的输入输出数据点
disp('输入输出数据点:');
disp(table((1:N)', x', y', 'VariableNames', {'Index', 'x', 'y'}));

% 存储不同阶次的 MSE
mse_values = zeros(1, 5);

for n = 1:5
    % 构建回归矩阵和输出向量
    Phi = [];
    for i = 1:n
        Phi = [Phi, -y(n+1-i:N-i)'];
    end
    for j = 0:n-1
        Phi = [Phi, u(n-j:N-1-j)'];
    end
    Y = y(n+1:N)';
```

```
    % 最小二乘法估计系统参数
    theta = (Phi' * Phi) \ (Phi' * Y);

    % 计算拟合输出
    y_fit = Phi * theta;

    % 计算 MSE
    mse_values(n) = mean((Y - y_fit).^2);

    % 显示辨识得到的系统参数
    disp(['阶次为', num2str(n), '的辨识参数:']);
    disp(theta);
end

% 绘制 MSE 随阶次变化的图
figure;
plot(1:5, mse_values, 'o-', 'LineWidth', 2);
xlabel('阶次');
ylabel('均方误差(MSE)');
title('不同阶次模型的 MSE');
grid on;

% 选择最优阶次
[~, optimal_order] = min(mse_values);
disp(['最优阶次为:', num2str(optimal_order)]);
```

**3. 利用量测残差的白色性确定系统的阶次**

理论上,如果是一个适当的模型阶次及辨识参数,则对应的量测估计残差 $\boldsymbol{e}=\boldsymbol{Y}-\hat{\boldsymbol{H}}\boldsymbol{\theta}$ 是一个统计独立的随机过程。因此,利用 $\boldsymbol{e}(k)$ 的统计学特性,就可以检验模型阶的恰当程度。

若 $\boldsymbol{e}(k)$ 呈现白色特性,即均值接近于 0,而且量测估计残差围绕 0 值的正负变化次数基本相等,则可以判定系统阶次。

可以计算量测估计残差的自相关函数。利用自相关函数判断模型是否合适。量测残差的自相关函数按如下公式计算:

$$R_e(i) = \frac{1}{N}\sum_{k=1}^{N} e(i)e(i+k) \tag{5-3-66}$$

$$R_e(0) = \frac{1}{N}\sum_{k=1}^{N} e^2(k) \tag{5-3-67}$$

则规范化的自相关函数为

$$\rho(i)=\frac{R_e(i)}{R_e(0)} \tag{5-3-68}$$

具体判断过程可描述为:令模型的阶次为 $n=1,2,\cdots,M$,对于每个阶次,可以计算出对应

的 $\rho(1),\rho(2),\cdots,\rho(M)$。找出最接近于 0 的那个 $\rho(M)$，然后判断 $\rho(M)$的符号变化数，如果符号变化次数等于 $M/2$，则基本可以确定量测残差白化，从而确定系统的阶次为 $M$。

**例 5.3.2** 利用例 5.3.1 生成的数据集，利用量测残差的白色性确定系统的阶次。

**解**：利用式(5-3-66)～式(5-3-68)计算 $\rho(i)$，如图 5.3.3 所示。

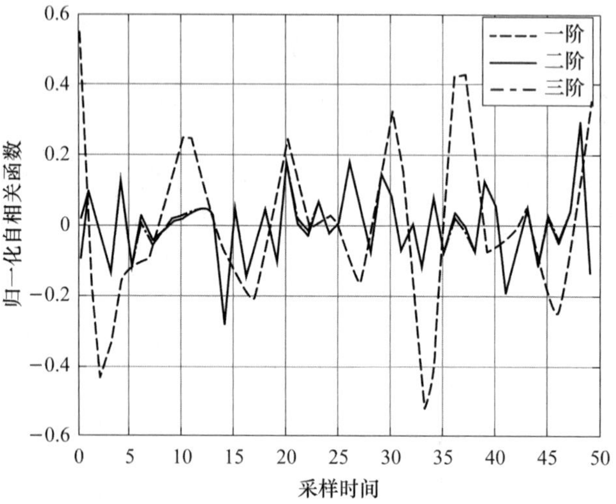


图 5.3.3 不同阶次量测残差的自相关函数($n$=1,2,3)

从图 5.3.3 可知，该系统阶次应选 2 较合适，这与图 5.3.2 的结论相符。

仿真代码如下：

```
% 初始化
N = 100; % 数据点数量
close all;
clc;
% 初始化
N = 100; % 数据点数量
x = linspace(1, 10, N); % 输入数据
a_real = [-1.5, 0.7]; % 真实参数 a1, a2
b_real = [1.0, 0.5]; % 真实参数 b0, b1
u = randn(1, N); % 随机输入信号
e = 0.2 * randn(1, N); % 高斯白噪声
y = zeros(1, N); % 初始化输出信号

% 生成输出数据
for k = 3:N
    y(k) = -a_real(1) * y(k-1) - a_real(2) * y(k-2) + b_real(1) * u(k-1) + b_real
(2) * u(k-2) + e(k);
end

% 显示生成的输入输出数据点
```

```
disp('输入输出数据点:');
disp(table((1:N)', x', y', 'VariableNames', {'Index', 'x', 'y'}));

% 定义阶数范围
orders = [1, 2, 3];

% 绘制不同阶次的自相关函数图
for n = orders
    % 构建回归矩阵和输出向量
    Phi = [];
    for i = 1:n
        Phi = [Phi, -y(n+1-i:N-i)'];
    end
    for j = 0:n-1
        Phi = [Phi, u(n-j:N-1-j)'];
    end
    Y = y(n+1:N)';

    % 最小二乘法估计系统参数
    theta = (Phi' * Phi) \ (Phi' * Y);

    % 计算拟合输出
    y_fit = Phi * theta;
    % 计算残差
    residual = Y - y_fit;

    % 计算自相关函数
    max_lag = 50; % 最大滞后值
    R_e = zeros(1, max_lag);
    for i = 1:max_lag
        for k = 1:(length(residual) - i)
            R_e(i) = R_e(i) + residual(k) * residual(k+i);
        end
        R_e(i) = R_e(i) / (length(residual) - i);
    end
    R_e0 = sum(residual.^2) / length(residual);

    % 计算归一化的自相关函数
    rho = R_e / R_e0;

    % 绘制自相关函数图并连线
    plot(0:max_lag-1, rho, '-', 'LineWidth', 2); % 使用连线图
    hold on;
    grid on;
end
```

**4. 利用赤池信息量准则与贝叶斯信息量准则确定系统的阶次**

赤池信息量准则(Akaike Information Criterion, AIC)与贝叶斯信息量准则(Bayesian Information Criterion, BIC)主要适用于如下的 ARMA 模型:

$$\begin{aligned} &y(k)+a_1y(k-1)+a_2y(k-2)+\cdots+a_{n_a}y(k-n_a)\\ &=b_1u(k-1)+b_2u(k-2)+\cdots+b_{n_c}u(k-n_b) \end{aligned} \tag{5-3-69}$$

ARMA 模型的阶数越高,其描述对象样本的能力就越强。但是阶数越高,参数也就越多,容易造成过拟合现象。因此,我们需要找一个度量工具,来确定最佳的阶数。

令 $L$ 是模型参数的似然函数,很显然,似然函数越大,给定参数对模型的描述越准确。那么,对于较大的阶数,似然函数肯定也较大。

AIC 与 BIC 就是对似然函数与参数个数的权衡。我们既希望似然函数尽可能大,又希望参数个数尽可能少。

令 $k$ 为参数个数,下面就是 AIC 和 BIC 的定义:

$$\mathrm{AIC}=2k-2\ln(L) \tag{5-3-70}$$

$$\mathrm{BIC}=k\ln(n)-2\ln(L) \tag{5-3-71}$$

其中,$n$ 是序列宽度。阶数 $n_a$、$n_b$ 增加,$2\ln(L)$ 会变大,同时 $2k$ 也会变大。如果单纯确定 $n_a$,选择使得 AIC 最小的 $n_a$ 即可。如果同时确定 $n_a$、$n_b$,则需在 AIC 和 BIC 之间进行折中,选择一组满意的$(n_a^*, n_b^*)$,使得 AIC 和 BIC 取得合适的最小值。

考虑一个 ARX 系统:

$$\begin{aligned} &y(k)+a_1y(k-1)+a_2y(k-2)+\cdots+a_{n_a}y(k-n_a)\\ &=b_1u(k-1)+b_2u(k-2)+\cdots+b_{n_c}u(k-n_b)+v(k) \end{aligned} \tag{5-3-72}$$

假定 $\nu(k)$ 是白噪声且服从正态分布,则由第 2 章可知,似然函数为

$$L(\theta_n)=(2\pi\sigma_v^2)^{-\frac{N}{2}}\exp\left\{-\frac{1}{2\sigma_v^2}(\boldsymbol{Y}_n-\boldsymbol{H}_n\boldsymbol{\theta}_n)^{\mathrm{T}}(\boldsymbol{Y}_n-\boldsymbol{H}_n\boldsymbol{\theta}_n)\right\} \tag{5-3-73}$$

其中,$N$ 表示测量样本的个数。

对式(5-3-73)两边取对数

$$\ln L(\theta_n)=-\frac{N}{2}\ln 2\pi-\frac{N}{2}\ln\sigma_v^2-\frac{1}{2\sigma_v^2}(\boldsymbol{Y}_n-\boldsymbol{H}_n\boldsymbol{\theta}_n)^{\mathrm{T}}(\boldsymbol{Y}_n-\boldsymbol{H}_n\boldsymbol{\theta}_n) \tag{5-3-74}$$

根据极大似然估计,解$\dfrac{\partial\ln L(\theta_n)}{\partial\theta_n}=0$,$\dfrac{\partial\ln L(\theta_n)}{\partial\sigma_v^2}=0$,得

$$\hat{\theta}_{\mathrm{ML}}=(\boldsymbol{H}_n^{\mathrm{T}}\boldsymbol{H}_n)^{-1}\boldsymbol{H}_n^{\mathrm{T}}\boldsymbol{y} \tag{5-3-75}$$

$$\hat{\sigma}_n^2=\frac{1}{N}(\boldsymbol{Y}_n-\boldsymbol{H}_n\hat{\boldsymbol{\theta}}_{\mathrm{ML}})^{\mathrm{T}}(\boldsymbol{Y}_n-\boldsymbol{H}_n\hat{\boldsymbol{\theta}}_{\mathrm{ML}}) \tag{5-3-76}$$

从而

$$\ln L(\hat{\theta}_{\mathrm{ML}})=C-\frac{N}{2}\ln\hat{\sigma}_v^2 \tag{5-3-77}$$

其中,$C$ 为常数。

将式(5-3-77)代入 AIC 与 BIC 的定义式(5-3-70)与式(5-3-71),得

$$\mathrm{AIC}(n_a,n_b)=2(n_a+n_b+1)+N\ln\hat{\sigma}_v^2+C \tag{5-3-78}$$

$$\mathrm{BIC}(n_a, n_b)=(n_a+n_b+1)\ln(N)+2\ln\hat{\sigma}_v^2+C \tag{5-3-79}$$

在式(5-3-78)中仅取

$$\mathrm{AIC}(n_a, n_b)=2(n_a+n_b)+N\ln\hat{\sigma}_v^2 \tag{5-3-80}$$

在式(5-3-79)中取

$$\mathrm{BIC}(n_a, n_b)=(n_a+n_b)\ln(N)+N\ln\hat{\sigma}_v^2 \tag{5-3-81}$$

通过选取不同的 $n_a$、$n_b$ 阶次，计算对应的 AIC 与 BIC 的值，其中对应 AIC 与 BIC 的值都较小的 $n_a$、$n_b$，则为系统的阶次。

**例 5.3.3** 采用例 5.3.1 生成的数据集，利用 AIC 和 BIC 确定系统的阶次。

**解**：用式(5-3-70)、式(5-3-71)计算 AIC 和 BIC，结果如表 5.3.2 所示。

**表 5.3.2 AIC 与 BIC 结果**

| $n,m$ | AIC | BIC |
|---|---|---|
| 1,1 | 150.3 | 155.4 |
| 1,2 | 145.2 | 152.1 |
| 2,2 | 143.0 | 151.8 |
| 3,2 | 142.5 | 153.2 |
| 3,3 | 144.1 | 157.7 |
| 4,3 | 146.0 | 162.5 |
| 5,5 | 149.8 | 170.3 |

从表 5.3.2 中可以看出，当 $n=2, m=2$ 时，AIC 和 BIC 的值均达到相对最小。因此，可以确定系统的阶次为 $n=2, m=2$。

利用 AIC 和 BIC 进行模型选择的核心思想是，在模型拟合优度和复杂度之间取得平衡。AIC 倾向于选择使信息损失最小的模型，而 BIC 则具有更强的惩罚项，倾向于选择较简单的模型。在本例中，$n=2, m=2$ 的模型同时使 AIC 和 BIC 最小，说明它在拟合效果和模型复杂度之间达到了较好的平衡。

**5. 滞后量的确定**

一个具有时间滞后 $\tau_d$ 的系统可用下面的差分方程描述：

$$\begin{aligned} y(k)=&-a_1y(k-1)-\cdots-a_ny(k-n) \\ &+b_0u(k-\tau_d)+b_1u(k-1-\tau_d)+\cdots+b_nu(k-n-\tau_d) \end{aligned} \tag{5-3-82}$$

其中，$\tau_d$ 是固定时间滞后。对于一个阶数为 $n$ 的系统，如何判定 $\tau_d$？

为此可构造一个 $\tau_d$ 的序列：$\tau_d=1,2,3\cdots$，反复地求最小二乘参数估计问题，$\tau_d$ 就能通过辨识获得。最好的 $\tau_d$ 值应当这样：类似于模型阶的确定方式，最优的 $\tau_d$ 对应于指标函数 $J$ 的最小值。

**6. 模型有效性检验**

方法一：利用先验信息检验。这类模型从数据拟合上看不出问题，但是却违背了先验知识，因此这类模型就不是有效的，例如，某变量是有界的，但通过模型计算发现其超出了界限。

方法二：利用数据检验。在系统辨识中更多的是采用数据检验，将所得到的数据分成两部分，一部分数据(如占总数据 3/4 的数据)用来做系统辨识，而另一部分数据则应用于模型检验。如果代入剩余的数据检验后，得到的结果有很大的误差，则辨识模型存在问题，需要进行辨识修正处理。模型之所以不准确，可能是因为辨识用的数据缺乏泛化特性，也可能是因为所选的模型类不合适。若数据泛化性不好，则重新收集输入输出测量数据集，输入信号尽可能是持续激励的白噪声信号。若模型不合适，则建议改变模型类，例如，将线性模型改为非线性模型。

一般采用如下指标作为测试检验的指标。

① 残差平方和 (the Sum of Square due to Error，SSE)：

$$J=\sum_{k=1}^{N}(y_k-\hat{y}_k)^2 \tag{5-3-83}$$

② 均方误差(Mean Squared Error，MSE)：

$$J=\frac{1}{N}\sum_{k=1}^{N}(y_k-\hat{y}_k)^2 \tag{5-3-84}$$

③ 均方根标准差(Root Mean Squared Error，RMSE)：

$$J=\sqrt{\mathrm{MSE}}=\sqrt{\frac{1}{N}\sum_{k=1}^{N}(y_k-\hat{y}_k)^2} \tag{5-3-85}$$

④ 平均绝对误差(Mean Absolute Error，MAE)：

$$J=\frac{1}{N}\sum_{k=1}^{N}|y_k-\hat{y}_k| \tag{5-3-86}$$

⑤ $R^2$ 确定系数(Coefficient Determination)：

$$R^2=1-\frac{\sum_{k=1}^{N}(y_k-\hat{y}_k)^2}{\sum_{k=1}^{N}(y_k-\bar{y})^2} \tag{5-3-87}$$

其中，$\bar{y}$ 表示真实值的平均值。$R^2$ 的优点在于其结果进行了归一化，$R^2$ 的值一般都在 0 到 1 的范围内，越接近 1，说明模型预测效果越好；如果 $R^2$ 等于零，则说明预测模型等于基准模型(由真实值均值产生的模型)；如果 $R^2$ 为负数，则说明模型预测效果非常差。

**例 5.3.4** 对例 5.3.1 所辨识的模型进行有效性检验。

**解：**采用 130 对样本数据，前 100 对数据用作系统辨识，后 30 对数据用作检验。计算式(5-3-83)～式 (5-3-87)，得到表 5.3.3。

**表 5.3.3 各评估指标的计算结果**

| 评估指标 | SSE | MSE | RMSE | MAE | $R^2$ |
|---|---|---|---|---|---|
| 计算结果 | 1.51 | 0.054 | 0.23 | 0.17 | 0.996 5 |

从 $R^2$ 可以看出，该辨识模型非常接近于真实模型。辨识结果可信。

仿真代码如下：

```
% 初始化
N = 130; % 数据点数量
x = linspace(1, 10, N); % 输入数据
a_real = [-1.5, 0.7]; % 真实参数 a1, a2
b_real = [1.0, 0.5]; % 真实参数 b0, b1
u = randn(1, N); % 随机输入信号
e = 0.2 * randn(1, N); % 高斯白噪声
y = zeros(1, N); % 初始化输出信号

% 生成输出数据
for k = 3:N
    y(k) = -a_real(1) * y(k-1) - a_real(2) * y(k-2) + b_real(1) * u(k-1) + b_real
(2) * u(k-2) + e(k);
end

% 前100个数据用于辨识
train_size = 100;
y_train = y(1:train_size);
u_train = u(1:train_size);

% 后30个数据用于检验
y_test = y(train_size+1:end);
u_test = u(train_size+1:end);

% 构建二阶回归矩阵和输出向量(用于参数辨识)
n = 2; % 二阶模型
Phi_train = [];
for i = 1:n
    Phi_train = [Phi_train, -y_train(n+1-i:end-i)'];
end
for j = 0:n-1
    Phi_train = [Phi_train, u_train(n-j:end-1-j)'];
end
Y_train = y_train(n+1:end)';

% 最小二乘法估计系统参数
theta = (Phi_train' * Phi_train) \ (Phi_train' * Y_train);

% 验证阶段 - 构建验证数据的回归矩阵
Phi_test = [];
for i = 1:n
    Phi_test = [Phi_test, -y_test(n+1-i:end-i)'];
end
```

```
for j = 0:n-1
    Phi_test = [Phi_test, u_test(n-j:end-1-j)'];
end
Y_test = y_test(n+1:end)';

% 计算验证数据的预测输出
y_test_fit = Phi_test * theta;

% 计算模型验证指标
SSE = sum((Y_test - y_test_fit).^2); % 残差平方和
MSE = SSE / length(Y_test); % 均方误差
RMSE = sqrt(MSE); % 均方根误差
MAE = mean(abs(Y_test - y_test_fit)); % 平均绝对误差
R2 = 1 - sum((Y_test - y_test_fit).^2) / sum((Y_test - mean(Y_test)).^2); % 确定系数

% 显示验证指标
fprintf('验证指标:\n');
fprintf('残差平方和 (SSE): %.4f\n', SSE);
fprintf('均方误差 (MSE): %.4f\n', MSE);
fprintf('均方根误差 (RMSE): %.4f\n', RMSE);
fprintf('平均绝对误差 (MAE): %.4f\n', MAE);
fprintf('确定系数 (R²): %.4f\n', R2);
```

# 5.4 基于广义最小二乘的系统辨识

本节将讨论当系统的残差为自相关时的系统辨识问题，重点讲述广义最小二乘法。

## 5.4.1 含有有色噪声系统的模型表达式

考虑图 5.4.1 所示的一个 SISO 线性系统。

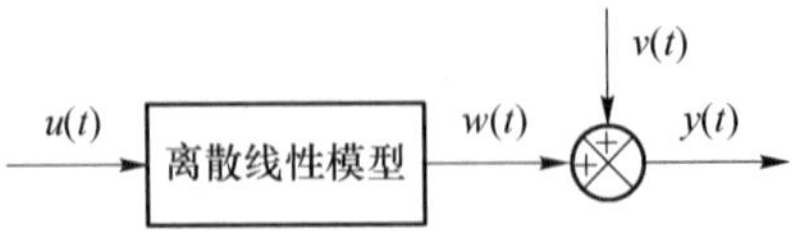


图 5.4.1 含有色噪声的系统框图

假定 $v(t)$是均值为 0 的且自相关函数为 $R_v(\tau)$的平稳随机过程，并且假定 $v(k)$与 $w(k)$不相关。

用如下离散方程来描述图 5.4.1 所示的系统：

$$A(q^{-1})w(k)=B(q^{-1})u(k) \tag{5-4-1}$$

$$y(k)=w(k)+v(k) \tag{5-4-2}$$

其中，

$$A(q^{-1})=1+a_1q^{-1}+\cdots+a_{n_a}q^{-n_a}$$
$$B(q^{-1})=b_1q^{-1}+\cdots+b_{n_b}q^{-n_b}$$

假设系统是稳定的，且系统的阶次 $n_a,n_b$ 已知，那么系统(5-4-1)可以简化为

$$A(q^{-1})y(k)=B(q^{-1})u(k)+A(q^{-1})v(k) \tag{5-4-3}$$

定义残差项：

$$e(k)=A(q^{-1})v(k)$$

就得到了一个带有量测残差的系统模型：

$$A(q^{-1})y(k)=B(q^{-1})u(k)+e(k) \tag{5-4-4}$$

## 5.4.2 系统的有偏估计

对式(5-4-4)，参照本章对 ARX 模型的转化，可得到如下量测模型：

$$\boldsymbol{Y}=\boldsymbol{H\theta}+\boldsymbol{e} \tag{5-4-5}$$

其中，$\boldsymbol{e}=(e(n+1),\cdots,e(n+N))^{\mathrm{T}}$ 为残差向量。

利用最小二乘估计，可得到参数的最小二乘估计为

$$\hat{\boldsymbol{\theta}}=(\boldsymbol{H}^{\mathrm{T}}\boldsymbol{H})^{-1}\boldsymbol{H}^{\mathrm{T}}Y \tag{5-4-6}$$

对式(5-4-6)两边取数学期望，得

$$E\{\hat{\boldsymbol{\theta}}\}=\boldsymbol{\theta}+E\{(\boldsymbol{H}^{\mathrm{T}}\boldsymbol{H})^{-1}\boldsymbol{H}^{\mathrm{T}}\boldsymbol{e}\}=\boldsymbol{\theta}+E\{\boldsymbol{H}^{\mathrm{T}}\boldsymbol{e}\} \tag{5-4-7}$$

可以验证 $E\{\boldsymbol{H}^{\mathrm{T}}\boldsymbol{e}\}\neq 0$，从而估计是有偏的。这是因为 $y(k)=w(k)+v(k)$，可以把模型写为

$$\begin{aligned}y(k)&=-a_1(y(k-1)-v(k-1))-\cdots-a_{n_a}(y(k-n_a)-v(k-n_a))\\&\quad+b_1u(k-1)+\cdots+b_nu(k-n_b)+v(k)\\&=(-\hat{y}(k-1),\cdots,\hat{y}(k-n_a),u(k-1),\cdots,u(k-n_b))\begin{pmatrix}\boldsymbol{a}\\ \boldsymbol{b}\end{pmatrix}+v(k)\end{aligned} \tag{5-4-8}$$

其中，

$$\hat{y}(k-i)\overset{\Delta}{=}y(k-i)-v(k-i)$$

$$\boldsymbol{a}=\begin{pmatrix}a_1\\ \vdots\\ a_{n_a}\end{pmatrix},\quad \boldsymbol{b}=\begin{pmatrix}b_1\\ \vdots\\ b_{n_b}\end{pmatrix}$$

所以

$$E\{\boldsymbol{H}^{\mathrm{T}}\boldsymbol{e}\}=\begin{pmatrix}-\hat{y}(n_a) & \cdots & -\hat{y}(1) & u(n_b) & \cdots & u(1)\\ \vdots & & \vdots & \vdots & & \vdots\\ -\hat{y}(n_a+N-1) & \cdots & -\hat{y}(N) & u(n_b+N-1) & \cdots & u(N)\end{pmatrix}^{\mathrm{T}}\begin{pmatrix}e(n_a+1)\\ \vdots\\ e(n_a+N)\end{pmatrix} \tag{5-4-9}$$

由假设 $E\{u(i)v(k)\}=0,\forall i,k$，又因为

$$e(n_a+k)=A(q^{-1})v(n_a+k)=(1,a_1,\cdots,a_{n_a})\begin{pmatrix}v(n_a+k)\\ v(n_a+k-1)\\ \vdots\\ v(k)\end{pmatrix} \tag{5-4-10}$$

所以可以得出

$$E\{u(i)e(n_a+j)\}=0, \quad \forall i,j \tag{5-4-11}$$

现在只需要计算

$$E\{-\sum_{i=1}^{N}\hat{y}(n_a-1+i)e(n_a+i)-\cdots-\sum_{i=1}^{N}\hat{y}(i)e(N+i)\}\neq 0$$

由于

$$\begin{aligned}E\{\hat{y}(k)e(N+k)\} &= E\{[y(k)-v(k)]e(N+k)\}\\ &= E\{y(k)e(N+k)\}-E\{v(k)e(N+k)\}\\ &= -E\{v(k)e(N+k)\}\stackrel{\Delta}{=}-R_{ve}(N)\end{aligned} \tag{5-4-12}$$

又因为

$$e(k)=A(q^{-1})v(k)=v(k)+(v(k-1)\quad\cdots\quad v(0))\begin{pmatrix}a_1\\ \vdots\\ a_n\end{pmatrix} \tag{5-4-13}$$

所以

$$R_{ve}(\tau)=R_v(\tau)+\sum_{i=1}^{n}a_iR_v(\tau-i) \tag{5-4-14}$$

由于已经假设 $v$ 是自相关的,则对某些 $\tau$(并非所有 $\tau$),都有 $R_v(\tau)>0$,因此,一般情况下 $E\{\boldsymbol{H}^{\mathrm{T}}\boldsymbol{e}\}=-R_{ve}\neq 0$,即估计 $\hat{\boldsymbol{\theta}}$ 是有偏的。

**注 5.4.1** 若

$$R_{vv}(\tau)+\sum_{i=1}^{n}a_iR_{vv}(\tau-i)=0 \tag{5-4-15}$$

这意味着估计值 $\hat{\boldsymbol{\theta}}$ 是无偏的。

由式(5-4-4)可知，这意味着 $v$ 是对 $e$ 过滤后的噪声,滤波传递函数为

$$\frac{v(z)}{e(z)}=\frac{1}{A(z^{-1})} \tag{5-4-16}$$

## 5.4.3 广义最小二乘辨识算法

当残差为有色噪声时,必须修改最小二乘估计算法。采用广义最小二乘的关键是引进一个白化滤波器,把相关残差转变为白色残差。为了达到此目标,假设残差 $e(k)$ 满足下列的差分方程:

$$e(k)+\sum_{i=1}^{p}c_ie(k-i)=\varepsilon(k) \tag{5-4-17}$$

其中,$c_i$ 是常数,$p$ 是系统的阶,$\varepsilon(k)$是一个白噪声。

一般 $c_i$ 与 $p$ 是事先未知的。在实际中,可先令 $p$ 为 2 或者 3,再来估计 $c_i$,就可以获得一个好的辨识模型。令

$$C(q^{-1})=1+c_1q^{-1}+\cdots+c_{n_c}q^{-n_c} \tag{5-4-18}$$

改写式(5-4-17)为

$$\begin{aligned}&C(q^{-1})e(k)=\varepsilon(k)\\ \Rightarrow\ &e(k)=-c_1e(k-1)-\cdots-c_{n_c}e(k-n_c)+\varepsilon(k)\end{aligned} \tag{5-4-19}$$

这意味着 $e(k)$是一个对白噪声信号 $\varepsilon(k)$滤波后产生的信号,其传递函数为

$$\frac{e(z)}{\varepsilon(z)}=\frac{1}{C(z^{-1})} \tag{5-4-20}$$

合并式(5-4-16)与式(5-4-20)，得

$$\frac{v(z)}{\varepsilon(z)}=\frac{1}{A(z^{-1})C(z^{-1})} \tag{5-4-21}$$

最后通过合并运算得到了统一的噪声模型：

$$C(q^{-1})A(q^{-1})y(k)=C(q^{-1})B(q^{-1})u(k)+\varepsilon(k) \tag{5-4-22}$$

这里 $\varepsilon(k)$是一个白噪声，如图 5.4.2 所示。

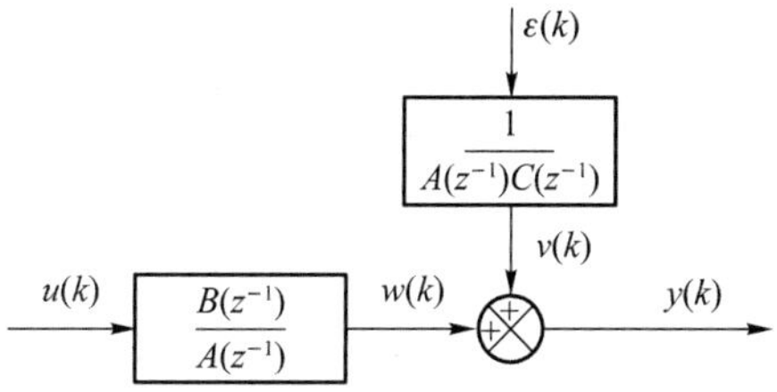


图 5.4.2 有色噪声系统的传递函数框图

可以通过求下列指标函数的极小值来获得系统参数的估计：

$$J=\sum_k \varepsilon^2(k)=\sum_k\left[C(q^{-1})A(q^{-1})y(k)-C(q^{-1})B(q^{-1})u(k)\right]^2 \tag{5-4-23}$$

这里 $\varepsilon(k)$称为广义误差，所用辨识方法称为广义最小二乘法，该滤波器 $C(z^{-1})$ 称为白化滤波器。

由于式(5-4-23)关于参数是非线性的，不能直接采用线性最小二乘法。本节将推导广义最小二乘算法，这里的广义最小二乘是个迭代过程。

第一步：令 $C(q^{-1})=1$，误差方程就简单地变成

$$J_1=\sum_{k=1}^{N}\left[A(q^{-1})y(k)-B(q^{-1})u(k)\right]^2=(\boldsymbol{Y}-\boldsymbol{H\theta})^{\mathrm{T}}(\boldsymbol{Y}-\boldsymbol{H\theta}) \tag{5-4-24}$$

由第 4 章，可推得最小二乘估计为 $\hat{\boldsymbol{\theta}}=(\boldsymbol{H}^{\mathrm{T}}\boldsymbol{H})^{-1}\boldsymbol{H}^{\mathrm{T}}\boldsymbol{Y}$。

第二步：根据估计的 $A(q^{-1})$与 $B(q^{-1})$，定义残差 $e(k)$为

$$e(k)=A(q^{-1})y(k)-B(q^{-1})u(k) \tag{5-4-25}$$

则 $J$ 可以写成

$$J_2=\sum_{k=1}^{N}\left[C(q^{-1})e(k)\right]^2=\left[\boldsymbol{e}-\boldsymbol{\Omega c}\right]^{\mathrm{T}}\left[\boldsymbol{e}-\boldsymbol{\Omega c}\right] \tag{5-4-26}$$

其中，

$$\boldsymbol{c}=(c_1,c_2,\cdots,c_{n_c})^{\mathrm{T}}$$

$$\boldsymbol{e}=(e(n_a+1),\cdots,e(n_a+N))^{\mathrm{T}}$$

$$\boldsymbol{\Omega}=\begin{pmatrix} -e(n_a) & \cdots & -e(n_a-n_c) \\ \vdots & & \vdots \\ -e(n_a+N-1) & \cdots & -e(n_a+N-n_c) \end{pmatrix}$$

利用第 4 章的知识，可推得最小二乘估计为 $\hat{\boldsymbol{c}}=(\boldsymbol{\Omega}^{\mathrm{T}}\boldsymbol{\Omega})^{-1}\boldsymbol{\Omega}^{\mathrm{T}}\boldsymbol{e}$。

第三步：根据所获得的上述 $\hat{c}$，定义两个过滤信号 $\tilde{u}(k)$、$\tilde{y}(k)$，即

$$\tilde{u}(k)=C(q^{-1})u(k),\quad \tilde{y}(k)=C(q^{-1})y(k) \tag{5-4-27}$$

则 $J$ 变成为

$$J_3=\sum_{k=1}^{N}[A(q^{-1})\tilde{y}(k)-B(q^{-1})\tilde{u}(k)]^2=(\widetilde{\boldsymbol{Y}}-\widetilde{\boldsymbol{H}}\boldsymbol{\theta})^{\mathrm{T}}(\widetilde{\boldsymbol{Y}}-\widetilde{\boldsymbol{H}}\boldsymbol{\theta}) \tag{5-4-28}$$

其中，$\widetilde{\boldsymbol{Y}}$、$\widetilde{\boldsymbol{H}}$ 是将 $\tilde{u}(k)$、$\tilde{y}(k)$ 代入 $\boldsymbol{Y}$、$\boldsymbol{H}$ 所得。则由第 4 章的知识，得

$$\hat{\boldsymbol{\theta}}=(\widetilde{\boldsymbol{H}}^{\mathrm{T}}\widetilde{\boldsymbol{H}})^{-1}\widetilde{\boldsymbol{H}}^{\mathrm{T}}\widetilde{\boldsymbol{Y}} \tag{5-4-29}$$

第四步：返回到第二步，重复这个过程，直到 $\hat{\boldsymbol{\theta}}$ 和 $\hat{\boldsymbol{c}}$ 收敛为止。

图 5.4.3 为广义最小二乘算法的框图。

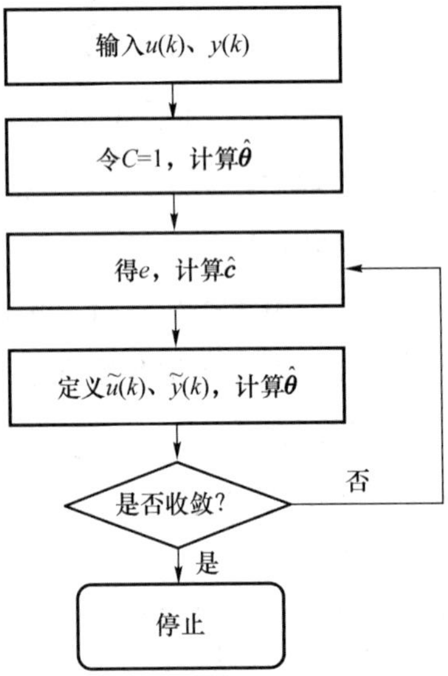


图 5.4.3　广义最小二乘算法的框图

## 5.4.4　广义最小二乘辨识的其他解法

前面的方法需要对输入输出信号反复过滤，本节介绍一种不需要反复过滤的方法，即扩维法。

根据式(5-4-1)与式(5-4-17)，得到两个观测方程：

$$\begin{aligned}\boldsymbol{Y}&=\boldsymbol{H}\boldsymbol{\theta}+\boldsymbol{e}\\ \boldsymbol{e}&=\boldsymbol{\Omega}\boldsymbol{c}+\varepsilon\end{aligned} \tag{5-4-30}$$

合并得

$$\boldsymbol{Y}=(\boldsymbol{H},\boldsymbol{\Omega})\begin{pmatrix}\boldsymbol{\theta}\\ \boldsymbol{c}\end{pmatrix}+\varepsilon \tag{5-4-31}$$

利用第 4 章的知识，得

$$\begin{pmatrix}\hat{\boldsymbol{\theta}}\\ \hat{\boldsymbol{c}}\end{pmatrix}=\begin{pmatrix}\boldsymbol{H}^{\mathrm{T}}\boldsymbol{H} & \boldsymbol{H}^{\mathrm{T}}\boldsymbol{\Omega}\\ \boldsymbol{\Omega}^{\mathrm{T}}\boldsymbol{H} & \boldsymbol{\Omega}^{\mathrm{T}}\boldsymbol{\Omega}\end{pmatrix}^{-1}\begin{pmatrix}\boldsymbol{H}^{\mathrm{T}}\boldsymbol{Y}\\ \boldsymbol{\Omega}^{\mathrm{T}}\boldsymbol{Y}\end{pmatrix} \tag{5-4-32}$$

利用分块矩阵求逆后得

$$\hat{\boldsymbol{\theta}}=(\boldsymbol{H}^{\mathrm{T}}\boldsymbol{H})^{-1}\boldsymbol{H}^{\mathrm{T}}\boldsymbol{Y}-(\boldsymbol{H}^{\mathrm{T}}\boldsymbol{H})^{-1}\boldsymbol{H}^{\mathrm{T}}\boldsymbol{\Omega}\boldsymbol{D}^{-1}\boldsymbol{\Omega}^{\mathrm{T}}\boldsymbol{M}\boldsymbol{Y}$$
$$\hat{\boldsymbol{c}}=\boldsymbol{D}^{-1}\boldsymbol{\Omega}^{\mathrm{T}}\boldsymbol{M}\boldsymbol{Y} \tag{5-4-33}$$

其中，

$$\boldsymbol{M}=\boldsymbol{I}-\boldsymbol{H}(\boldsymbol{H}^{\mathrm{T}}\boldsymbol{H})^{-1}\boldsymbol{H}^{\mathrm{T}}$$
$$\boldsymbol{D}=\boldsymbol{\Omega}^{\mathrm{T}}\boldsymbol{\Omega}-\boldsymbol{\Omega}^{\mathrm{T}}\boldsymbol{H}(\boldsymbol{H}^{\mathrm{T}}\boldsymbol{H})^{-1}\boldsymbol{H}^{\mathrm{T}}\boldsymbol{\Omega}=\boldsymbol{\Omega}^{\mathrm{T}}\boldsymbol{M}\boldsymbol{\Omega} \tag{5-4-34}$$

所以 $\hat{\boldsymbol{\theta}}$ 也可以写成

$$\hat{\boldsymbol{\theta}}=(\boldsymbol{H}^{\mathrm{T}}\boldsymbol{H})^{-1}\boldsymbol{H}^{\mathrm{T}}\boldsymbol{Y}-(\boldsymbol{H}^{\mathrm{T}}\boldsymbol{H})^{-1}\boldsymbol{H}^{\mathrm{T}}\boldsymbol{\Omega}\hat{\boldsymbol{c}} \tag{5-4-35}$$

可以看出右边第一项是通常最小二乘估计，而第二项是偏差补偿，因此

$$\hat{\boldsymbol{\theta}}=\hat{\boldsymbol{\theta}}_{\mathrm{LS}}-\hat{\boldsymbol{\theta}}_{\mathrm{Bias}} \tag{5-4-36}$$

如果从最小二乘估计中减去偏差，就可以获得一致估计 $\hat{\boldsymbol{\theta}}$。然而由于 $\boldsymbol{\Omega}$ 未知，所以必须估计 $\hat{\boldsymbol{\theta}}_{\mathrm{Bias}}$。

第一步：假设 $\hat{\boldsymbol{c}}=\boldsymbol{0}$，计算 $\boldsymbol{\theta}_{\mathrm{LS}}$。

$$\hat{\boldsymbol{\theta}}=(\boldsymbol{H}^{\mathrm{T}}\boldsymbol{H})^{-1}\boldsymbol{H}^{\mathrm{T}}\boldsymbol{Y} \tag{5-4-37}$$

设 $\hat{\boldsymbol{\theta}}=\hat{\boldsymbol{\theta}}_{\mathrm{LS}}$，由于 $\boldsymbol{\Gamma}=(\boldsymbol{H}^{\mathrm{T}}\boldsymbol{H})^{-1}\boldsymbol{H}^{\mathrm{T}}$ 是不变量，只需要计算它一次。

第二步：计算 $e(k)$。

$$\boldsymbol{e}=\boldsymbol{Y}-\boldsymbol{H}\hat{\boldsymbol{\theta}} \tag{5-4-38}$$

定义 $\boldsymbol{\Omega}$ 并计算 $\boldsymbol{D}=\boldsymbol{\Omega}^{\mathrm{T}}\boldsymbol{M}\boldsymbol{\Omega}$。

第三步：利用下式：

$$\hat{\boldsymbol{c}}=\boldsymbol{D}^{-1}\boldsymbol{M}\boldsymbol{Y} \tag{5-4-39}$$

$$\hat{\boldsymbol{\theta}}_{\mathrm{Bias}}=\boldsymbol{\Gamma}\boldsymbol{\Omega}\hat{\boldsymbol{c}} \tag{5-4-40}$$

修正 $\hat{\boldsymbol{\theta}}$：

$$\hat{\boldsymbol{\theta}}=\hat{\boldsymbol{\theta}}_{\mathrm{LS}}-\hat{\boldsymbol{\theta}}_{\mathrm{Bias}} \tag{5-4-41}$$

第四步：返回第二步并重复计算，直至收敛。

在该算法中，需要计算矩阵 $\boldsymbol{M}$、$\boldsymbol{D}$，这似乎增加了计算量，实际上，我们可以采用 $\hat{\boldsymbol{c}}$ 的近似估计：

$$\hat{\boldsymbol{c}}=(\boldsymbol{\Omega}^{\mathrm{T}}\boldsymbol{\Omega})^{-1}\boldsymbol{\Omega}^{\mathrm{T}}\boldsymbol{e} \tag{5-4-42}$$

这是很容易计算的。其合理性如下。

如果在方程(5-4-30)中，令 $\boldsymbol{\theta}=\hat{\boldsymbol{\theta}}$，则得到

$$\boldsymbol{Y}-\boldsymbol{H}\hat{\boldsymbol{\theta}}=\boldsymbol{\Omega}\boldsymbol{c}+\boldsymbol{\varepsilon} \tag{5-4-43}$$

这样就得出 $\boldsymbol{e}=\boldsymbol{\Omega}\boldsymbol{c}+\boldsymbol{\varepsilon}$，由此可以得出如式(5-4-42)所示的最小二乘估计值 $\hat{\boldsymbol{c}}$。这个结果与广义最小二乘算法是一致的，于是可得到改良的算法如下：

$$\hat{\boldsymbol{\theta}}=\hat{\boldsymbol{\theta}}_{\mathrm{LS}}-\boldsymbol{\Gamma}\boldsymbol{\Omega}\hat{\boldsymbol{c}} \tag{5-4-44}$$

$$\hat{\boldsymbol{c}}=(\boldsymbol{\Omega}^{\mathrm{T}}\boldsymbol{\Omega})^{-1}\boldsymbol{\Omega}^{\mathrm{T}}\boldsymbol{e} \tag{5-4-45}$$

**例 5.4.1** 设一个 SISO 线性定常系统，其差分方程描述为

$$y(k)+a_1y(k-1)+a_2y(k-2)=b_1u(k-1)+b_2u(k-2)+e(k)$$

其中，$y(k)$是系统输出，$u(k)$为系统输入，$e(k)$为有色噪声。系统标定参数设定为 $a_1=1.2$，$a_2=0.1$，$b_1=0.5$，$b_2=0.2$。假设噪声模型为

$$e(k)=c_1e(k-1)+c_2e(k-2)+\varepsilon(k)$$

其中，$\varepsilon(k)$为均值为 0、方差为 0.01 的白噪声。若输入 $u(t)=\cos t+\cos 2t+\cos 3t$，要求生成 100 对输入输出数据样本，使用广义最小二乘法进行系统辨识。

**解:** 仿真效果如图 5.4.4 和图 5.4.5 所示。

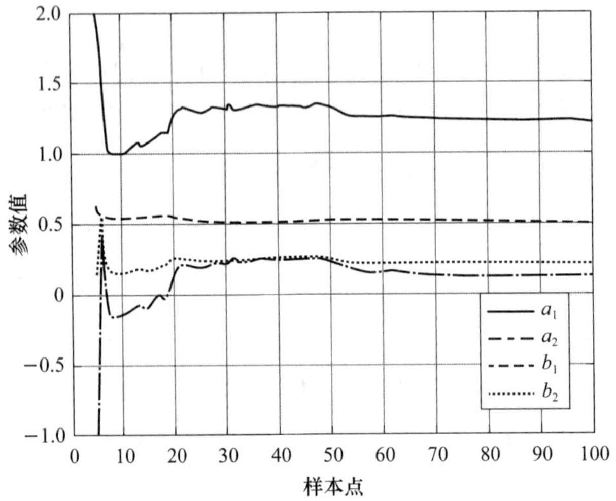


图 5.4.4　广义最小二乘参数辨识图

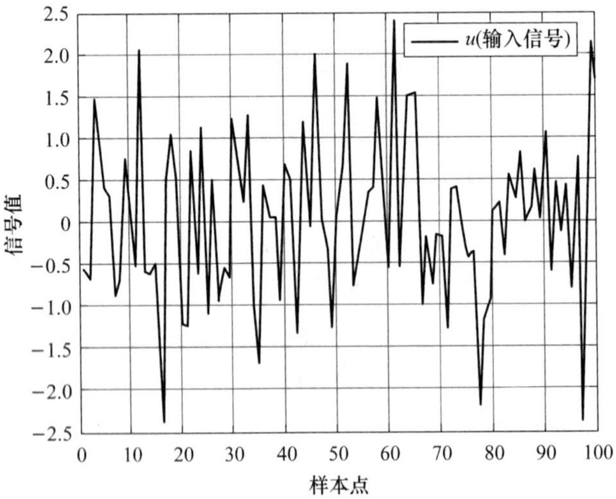


图 5.4.5　广义最小二乘输入采样点

参数辨识结果如表 5.4.1 所示。

**表 5.4.1　参数辨识结果**

| 待辨识参数 | $a_1$ | $a_2$ | $b_1$ | $b_2$ |
|---|---|---|---|---|
| 标定值 | 1.2 | 0.1 | 0.5 | 0.2 |
| 辨识结果 | 1.217 80 | 0.119 79 | 0.495 43 | 0.197 80 |

仿真代码如下：

```
% 清空工作区
clear;
clc;

% 系统参数设定
a1 = 1.2;
a2 = 0.1;
b1 = 0.5;
b2 = 0.2;

% 输入输出样本数量
N = 100;

% 生成随机输入信号
u = randn(N, 1);

% 生成有色噪声
e_white = sqrt(0.01) * randn(N, 1);
a_noise = 0.5; % 自回归噪声模型参数
e = filter(1, [1 - a_noise], e_white); % 生成有色噪声

% 生成系统输出信号
y = zeros(N, 1);
for k = 3:N
    y(k) = - a1 * y(k - 1) - a2 * y(k - 2) + b1 * u(k - 1) + b2 * u(k - 2) + e(k);
end

% 初始化广义最小二乘法的参数估计
theta_gls = zeros(4, N - 2);
Phi = zeros(N - 2, 4);
y_trimmed = y(3:N);

% 构建回归矩阵
for k = 3:N
    Phi(k - 2, :) = [ - y(k - 1) - y(k - 2) u(k - 1) u(k - 2)];
end

% 构建噪声协方差矩阵
R = toeplitz(a_noise.^(0:(N - 3))); % 假设噪声自回归模型

% 逐步更新参数估计
for k = 3:N
    Phi_k = Phi(1:k - 2, :);
```

```
    y_k = y_trimmed(1:k-2);
    R_k = R(1:k-2, 1:k-2);
    theta_gls(:, k-2) = inv(Phi_k' / R_k * Phi_k) * (Phi_k' / R_k * y_k);
end

% 显示最终估计结果
disp('广义最小二乘法估计的系统参数:');
disp(['a1 = ', num2str(theta_gls(1, end))]);
disp(['a2 = ', num2str(theta_gls(2, end))]);
disp(['b1 = ', num2str(theta_gls(3, end))]);
disp(['b2 = ', num2str(theta_gls(4, end))]);

% 绘制参数估计结果
figure;
hold on;
plot(3:N, theta_gls(1, :), 'r', 'DisplayName', 'a1');
plot(3:N, theta_gls(2, :), 'g', 'DisplayName', 'a2');
plot(3:N, theta_gls(3, :), 'b', 'DisplayName', 'b1');
plot(3:N, theta_gls(4, :), 'k', 'DisplayName', 'b2');
legend;
xlabel('样本点');
ylabel('参数值');
title('系统参数估计结果');
grid on;
hold off;

% 绘制输入信号的采样点
figure;
plot(1:N, u, 'b', 'DisplayName', 'u (输入信号)');
legend;
xlabel('样本点');
ylabel('信号值');
title('输入信号');
grid on;
```

# 本章小结

系统辨识法阐述了控制系统辨识的实现过程及计算步骤，是本书的核心内容。在模型选择上，主要介绍了非参数化的权模型、参数化的控制系统模型等。在关于辨识方法的论述中，首先讲述了基于非参数化模型的系统辨识法，如基于 M 序列的系统辨识、基于权模型的系统辨识等。然后详细讨论了如何将一个控制模型转化为辨识模型、基于最小二乘的系统辨识算法、系统阶的确定方法、系统滞后的确定方法以及模型有效性验证等。最后讲述了基于广义最小二乘的带有白噪声的系统辨识问题。参数化模型的辨识问题实际上是一个参数估计问题，因此将控制系统模型转化为一个标准量测模型是非常重要的一步，之后辨识算法就可以采用第4章中所讲述的各种递推最小二乘算法。

# 本章参考文献


[1] Billings S A. Nonlinear System Identification: NARMAX Methods in the Time, Frequency, and Spatio-temporal Domains[M]. Hoboken: John Wiley & Sons, 2013.

[2] Eykhoff P. System Identification-Parameter and State Estimation[M]. New York: John Wiley & Sons, 1974.

[3] Goodwin C, Payne R L. Dynamic System Identification: Experiment Design and Data Analysis[M]. Cambridge: Academic Press, 1977.

[4] Ljung L. System Identification: Theory for the User[M]. Englewood Cliffs, NJ: Prentice-Hall, 1999.

[5] Södeström T, Stoica P. System Identification[M]. London: Prentice-Hall, 1989.

[6] Verhaegen M, Vincent V. Filtering and System Identification A Least Squares Approach[M]. Cambridge: Cambridge University Press, 2007.

[7] 丁锋. 系统辨识新论[M]. 北京:科学出版社,2013.

[8] 侯媛彬,周莉,王立琦,等. 系统辨识[M]. 西安:西安电子科大出版社,2014.

[9] 刘涛,郝首霖,那靖,等. 过程辨识建模与控制[M]. 北京：化学工业出版社,2021.

[10] 潘立登,潘仰东. 系统辨识与建模[M]. 北京：化学工业出版社,2004.


# 本章习题

1. 考虑如下的控制系统，若初始条件为零，输入为单位阶跃信号。

(1) $\dfrac{K}{Ts+1}$，$T$、$K$ 未知；

(2) $\dfrac{\omega_n^2}{s^2+2\zeta\omega_n s+\omega_n^2}$，$\zeta$、$\omega_n$ 未知，$0<\zeta<1$。

请结合系统的单位阶跃响应，计算系统中的未知参数。

2. 已知如下的线性系统：

$$\begin{cases}\dot{x}_1=x_2, \quad x_1(0)=0\\ \dot{x}_2=a_1x_1+a_2x_2+bu, \quad x_2(0)=0\end{cases}$$

$$y=x_1$$

(1) 若 $a_1=-1$，$a_2=-2$，$b=2$，采样周期为 $T=1$，通过卷积表达式写出输入输出的 $N$ 阶权模型表达式；

(2) 若 $a_1=-1$，$a_2=-2$，$b=2$，$u(t)$为均值为 0、方差为 1 的高斯白噪声，从 $t=0$ 开始，用

MATLAB 工具箱产生 100 对输入输出数据样本数据，要求建立一个 3 阶的权函数模型，并用递推最小二乘法编程实现辨识权系数。

3. 使用 MATLAB 编写代码生成一个均匀分布的伪随机序列，序列长度为 1 000。将生成的序列进行归一化处理，并绘制归一化后的序列图像。请解释伪随机序列的产生过程及其在系统建模中的应用。

(1) 对生成的伪随机序列进行自相关分析，计算序列的自相关函数，并绘制自相关函数图像。分析该图像并讨论伪随机序列的自相关特性。

(2) 通过快速傅里叶变换(FFT)对生成的伪随机序列进行频谱分析。绘制序列的频谱图，并讨论频谱分布情况及其对系统输入信号设计的影响。

(3) 将生成的伪随机序列作为输入，构建一个简单的线性时不变系统模型，并对该系统进行辨识。记录输出数据，使用最小二乘法进行参数估计，讨论辨识结果的准确性及伪随机序列对系统辨识精度的影响。

4. 已知如下离散线性系统：

$$\begin{cases} x_1(k+1)=x_2(k), & x_1(0)=0 \\ x_2(k+1)=a_1x_1(k)+a_2x_2(k)+u(k), & x_2(0)=0 \end{cases}$$
$$y(k)=c_1x_1(k)+e(k)$$

(1) 写出从 $u(k)$ 到输出 $y(k)$ 的传递函数；

(2) 给定一组标定参数 $a_1=-1, a_2=-2, c=5$，输入为 $u(t)=\sin t$，$e(k)$ 为均值为 0、方差为 0.01 的高斯白噪声，要求利用 MATLAB 工具箱生成 100 对输入输出样本数据；

(3) 在第(2)问 100 对样本数据的基础上，利用 MATLAB，编程辨识参数 $a_1$、$a_2$、$c$；

(4) 在第(3)问基础上，分别建立二阶、三阶、四阶辨识模型，采用本章的阶次确定规则，选择最合适的系统辨识模型阶次；

(5) 用 MATLAB 编程计算分析是否可用一个带纯滞后的模型来逼近该离散系统。

5. (用 MATLAB)设单输入单输出系统的差分方程为

$$y(k)=-a_1y(k-1)-a_2y(k-2)+b_1u(k-1)+b_2u(k-1)+$$
$$v(k)+a_1v(k-1)+a_2v(k-2)$$

设 $y(0)=0, y(1)=0, u(t)=\sin t$，$v(k)$ 为均值为 0、方差 0.5 的高斯白噪声。为得到仿真数据，在模型参数 $\theta=(a_1,a_2,b_1,b_2)^{\mathrm{T}}=(1.6,0.6,0.4,0.3)^{\mathrm{T}}$ 上生成 100 对输入输出数据。要求：

(1) 用递推最小二乘法估计模型参数；

(2) 用衰减记忆递推最小二乘法估计模型参数；

(3) 令 $e(k)=v(k)+a_1v(k-1)+a_2v(k-2)$，采用广义最小二乘估计模型参数；

(4) 验证该模型的有效性。

6. 利用赤池信息量准则判定本章例 5.3.1 的系统阶次。

7. 在含有色噪声的系统辨识中，为什么参数辨识是有偏辨识？

8. 试推导广义最小二乘算法。

# 第6章

# 闭环系统辨识

闭环系统辨识是指在闭环条件下，利用系统的输入输出信息来辨识控制系统的数学模型。之所以采用闭环系统辨识，是因为：

- 在实际中，由于稳定性与安全性的要求，很多控制系统都处于闭环状态，不允许将闭环回路切断；
- 为保证系统的伺服特性；
- 被辨识的环节是大系统中的一部分，无法解除反馈；
- 闭环采用的是自校正控制器，辨识必须在有控制参与的条件下进行；等等。

闭环系统中控制信号是输出的反馈，因此输入信号与输出信号之间是相关联的。若直接将开环系统辨识的经典方法（如相关分析法、频谱分析法、预报误差法、辅助变量法等）直接应用于闭环系统辨识，则可能得到有偏的估计误差。

闭环系统辨识可以分为直接辨识法与间接辨识法。直接辨识法利用前向通道的输入输出数据，直接建立前向通道的数学模型，反馈通道的控制器模型可以未知。而间接辨识法先辨识闭环传递函数，假定控制器已知，再计算前向传递函数。本章主要从时域的角度，介绍闭环系统辨识的直接辨识法、间接辨识法与两阶段辨识法。

## 6.1 直接辨识法

考虑图6.1.1所示的闭环系统。其中，$u(k)$和$y(k)$分别为系统输入变量、输出变量，$G(z^{-1})$和$C(z^{-1})$分别为前向对象模型和控制器模型，$H_v(z^{-1})$和$H_\omega(z^{-1})$分别为输出通道和前向通道上对噪声的增益模型，$v(k)$和$\omega(k)$分别为输出通道和前馈通道的噪声，且是均值为0、方差分别为$\sigma_v^2$和$\sigma_\omega^2$的互不相关的白噪声，$r(k)$为控制给定信号。

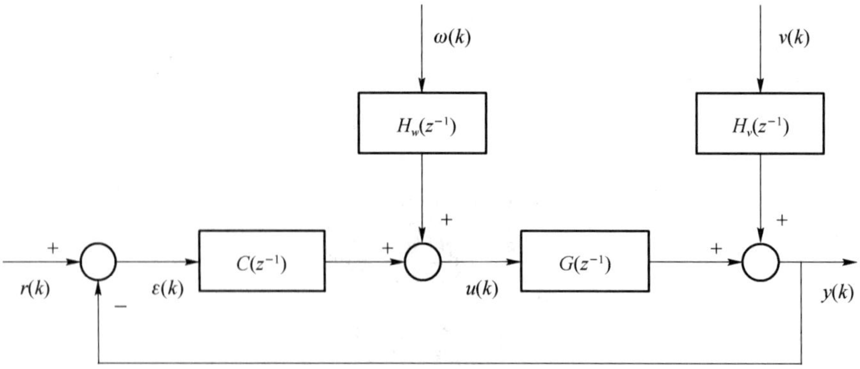


图 6.1.1　一个闭环系统的框图

## 6.1.1　问题的提出

假设前向对象模型、控制器模型与噪声增益模型具有如下结构：

$$\left.\begin{aligned} G(z^{-1}) &= \frac{z^{-d}B(z^{-1})}{A(z^{-1})} \\ H_v(z^{-1}) &= \frac{D(z^{-1})}{A(z^{-1})} \end{aligned}\right\}（前向对象模型） \tag{6-1-1}$$

$$\left.\begin{aligned} C(z^{-1}) &= \frac{z^{-c}Q(z^{-1})}{P(z^{-1})} \\ H_w(z^{-1}) &= \frac{S(z^{-1})}{P(z^{-1})} \end{aligned}\right\}（控制器模型） \tag{6-1-2}$$

其中，$d\geqslant 0$ 和 $c\geqslant 0$ 为延迟步数，$A(z^{-1})$、$B(z^{-1})$、$D(z^{-1})$、$P(z^{-1})$、$Q(z^{-1})$、$S(z^{-1})$ 分别为关于 $z^{-1}$的如下多项式：

$$\begin{cases} A(z^{-1})=1+a_1z^{-1}+\cdots+a_{n_a}z^{-n_a} \\ B(z^{-1})=b_0+b_1z^{-1}+\cdots+b_{n_b}z^{-n_b} \\ D(z^{-1})=1+d_1z^{-1}+\cdots+d_{n_d}z^{-n_d} \\ P(z^{-1})=1+p_1z^{-1}+\cdots+p_{n_p}z^{-n_p} \\ Q(z^{-1})=q_0+q_1z^{-1}+\cdots+q_{n_q}z^{-n_q} \\ S(z^{-1})=1+s_1z^{-1}+\cdots+s_{n_s}z^{-n_s} \end{cases} \tag{6-1-3}$$

本节的目的是：利用系统的输入输出序列，并在一定的辨识准则之下，辨识参数矢量 $\boldsymbol{\theta}_1$ 和 $\boldsymbol{\theta}_2$，其中

$$\begin{cases} \boldsymbol{\theta}_1=(a_1,a_2,\cdots,a_{n_a},b_0,b_1,\cdots,b_{n_b},d_1,d_2,\cdots,d_{n_d})^{\mathrm{T}} \\ \boldsymbol{\theta}_2=(p_1,p_2,\cdots,p_{n_p},q_0,q_1,\cdots,q_{n_q},s_1,s_2,\cdots,s_{n_s})^{\mathrm{T}} \end{cases} \tag{6-1-4}$$

## 6.1.2　闭环系统的可辨识性

为了说明不是所有的闭环系统都能辨识，考虑如下的比例反馈系统：

$$\begin{cases} y(k)+ay(k-1)=bu(k-1)+v(k) \\ u(k)=dy(k) \end{cases} \tag{6-1-5}$$

其中,$a$、$b$、$d$ 为常数。

前向通道模型参数向量 $\boldsymbol{\theta}=(a,b)^{\mathrm{T}}$,准则函数取为

$$J(\boldsymbol{\theta}) = \sum_{k=1}^{N} [y(k) + ay(k-1) - bu(k-1)]^2 \tag{6-1-6}$$

由于反馈存在,因此

$$J(\boldsymbol{\theta}) = \sum_{k=1}^{N} [y(k) + (a-bq)y(k-1)]^2 \tag{6-1-7}$$

可辨识出 $a-bq$ 的值,但这是一个多元函数等式,并不能唯一地确定 $\boldsymbol{\theta}=(a,b)^{\mathrm{T}}$。

事实上,由式(6-1-5),在 $k$ 时刻,可构造如下观测矩阵:

$$\boldsymbol{h}(k)=(-y(k-1),u(k-1))$$

则式(6-1-5)可重写为

$$y(k)=\boldsymbol{h}(k)\boldsymbol{\theta}+v(k)$$

经过 $N$ 次采样后的观测矩阵为

$$\boldsymbol{H}(N)=\begin{pmatrix} -y(k) & u(k) \\ -y(k+1) & u(k+1) \\ \vdots & \vdots \\ -y(k+N-1) & u(k+N-1) \end{pmatrix}$$

若将 $u(k)=dy(k)$ 代入观测矩阵,则 $\boldsymbol{H}(N)$ 的两列是线性相关的。因此,$\boldsymbol{H}^{\mathrm{T}}(N)\boldsymbol{H}(N)$ 不可逆,故不能采用最小二乘法辨识。

现在回到图 6.1.1 所示的控制系统,假设控制模型参数未知,且系统输入 $u(k)$ 与输出 $y(k)$ 可测量,则当反馈通道噪声 $\omega(k)=0$ 时,系统的输入输出模型为

$$A(z^{-1})y(k)=y^{-d}B(z^{-1})u(k)+D(z^{-1})v(k) \tag{6-1-8}$$

参照第 5 章 ARMAX 模型的转化过程,可写出式(6-1-8)所示前向通道模型的待估参数矢量和量测矩阵为

$$\begin{aligned} \boldsymbol{\theta}_1 &= (a_1,\cdots,a_{n_a},b_0,b_1,\cdots,b_{n_b},d_1,\cdots,d_{n_d})^{\mathrm{T}} \\ \boldsymbol{h}_1(k) &= (-y(k-1),\cdots,-y(k-n_a),u(k-d),u(k-d-1),\cdots, \\ &\quad u(k-d-n_b),v(k-1),\cdots,v(k-n_d)) \end{aligned} \tag{6-1-9}$$

其中,系统的估计输出表达式为

$$\hat{y}(k)=\boldsymbol{h}_1(k)\boldsymbol{\theta}_1 \tag{6-1-10}$$

量测残差为

$$v(k)=y(k)-\hat{y}(k)=y(k)-\boldsymbol{h}_1(k)\boldsymbol{\theta}_1 \tag{6-1-11}$$

**命题 6.1.1** 经过 $N$ 次采样后的观测向量矩阵定义为

$$\boldsymbol{H}_1(N)=\begin{pmatrix} \boldsymbol{h}_1(k) \\ \vdots \\ \boldsymbol{h}_1(k+N-1) \end{pmatrix}$$

则式(6-1-10)中 $\boldsymbol{\theta}_1$ 可辨识的充分条件是矩阵 $\boldsymbol{H}_1(N)$是列线性无关的或列满秩的。

该命题可通过第 4 章最小二乘估计的表达式验证。

在闭环状态下，反馈量 $u(k-d)$可能使得 $\boldsymbol{H}_1(N)$是列线性相关的，假设闭环控制为

$$\begin{aligned} u(k-d) = &- p_1 u(k-d-1) - \cdots - p_{n_p} u(k-d-n_p) \\ &- q_0 y(k-d-c) - \cdots - q_{n_q} y(k-d-c-n_q) \end{aligned} \tag{6-1-12}$$

如果 $n_b \geqslant n_p$ 且 $n_a \geqslant n_q + (d+c)$，此时 $u(k-d)$是 $\boldsymbol{h}_1(k)$中元素 $-y(k-1),\cdots,-y(k-n_a)$和 $u(k-d),u(k-d-1),\cdots,u(k-d-n_b)$ 的线性组合，则 $\boldsymbol{H}_1(N)$不列满秩，系统不能辨识。

因此，只有当 $n_p \geqslant n_b + 1$ 或 $n_q \geqslant n_a + 1 - (d+c)$时，$\boldsymbol{H}_1(N)$列满秩，对象模型部分的参数才可以实现辨识。

此外，当控制器的模型参数已知，且 $\omega(k)=0$ 时，只利用系统的输出数据序列$\{y(k)\}$，采用开环系统辨识方法也可以得到控制对象的模型参数估计，其可辨识性条件和控制通道参数未知时条件相同，均为 $n_p \geqslant n_b + 1$ 或 $n_q = n_a + 1 - (d+c)$。

若 $\omega(k) \neq 0$，$\omega(k)$能提供足够高阶次的持续激励信号，则闭环系统的对象模型是可以辨识的。

闭环系统模型部分与控制器部分具有等价性，其可辨识条件与对象模型相似，对象模型的阶次高于控制器模型的阶次(控制器模型或对象模型存在的延迟对控制器模型的可辨识性有利)，或者对象模型具有足够高阶次的持续激励信号，控制器模型可以实现辨识。

综上，若采用直接法对控制对象进行系统辨识，需要满足如下条件：

① 外部激励信号必须是充分激励的；

② 控制器的阶次必须足够高；

③ 控制器信号可以在几个设定值之间来回切换。

### 6.1.3 闭环系统辨识方法

① 对象模型可辨识的条件为

$$\omega(k) \neq 0 \quad 或 \quad \begin{cases} \omega(k) = 0 \\ n_p \geqslant n_b + 1 \end{cases} \quad 或 \quad n_q \geqslant n_a + 1 - (d+c) \tag{6-1-13}$$

② 控制器模型可辩识的条件为

$$v(k) \neq 0 \quad 或 \quad \begin{cases} v(k) = 0 \\ n_a \geqslant n_q + 1 \end{cases} \quad 或 \quad n_b \geqslant n_p + 1 - (d+c) \tag{6-1-14}$$

③ 对象模型和控制器模型同时可辨识的条件为

$$\begin{cases} v(k) \neq 0 \\ \omega(k) \neq 0 \end{cases} \quad 或 \quad \begin{cases} v(k) = 0, \omega(k) = 0 \\ n_b + 1 \leqslant n_p \leqslant n_b - 1 + (d+c) \end{cases} \quad 或 \quad n_a + 1 - (d+c) \leqslant n_q \leqslant n_a - 1 \tag{6-1-15}$$

考虑一个简化情形，假定系统模型如图 6.1.1 所示，参考输入信号 $r(k)=0$。对象部分的输出噪声模型为

$$H_v(z^{-1}) = \frac{1}{A(z^{-1})} \tag{6-1-16}$$

控制器部分的输入噪声模型为

$$H_{\omega}(z^{-1})=\frac{1}{P(z^{-1})} \tag{6-1-17}$$

则系统对象部分的输入输出模型为

$$y(k)=-\sum_{i=1}^{n_a}a_i y(k-i)+\sum_{i=0}^{n_b}b_i u(k-i-d)+v(k) \tag{6-1-18}$$

控制器部分的输入输出关系模型为

$$u(k)=-\sum_{i=1}^{n_p}p_i u(k-i)+\sum_{i=0}^{n_q}q_i y(k-i-c)+\omega(k) \tag{6-1-19}$$

其中，$v(k)\sim N(0,\sigma_v^2)$，$\omega(k)\sim N(0,\sigma_\omega^2)$为白噪声且互不相关，$d\geqslant 0$，$c\geqslant 0$是对象模型和控制器模型的延迟。控制对象部分的参数向量为$\boldsymbol{\theta}_1$，量测矩阵向量为$\boldsymbol{h}_1(k)$；控制器部分的参数向量为$\boldsymbol{\theta}_2$，量测数据向量为$\boldsymbol{h}_2(k)$。

$$\begin{cases}\boldsymbol{\theta}_1=(a_1,\cdots,a_{n_a},b_0,b_1,\cdots,b_{n_b})^{\mathrm{T}}\\ \boldsymbol{h}_1(k)=(-y(k-1),\cdots,-y(k-n_a),u(k-d),u(k-d-1),\cdots,u(k-d-n_b))\\ \boldsymbol{\theta}_2=(p_1,\cdots,p_{n_p},q_0,q_1,\cdots,q_{n_q})^{\mathrm{T}}\\ \boldsymbol{h}_2(k)=(-u(k-1),\cdots,-u(k-n_p),-y(k-c),-y(k-c-1),\cdots,-y(k-c-n_q))\end{cases} \tag{6-1-20}$$

则对象模型和控制器模型的最小二乘格式可写成

$$\begin{cases}y(k)=\boldsymbol{h}_1(k)\boldsymbol{\theta}_1+v(k)\\ u(k)=\boldsymbol{h}_2(k)\boldsymbol{\theta}_2+\omega(k)\end{cases} \tag{6-1-21}$$

以$y(k)=\boldsymbol{h}_1(k)\boldsymbol{\theta}_1+v(k)$为例，在满足闭环系统可辨识性前提下利用最小二乘递推辨识算法，

$$\begin{cases}\hat{\boldsymbol{\theta}}_1(k)=\hat{\boldsymbol{\theta}}_1(k-1)+\boldsymbol{K}_1(k)[y(k)-\boldsymbol{h}_1(k)\hat{\boldsymbol{\theta}}_1(k-1)]\\ \boldsymbol{K}_1(k)=\boldsymbol{P}_1(k-1)\boldsymbol{h}_1^{\mathrm{T}}(k)[\boldsymbol{h}_1(k)\boldsymbol{P}_1(k-1)\boldsymbol{h}_1^{\mathrm{T}}(k)+1]^{-1}\\ \boldsymbol{P}_1(k)=[\boldsymbol{I}-\boldsymbol{K}_1(k)\boldsymbol{h}_1(k)]\boldsymbol{P}_1(k-1)\end{cases} \tag{6-1-22}$$

控制器部分的参数辨识和对象部分类似。

**例 6.1.1** 设有一闭环系统如图 6.1.1 所示，其前向通道对象模型为

$$G(z)=\frac{0.7z}{z^2-0.6z+0.32}$$

反馈控制信号为

$$C(z)=\frac{0.15z}{z-0.5}$$

要求利用直接辨识法对$G(z)$进行辨识。

**解**：如图 6.1.1 所示，系统标称参数设定为$a_1=-0.6$，$a_2=0.32$，$b_1=0.7$，控制器参数为$c_0=0.15$，$c_1=-0.5$，令输入噪声$v(k)$和输出噪声$e(k)$皆为均值为 0、方差为 1 的高斯白噪声，分别产生 100 对输入输出样本数据，如图 6.1.2 和图 6.1.3 所示。

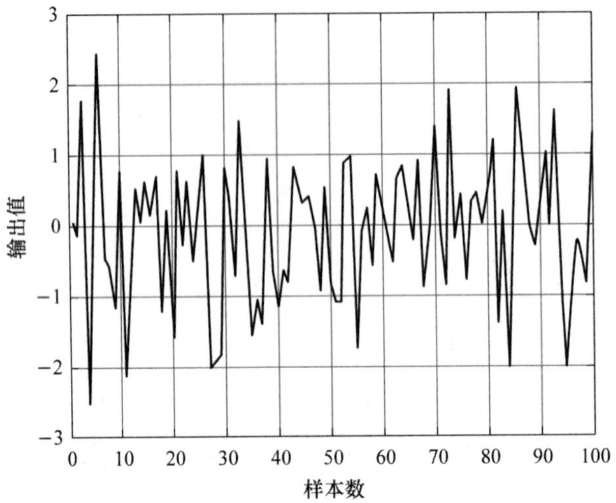


图 6.1.2　输入曲线

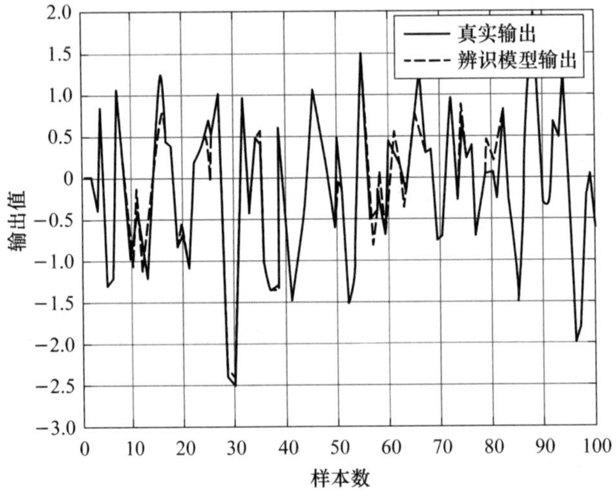


图 6.1.3　参数辨识输出以及样本输出

利用随机产生的数据，采用递推最小二乘法辨识系统前向通道的模型参数。

仿真结果包括输入数据点、估计得到的系统参数。

从表 6.1.1 可知，采用递推最小二乘法可对闭环系统进行辨识，并估计前向通道对象模型的参数。仿真结果表明，在较小的噪声水平下，所辨识的模型参数与真实参数非常接近，验证了递推最小二乘法在闭环系统辨识中的有效性。

**表 6.1.1　参数辨识结果**

| 参数 | $a_1$ | $a_2$ | $b_0$ | $c_0$ | $c_1$ |
|---|---|---|---|---|---|
| 标定值 | −0.6 | 0.32 | 0.7 | 0.15 | −0.5 |
| 辨识值 | −0.680 9 | 0.381 0 | 0.677 9 | 0.150 0 | −0.499 3 |

仿真代码如下：

```
% 清空工作区
clear;
clc;
close all;

% 设置模型参数
a1 = -0.6;
a2 = 0.32;
b1 = 0.7;
b2 = 0;
c0 = 0.15;
c1 = -0.5;

% 系统模型
G = tf([b1 b2], [1 a1 a2], -1); % 前向通道
C = tf([c0 0], [1 c1], -1); % 控制器

% 生成输入和噪声
N = 100;
u = randn(N, 1); % 输入信号
e = 0.3 * randn(N, 1); % 噪声信号

% 闭环系统仿真
y = zeros(N, 1);
for k = 3:N
    y(k) = -a1 * y(k-1) - a2 * y(k-2) + b1 * u(k-1) + b2 * u(k-2) + c(k);
end

% 控制器输出仿真
v = zeros(N, 1);
for k = 2:N
    v(k) = c0 * y(k) - c1 * v(k-1);
end

% 递推最小二乘法初始化
theta_G = zeros(4, 1); % 系统参数向量[a1 a2 b1 b2]'
theta_C = zeros(2, 1); % 控制器参数向量[c0 c1]'
P_G = 100 * eye(4); % 系统协方差矩阵
P_C = 100 * eye(2); % 控制器协方差矩阵
lambda = 1; % 忘记因子
```

```
% 存储估计参数
theta_G_hat = zeros(N, 4);
theta_C_hat = zeros(N, 2);
y_hat = zeros(N, 1); % 初始化辨识输出

% 递推最小二乘法
for k = 3:N
    % 系统参数辨识
    phi_G = [-y(k-1); -y(k-2); u(k-1); u(k-2)];
    K_G = P_G * phi_G / (lambda + phi_G' * P_G * phi_G);
    epsilon_G = y(k) - theta_G' * phi_G;
    theta_G = theta_G + K_G * epsilon_G;
    P_G = (P_G - K_G * phi_G' * P_G) / lambda;
    theta_G_hat(k, :) = theta_G';

    % 控制器参数辨识
    phi_C = [y(k); -v(k-1)];
    K_C = P_C * phi_C / (lambda + phi_C' * P_C * phi_C);
    epsilon_C = v(k) - theta_C' * phi_C;
    theta_C = theta_C + K_C * epsilon_C;
    P_C = (P_C - K_C * phi_C' * P_C) / lambda;
    theta_C_hat(k, :) = theta_C';

    % 计算辨识输出
    y_hat(k) = -theta_G(1) * y(k-1) - theta_G(2) * y(k-2) + theta_G(3) * u(k-1) +
theta_G(4) * u(k-2);
end

% 显示结果
disp('辨识出的系统模型参数:');
disp(['a1 = ', num2str(theta_G(1))]);
disp(['a2 = ', num2str(theta_G(2))]);
disp(['b1 = ', num2str(theta_G(3))]);
disp(['b2 = ', num2str(theta_G(4))]);

disp('辨识出的控制器参数:');
disp(['c0 = ', num2str(theta_C(1))]);
disp(['c1 = ', num2str(theta_C(2))]);

% 绘制输入和输出曲线
figure(1);
plot(1:N, u, 'k', 'DisplayName', 'u (输入信号)');
grid on;
```

```
xlabel('样本点');
ylabel('输出值');
title('输入曲线');
figure(2);
plot(1:N, y, 'k', 'DisplayName', 'y (样本输出)');
hold on;
plot(1:N, y_hat, 'k--', 'DisplayName', 'y_{hat} (辨识输出)');
legend;
xlabel('样本点');
ylabel('输出值');
title('输出曲线');
grid on;
```

## 6.2 间接辨识法

如图 6.1.1 所示,假定 $r=0,\omega=0$,系统的输入输出模型为

$$A(z^{-1})y(k)=z^{-d}B(z^{-1})u(k)+D(z^{-1})v(k) \tag{6-2-1}$$

假定系统为闭环控制,则

$$u(k)=-\frac{Q(z^{-1})}{P(z^{-1})}y(k) \tag{6-2-2}$$

代入式(6-2-1),可得 $v\to y$ 的传递函数为

$$[P(z^{-1})A(z^{-1})+z^{-d}Q(z^{-1})B(z^{-1})]y(k)=P(z^{-1})D(z^{-1})v(k) \tag{6-2-3}$$

记为

$$\frac{y(k)}{v(k)}=\frac{P(z^{-1})D(z^{-1})}{P(z^{-1})A(z^{-1})+z^{-d}Q(z^{-1})B(z^{-1})}\stackrel{\Delta}{=}\frac{W_1(z^{-1})}{W_2(z^{-1})}=\frac{w_{11}z^{-1}+\cdots+w_{1r}z^{-r}}{1+w_{21}z^{-1}+\cdots+w_{2l}z^{-l}} \tag{6-2-4}$$

假设 $P(z^{-1})$、$Q(z^{-1})$已知。显然

$$\deg(W_1)=n_d+n_p$$

$$\deg(W_2)=\max\{n_a+n_p, n_b+n_q+c+d\}$$

由式(6-2-4)可写出闭环输入输出的 ARMA 模型,即

$$W_2(z^{-1})y(k)=W_1(z^{-1})v(k) \tag{6-2-5}$$

得

$$y(k)=[1-W_2(z^{-1})]y(k)+W_1(z^{-1})v(k) \tag{6-2-6}$$

其中,待估计参数为

$$\boldsymbol{\theta}=(w_{11}\quad\cdots\quad w_{1r}\quad w_{21}\quad\cdots\quad w_{2l})^{\mathrm{T}} \tag{6-2-7}$$

如果$\{v(k)\}$是持续激励,则可以按照开环系统辨识的方法得到 $\boldsymbol{\theta}$ 的最优估计。

由于是闭环系统辨识,可辨识条件仍然要满足,即控制器的阶次足够大。此外闭环可能造成传递函数存在零极点相消现象,使得系统的特征丧失。因此,在间接辨识中还需要增加一些

前提条件。

**定理 6.2.1** 假如反馈通道上不存在扰动信号，且多项式 $D(z^{-1})$ 与多项式 $P(z^{-1})A(z^{-1})+z^{-d}Q(z^{-1})B(z^{-1})$ 互质，则当系统控制器阶次满足可辨识条件时，可利用间接辨识法辨识 $A(z^{-1})$、$B(z^{-1})$、$D(z^{-1})$ 的未知参数。

在进行间接辨识时，$v(k)$ 是阶次足够高的持续激励信号，例如可令 $v(k)$ 为均值为 0 的高斯白噪声。如果在反馈通道上存在干扰信息，则建议采用直接辨识法。间接辨识法需要解丢番图(Diophantine)方程，当模型阶次很高时，存在复杂的计算量。因此，若系统的阶次较低，则可以采用间接辨识法，否则采用直接辨识法。

间接辨识法步骤如下。

第 1 步：收集序列 $\{v(k)\}$ 与 $y(k)$。

第 2 步：辨识闭环传递函数。

第 3 步：利用闭环传递函数与控制器关系的表达式，求解 $A(z^{-1})$、$B(z^{-1})$、$D(z^{-1})$ 的待定系数。

**例 6.2.1** 设有一闭环系统，其前向通道对象模型为

$$G(z)=\frac{z+0.5}{z^2-1.5z+0.8}$$

反馈控制信号已知，为

$$C(z)=\frac{0.35z-0.28}{z^2+0.4z}$$

$$D(z^{-1})=1+0.5z^{-1}$$

要求利用间接辨识法对 $G(z)$、$D(z)$ 进行辨识。

**解**：由式(6-2-4)得

$$A(z^{-1})=1+a_1z^{-1}+a_2z^{-2}=1-1.5z^{-1}+0.8z^{-2}$$

$$B(z^{-1})=b_1z^{-1}+b_2z^{-2}=z^{-1}+0.5z^{-2}$$

$$P(z^{-1})=1+0.4z^{-1}$$

$$Q(z^{-1})=0.35z^{-1}-0.28z^{-2}$$

$n_q=2$，$n_a=2$，$d=c=0$ 满足可辨识条件 $n_q\geqslant n_a+1-(d+c)$。

$$\frac{y(k)}{v(k)}=\frac{P(z^{-1})D(z^{-1})}{P(z^{-1})A(z^{-1})+z^{-d}Q(z^{-1})B(z^{-1})}=\frac{1+0.9z^{-1}+0.2z^{-2}}{1-1.1z^{-1}+0.55z^{-2}+0.215z^{-3}-0.14z^{-4}}$$

令 $v(k)$ 为均值为 0、方差为 0.3 的白噪声，$e(k)$ 为均值为 0、方差为 0.3 的白噪声，从而得

$$y(k)=1.1y(k-1)-0.55y(k-2)-0.215y(k-3)+0.14y(k-4)+$$
$$v(k)+0.9v(k-1)+0.2v(k-2)+e(k)$$

构造观测矢量矩阵为

$$\boldsymbol{H}(k)=(y(k-1),y(k-2),y(k-3),y(k-4),v(k),v(k-1),v(k-2))$$

待估计的参数矢量记为

$$\boldsymbol{\theta}_1=(\alpha_1,\cdots,\alpha_l,\beta_1,\cdots,\beta_m)^{\mathrm{T}}$$

得

$$y(k)=\boldsymbol{H}(k)\boldsymbol{\theta}_1$$

于是就可以采用递推最小二乘法进行辨识。辨识参数结果如表 6.2.1 所示。输入 $v(k)$ 如图 6.2.1所示，输出 $y(k)$ 如图 6.2.2 所示。

**表 6.2.1　$y(k)/v(k)$ 的参数辨识**

| 标定值 | 1.1 | −0.55 | −0.215 | 0.14 | 1 | 0.9 | 0.2 |
|---|---|---|---|---|---|---|---|
| 辨识值 | 1.109 4 | −0.564 8 | −0.212 4 | 0.146 0 | 1.062 2 | 0.875 4 | 0.200 1 |

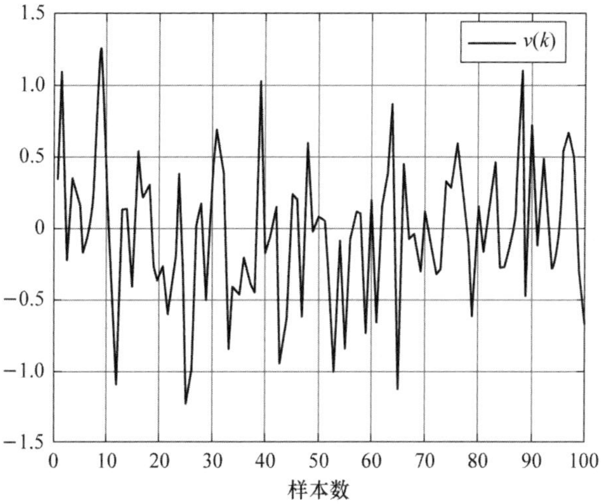


图 6.2.1　输入 $v(k)$

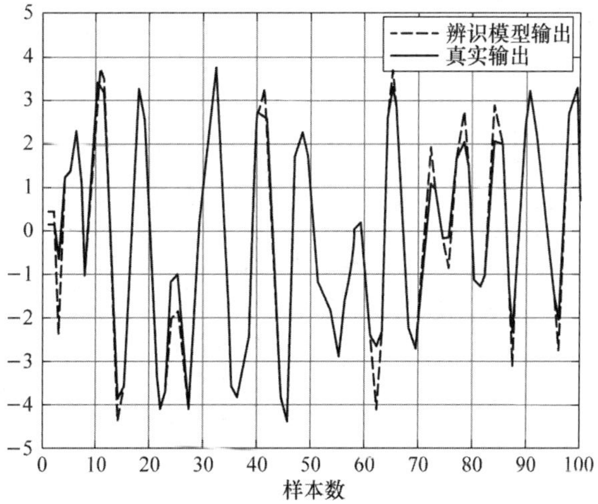


图 6.2.2　输出 $y(k)$

由 $C$ 已知可得

$$\frac{P(z^{-1})D(z^{-1})}{P(z^{-1})A(z^{-1})+z^{-d}Q(z^{-1})B(z^{-1})}$$

$$=\frac{(1+0.4z^{-1})(d_0+d_1z^{-1})}{(1+0.4z^{-1})(1+a_1z^{-1}+a_2z^{-2})+(0.35z^{-1}-0.28z^{-2})(b_1z^{-1}+b_2z^{-2})}$$

$$=\frac{1.062\,2+0.875\,4z^{-1}+0.200\,1z^{-2}}{1-1.109\,4z^{-1}+0.564\,8z^{-2}+0.212\,4z^{-3}-0.146\,0z^{-4}}$$

比较等式两边的系数可得

$$a_1+0.4=-1.1094$$
$$0.4a_1+a_2+0.35b_1=0.5648$$
$$0.4a_2-0.28b_1+0.35b_2=0.2124$$
$$-0.28b_2=-0.1460$$
$$d_0=1.0622$$
$$0.4d_0+d_1=0.8754$$

从而解得

$$a_1=-1.5094,\quad a_2=0.8040$$
$$b_1=1.0417,\quad b_2=0.5214$$
$$d_0=1.0622,\quad d_1=0.4505$$

$G(z)$、$D(z)$的参数辨识结果如表 6.2.2 所示。

**表 6.2.2　$G(z)$、$D(z)$的参数辨识结果**

| 参数 | $a_1$ | $a_2$ | $b_1$ | $b_2$ | $d_0$ | $d_1$ |
|---|---|---|---|---|---|---|
| 标定值 | −1.5 | 0.8 | 1 | 0.5 | 1 | 0.4 |
| 估计值 | −1.51 | 0.80 | 1.04 | 0.52 | 1.06 | 0.45 |

仿真代码如下：

```
% 清空工作区
clear all;
clc;
%初始化
N = 100;
v = randn(N,1) * sqrt(0.3);
y = randn(N,1);
y1 = randn(N,1);
e = randn(N,1) * sqrt(0.3);
par1 = 0.001 * ones(7,1);
P = 10^6 * eye(7);

%产生数据
for k = 5:N
    y(k) = 1.1 * y(k - 1) - 0.55 * y(k - 2) - 0.215 * y(k - 3) + 0.14 * y(k - 4) + v(k) + 0.9 * v(k -
1) + 0.2 * v(k - 2) + e(k);
end
%递推最小二乘辨识
for k = 5:(N - 50)
    varphi = [y(k - 1) y(k - 2) y(k - 3) y(k - 4) v(k) v(k - 1) v(k - 2)]';
```

```
        K = P * varphi /( 1 + varphi'* P * varphi);
        P = P - K * varphi'* P ;
        par1 = par1 + K * ( y(k) - varphi'* par1);
    end
    par1
    for k = 5:N
        y1(k) = par1(1) * y(k - 1) + par1(2) * y(k - 2) + par1(3) * y(k - 3) + par1(4) * y(k - 4) + par1
(5) * v(k) + par1(6) * v(k - 1) + par1(7) * v(k - 2);
    end
    figure(1);
    plot(v);legend("v(k)");
    figure(2);
    plot(y);
    hold on;plot(y1);
    legend('样本输出','辨识输出');axis([0,N, - 5,5]);
```

# 6.3 两阶段辨识法

将图 6.1.1 简化为图 6.3.1。

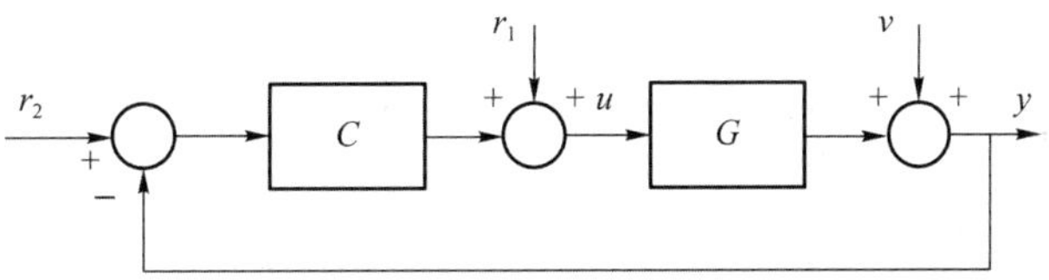


图 6.3.1 一个闭环控制系统的框图

在图 6.3.1 中,外部信号 $r_1$ 与 $r_2$ 可以看作作用在控制器与控制对象上的参考跟踪信号、设定点信号或者噪声干扰,$v$ 是噪声,可以看作一个对白噪声滤波后产生的噪声,即 $v=H(q^{-1})e$,$H(q^{-1})$为一个首项为 1 的稳定且可逆的滤波器,$e$ 为白噪声且具有常数功率谱$\lambda_0$。假设 $r_1$、$r_2$ 与白噪声 $v$ 是不相关的。

假定 $G$、$C$ 是严格真的,这意味着 $G$ 或者 $C$ 至少存在一个纯滞后。通常只要辨识出 $G$ 与 $H$ 即可,但在有些情况下也需要辨识出控制器传递函数 $C$。

通常将两个信号 $r_1$ 与 $r_2$ 合并写成一个信号,即

$$r(t)=r_1(t)+C(q^{-1})r_2 \tag{6-3-1}$$

因此反馈控制律为

$$u(t)=r(t)-C(t)y(t) \tag{6-3-2}$$

图 6.3.2 为等效传递函数框图。

经计算,闭环系统的输出与输入满足

$$y(k)=\frac{G(z^{-1})}{1+G(z^{-1})C(z^{-1})}r(k)+\frac{H(z^{-1})}{1+G(z^{-1})C(z^{-1})}e(k) \tag{6-3-3}$$

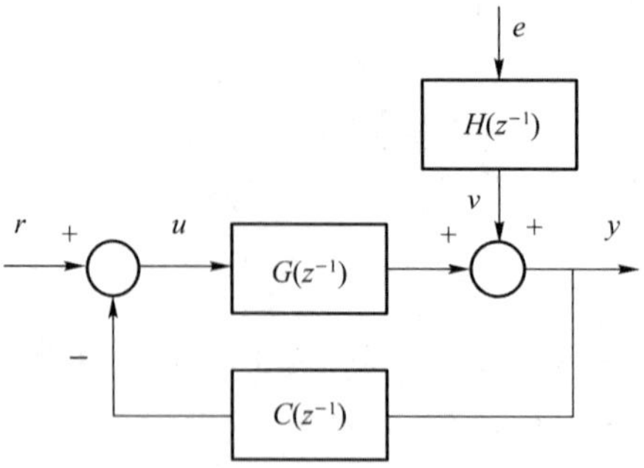


图 6.3.2 等效传递函数框图

$$u(k)=\frac{1}{1+G(z^{-1})C(z^{-1})}r(k)-\frac{H(z^{-1})C(z^{-1})}{1+G(z^{-1})C(z^{-1})}e(k) \tag{6-3-4}$$

记闭环灵敏度函数为

$$S(z^{-1})=\frac{1}{1+G(z^{-1})C(z^{-1})} \tag{6-3-5}$$

并记

$$u_r(k)=S(z^{-1})r(k) \tag{6-3-6}$$

则

$$u(k)=u_r(k)-H(z^{-1})C(z^{-1})S(z^{-1})e(k) \tag{6-3-7}$$

则输出为

$$\begin{aligned} y(k)&=G(z^{-1})u_r(k)+S(z^{-1})v(k) \\ v(k)&=H(z^{-1})e(k) \end{aligned} \tag{6-3-8}$$

## 6.3.1 第一阶段辨识

可以按开环系统的辨识方法，先对式(6-3-6)进行辨识，令

$$S(z^{-1})=\frac{\beta_1 z^{-1}+\cdots+\beta_m z^{-m}}{1+\alpha_1 z^{-1}+\cdots+\alpha_l z^{-l}} \tag{6-3-9}$$

代入式(6-3-6)，即

$$u_r(k)=-\alpha_1 u_r(k-1)-\alpha_l u_r(k-l)+\beta_1 r(k-1)+\cdots+\beta_m r(k-m) \tag{6-3-10}$$

由式(6-3-6)，如果 $S(z^{-1})$ 中采用了估计值 $\alpha_i,\beta_j,i=1,\cdots,l,j=1,\cdots,m$，则将产生估计误差

$$u_r(k)=-\hat{\alpha}_1 u_r(k-1)-\cdots-\hat{\alpha}_l u_r(k-l)+\hat{\beta}_1 r(k-1)+\cdots+\hat{\beta}_m r(k-m)+v_u(k) \tag{6-3-11}$$

假设 $v_u(k)$ 是有色噪声，但可以通过对白噪声滤波获得，即 $v_u(k)=H_u(z^{-1})e_u(k)$，$e_u(k)$ 为均值为 0 的白噪声，并令

$$H_u(z^{-1})=\frac{1}{1+\gamma_1 q^{-1}+\cdots+\gamma_p q^{-p}} \tag{6-3-12}$$

则

$$v_u(k)=-\gamma_1 v_u(k-1)-\cdots--\gamma_p v_u(k-p)+e_u(k) \tag{6-3-13}$$

将式(6-3-13)代入式(6-3-11)，得

$$u_r(k)=-\hat{\alpha}_1 u_r(k-1)-\cdots-\hat{\alpha}_l u_r(k-l)$$
$$+\hat{\beta}_1 r(k-1)+\cdots+\hat{\beta}_m r(k-m)-\gamma_1 v_u(k-1)-\cdots-\gamma_p v_u(k-p)+e_u(k) \tag{6-3-14}$$

构造观测矢量矩阵为

$$\boldsymbol{h}_{ru}(k)=(-u_r(k-1),\cdots,-u_r(k-l),r(k-1),\cdots,r(k-m),v_u(k-1),\cdots,v_u(k-p)) \tag{6-3-15}$$

记要估计的参数矢量为

$$\boldsymbol{\theta}_1=(\alpha_1,\cdots,\alpha_l,\beta_1,\cdots,\beta_m,\gamma_1,\cdots,\gamma_p)^{\mathrm{T}} \tag{6-3-16}$$

得

$$u_r(k)=\boldsymbol{h}_{ru}(k)\boldsymbol{\theta}_1 \tag{6-3-17}$$

于是就可以采用递推最小二乘法，对式(6-3-17)进行辨识。需要注意的是：$r(t)$应为持续激励信号，且可量测；$r(t)$与 $v(t)$是不相关的，即 $r(t)$与 $e(t)$是不相关的。

## 6.3.2 第二阶段辨识

根据系统的闭环方程(6-3-8)，并将 $u_r(k)$替换为 $\hat{u}_r(k)$可得

$$v(k)=\frac{1}{S(z^{-1})}[y(k)-G(z^{-1})\hat{u}_r(k)] \tag{6-3-18}$$

记

$$G(z^{-1})=\frac{B(z^{-1})}{A(z^{-1})}=\frac{b_1 z^{-1}+\cdots+b_m z^{-m}}{1+a_1 z^{-1}+\cdots+a_n z^{-n}} \tag{6-3-19}$$

令 $\varepsilon(k)=y(k)-G(z^{-1})\hat{u}_r(k)$，则

$$0=A(z^{-1})[y(k)-\varepsilon(k)]-B(z^{-1})\hat{u}_r(k) \tag{6-3-20}$$

令 $\bar{y}=y(k)-\varepsilon(k)$，因此得预测模型为

$$\bar{y}(k)=(1-A(z^{-1}))\bar{y}(k)+B(z^{-1})\hat{u}_r(k) \tag{6-3-21}$$

即

$$y(k)=(1-A(z^{-1}))\bar{y}(k)+B(z^{-1})\hat{u}_r(k)+\varepsilon(k) \tag{6-3-22}$$

即

$$y(k)=(-\bar{y}(k-1),\cdots,-\bar{y}(k-n),\hat{u}_r(k-1),\cdots,\hat{u}_r(k-m))(a_1,\cdots,a_n,b_1,\cdots,b_m)^{\mathrm{T}}+\varepsilon(k) \tag{6-3-23}$$

再由式(6-3-18)可得

$$v(k)=\frac{1}{S(z^{-1})}\varepsilon(k)\Leftrightarrow\varepsilon(k)=S(z^{-1})v(k) \tag{6-3-24}$$

因 $S(z^{-1})$在第一阶段已经辨识得出，所以可用辨识出的 $S(z^{-1},\hat{\boldsymbol{\theta}}_1)$代替 $S(z^{-1})$，得

$$\frac{1}{S(z^{-1},\hat{\boldsymbol{\theta}}_1)}y(k)$$
$$=\frac{1}{S(z^{-1},\hat{\boldsymbol{\theta}}_1)}(-\bar{y}(k-1),\cdots,-\bar{y}(k-n),\hat{u}_r(k-1),\cdots,\hat{u}_r(k-m))(a_1,\cdots,a_n,b_1,\cdots,b_m)^{\mathrm{T}}+v(k) \tag{6-3-25}$$

假设 $v(k)$ 可由一个白噪声 $e(k)$ 滤波后生成，即

$$v(k)=H(z^{-1})e(k) \tag{6-3-26}$$

其中，

$$H(z^{-1})=\frac{1}{1+\xi_1 q^{-1}+\cdots+\xi_q q^{-q}} \tag{6-3-27}$$

则有

$$v(k)=-\xi_1 v(k-1)-\cdots-\xi_q v(k-q)+e(k) \tag{6-3-28}$$

因此在第二阶段需要估计的参数矢量为

$$\boldsymbol{\theta}_2=(a_1,\cdots,a_n,b_1,\cdots,b_m,\xi_1,\cdots,\xi_q)^{\mathrm{T}} \tag{6-3-29}$$

令

$$\hat{\bar{y}}(k)=\frac{1}{S(z^{-1},\hat{\boldsymbol{\theta}}_1)}y(k),\quad \bar{\bar{y}}(k)=\frac{1}{S(z^{-1},\hat{\boldsymbol{\theta}}_1)}\bar{y}(k),\quad \hat{\bar{u}}_r(k)=\frac{1}{S(z^{-1},\hat{\boldsymbol{\theta}}_1)}\hat{u}_r(k)$$

利用式(6-3-24)，构造量测矩阵如下

$$\boldsymbol{H}_{uy}(k)=(-\bar{\bar{y}}(k-1),\cdots,\bar{\bar{y}}(k-n),\hat{\bar{u}}_r(k-1),\cdots,\hat{\bar{u}}_r(k-m),-v(k-1),\cdots,-v(k-q)) \tag{6-3-30}$$

得到如下量测模型

$$\hat{\bar{y}}(k)=\boldsymbol{H}_{uy}(k)\boldsymbol{\theta}_2+e(k) \tag{6-3-31}$$

令辨识指标为

$$J=\sum_{k=1}^{N}[\hat{\bar{y}}(k)-\boldsymbol{H}_{uy}(k)\boldsymbol{\theta}_2]^2=\sum_{k=1}^{N}[e(k)]^2 \tag{6-3-32}$$

于是就可以采用递推最小二乘法，得到 $G(q^{-1})$ 与 $H(q^{-1})$ 的无偏最优估计。

采用两阶段辨识法进行辨识时，没有用到控制器的表达式。这种辨识方法与传统开环系统辨识方法的不同在于其要求在两阶段辨识中，各输入噪声对于对应的输出是不相关的。

系统阶次的确定可以用第 5 章所用方法在第二阶段完成。

**例 6.3.1** 设一闭环系统如图 6.3.2 所示，其前向通道对象模型为

$$G(z)=\frac{z+0.5}{z^2-1.5z+0.8}$$

反馈控制信号为

$$C(z)=\frac{0.35z-0.28}{z-0.8}$$

$$H_u(z^{-1})=\frac{1}{1+0.5z^{-1}+0.25z^{-1}}$$

$$H(z^{-1})=\frac{1}{1+z^{-1}+0.5z^{-1}}$$

$$S(z^{-1})=\frac{1}{1+G(z^{-1})C(z^{-1})}=\frac{1-2.3z^{-1}+2z^{-2}-0.64z^{-3}}{1-1.95z^{-1}+1.895z^{-2}-0.78z^{-3}}$$

要求用两阶段辨识法辨识系统对象模型。

**解：**第一阶段辨识：

用标定模型产生 300 对样本数据，其中输入信号为均值为 0、方差为 1 的白噪声，利用所得到的样本数据，采用递推最小二乘法辨识系统前向通道的模型参数。图 6.3.1 为闭环系统

的框图，其中控制对象模型为 $G(z)$，控制器模型为 $C(z)$，生成 100 对输入输出数据样本。输入信号为随机信号，噪声为均值为 0、方差较小的白噪声。系统参数设定为 $b_1=1$，$b_2=0.5$，$h_1=1$，$h_2=0.5$。使用递推最小二乘法对闭环系统进行辨识，估计前向通道对象模型的参数。仿真结果包括输入数据点、估计得到的系统参数，如表 6.3.1 所示。

**表 6.3.1 $S(z^{-1})$的参数标定值与辨识值对比**

| | | | | | | | | | |
|---|---|---|---|---|---|---|---|---|---|
| 标定值 | 1.95 | −1.90 | 0.78 | 1.00 | −2.30 | 2.00 | −0.64 | 0.50 | 0.25 |
| 辨识值 | 1.84 | −1.77 | 0.69 | 1.00 | −2.20 | 1.83 | −0.57 | 0.45 | 0.25 |

辨识结果如图 6.3.3 和图 6.3.4 所示。

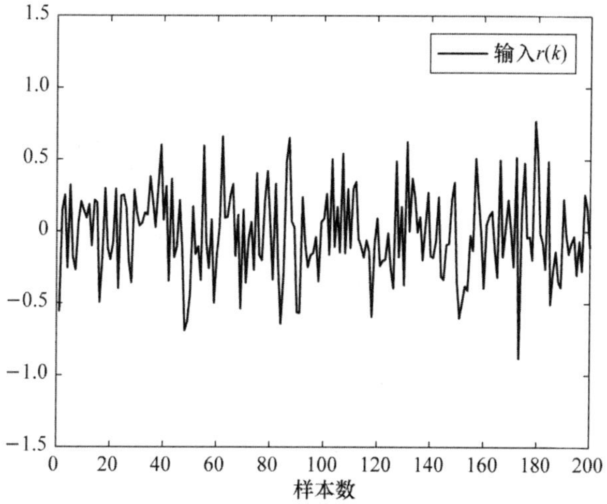


图 6.3.3 输入信号 $r(k)$

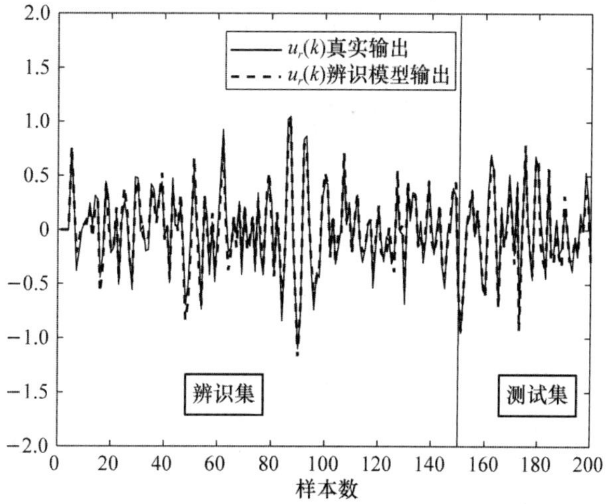


图 6.3.4 $u_r$ 的采集值与辨识值

第二阶段辨识：

$$v(k)=\frac{1}{1+z^{-1}+0.5z^{-2}}e(k)$$

由 $\overline{y}(k)=(1-A(z^{-1}))\overline{y}(k)+B(z^{-1})\hat{u}_r(k)$得

$$\overline{y}(k)=(1-A(z^{-1}))\overline{y}(k)+B(z^{-1})\hat{u}_r(k)$$
$$=1.5*\overline{y}(k-1)-0.8*\overline{y}(k-2)+\hat{u}_r(k-1)+0.5*\hat{u}_r(k-2);$$

由$\overline{\overline{y}}(k)=\dfrac{1}{S(z^{-1},\hat{\boldsymbol{\theta}}_1)}\overline{y}(k),\hat{\hat{u}}_r(k)=\dfrac{1}{S(z^{-1},\hat{\boldsymbol{\theta}}_1)}\hat{u}_r(k)$得到$\overline{\overline{y}}(k)$和$\hat{\hat{u}}_r(k)$。

构造量测矩阵如下：

$$\boldsymbol{H}_{uy}(k)=(-\overline{\overline{y}}(k-1),\cdots,\overline{\overline{y}}(k-n),\hat{\hat{u}}_r(k-1),\cdots,\hat{\hat{u}}_r(k-m),-v(k-1),\cdots,-v(k-q))$$

得到如下量测模型：

$$\hat{\hat{y}}(k)=\boldsymbol{H}_{uy}(k)\boldsymbol{\theta}_2+e(k)$$

于是就可以采用递推最小二乘法进行辨识。辨识参数结果如表 6.3.2 所示。输出 $\hat{\hat{y}}(k)$的采集值与辨识值如图 6.3.5 所示。

**表 6.3.2　$G(z^{-1})$的参数标定值与辨识值对比**

| 标定值 | −1.5 | 0.8 | 1 | 0.5 | 1 | 0.5 |
|---|---|---|---|---|---|---|
| 辨识值 | −1.492 7 | 0.790 6 | 0.998 2 | 0.491 4 | 1.007 9 | 0.511 9 |

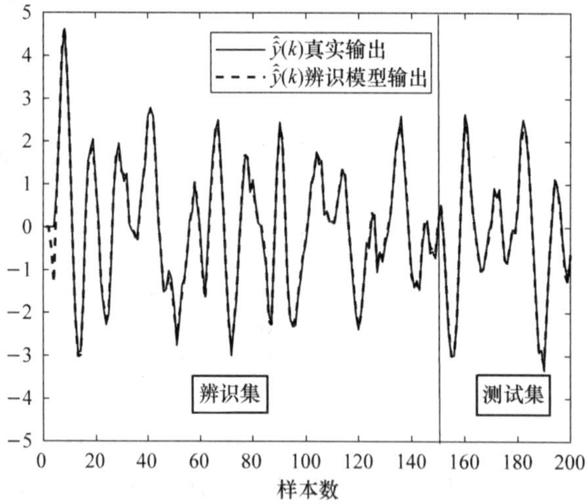


图 6.3.5　$\hat{\hat{y}}(k)$的采集值与辨识值

仿真代码如下：

```
% 清空工作区
clear all;
clc;
% 设置模型参数
a1 = -1.5; a2 = 0.8; b1 = 1; b2 = 0.5; c0 = 0.35; c1 = -0.28; c2 = 0.4;
% 系统模型
G = tf([b1 b2], [1 a1 a2], -1) % 前向通道
C = tf([c0 c1], [1 c2 0], -1) % 控制器
```

```
S = 1/(1 + G * C)
%第一阶段辨识
%初始化
N = 200;
r = randn(N, 1) * sqrt(0.1); % 输入信号
e = randn(N, 1) * sqrt(0.01); % 噪声信号
ur = zeros(N, 1);
ur2 = zeros(N, 1);
ur3 = zeros(N, 1);
vu = zeros(N, 1);
v = zeros(N, 1);
yp = randn(N, 1);
y = zeros(N, 1);
y2 = zeros(N, 1);
y3 = zeros(N, 1);
yp2 = randn(N, 1);
par1 = 0.001 * ones(10,1);
P = 10^6 * eye(10);
par2 = 0.001 * ones(6,1);
P2 = 10^6 * eye(6);
%误差信号
m1 = 1;m2 = 0.5;
for k = 3:N
    vu(k) = - m1 * vu(k - 1) - m2 * vu(k - 2) + e(k);
end
%产生样本数据
for k = 5:N
    ur(k) = 1.1 * ur(k - 1) - 0.55 * ur(k - 2) - 0.215 * ur(k - 3) + 0.14 * ur(k - 4) + r(k) - 1.1 * r
(k - 1) + 0.2 * r(k - 2) + 0.32 * r(k - 3) - m1 * vu(k - 1) - m2 * vu(k - 2) + e(k);
end
%递推最小二乘
for k = 5:(N - 50)
    varphi = [ur(k - 1) ur(k - 2) ur(k - 3) ur(k - 4) r(k) r(k - 1) r(k - 2) r(k - 3) vu(k - 1) vu(k
- 2)]';
    K = P * varphi /( 1 + varphi'* P * varphi);
    P = P - K * varphi'* P ;
    par1 = par1 + K * ( ur(k) - varphi'* par1);
end
par1
for k = 5:N
    Bu = [ur(k - 1) ur(k - 2) ur(k - 3) ur(k - 4) r(k) r(k - 1) r(k - 2) r(k - 3) vu(k - 1) vu(k - 2)]';
    ur2(k) = par1'* Bu;
end
```

```
%第二阶段
% %误差信号 v(k)
n1 = 1;n2 = 0.5;
for k = 3:N
    v(k) = - n1 * v(k - 1) - n2 * v(k - 2) + e(k);
end
%产生样本数据
for k = 3:N
    yp(k) = 1.5 * yp(k - 1) - 0.8 * yp(k - 2) + 1 * ur2(k - 1) + 0.5 * ur2(k - 2);
end
for k = 5:N
    yp2(k) = - par1(6) * yp2(k - 1) - par1(7) * yp2(k - 2) - par1(8) * yp2(k - 3) + yp(k) - par1(1)
* yp(k - 1) - par1(2) * yp(k - 2) - par1(3) * yp(k - 3) - par1(4) * yp(k - 4);
    ur3(k) = - par1(6) * ur3(k - 1) - par1(7) * ur3(k - 2) - par1(8) * ur3(k - 3) + ur2(k) - par1
(1) * ur2(k - 1) - par1(2) * ur2(k - 2) - par1(3) * ur2(k - 3) - par1(4) * ur2(k - 4);
    y2(k) = [1.5 - 0.8 1 0.5 n1 n2] * [yp2(k - 1) yp2(k - 2) ur3(k - 1) ur3(k - 2) - v(k - 1) - v(k
- 2)]' + e(k);
end
%递推最小二乘
for k = 4:(N - 50)
    varphi2 = [yp2(k - 1) yp2(k - 2) ur3(k - 1) ur3(k - 2) - v(k - 1) - v(k - 2)]';
    K2 = P2 * varphi2 /( 1 + varphi2'* P2 * varphi2);
    P2 = P2 - K2 * varphi2'* P2 ;
    par2 = par2 + K2 * (y2(k) - varphi2' * par2);
end
par2
for k = 3:N
    Bul = [yp2(k - 1) yp2(k - 2) ur3(k - 1) ur3(k - 2) - v(k - 1) - v(k - 2)]';
    y3(k) = par2' * Bul;
end
%第一阶段图
figure(1)
plot(r)
legend('输入 r(k)');
axis([0 N - 1.5 1.5]);
figure(2)
plot(ur);hold on;
plot(ur2);
legend('ur(k)采集值','ur(k)辨识值');
axis([0 N - 2 2]);
%第二阶段图
figure(3)
plot(y2)
```

```
hold on;
plot(y3);
legend('y~采集值','y~辨识值');
axis([0 N -5 5]);
figure(4)
plot(yp)
```

# 本章小结

本章讲述了闭环系统辨识的直接辨识法、间接辨识法与两阶段辨识法。直接辨识法需要判断系统的可辨识性问题。若其满足可辨识性条件,则可以对其采用类似开环系统辨识的方法进行辨识。闭环系统辨识包括控制器模型辨识与控制对象模型辨识两部分,这两部分的辨识具有等价性。若 $n_p \geqslant n_b+1$ 或 $n_q=n_a+1-(d+c)$,$\boldsymbol{H}_1(k)$的列相互独立,则对象模型部分可用开环方法进行辨识;若控制器的模型参数已知,且 $\omega(k)=0$,则只利用系统的输出数据序列 $\{y(k)\}$,也可采用开环方法得到控制对象的模型参数估计。若 $\omega(k)\neq 0$,是足够高阶次的持续激励信号,则闭环系统的对象模型也可以辨识。间接辨识法先辨识闭环系统传递函数,若控制器已知,则可以计算前向传递函数。两阶段辨识法可以看作广义最小二乘的推广,中间采用了辅助变量方法。在一定的假设条件下,如 $r$ 是持续激励的信号,$r$ 与 $v$ 不相关等条件下,两阶段辨识法等价于两个开环系统的辨识。

# 本章参考文献


[1] Goodwin G C, Payne R L. Dynamic System Identification: Experiment Design and Data Analysis[M]. Cambridge: Academic Press, 1977.

[2] Ljung L. System Identification: Theory for the User[M]. Englewood Cliffs, NJ: Prentice-Hall, 1999.

[3] Gustavsson I, Ljung L, Soderstrom T. Identification of Processes in Closed Loop-Identifiability and Acc Aspects[J]. Automatica,1977,13:59-75.

[4] 杨承志,孙棣华,张长胜. 系统辨识与自适应控制[M]. 重庆:重庆大学出版社,2003.

[5] 杨平, 于会群, 彭道刚,等. 闭环过程辨识理论及应用技术[M]. 北京:机械工业出版社,2019.

[6] 王秀峰,卢桂章. 系统建模与辨识[M]. 北京:电子工业出版社. 2004.


# 本章习题

1. 为什么不是所有的闭环系统都可以辨识?

2. (利用 MATLAB)设有一闭环系统,其前向通道对象模型为

$$y(k)=-1.4y(k-1)-0.45y(k-2)+u(k-1)+0.7u(k-2)+v(k)$$

其中，$u(k)$与$v(k)$都满足$N(0,1)$，分别选取如下的反馈控制信号：

(1) $u(k)=1.2y(k)+\varepsilon(k)$

(2) $u(k)=y(k)+0.2y(k-1)+\varepsilon(k)$

(3) $u(k)=0.33y(k)+0.033y(k-1)-0.4y(k-2)+\varepsilon(k)$

在反馈通道噪声$\varepsilon(k)=0$和$\varepsilon(k)\sim N(0,1)$两种情况下，分别产生100对样本数据，利用所得到的样本数据，采用递推最小二乘法辨识系统前向通道的模型参数。

3. 设有一闭环系统，其前向通道对象模型为

$$G(z)=\frac{z+0.3}{z^2-1.6z+0.7}$$

反馈控制信号已知，为

$$C(z)=\frac{0.3z-0.25}{z^2+0.4z}$$

$$D(z^{-1})=1+0.5z^{-1}$$

要求使用间接辨识法对$G(z)$和$D(z)$进行辨识。

4. 设有一闭环系统，其前向通道对象模型为

$$G(z)=\frac{z+0.3}{z^2-1.6z+0.7}$$

反馈控制信号为

$$C(z)=\frac{0.3z-0.25}{z-0.7}$$

$$H_u(z^{-1})=\frac{1}{1+0.5z^{-1}+0.25z^{-1}}$$

$$H(z^{-1})=\frac{1}{1+z^{-1}+0.5z^{-1}}$$

要求利用两阶段辨识法对$G(z)$和$H(z)$进行辨识。

# 第 7 章

# 自校正控制

本章主要介绍系统辨识的一种应用——自校正控制。自校正控制把参数的在线辨识与控制器的在线设计有机结合在一起,形成一个能自动校正控制器参数的在线实时控制系统,属于自适应控制的范畴。自校正控制的前提是系统必须满足确定性等价原则,即当所有的未知参数用它们的估计值代替后,其控制规律的形式与已知的随机最优控制规律的形式等价。

一个自校正控制系统包括参数估计器(辨识器)和控制参数计算器等。参数估计器的作用是根据对象的输入输出信息,在线估计控制对象的参数,并将参数估计值送到参数计算器。参数计算器则根据估计值计算控制器的参数。控制器再根据参数计算器的结果及事先选定的性能指标产生相应的控制作用,使其能送出最优或次优的控制规律,保证系统的性能指标达到最优或接近最优状态。

自校正控制的性能指标可以有多种不同的结构形式。常用的一种是误差二次型目标函数的形式,自校正控制策略用于保证这个二次型目标函数达到极小值,这种控制策略通常称为最小方差控制,由瑞典学者 Astrom 和 Wittehmark 于 1973 年提出。极点配置自校正控制是在 20 世纪 70 年代中期和后期由 Edmunds、Wellstead 和 Astrom 等人相继提出的,它不采用指标函数的形式,而是把预期的闭环系统的行为用一组期望传递函数的零极点的位置加以指定。自校正控制的策略就是保证实际的闭环系统的零极点收敛于这一组期望的零极点,这样的控制策略有时称为零极点配置的控制策略。作为极点配置自校正的特例,可以设计 PID 自校正控制器使得闭环系统跟踪一个给定的理想系统。

## 7.1 最优预测模型

假设一个控制对象的模型为

$$A(q^{-1})y(t)=q^{-d}B(q^{-1})u(t)+C(q^{-1})\xi(t) \tag{7-1-1}$$

其中,

$$
\begin{aligned}
&A(q^{-1})=1+a_1q^{-1}+\cdots+a_{n_a}q^{-n_a}\\
&B(q^{-1})=b_0+b_1q^{-1}+\cdots+b_{n_b}q^{-n_b}\\
&C(q^{-1})=1+c_1q^{-1}+\cdots+c_{n_c}q^{-n_c}\\
&\boldsymbol{E}\{\xi(t)\}=0\\
&\boldsymbol{E}\{\xi(i)\xi(j)\}=\sigma^2\delta_{ij}\\
&\delta_{ij}=\begin{cases}1, & i=j\\ 0, & i\neq j\end{cases}
\end{aligned}
\tag{7-1-2}
$$

并且假定 $C(z)$ 是开环稳定的。

对于系统(7-1-1)，假设在 $t$ 时刻及其以前的数据都已经采集，并记为向量形式

$$
\boldsymbol{Y}^{\mathrm{T}}=\begin{pmatrix}y(t)\\ y(t-1)\\ \vdots\end{pmatrix},\quad \boldsymbol{U}^{\mathrm{T}}=\begin{pmatrix}u(t)\\ u(t-1)\\ \vdots\end{pmatrix}
\tag{7-1-3}
$$

基于系统(7-1-1)，在 $t+d$ 时刻，对系统的输出作预报，记为

$$
\hat{y}=y(t+d|t)
\tag{7-1-4}
$$

记预报误差为

$$
\tilde{y}(t+d|t)=y(t+d)-y(t+d|t)
\tag{7-1-5}
$$

**定理 7.1.1(最优 $d$ 步预测)** 使得预测误差的方差 $\boldsymbol{E}\{\tilde{y}^2(t+d|t)\}$ 达到最小的 $d$ 步预测 $\hat{y}^*=y^*(t+d|t)$，称为最优 $d$ 步预测。$\hat{y}^*=y^*(t+d|t)$ 必满足如下方程：

$$
C(q^{-1})y^*(t+d|t)=G(q^{-1})y(t)+F(q^{-1})u(t)
\tag{7-1-6}
$$

其中，

$$
\begin{aligned}
&C(q^{-1})=A(q^{-1})E(q^{-1})+q^{-d}G(q^{-1})\quad（丢番图方程）\\
&F(q^{-1})=E(q^{-1})B(q^{-1})\\
&E(q^{-1})=1+e_1q^{-1}+\cdots+e_{n_e}q^{-n_e}\\
&G(q^{-1})=g_0+g_1q^{-1}+\cdots+g_{n_g}q^{-n_g}\\
&F(q^{-1})=f_0+f_1q^{-1}+\cdots+f_{n_f}q^{-n_f}\\
&\deg(E)=d-1,\quad \deg(G)=n_a-1,\quad \deg(F)=n_b+d-1
\end{aligned}
\tag{7-1-7}
$$

这时最优预测误差的方差为

$$
\boldsymbol{E}\{\tilde{y}^2(t+d\mid t)\}=(1+\sum_{1}^{d-1}e_i^2)\sigma^2
\tag{7-1-8}
$$

**证明：**根据式(7-1-1)与丢番图方程，可以得

$$
y(t+d)=\frac{B(q^{-1})}{A(q^{-1})}u(t)+\frac{G(q^{-1})}{A(q^{-1})}\xi(t)+E(q^{-1})\xi(t+d)
\tag{7-1-9}
$$

而由式(7-1-1)知

$$
\xi(t)=\frac{A(q^{-1})}{C(q^{-1})}y(t)-\frac{q^{-d}B(q^{-1})}{C(q^{-1})}u(t)
\tag{7-1-10}
$$

将式(7-1-10)代入式(7-1-9)，并利用式(7-1-7)，化简得预测模型

$$
y(t+d)=\frac{G(q^{-1})}{C(q^{-1})}y(t)+\frac{F(q^{-1})}{C(q^{-1})}u(t)+E(q^{-1})\xi(t+d)
\tag{7-1-11}
$$

由最小化性能指标

$$
\begin{aligned}
\boldsymbol{E}\{\tilde{y}^2(t+d\mid t)\} &= \boldsymbol{E}\{[y(t+d)-y(t+d\mid t)]^2\} \\
&= \boldsymbol{E}\left\{\left[\frac{F(q^{-1})}{C(q^{-1})}u(t)+\frac{G(q^{-1})}{C(q^{-1})}y(t)+E(q^{-1})\xi(t+d)-y(t+d\mid t)\right]^2\right\} \\
&= \boldsymbol{E}\{[E(q^{-1})\xi(t+d)]^2\}+ \\
&\quad \boldsymbol{E}\left\{\left[\frac{F(q^{-1})}{C(q^{-1})}u(t)+\frac{G(q^{-1})}{C(q^{-1})}y(t)-y(t+d\mid t)\right]^2\right\}
\end{aligned}
\tag{7-1-12}
$$

其中,上式右边第一项是不可测的,因此只需令右边第二项等于0,此时就可得到预测方程(7-1-6),从而可得到最小预测误差的方差。利用 $E(q^{-1})$ 多项式的性质,此时最小预测方差为

$$
\begin{aligned}
\boldsymbol{E}\{\tilde{y}^2(t+d|t)\} &= \boldsymbol{E}\{[E(q^{-1})\xi(t+d)]^2\} \\
&= (1+e_1^2+\cdots+e_{d-1}^2)\sigma^2
\end{aligned}
\tag{7-1-13}
$$

**例 7.1.1** 计算如下对象的最优输出估计器,并计算最优预测误差的方差:

$$
y(t)+a_1y(t-1)=b_0u(t-2)+\xi(t)+c_1\xi(t-1)
$$

其中,$\xi(t)$是均值为0、方差为 $\sigma^2$ 的白噪声。

**解**:已知

$$
A(q^{-1})=1+a_1q^{-1},\quad B(q^{-1})=b_0,\quad C(q^{-1})=1+c_1q^{-1},\quad d=2
$$

根据对多项式 $E$、$F$、$G$ 次数的要求,应有

$$
G(q^{-1})=g_0,\quad E(q^{-1})=1+e_1q^{-1},\quad F(q^{-1})=f_0+f_1q^{-1}
$$

解丢番图方程,得

$$
1+c_1q^{-1}=(1+a_1q^{-1})(1+e_1q^{-1})+q^{-2}g_0=1+(a_1+e_1)q^{-1}+(a_1e_1+g_0)q^{-2}
$$

比较方程两边的系数,有

$$
\begin{cases}
e_1+a_1=c_1 \\
g_0+a_1e_1=0
\end{cases}
$$

解之得

$$
e_1=c_1-a_1
$$

$$
g_0=-a_1(a_1-c_1)
$$

再利用 $F=EB$,得

$$
f_0=b_0
$$

$$
f_1=b_0(c_1-a_1)
$$

则得预测模型、最优预测、最小预测误差方差为

$$
y(t+2)-\frac{g_0y(t)+(f_0+f_1q^{-1})u(t)}{1+c_1q^{-1}}+(1+e_1q^{-1})\xi(t+2)
$$

$$
\hat{y}(t+2|t)=\frac{g_0y(t)+(f_0+f_1q^{-1})u(t)}{1+c_1q^{-1}}
$$

$$
E\{[\tilde{y}^*(t+2|t)]^2\}=(1+e_1^2)\sigma^2
$$

## 7.2 最小方差控制

假定 $B(q^{-1})$ 是 Hurwitz 多项式,即系统是逆稳定的,则有如下结果。

**定理 7.2.1** 假设已知系统方程(7-1-1),期望的系统输出为 $y_r(t)$,控制目标是使得

$$J=\boldsymbol{E}\{[y(t+d)-y_r(t+d)]^2\} \tag{7-2-1}$$

为最小,则最小方差控制律为

$$F(q^{-1})u(t)=y_r(t+d)+[C(q^{-1})-1]y^*(t+d|t)-G(q^{-1})y(t) \tag{7-2-2}$$

**证明:**由定理 7.1.1 知

$$y(t+d)=y^*(t+d|t)+E(q^{-1})\xi(t+d) \tag{7-2-3}$$

所以

$$\begin{aligned} J &= \boldsymbol{E}\{[y(t+d)-y_r(t+d)]^2\} \\ &= \boldsymbol{E}\{[E(q^{-1})\xi(t+d)+y^*(t+d\mid t)-y_r(t+d)]^2\} \\ &= \boldsymbol{E}\{[E(q^{-1})\xi(t+d)]^2+\boldsymbol{E}\{[y^*(t+d\mid t)-y_r(t+d)]^2\} \end{aligned} \tag{7-2-4}$$

其中,上式右边第一项为噪声,不可控。所以要想使得方差最小,只需要右边第二项为 0 即可。此时

$$y^*(t+d|t)-y_r(t+d)=0 \tag{7-2-5}$$

利用最优预测方程的表达式,即可推出最优控制的表达式(7-2-2)。

如果是最优调节器问题,则 $y_r(t)\equiv 0$,最小方差控制律为

$$F(q^{-1})u(t)=-G(q^{-1})y(t) \tag{7-2-6}$$

或者

$$u(t)=\frac{-G(q^{-1})}{F(q^{-1})}y(t)=\frac{-G(q^{-1})}{E(q^{-1})B(q^{-1})}y(t) \tag{7-2-7}$$

这样就可以写出闭环系统方程为

$$y(t)=\frac{CF}{AF+q^{-d}BG}\xi(t)=\frac{CBE}{CB}\xi(t)=E(q^{-1})\xi(t) \tag{7-2-8}$$

$$u(t)=-\frac{CG}{AF+q^{-d}BG}\xi(t)=-\frac{CG}{CB}\xi(t)=-\frac{G}{B}\xi(t) \tag{7-2-9}$$

图 7.2.1 为最小方差控制器结构框图。

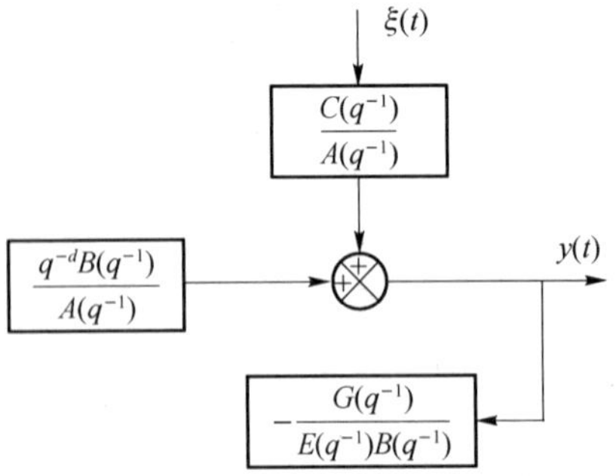


图 7.2.1 最小方差控制器结构框图

**例 7.2.1** 对于例 7.1.1,若采用最小方差估计,则有

$$u(t)=\frac{(1+c_1q^{-1})y_r(t+d)-a_1(a_1-c_1)y(t)}{b_0[1+(c_1-a_1)q^{-1}]}$$

对于调节问题,则有

$$u(t)=\frac{-a_1(a_1-c_1)y(t)}{b_0[1+(c_1-a_1)q^{-1}]}=-\frac{1}{b_0}\left[\frac{a_1(a_1-c_1)}{1+(c_1-a_1)q^{-1}}\right]y(t)$$

或者写成离散形式

$$u(t)=\frac{c_1-a_1}{b_0}[a_1y(t)-b_0u(t-1)]$$

## 7.3 最小方差自校正控制

在上面的讨论中，我们假定方程(7-1-1)中的参数都是已知的，即多项式 $A(q^{-1})$、$B(q^{-1})$、$C(q^{-1})$的系数都是已知的。但是，在实际中，这些多项式的系数是未知的，或者只是知道了系数的一组标定值，在运行时，这些参数随环境情况变化，如随环境温度变化等。

对于参数未知的情形，首先想到的是采用系统辨识，实现对系统模型的调整。然后基于所辨识的模型，设计最小方差控制器。

考虑预测方程(7-1-6)，并令 $C(q^{-1})=1$，则预测方程为

$$y(t+d)=F(q^{-1})u(t)+G(q^{-1})y(t)+E(q^{-1})\xi(t+d) \tag{7-3-1}$$

此时最优预测方程为

$$y^*(t+d|t)=F(q^{-1})u(t)+G(q^{-1})y(t) \tag{7-3-2}$$

对于最优调节器问题，令

$$y^*(t+d|t)=0 \tag{7-3-3}$$

在式(7-3-1)中，令

$$E(q^{-1})\xi(t+d)=e(t+d) \tag{7-3-4}$$

则

$$e(t+d)=\xi(t+\mathrm{d})+e_1\xi(t+d-1)+\cdots+e_{d-1}\xi(t+1) \tag{7-3-5}$$

假定滑动平均过程 $e(t)$与量测序列

$$\{y(t-d),y(t-d-1),\cdots,y(t-d-n_g)\},\{u(t-d),u(t-d-1),\cdots,u(t-d-n_f)\}$$

是统计独立的，则可以采用第 4 章的方法，得到系统(7-3-1)的参数最小二乘估计。写成量测方程形式为

$$y(t)=f_0u(t-d)+\boldsymbol{H}(t-d)\boldsymbol{\theta}+e(t) \tag{7-3-6}$$

其中

$$\boldsymbol{H}(t-d)=(-y(t-d-1),\cdots,-y(t-d-n_g),u(t-d-1),\cdots,u(t-d-n_f))$$

$$\boldsymbol{\theta}=(g_0,g_1,\cdots,g_{n_g},f_1,\cdots,f_{n_f})$$

对于式(7-3-6)，若 $f_0$ 已知，则只需辨识 $\hat{\boldsymbol{\theta}}$；若 $f_0$ 未知，则需要同时辨识 $\hat{f}_0$、$\hat{\boldsymbol{\theta}}$。采用第 4 章的递推最小二乘估计，可得到 $\hat{f}_0$、$\hat{\boldsymbol{\theta}}$ 的递推表达式。若 $\hat{f}_0$ 趋于零或者很小，则说明滞后次数设置不当，应增加滞后，重新辨识，直到$|\hat{f}_0|>\delta$，$\delta$ 为不在零附近的给定整数。

对于跟踪问题，最小方差控制为

$$u(t)=\frac{1}{\hat{f}_0}y^*(t+d|t)-\frac{1}{\hat{f}_0}\boldsymbol{H}(t)\hat{\boldsymbol{\theta}} \tag{7-3-7}$$

对于调节问题，最小方差控制为

$$u(t)=-\frac{1}{\hat{f}_0}\boldsymbol{H}(t)\hat{\boldsymbol{\theta}} \tag{7-3-8}$$

**算法 7.3.1** 最小方差自校正控制

**输入**:假设已知 $n_a, n_b, d, f_0$

**输出**:$y(k)$

1: 设置初始值 $\boldsymbol{\theta}(0), \boldsymbol{P}(0)$

2: 由观测数据构成观测矩阵 $\boldsymbol{H}$

3: 调用递推最小二乘子程序

4: 由式(7-3-7)或式(7-3-8)计算最小方差控制

5: 达到收敛精度否? 是,则停止辨识

6: 否则,继续循环

**例 7.3.1** 考虑如下对象的最小方差控制问题:

$$y(t+1)+ay(t)=bu(t)+\xi(t+1)+c\xi(t)$$

其中,$\xi(t)$为均值为 0 的白噪声。假设 $a$、$b$、$c$ 已知,采用比例控制,得

$$u(t)=-\theta y(t)=-\frac{c-a}{b}y(t)$$

可以使得输出方差最小,利用前面的推导,此时

$$y(t)=\xi(t)$$

如果参数 $a$、$b$、$c$ 未知,则必须进行系统辨识,获得参数的估计值 $\hat{a}$、$\hat{b}$、$\hat{c}$,就可得到自校正控制器,即

$$u(t)=-\frac{\hat{c}-\hat{a}}{\hat{b}}y(t)$$

事实上,若 $u(t)=-\theta y(t)$,即只依赖一个参数 $\theta$,则自校正预报模型为

$$y(t+1)=\theta y(t)+u(t)$$

对 $\theta$ 的最小二乘很容易计算出

$$\hat{\theta}=\frac{\sum_{k=0}^{N-1}y(k)[y(k+1)-u(k)]}{\sum_{k=0}^{N-1}y^2(k)}$$

自校正控制律为

$$u(t)=-\hat{\theta}y(t)$$

**例 7.3.2** 考虑如下对象的最小方差控制问题:

$$y(k)-1.5y(k-1)+0.4y(k-2)=u(k-4)+0.35u(k-5)+\xi(k)+0.3\xi(k-1)$$

其中,$\xi(k)$是均值为 0 的白噪声,期望输出 $y_r(k)$为幅值为 10 的方波信号。

**解**:由已知得该系统的丢番图方程的解为

$$E=1+1.8z^{-1}+2.3z^{-2}+2.73z^{-3}$$

$$F=1+2.15z^{-1}+2.93z^{-2}+3.535z^{-3}+0.9555z^{-4}$$

$$G=3.175-1.092z^{-1}$$

由 $F(z^{-1})u(k)=C(z^{-1})y_r(k+d)-G(z^{-1})y(k)$,最小方差控制率为

$$u(k)=-2.15u(k-1)-2.93u(k-2)-3.535u(k-3)-0.9555u(k-4)+y_r(k+4)+0.3y_r(k+3)-3.175y(k)+11.092y(k-1)$$

仿真代码如下：

```
Clear all;
Close all;
Clc;
for k = 6:596
    y(k) = ( - a(2:na + 1)) * [y(k - 1) y(k - na)]' + b * [u(k - d) u(k - (d + nb))]' + c * [x(k) x(k - 1)]';
    %递推最小二乘
    varphi = [ - y(k - 1)  - y(k - na) u(k - 4) u(k - 5) x(k) x(k - 1)]';
    K = P * varphi /( 1 + varphi'* P * varphi);
    P = P - K * varphi'* P ;
    par1 = par1 + K * ( y(k) - varphi'* par1);
    a2 = [1 par1(1) par1(2)];b2 = [par1(3) par1(4)];c2 = [par1(5) par1(6)];
    na2 = length(a2) - 1;nb2 = length(b2) - 1;nc2 = length(c2) - 1;
    ne2 = d - 1;
    nf2 = nb2 + d - 1; %nf 为多项式 F 的阶次
    ng2 = na2 - 1;
    %求解单步丢番图方程
    [e f g] = sindiophantine(a2,b2,c2,d);
    u(k) = ( - f(2:(nf2 + 1))) * [u(k - 1) u(k - 2) u(k - 3) u(k - 4)]' + c2 * [yr(k + d) yr(k + d - 
nc2)]' - g * [y(k) y(k - ng2)]';
end
```

其仿真结果如图 7.3.1 所示。可以看出，系统实际输出逼近期望值。

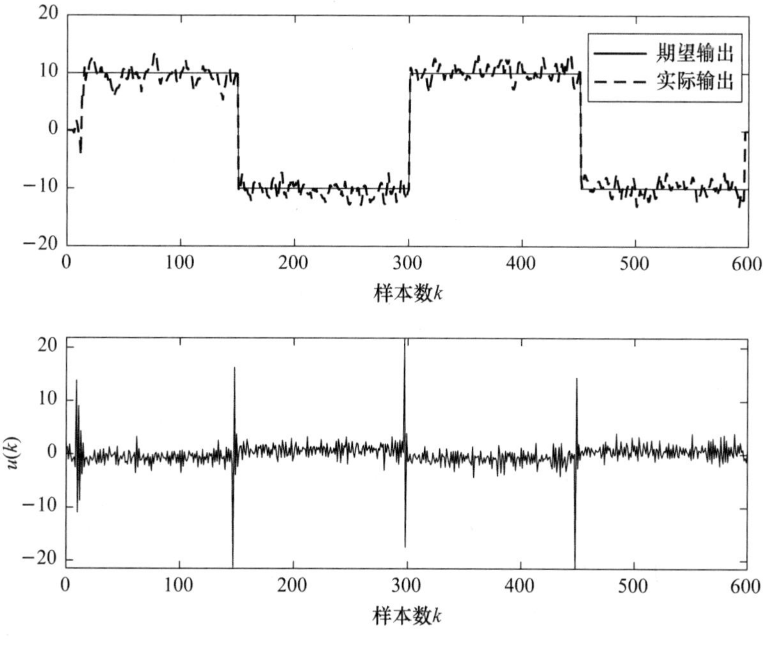


图 7.3.1　最小方差控制仿真结果

# 7.4 广义最小方差自校正控制

考虑如式(7-1-1)所示的单输入单输出控制对象模型。令

$$\phi(t)=P(q^{-1})y(t) \tag{7-4-1}$$

其中，$P(q^{-1})=1+p_1q^{-1}+\cdots+p_{n_p}q^{-n_p}$，可以认为 $\phi(t)$ 是对输出 $y(t),y(t-1),\cdots,y(t-n_p)$ 的加权求和。

记 $\hat{\phi}=\phi(t+d|t)$ 为基于 $t$ 时刻的值，对 $t+d$ 时刻的输出预测，定义预测误差为

$$\tilde{\phi}(t+d|t)=\phi(t+d)-\phi(t+d|t) \tag{7-4-2}$$

**定理 7.4.1** 当 $j=d$ 时，使得指标

$$J=\boldsymbol{E}\{\tilde{\phi}^2(t+d|t)\} \tag{7-4-3}$$

达到最小的 $d$ 步最优预测与最优预测误差分别为

$$\phi^*(t+d|t)=\frac{G(q^{-1})y(t)+B(q^{-1})E(q^{-1})u(t)}{C(q^{-1})} \tag{7-4-4}$$

$$\tilde{\phi}^*(t+d|t)=E(q^{-1})\xi(k+d) \tag{7-4-5}$$

其中，多项式 $G(q^{-1})$、$E(q^{-1})$ 满足如下的丢番图方程：

$$P(q^{-1})C(q^{-1})=E(q^{-1})A(q^{-1})+q^{-d}G(q^{-1}) \tag{7-4-6}$$

且

$$\boldsymbol{E}(q^{-1})=1+e_1q^{-1}+\cdots+e_{n_e}q^{-n_e},\quad n_e=d-1 \tag{7-4-7}$$

$$G(q^{-1})=g_0+g_1q^{-1}+\cdots+g_{n_g}q^{-n_g},\quad n_g=n_a-1 \tag{7-4-8}$$

最优预测误差为

$$\boldsymbol{E}\{\tilde{\phi}^{*2}(t+d|t)\}=(1+e_1^2+\cdots+e_{d-1}^2)\sigma^2 \tag{7-4-9}$$

**证明：**由 $\phi(t)=P(q^{-1})y(t)$，$A(q^{-1})y(t)=q^{-d}B(q^{-1})u(t)+C(q^{-1})\xi(t)$ 得

$$A(q^{-1})\phi(t)=q^{-d}B(q^{-1})P(q^{-1})u(t)+C(q^{-1})P(q^{-1})\xi(t) \tag{7-4-10}$$

$$\overline{B}(q^{-1})=B(q^{-1})P(q^{-1}) \tag{7-4-11}$$

$$\overline{C}(q^{-1})=C(q^{-1})P(q^{-1}) \tag{7-4-12}$$

$$A(q^{-1})\phi(t)=q^{-d}\overline{B}(q^{-1})u(t)+\overline{C}(q^{-1})\xi(t) \tag{7-4-13}$$

由定理 7.1.1 得，$\phi(t)$ 在 $t+d$ 时刻的预测值为

$$\overline{C}(q^{-1})\phi^*(t+d|t)=\overline{G}(q^{-1})\phi(t)+\overline{F}(q^{-1})u(t) \tag{7-4-14}$$

其中，

$$\begin{aligned}
&\overline{C}(q^{-1})=A(q^{-1})E(q^{-1})+q^{-d}G(q^{-1})\\
&\overline{G}(q^{-1})=G(q^{-1})\\
&\overline{E}(q^{-1})=E(q^{-1})\\
&\overline{F}(q^{-1})=E(q^{-1})\overline{B}(q^{-1})=E(q^{-1})B(q^{-1})P(q^{-1})
\end{aligned} \tag{7-4-15}$$

利用定理 7.1.1 得

$$\boldsymbol{E}\{[\tilde{\phi}(t+d\mid t)]^2\}=(1+\sum_{1}^{d-1}e_i^2)\sigma^2 \tag{7-4-16}$$

对于控制对象(7-1-1),考虑如下性能指标:

$$J=\boldsymbol{E}\{[P(q^{-1})y(t+d)-R(q^{-1})r(t)]^2+[W(q^{-1})u(t)]^2\} \tag{7-4-17}$$

其中,$r(t)$为参考输入,$R(q^{-1})$、$W(q^{-1})$为阶次已知的加权多项式,即

$$R(q^{-1})=r_0+r_1q^{-1}+\cdots+r_{n_r}q^{-n_r} \tag{7-4-18}$$

$$W(q^{-1})=w_0+w_1q^{-1}+\cdots+w_{n_w}q^{-n_w} \tag{7-4-19}$$

由于

$$\phi(t+d)=P(q^{-1})y(t+d) \tag{7-4-20}$$

所以目标函数又可以写为

$$J=\boldsymbol{E}\{[\phi(t+d)-R(q^{-1})r(t)]^2+[W(q^{-1})u(t)]^2\} \tag{7-4-21}$$

要求设计最优控制器,使得式(7-4-21)最小。

定义

$$S(t+d)=\phi(t+d)-R(q^{-1})r(t)+\frac{w_0}{b_0}W(q^{-1})u(t) \tag{7-4-22}$$

其中,$b_0$、$w_0$ 分别为 $B(q^{-1})$、$W(q^{-1})$的常数项,称式(7-4-22)为系统的广义输出模型。

现在控制器的设计问题就变成求最优控制 $u(t)$使得 $E\{S^2(t+d)\}$达到极小。根据上节讲述的求解自校正控制器的方法,有下列结论。

**定理 7.4.2** 对于被控对象(7-1-1),使指标函数(7-4-21)达到最小的加权最小方差控制律等价于对系统(7-4-22),求使 $J=E\{[s(t+d)]^2\}$达到最小的最小方差控制律。

对于最小方差调节问题,控制律可以从如下的广义最优输出预测模型推出:

$$S^*(t+d)=\phi^*(t+d|t)-R(q^{-1})r(t)+\frac{w_0}{b_0}W(q^{-1})u(t) \tag{7-4-23}$$

即

$$u(t)=\frac{R(q^{-1})r(t)-\phi^*(t+d|t)}{\frac{w_0}{b_0}W(q^{-1})} \tag{7-4-24}$$

**证明:**由定理 7.4.1,$\phi^*(t+d|t)$是 $d$ 步输出最优预测值,最优预测误差为

$$\tilde{\phi}^*(t+d|t)=\phi(t+d)-\hat{\phi}^*(t+d|t)=E(q^{-1})\xi(t+d) \tag{7-4-25}$$

将式(7-4-18)代入式(7-4-15)得

$$\begin{aligned}S(t+d)&=\tilde{\phi}^*(t+d\mid t)+\hat{\phi}^*(t+d\mid t)-R(q^{-1})r(t)+\frac{w_0}{b_0}W(q^{-1})u(t)\\&=S^*(t+d)+E(q^{-1})\xi(t+d)\end{aligned} \tag{7-4-26}$$

所以有

$$\begin{aligned}J&=\boldsymbol{E}\{[s(t+d)]^2\}\\&=\boldsymbol{E}\{[\hat{\phi}^*(t+d|t)-R(q^{-1})r(t)+\frac{w_0}{b_0}W(q^{-1})u(t)]^2\}+\boldsymbol{E}\{[\tilde{\phi}^*(t+d|t)]^2\}\\&=\boldsymbol{E}\{[\hat{\phi}^*(t+d|t)-R(q^{-1})r(t)+\frac{w_0}{b_0}W(q^{-1})u(t)]^2\}+\boldsymbol{E}\{[E(q^{-1})\xi(t+d)]^2\}\\&\geqslant\boldsymbol{E}\{[E(q^{-1})\xi(t+d)]^2\}\end{aligned}$$

要想使得 $J$ 达到最小，只需

$$\hat{S}^*(t+d|t)=\hat{\phi}^*(t+d|t)-R(q^{-1})r(t)+\frac{w_0}{b_0}W(q^{-1})u(t)=0 \tag{7-4-27}$$

所以广义最小方差控制律为

$$u(t)=\frac{R(q^{-1})r(t)-\hat{\phi}^*(t+d|t)}{\frac{w_0}{b_0}W(q^{-1})} \tag{7-4-28}$$

为了进一步验证广义最小方差控制律能使得指标最小，将

$$\phi(t+d)=\tilde{\phi}^*(t+d|t)+\hat{\phi}^*(t+d|t)$$

代入指标表达式(7-4-21)，即

$$\begin{aligned} J &= \boldsymbol{E}\{[\phi(t+d)-R(q^{-1})r(t)]^2+[W(q^{-1})u(t)]^2\} \\ &= \boldsymbol{E}\{[\tilde{\phi}^*(t+d\mid t)+\hat{\phi}^*(t+d\mid t)-R(q^{-1})r(t)]^2+[W(q^{-1})u(t)]^2\} \\ &= \boldsymbol{E}\{[\hat{\phi}^*(t+d\mid t)-R(q^{-1})r(t)]^2+[W(q^{-1})u(t)]^2\}+\boldsymbol{E}\{[E(q^{-1})\xi(t+d)]^2\} \end{aligned} \tag{7-4-29}$$

将式(7-4-22)对 $u(t)$ 求偏导，得

$$\begin{aligned} \frac{\partial J}{\partial u(t)} &= 2\boldsymbol{E}\left\{[\hat{\phi}^*(t+d\mid t)-R(q^{-1})r(t)]\frac{\partial\hat{\phi}^*(t+d\mid t)}{\partial u(t)}+\right. \\ &\qquad \left.[W(q^{-1})u(t)]\frac{\partial[W(q^{-1})u(t)]}{\partial u(t)}\right\} \\ &= 2\boldsymbol{E}\{[\hat{\phi}^*(t+d\mid t)-R(q^{-1})r(t)]b_0+[W(q^{-1})u(t)]w_0\} \end{aligned} \tag{7-4-30}$$

其中，

$$\frac{\partial\hat{\phi}^*(t+d|t)}{\partial u(t)}=b_0 \tag{7-4-31}$$

$$\frac{\partial[W(q^{-1})u(t)]}{\partial u(t)}=w_0 \tag{7-4-32}$$

由 $\frac{\partial J}{\partial u(t)}=0$，可得出极值存在的必要条件为

$$[\hat{\phi}^*(t+d|t)-R(q^{-1})r(t)]b_0+[W(q^{-1})u(t)]w_0=0 \tag{7-4-33}$$

即

$$u(t)=\frac{R(q^{-1})r(t)-\phi^*(t+d|t)}{\frac{w_0}{b_0}W(q^{-1})} \tag{7-4-34}$$

对应的传递函数框图如图 7.4.1 所示。将指标表达式(7-4-21)对 $u(t)$ 求二阶导数，可得

$$\frac{\partial^2 J}{\partial u^2(t)}=b_0^2+w_0^2>0 \tag{7-4-35}$$

因此，式(7-4-34)所求得 $u(t)$ 使得指标(7-4-21)达到极小值。

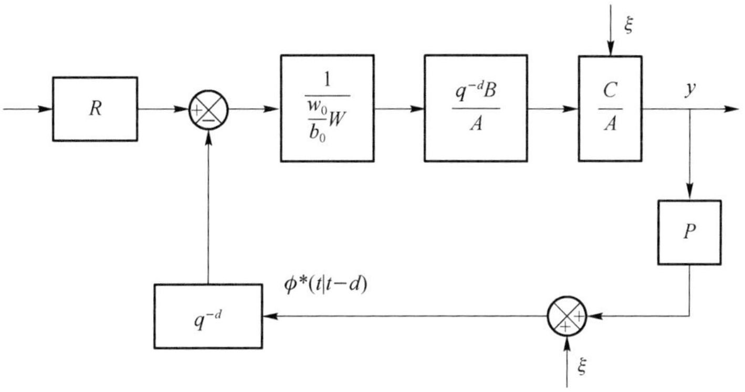


图 7.4.1 广义最小方差控制的传递函数框图

闭环传递函数为

$$y(t)=\frac{q^{-d}BR}{\frac{w_0}{b_0}WA+PB}r(t)+\frac{\frac{w_0}{b_0}WC+BE}{\frac{w_0}{b_0}WA+PB}\xi(t) \tag{7-4-36}$$

对应的闭环传递函数框图如图 7.4.2 所示，其中闭环特征多项式为

$$\varXi=\frac{w_0}{b_0}WA+PB=0 \tag{7-4-37}$$

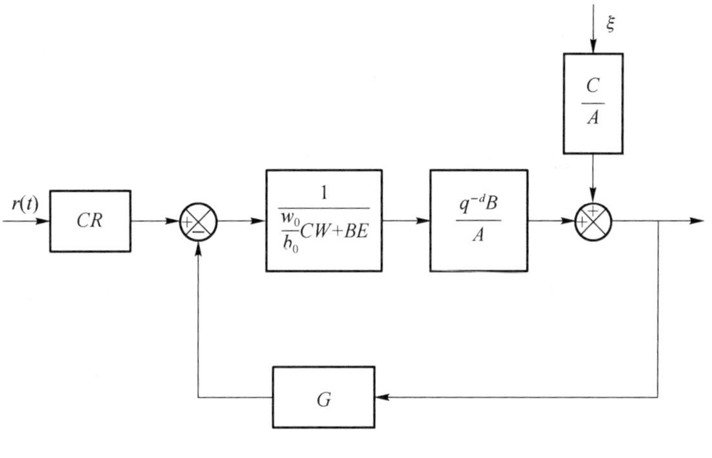


图 7.4.2 化简后的广义最小方差控制的传递函数框图

(1) 当 $W=0$ 时

此时指标函数中不包括对控制 $u$ 的限制作用，系统的闭环方程为

$$\varXi=PB=0 \tag{7-4-38}$$

显然 $B$ 的零点成为闭环极点，这就是假设 $B$ 逆稳定的原因。如果不假设 $B$ 逆稳定，则将导致闭环系统是不稳定的。由于指标中没有 $u$，广义最小方差控制就是最小方差控制，如果 $r(t)=0$，就是最小方差调节问题。

(2) 当 $W=w_0$ 时

此时闭环特征方程为

$$\Xi=\frac{w_0^2}{b_0}A+PB=0 \tag{7-4-39}$$

由于特征方程中存在可以人为设计的参数，因此我们总可以通过调整 $P$ 及参数 $w_0$、$b_0$ 使得闭环系统具有良好的闭环动态特性。此时并不需假设 $B$ 是逆稳定的。

**例 7.4.1** 考虑如下二阶逆稳定系统：

$$y(t)=1.5y(t-1)-0.7y(t-2)+u(t-1)+0.5u(t-2)+\xi(t)-0.5\xi(t-1)$$

其中，$\xi(k)$ 是均值为 0 的白噪声。假定指标函数为

$$J=\boldsymbol{E}\{[y(t+1)-r(t)]^2+[0.5u(t)]^2\}$$

要求设计广义最小方差控制律。

**解**：已知

$$A(t)=1-1.5q^{-1}+0.7q^{-2},\quad n_a=2$$

$$B=1+0.5q^{-1},\quad n_b=1$$

$$C=1-0.5q^{-1},\quad n_c=1$$

$$P=1,\quad R=1,\quad W=\sqrt{0.5},\quad d=1$$

所以，$E=1$，丢番图方程为

$$C=AE+q^{-1}G$$

可得

$$G=1-0.7q^{-1}$$

因此，广义最小方差控制为

$$u(t)=\frac{CRr-Gy}{\frac{w_0}{b_0}CW+BE}=\frac{(1-0.5q^{-1})r-(1-0.7q^{-1})y(t)}{0.5(1-0.5q^{-1})+(1+0.5q^{-1})}$$

$$=\frac{(1-0.5q^{-1})r-(1-0.7q^{-1})y(t)}{1.5+0.25q^{-1}}$$

或者

$$u(t)=\frac{1}{1.5}[-y(t)+0.7y(t-1)-0.25u(t-1)+r-0.5r(t-1)]$$

**例 7.4.2** 设有如下非逆稳定对象，其动态方程为

$$y(t)=0.95y(t-1)+u(t-2)+2u(t-3)+\xi(t)-0.7\xi(t-1)$$

定义指标函数为

$$J=\boldsymbol{E}\{[y(t+2)-r(t)]^2+[Wu(t)]^2\}$$

要求确定 $W$ 及广义最小方差控制 $u(t)$。

**解**：已知

$$A(t)=1-0.95q^{-1},\quad n_a=1$$

$$B=1+2q^{-1},\quad n_b=1$$

$$C=1-0.7q^{-1},\quad n_c=1$$

$$P=1,\quad R=1,\quad d=2$$

其中，$\xi(k)$ 是均值为 0 的白噪声。由于 $d=2$，所以 $E=1+e_1q^{-1}$。因为 $n_a=1$，所以 $G=g_0$。由于对象是非逆稳定的，因此需要解闭环特征方程来确定 $W$。令

$$\Xi=\frac{w_0^2}{b_0}A+PB=0$$

取 $W=w_0$，因为 $b_0=1$，代入上式得

$$\Xi=(1-0.95q^{-1})w_0^2A+1+2q^{-1}=0$$

可解出闭环特征根为

$$q^{-1}=\frac{1+w_0^2}{2-0.95w_0^2}$$

当闭环系统的特征根在单位圆内时，系统渐近稳定，

$$\left\|\frac{1+w_0^2}{2-0.95w_0^2}\right\|<1$$

从而可求得

$$w_0^2<0.514\Rightarrow 0<w_0<\sqrt{0.514}\approx 0.72$$

利用丢番图方程

$$C=AE+q^{-d}G$$

可以求得

$$E=1+0.25q^{-1}$$
$$G=g_0=0.24$$
$$BE=1+2.25q^{-1}+0.5q^{-2}$$

从而可以计算出最优控制律为

$$u(t)=\frac{CRr-Gy}{\frac{w_0}{b_0}CW+BE}=\frac{(1-0.7q^{-1})r-0.24y}{0.512(1-0.7q^{-1})+1+2.25q^{-1}+0.5q^{-2}}$$
$$=\frac{(1-0.7q^{-1})r-0.24y}{1.51+1.9q^{-1}+0.5q^{-2}}$$

或者

$$u(t)=\frac{1}{1.51}[r(t)-0.7r(t-1)-1.9u(t-1)-0.5u(t-2)-0.24y(t)]$$

# 7.5 广义自校正控制算法

## 7.5.1 最优输出预测反馈

在7.4节中，最优控制的表达式是建立在系统模型已知的基础上的，但是在很多实际情形下，对象的方程是未知的。既可能是系统参数未知，也可能是系统阶次未知。这就要求在推导最优控制律之前，首先对系统模型进行辨识。

对于式(7-1-1)，预测模型为

$$\phi^*(t+d|t)=\frac{G(q^{-1})y+B(q^{-1})E(q^{-1})u(t)}{C(q^{-1})} \tag{7-5-1}$$

将式(7-5-1)写成如下离散方程：

$$\phi^*(t+d|t)=G(q^{-1})y+B(q^{-1})E(q^{-1})u(t)+(1-C(q^{-1}))\phi^*(t+d|t) \tag{7-5-2}$$

令 $F=BE$，则

$$\begin{aligned}\phi^*(t+d\mid t) &= G(q^{-1})y + B(q^{-1})E(q^{-1})u(t) + (1-C(q^{-1}))\phi^*(t+d\mid t)\\ &= g_0y(t)+g_1y(t-1)+\cdots+g_{n_g}y(t-n_g)+f_0u(t)+\cdots+\\ &\quad f_{n_f}u(t-n_f)-c_1\phi^*(t+d-1\mid t-1)-\cdots-\\ &\quad c_{n_c}\phi^*(t+d-n_c\mid t-n_c)\\ &= \boldsymbol{H}(t)\boldsymbol{\theta}\end{aligned} \tag{7-5-3}$$

其中,

$$\begin{aligned}\boldsymbol{H}(t) &= (y(t),y(t-1),\cdots,y(t-n_g),u(t),\cdots,u(t-n_f),\\ &\quad -\phi^*(t+d-1|t-1),\cdots,-\phi^*(t+d-n_c|t-n_c))\end{aligned}$$

$$\boldsymbol{\theta}=(g_0,g_1,\cdots,g_n,f_0,\cdots,f_{n_f},c_1,\cdots,c_{n_c})^{\mathrm{T}}$$

由于

$$\phi(t+d)=\phi^*(t+d|t)+E\xi(t+d)=\boldsymbol{H}(t)\boldsymbol{\theta}+E\xi(t+d) \tag{7-5-4}$$

或者

$$\phi(t)=\boldsymbol{H}(t-d)\boldsymbol{\theta}+E\xi(t) \tag{7-5-5}$$

在式(7-5-3)中,$\boldsymbol{H}(t)$中的 $\phi^*$ 可以用它的预测逼近值 $\hat{\phi}^*$ 取代。由式(7-5-5),令

$$\hat{\phi}^*(t+d|t)=\hat{\boldsymbol{H}}(t)\hat{\boldsymbol{\theta}} \tag{7-5-6}$$

其中,

$$\begin{aligned}\hat{\boldsymbol{H}}(t) &= (y(t),y(t-1),\cdots,y(t-n_g),u(t),\cdots,u(t-n_f),\\ &\quad -\hat{\phi}^*(t+d-1|t-1),\cdots,-\hat{\phi}^*(t+d-n_c|t-n_c))\end{aligned}$$

$$\hat{\boldsymbol{\theta}}=(\hat{g}_0,\hat{g}_1,\cdots,\hat{g}_n,\hat{f}_0,\cdots,\hat{f}_{n_f},\hat{c}_1,\cdots,\hat{c}_{n_c})^{\mathrm{T}}$$

显然式(7-5-6)是一个标准的可以用最小二乘法来辨识的数学模型,可以直接利用第 4 章中的最小二乘法来辨识 $\hat{\boldsymbol{\theta}}$。而系统阶次的确定可以参考第 5 章所给的方法。

对于多项式 $E$ 的系数,则需要采用第 5 章的广义最小二乘系统辨识法来确定。

---

**算法 7.5.1** 广义最小方差自校正控制

---

**输入:**假设已知$n_a$,$n_b$,$d$,$f_0$

**输出:**$y(t)$

1:采样构成观测序列 $y(t)$,$r(t)$

2:构造观测数据向量 $\boldsymbol{H}(t)$

3:利用递推最小二乘计算未知参数的最优估计值

4:利用式(7-5-1)计算下一步的最优预测

5:根据式(7-4-27)计算 $u(t)$

6:$t\to t+1$,循环迭代

7:直至达到收敛精度,停止

---

## 7.5.2 被控对象的输出反馈

此时

$$u(t)=\frac{CRr(t)-Gy(t)}{\frac{\lambda_0}{b0}CW+BE} \tag{7-5-7}$$

$$\phi^*(t+d|t)=\frac{G}{C}y(t)+\frac{BE}{C}u(t) \tag{7-5-8}$$

令 $\frac{\lambda_0}{b0}W=\overline{W}$，代入广义最优预测模型(7-4-15)，得

$$CS^*(t+d|t)=Gy(t)+(BE+C\overline{W})u(t)-RCr(t) \tag{7-5-9}$$

令上式为零，即得表达式(7-5-7)。

将式(7-5-9)写成

$$S^*(t+d|t)=Gy(t)+(BE+C\overline{W})u(t)-RCr(t)+(1-C)S^*(t+d|t) \tag{7-5-10}$$

当 $C=1$ 时，假设 $r_0$ 已知，不妨令 $r_0=1$，

$$\begin{aligned} S^*(t+d\mid t)&=Gy(t)+(BE+\overline{W})u(t)-Rr(t) \\ &=Ly(t)+Mu(t)-(R-1)r(t)-r(t)=\boldsymbol{H}(t)\boldsymbol{\theta}-r(t) \end{aligned} \tag{7-5-11}$$

其中，$L=G, M=BE+C\overline{W}$，

$$\begin{aligned} &\boldsymbol{H}(t)=(y(t),y(t-1),\cdots,y(t-n_{n_l}),u(t),\cdots,u(t-n_m),-r(t-1),\cdots,-r(t-n_r)) \\ &\boldsymbol{\theta}=(l_0,l_1,\cdots,l_{n_l},m_0,\cdots,m_{n_m},r_1,\cdots,r_{n_r})^{\mathrm{T}} \end{aligned} \tag{7-5-12}$$

根据

$$S(t+d|t)=S^*(t+d|t)+E\xi(t+d)$$

所以有

$$S(t+d|t)=\boldsymbol{H}(t)\boldsymbol{\theta}-r(t)+E\xi(t+d) \tag{7-5-13}$$

由于要求 $S(t+d|t)=0$，所以控制律可以由 $\boldsymbol{H}(t)\boldsymbol{\theta}=r(t)$ 获得。由假设容易验证 $\boldsymbol{H}(t)$ 与 $E\xi(t+d)$ 是不相关的。即通过 $r(t)=\boldsymbol{H}(t)\boldsymbol{\theta}$，利用第 4 章的知识，可以获得 $\boldsymbol{\theta}$ 的最小二乘估计或者递推最小二乘估计 $\hat{\boldsymbol{\theta}}$。

最优控制表达式为

$$u(t)=-\frac{1}{\hat{m}_0}\left[\sum_{k=1}^{n_m}\hat{m}_j u(t-k)+\sum_{k=1}^{n_l}\hat{l}_j u(t-k)-r(t)-\sum_{k=1}^{n_r}\hat{r}_k r(t-k)\right] \tag{7-5-14}$$

自校正控制算法可归纳如下：

① 采样构成观测序列 $y(t)$，$r(t)$；

② 构造观测数据向量 $\boldsymbol{H}(t)$；

③ 计算广义输出

$$CS^*(t+d|t)=Gy(t)+(BE+C\overline{W})u(t)-RCr(t)$$

④ 利用递推小二乘计算式(7-5-13)的未知参数的最优估计值；

⑤ 根据式(7-5-14)计算 $u(t)$；

⑥ $t \to t+1$，循环迭代；

⑦ 直至达到收敛精度，停止。

## 7.6　极点配置自校正控制

最小方差控制自校正控制有如下不足。

① 需要已知系统的纯滞后 $d$，要求在已知 $d$ 的前提下，计算输出或者广义输出的预测值。在 $d$ 未知的情况下，如果专门来判断 $d$，将花费时间，不利于在线控制实施。

② 对于非最小相位系统不适用。不能简单地采用不稳定调节器，使极点与系统的零点精确对消，因为这样会导致系统内部不稳定。尽管在广义最小方差自校正控制器里，可对控制的权因子进行试凑，但是增加了计算时间。

③ 当采样频率较低，或者对象的控制增益 $b_0$ 较小时，控制作用可能超过系统的限幅，导致系统的条件不稳定。

20 世纪 70 年代，Wellstead 与 Aström 提出了极点配置自校正控制器设计方法。

已知一个带时滞的被控对象模型为式(7-1-1)，假定 $A(q^{-1})$、$B(q^{-1})$、$C(q^{-1})$ 如式(7-1-2)所示且都是稳定的。控制器的传递函数为

$$G_C=\frac{G}{F} \tag{7-6-1}$$

其中，

$$G(q^{-1})=g_0+g_1q^{-1}+\cdots+b_{n_g}q^{-n_g} \tag{7-6-2}$$

$$F(q^{-1})=f_0+f_1q^{-1}+\cdots+c_{n_f}q^{-n_f} \tag{7-6-3}$$

$$\deg(G)=n_a-1,\quad \deg(F)=n_b+d-1 \tag{7-6-4}$$

假定 $r(t)=0$，此时系统的闭环传递函数为

$$\frac{y(t)}{\xi(t)}=\frac{\dfrac{C}{A}}{1+\dfrac{z^{-d}GB}{FA}}=\frac{CF}{FA+z^{-d}GB} \tag{7-6-5}$$

所以闭环特征方程为

$$FA+z^{-d}GB=0 \tag{7-6-6}$$

因此

$$\deg(FA)=\deg(z^{-d}GB)\Leftrightarrow n_f+n_a=n_g+n_b-d \tag{7-6-7}$$

假设闭环系统的传递函数等于如下期望的传递函数 $Q/P$ ：

$$\frac{CF}{FA+z^{-d}GB}=\frac{Q}{P} \tag{7-6-8}$$

为简化计算，令 $Q=F$，则

$$\frac{C}{FA+z^{-d}GB}=\frac{1}{P} \tag{7-6-9}$$

即

$$C(q^{-1})P(q^{-1})=F(q^{-1})A(q^{-1})+z^{-d}G(q^{-1})B(q^{-1}) \tag{7-6-10}$$

令

$$P(q^{-1})=1+p_1z^{-1}+\cdots+p_{n_p}q^{-n_p} \tag{7-6-11}$$

若 $A(q^{-1})$、$B(q^{-1})$、$C(q^{-1})$已知,则利用式(7-6-10)可以解出 $F(q^{-1})$、$G(q^{-1})$,从而得出控制表达式。

根据闭环可辨识性条件,要求

$$\deg(p)\leqslant n_f+n_a-n_c-1 \tag{7-6-12}$$

如果控制对象的参数是未知的,就要利用系统辨识。假定量测噪声是白噪声,将系统方程改写为

$$\begin{aligned} y(t) &= [1-A(q^{-1})]y(t)+q^{-d}B(q^{-1})u(t)+C(q^{-1})\xi(t) \\ &= (-a_1-a_2q^{-1}-\cdots-a_{n_a}q^{-n_a+1})y(t-1)+ \\ &\quad (b_0+b_1q^{-1}+\cdots+b_{n_b}q^{-n_b})q^{-d}u(t)+C(q^{-1})\xi(t) \end{aligned} \tag{7-6-13}$$

或者写成

$$y(t)=\boldsymbol{H}(t)\boldsymbol{\theta}+e(t) \tag{7-6-14}$$

其中,

$$\boldsymbol{H}(t)=(-y(t-1),-y(t-2),\cdots,-y(t-n_a),u(t-d),u(t-d-1),\cdots,u(t-d-n_b))$$

$$\boldsymbol{\theta}=(a_1,a_2,\cdots,a_{n_a},b_1,b_2,\cdots b_{n_b})^{\mathrm{T}}$$

利用第 4 章介绍的递推最小二乘估计,可得最优估计 $\hat{\boldsymbol{\theta}}$,从而就可以得到 $\hat{A}(q^{-1})$、$\hat{B}(q^{-1})$,由式(7-6-1),就可以计算出

$$G_C=\frac{\hat{G}}{\hat{F}} \tag{7-6-15}$$

式(7-6-15)表示由系统的估计参数所得到的控制表达式。

---

**算法 7.6.1** 极点配置自校正

---

**输入:**假设已知$n_a,n_b,d,f_0$

**输出:**$y(k)$

1: 根据实际要求,设计闭环期望特征多项式 $P(q^{-1})$

2: 采集数据,生成观测矩阵 $\boldsymbol{H}$,并建立量测方程

3: 利用递推最小二乘计算最优估计参数 $\hat{\boldsymbol{\theta}}$

4: 得到 $\hat{A}(q^{-1})$、$\hat{B}(q^{-1})$并计算出 $\hat{F}$、$\hat{G}$

5: 计算 $u(t)=\dfrac{\hat{G}}{\hat{F}}y(t)$

6: 算法收敛,则停止,否则 $k+1\to k$,返回步骤 2,继续运行

---

以上就是极点配置自校正控制器的设计过程。在这个设计过程中,模型的参数估计与控制器的设计是分开独立进行的。

**例 7.6.1** 考虑如下被控对象:

$$G(s)=\frac{1}{s(s+2)}\mathrm{e}^{-s}$$

设计极点配置自校正控制器，使得期望闭环系统的特征多项式为 $s^2+1.4s+1$，而且稳态误差为零。

**解**：采样周期为 0.5 s，对系统进行离散化得

$$G(z^{-1})=\frac{z^{-3}(0.091\,97+0.066\,06z^{-1})}{1-1.368z^{-1}+0.367\,9z^{-2}}$$

将期望闭环特征多项式离散化后得

$$A_m(z^{-1})=1-1.320\,5z^{-1}+0.496\,6z^{-2}$$

不让零点与控制器极点相消，得

$$B^+=1, B^-=B=0.091\,97+0.066\,06z^{-1}$$

$$B'_m=\frac{A_m(1)}{B^-(1)}=1.114\,4$$

$$B_m=B'_mB^-=0.102\,5+0.073\,6z^{-1}$$

取 $A_0(z^{-1})=1+0.5z^{-1}$，解丢番图方程 $AF_1+z^{-d}B^-G=A_0A_m$ 得

$$F_1=1+0.547\,4z^{-1}+0.217\,2z^{-2}+0.125\,9z^{-3}$$

$$G=2.372\,6-0.701z^{-1}$$

$$F=F_1B^+=1+0.547\,4z^{-1}+0.217\,2z^{-2}+0.125\,9z^{-3}$$

$$R=B'_mA_0=1.114\,4+0.557\,2z^{-1}$$

由 $F(z^{-1})u(k)=R(z^{-1})y_r(k+d)-G(z^{-1})y(k)$ 可求得 $u(k)$。

仿真代码如下：

```
for k = 6:590
    %采集数据
    y(k) = ( - a(2:na + 1)) * [y(k - 1) y(k - na)]' + b * [u(k - d) u(k - (d + nb))]' + c * [x(k) x(k - 1)]';
    %递推最小二乘
    varphi = [ - y(k - 1) - y(k - na) u(k - 3) u(k - 4) x(k) x(k - 1)]';
    K = P * varphi /( 1 + varphi'* P * varphi);
    P = P - K * varphi'* P ;
    par1 = par1 + K * ( y(k) - varphi'* par1);
    %提取辨识参数
    a2 = [1 par1(1) par1(2)];b2 = [par1(3) par1(4)];c2 = [par1(5) par1(6)];
    na2 = length(a2) - 1;nb2 = length(b2) - 1;nc2 = length(c2) - 1;
    %多项式 b 的分解
    br = roots(b2); %求 b 的根
    b0 = b2;b1 = 1;
    nb1 = length(b1) - 1;
    %确定 Bm1,Bm
    Bm1 = sum(Am)/sum(b0);Bm = Bm1 * b0;
    %确定 A0 可等于 C
    A0 = c2;
    %计算 Diophantine 方程，得 F G R
    [F1 G] = diophantine(a2,b0,d,A0,Am)
    F = conv(F1,b1);
```

```
        R = Bm1 * A0;
        nf = length(F) - 1;ng = length(G) - 1;nr = length(R) - 1;
        %求控制量
        u(k) = (( - F(2:(nf + 1))) * [u(k - 1) u(k - 2) u(k - 3)]' + R * [yr(k + d) yr(k + d - 1)]' - G * [y(k)
y(k - ng)]')/F(1);
    end
```

仿真结果如图 7.6.1 所示,可见系统输出贴近期望方波信号。

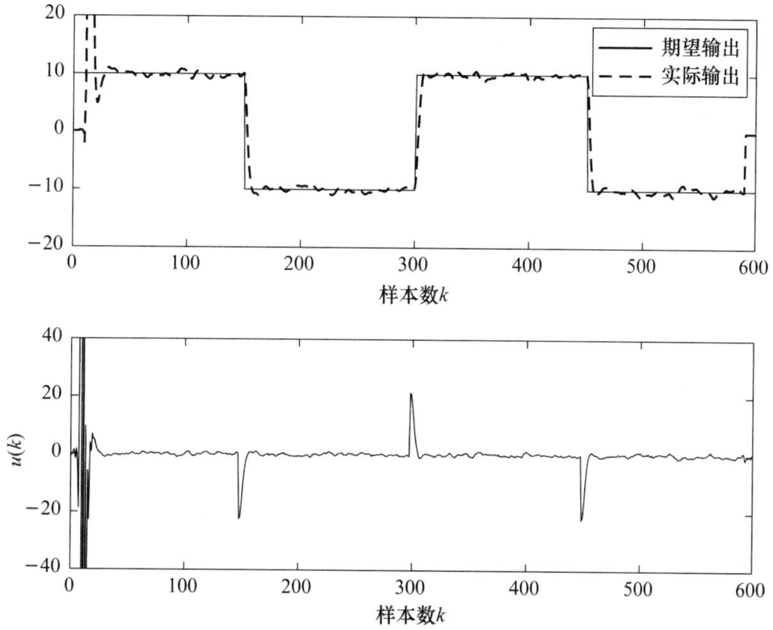


图 7.6.1 极点配置自校正仿真结果

## 7.7 PID 自校正控制

由自动控制原理,一个连续时间的 PID 控制器表达形式为

$$u(t) = k_p \left[ e(t) + k_i \int_0^t e(t)\mathrm{d}t + k_d \frac{\mathrm{d}e(t)}{\mathrm{d}t} \right] \tag{7-7-1}$$

其中,$e(t)=y_r-y(t)$为系统跟踪误差。

对于式(7-7-1),一般采用如下两种离散方式获取数字式 PID 控制器。

① 位置式 PID 控制:

$$u(k) = k_p \left[ e(k) + k_i T_s \sum_{j=0}^{k} e(j) + \frac{k_d}{T_s}(e(k) - e(k-1)) \right] \tag{7-7-2}$$

其中,$T_s$ 为采样周期。

② 增量式 PID 控制器:

$$\Delta u(k)=u(k)-u(k-1)=g_0 e(k)+g_1 e(k-1)+g_2 e(k-2) \tag{7-7-3}$$

其中,

$$g_0=k_p+k_pk_iT_s,\quad g_1=-k_p-\frac{2k_pk_d}{T_s},\quad g_2=\frac{2k_pk_d}{T_s}$$

将式(7-7-3)写成移位算子形式：

$$[1-q^{-1}]u(t)=(g_0+g_1q^{-1}+g_2q^{-2})[y_r(t)-y(t)] \tag{7-7-4}$$

所以

$$u(t)=\frac{g_0+g_1q^{-1}+g_2q^{-2}}{1-q^{-1}}[y_r(t)-y(t)]=\frac{G(q^{-1})}{F(q^{-1})}[y_r(t)-y(t)] \tag{7-7-5}$$

需要确定 3 个参数 $g_0$、$g_1$、$g_2$。对于控制对象(7-1-1)，若采用增量式控制器，则

$$y(t)=\frac{q^{-d}B(q^{-1})}{A(q^{-1})}u(t)+\frac{C(q^{-1})}{A(q^{-1})}\xi(t) \tag{7-7-6}$$

将式(7-7-5)代入式(7-7-6)得

$$y(t)=\frac{q^{-d}B(q^{-1})G(q^{-1})}{A(q^{-1})F(q^{-1})+q^{-d}B(q^{-1})G(q^{-1})}y_r(t)+\frac{C(q^{-1})F(q^{-1})}{A(q^{-1})F(q^{-1})+q^{-d}B(q^{-1})G(q^{-1})}\xi(t) \tag{7-7-7}$$

则系统的闭环特征多项式为

$$\Xi(q^{-1})=A(q^{-1})F(q^{-1})+q^{-d}B(q^{-1})G(q^{-1}) \tag{7-7-8}$$

方法 1：设系统的期望闭环特征多项式为

$$A_m=1+a_{m1}q^{-1}+a_{m2}q^{-2}+\cdots+a_{mn_a}q^{-n_a} \tag{7-7-9}$$

令

$$\widetilde{F}(q^{-1})=F(q^{-1})(1-f_1q^{-1})(1-f_2q^{-1})\cdots(1-f_{nf}q^{-1}) \tag{7-7-10}$$

在式(7-7-8)中用 $\widetilde{F}(q^{-1})$ 代替 $F(q^{-1})$，可得如下方程：

$$A(q^{-1})\widetilde{F}(q^{-1})+q^{-d}B(q^{-1})G(q^{-1})=A_m(s) \tag{7-7-11}$$

比较两边同次幂的系数，就可求得 3 个 PID 参数。

此时 PID 控制器为

$$u(t)=\frac{G(q^{-1})}{\widetilde{F}(q^{-1})}[y_r(t)-y(t)] \tag{7-7-12}$$

称为广义 PID 控制器。

方法 2：若已知参考模型为

$$y_m(t)=\frac{q^{-d}B_m(q^{-1})}{A_m(q^{-1})}y_r(t) \tag{7-7-13}$$

闭环系统为

$$y(t)=\frac{q^{-d}B(q^{-1})G(q^{-1})}{A(q^{-1})F(q^{-1})+q^{-d}B(q^{-1})G(q^{-1})}y_r(t)+\frac{C(q^{-1})F(q^{-1})}{A(q^{-1})F(q^{-1})+q^{-d}B(q^{-1})G(q^{-1})}\xi(t) \tag{7-7-14}$$

其中，

$$\frac{q^{-d}B(q^{-1})G(q^{-1})}{A(q^{-1})F(q^{-1})+q^{-d}B(q^{-1})G(q^{-1})}=\frac{q^{-d}B_m(q^{-1})}{A_m(q^{-1})} \tag{7-7-15}$$

假设控制目标为输出 $y$ 跟踪参考输出 $y_r$。利用方法 1，

$$A(q^{-1})\widetilde{F}(q^{-1})+q^{-d}B(q^{-1})G(q^{-1})=A_m(q^{-1}) \tag{7-7-16}$$

所以

$$A_m(q^{-1})[y_r(t)-y(t)]=A(q^{-1})\widetilde{F}(q^{-1})y_r-C(q^{-1})F(q^{-1})\xi(t) \qquad (7\text{-}7\text{-}17)$$

因此，$y_r(t)-y(t)\to 0$ 与 $A(q^{-1})\widetilde{F}(q^{-1})$有关。

若采用方法 2，则

$$\frac{q^{-d}B(q^{-1})G(q^{-1})}{A(q^{-1})\widetilde{F}(q^{-1})+q^{-d}B(q^{-1})G(q^{-1})}=\frac{q^{-d}B_m(q^{-1})}{A_m(q^{-1})} \qquad (7\text{-}7\text{-}18)$$

此时闭环系统

$$[A(q^{-1})\widetilde{F}(q^{-1})+q^{-d}B(q^{-1})G(q^{-1})](y-y_m)=\widetilde{F}(q^{-1})C(q^{-1})\xi(t) \qquad (7\text{-}7\text{-}19)$$

因此，$y_r(t)-y(t)\to 0$ 与 $\widetilde{F}(q^{-1})C(q^{-1})$有关。

假设

$$A(q^{-1})\widetilde{F}(q^{-1})+q^{-d}B(q^{-1})G(q^{-1})=A_mA_0 \qquad (7\text{-}7\text{-}20)$$

利用

$$\frac{q^{-d}B(q^{-1})G(q^{-1})}{A(q^{-1})\widetilde{F}(q^{-1})+q^{-d}B(q^{-1})G(q^{-1})}=\frac{q^{-d}B_m(q^{-1})A_0(q^{-1})}{A_m(q^{-1})A_0(q^{-1})} \qquad (7\text{-}7\text{-}21)$$

即可解得 $\widetilde{F}$、$G$。

确定 $\widetilde{F}$ 中串联的一阶低通滤波器的个数，需要采用试凑法，如图 7.7.1 所示。

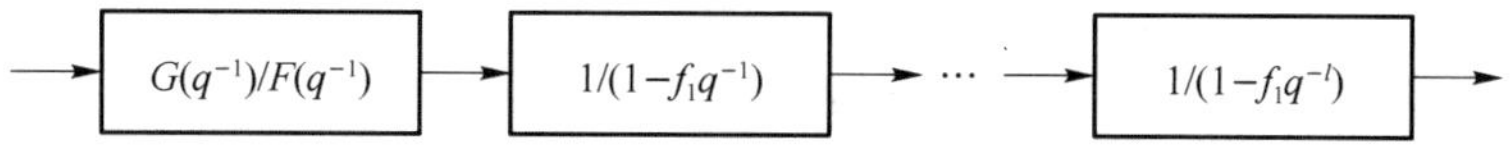


图 7.7.1 串联一阶低通滤波器

以一个二阶被控对象为例，说明自校正 PID 控制器的设计方法。

**例 7.7.1** 假设被控对象为

$$A(q^{-1})y(t)=q^{-d}B(q^{-1})u(t)+y_d$$

其中，$y_d$ 为未知常值干扰，且

$$A(q^{-1})=1+a_1q^{-1}+a_2q^{-2}$$

$$B(q^{-1})=b_0+b_1q^{-1}$$

由于存在常数干扰，将产生稳态误差，为了使得闭环系统稳态误差趋于零，PID 控制器中必须有积分环节。因此控制器为

$$u(k)=-\frac{G(q^{-1})}{F(q^{-1})}y(k)+\frac{M(q^{-1})}{F(q^{-1})}y_r(k)$$

其中，

$$F(q^{-1})=(1-q^{-1})(1+f_1q^{-1}),\quad -1<f_1<0$$

$$G(q^{-1})=g_0+g_1q^{-1}+g_2q^{-2}$$

$M(q^{-1})$ 的选择应满足稳态误差条件，即当 $q=1$ 时，$y(1)=y_r(1)$，$u(1)=0$，因此

$$M(q^{-1})=M(1)=g_0+g_1+g_2$$

**注 7.7.1** $F(q^{-1})=(1-q^{-1})(1+f_1q^{-1})$中增加了$(1+f_1q^{-1})$，图 7.7.1 串联了一个滤波器是为了使控制器的解存在。

将 $u(k)$代入系统方程，得到闭环传递函数为

$$y(k)=\frac{q^{-1}M(q^{-1})B(q^{-1})y_r(k)+F(q^{-1})y_d}{A(q^{-1})F(q^{-1})+q^{-1}B(q^{-1})G(q^{-1})}$$

令闭环特征多项式等于期望的多项式 $A_r(q^{-1})$，即

$$A(q^{-1})F(q^{-1})+q^{-1}B(q^{-1})G(q^{-1})=A_r(q^{-1})$$

可以求出 $F(q^{-1})$ 与 $G(q^{-1})$ 的系数。

通常取 $A_r(q^{-1})=1+a_{r1}q^{-1}+a_{r2}q^{-2}$，这样就可根据连续时间系统的特征多项式 $s^2+2\zeta\omega_n+\omega_n^2$ 中的 $\zeta$ 与 $\omega_n$ 来直接决定 $A_r(q^{-1})$ 的系数。

$$a_{r1}=-2e^{-\zeta\omega_n T}\cos(\omega_n T\sqrt{1-\zeta^2})$$

$$a_{r2}=e^{-\zeta\omega_n T}$$

以上推导假定系统的参数是已知的。如果系统(7-1-1)参数未知，则需要首先辨识系统的参数，然后综合控制器。

---

**算法 7.7.1** PID 自校正控制

---

**输入**：假设已知 $n_a, n_b, d, f_0$

**输出**：$y(k)$

1：利用递推最小二乘算法，估计 $A(q^{-1})$，$B(q^{-1})$ 的参数，得到 $\hat{A}(q^{-1})$，$\hat{B}(q^{-1})$

2：利用 $\hat{A}(q^{-1})$，$\hat{B}(q^{-1})$ 代替式(7-7-20)中的 $A(q^{-1})$，$B(q^{-1})$，求解 $F(q^{-1})$ 与 $G(q^{-1})$

3：设计控制律 $u(k)=-\dfrac{G(q^{-1})}{F(q^{-1})}y(k)+\dfrac{G(1)}{F(q^{-1})}y_r(k)$

4：算法收敛，则停止，否则 $k+1\to k$，返回步骤 2，继续运行

---

事实上，以上 PID 自校正控制器可以看作极点配置自校正控制器的特例。

**例 7.7.2** 考虑如下被控对象：

$$G(s)=\frac{1}{s(s+2)}e^{-s}$$

设计 PID 自校正控制器，使得期望闭环系统的特征多项式为 $s^2+1.4s+1$，而且对单位阶跃输入稳态误差为零。

**解**：采样周期为 0.5 s，对系统进行离散化得

$$G(z^{-1})=\frac{z^{-3}(0.091\,97+0.066\,06z^{-1})}{1-1.368z^{-1}+0.367\,9z^{-2}}$$

将期望闭环特征多项式离散化后得

$$A_m(z^{-1})=1-1.320\,5z^{-1}+0.496\,6z^{-2}$$

解丢番图方程 $(1+z^{-1})AF+z^{-d}BG=A_m$ 得

$$F=1+1.047\,4z^{-1}+1.240\,9z^{-2}+0.558\,8z^{-3}$$

$$G=10.106\,3-12.103\,7z^{-1}+3.111\,7z^{-2}$$

$$F_1=F(1+z^{-1})=1+0.047\,4z^{-1}+0.193\,5z^{-2}-0.682\,2z^{-3}-0.558\,8z^{-4}$$

$$R=G(1)=1.114\,4$$

由 $F_1(z^{-1})u(k)=R(z^{-1})y_r(k)-G(z^{-1})y(k)$ 得控制率为

$$u(k)=-0.047\,4u(k-1)-0.193\,5u(k-2)+0.682\,2u(k-3)+0.558\,8u(k-4)+1.114\,4y_r(k)-(10.106\,3y(k)-12.103\,7y(k-1)+3.111\,7y(k-2))$$

仿真代码如下：

```
for k = 6:590
    %采集数据
    y(k) = (-a(2:na+1))*[y(k-1) y(k-na)]'+b*[u(k-d) u(k-(d+nb))]'+c*[x(k) x(k-1)]';
    %递推最小二乘
    varphi = [-y(k-1)  -y(k-na) u(k-3) u(k-4) x(k) x(k-1)]';
    K = P * varphi /( 1 + varphi'* P * varphi);
    P = P - K * varphi'* P ;
    par1 = par1 + K*( y(k) -  varphi'*par1);
    %提取辨识参数
    a2 = [1 par1(1) par1(2)];b2 = [par1(3) par1(4)];c2 = [par1(5) par1(6)];
    na2 = length(a2) - 1;nb2 = length(b2) - 1;nc2 = length(c2) - 1;
    %计算 Diophantine 方程,得 F G R
    [F G] = diophantine(conv(a2,[1 -1]),b2,d,1,Am); % A0 = 1;
    F1 = conv(F,[1, -1]);R = sum(G);
    nf1 = length(F1) - 1;ng = length(G) - 1;nr = length(R) - 1;
    %求控制量
    u(k) = ((-F1(2:(nf1+1)))*[u(k-1) u(k-2) u(k-3) u(k-4)]'+R*yr(k)'-G*[y(k) y(k-1)
y(k-2)]')/F1(1);
end
```

仿真结果如图 7.7.2 所示，可见输出 $y(k)$趋于期望输出 $y_r(k)$。

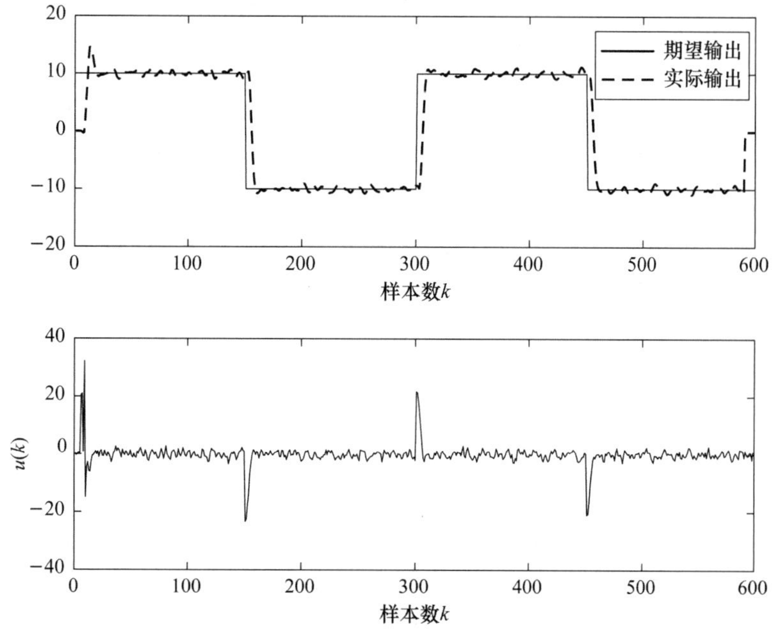


图 7.7.2　PID 自校正控制仿真结果

# 本章小结

作为系统辨识的一种应用，本章介绍了自校正控制，包括最小方差自校正控制、广义最小方差自校正控制、极点配置自校正控制与PID自校正控制等。由于可以用计算机编程实现，因此自校正控制在工业等领域中有广泛的应用。

# 本章参考文献


[1] Wellstead P E, Zarrop M B. Self Tuning Systems[M]. New York: John Wiley & Sons, 1991.

[2] 韩正之，陈彭年，陈树中. 自适应控制[M]. 2版. 北京：清华大学出版社，2014.

[3] 贺国光. 自适应控制系统[M]. 天津：天津大学出版社，1988.

[4] 吴士昌，吴忠强. 自适应控制[M]. 北京：机械工业出版社，2005.

[5] 庞中华，崔红. 系统辨识与自适应控制MATLAB仿真[M]. 北京：北京航空航天大学出版社，2013.


# 本章习题

1. 计算如下对象的最优输出估计器，并计算最优预测误差的方差：

$$y(t)+0.6y(t-1)=u(t-2)+\xi(t)+0.3\xi(t-1)$$

其中，

$$\boldsymbol{E}\{\xi(t)\}=0,\quad \boldsymbol{E}\{\xi(i)\xi(j)\}=\sigma^2\delta_{ij}$$

2. 考虑如下对象的最小方差控制问题：

$$y(k)-0.5y(k-1)+0.2y(k-2)=u(k-4)+0.3u(k-5)+\xi(k)+0.2\xi(k-1)$$

其中，$\xi(k)$为期望为0、方差为4的白噪声，期望输出$y_r(k)$为幅值为1的方波信号。

3. 已知非最小相位系统：

$$y(t)=y(t-1)+u(t-2)+1.5u(t-3)+\xi(t)-0.2\xi(t-1)$$

选择期望闭环极点为

$$T(q^{-1})=1-0.5q^{-1}$$

试确定最优调节器表达式。

4. 考虑如下二阶系统：

$$y(t)=1.2y(t-1)+0.6y(t-2)+u(t-1)-0.2u(t-2)+\xi(t)-0.8\xi(t-1)$$

其中，$\xi(k)$为数学期望为0、方差为1的白噪声，指标函数设为

$$J=\boldsymbol{E}\{[y(t+1)-r(t)]^2+[0.5u(t)]^2\}$$

要求设计广义最小方差控制律。

5. 考虑如下被控对象：

$$G(s)=\frac{1}{(s+1)(s+2)}\mathrm{e}^{-1.5s}$$

试设计极点配置自校正控制器，使得期望闭环系统的特征多项式为 $s^2+1.4s+1$，而且闭环稳态误差为零。

6. 考虑如下被控对象：

$$G(s)=\frac{1}{s(s+1)}\mathrm{e}^{-2s}$$

设计 PID 自校正控制器，使得期望闭环系统的特征多项式为 $s^2+1.4s+1$，而且闭环稳态误差为零。

# 第8章

# 沃尔泰拉模型及其辨识

沃尔泰拉(Volterra)系统是一种由沃尔泰拉级数近似表述的非线性动力学系统。该级数形式由意大利数学家沃尔泰拉在20世纪初引入。类似于泰勒级数,在该系统描述中,输出被描述为一个关于输入的级数形式。

## 8.1 线性与双线性系统的沃尔泰拉模型

以一个单输入单输出线性系统为例说明该算法。考虑如下系统:

$$\begin{cases}\dot{\boldsymbol{x}}=\boldsymbol{A}(t)\boldsymbol{x}+\boldsymbol{b}(t)\boldsymbol{u}, & \boldsymbol{x}\in\mathbb{R}^{n},u\in\mathbb{R}\\ y=\boldsymbol{c}(t)\boldsymbol{x}, & y\in\mathbb{R}\end{cases} \tag{8-1-1}$$

对于线性定常系统,假定初始时刻为0,由卷积性质,有

$$y(t)=\int_{-\infty}^{t}g(\tau)u(t-\tau)\mathrm{d}\tau=\int_{0}^{t}g(\tau)u(t-\tau)\mathrm{d}\tau \tag{8-1-2}$$

其中,$u(t)$为输入,$y(t)$为输出,$g(t)=0,t<0$,$g(t)$称为系统在$t=0$时刻,当输入为单位脉冲信号时的冲激响应函数,也称卷积核。

写成离散形式有

$$y(k)=\sum_{i=0}^{k-1}h(i)u(k-i) \tag{8-1-3}$$

其中,假设采样周期为$T$,$k$代表$kT$,$i$表示$iT$,$h(i)=g(iT)T$。

令$u(t)=0$,考察如下的时变例子:

$$\dot{\boldsymbol{x}}=\boldsymbol{A}(t)\boldsymbol{x} \tag{8-1-4}$$

对式(8-1-4)两边积分得

$$\boldsymbol{x}=\boldsymbol{x}_{0}+\int_{0}^{t}\boldsymbol{A}(\tau_{1})\boldsymbol{x}(\tau_{1})\mathrm{d}\tau_{1} \tag{8-1-5}$$

而

$$\boldsymbol{x}(\tau_{1})=\boldsymbol{x}(0)+\int_{0}^{\tau_{1}}\boldsymbol{A}(\tau_{2})\boldsymbol{x}(\tau_{2})\mathrm{d}\tau_{2} \tag{8-1-6}$$

将式(8-1-6)代入式(8-1-5),得

$$\begin{aligned}\boldsymbol{x}&=\boldsymbol{x}_0+\int_0^t \boldsymbol{A}(\tau_1)\left[\boldsymbol{x}(0)+\int_0^{\tau_1}\boldsymbol{A}(\tau_2)\boldsymbol{x}(\tau_2)\mathrm{d}\tau_2\right]\mathrm{d}\tau_1\\&=\boldsymbol{x}_0+\int_0^t \boldsymbol{A}(\tau_1)\mathrm{d}\tau_1\boldsymbol{x}_0+\int_0^t\int_0^{\tau_1}\boldsymbol{A}(\tau_1)\boldsymbol{A}(\tau_2)\boldsymbol{x}(\tau_2)\mathrm{d}\tau_2\mathrm{d}\tau_1\end{aligned}\tag{8-1-7}$$

继续代入 $\boldsymbol{x}(\tau_2)$，得到

$$\begin{aligned}\boldsymbol{x}=&\left[\boldsymbol{I}+\int_0^t\boldsymbol{A}(\tau_1)\mathrm{d}\tau_1+\int_0^t\int_0^{\tau_2}\boldsymbol{A}(\tau_1)\boldsymbol{A}(\tau_2)\mathrm{d}\tau_2\mathrm{d}\tau_1\right]\boldsymbol{x}_0+\\&\int_0^t\int_0^{\tau_1}\int_0^{\tau_2}\boldsymbol{A}(\tau_1)\boldsymbol{A}(\tau_2)\boldsymbol{A}(\tau_3)\boldsymbol{x}(\tau_3)\mathrm{d}\tau_3\mathrm{d}\tau_2\mathrm{d}\tau_1\end{aligned}\tag{8-1-8}$$

依此类推，可以继续代换至无穷项。

而对于式(8-1-4)的解，我们已经知道为

$$\boldsymbol{x}=\boldsymbol{\Phi}(t,0)\boldsymbol{x}_0\tag{8-1-9}$$

其中，$\boldsymbol{\Phi}(t,0)$称为状态转移矩阵，满足 $\boldsymbol{\Phi}(t,\sigma)\boldsymbol{\Phi}(\sigma,\tau)=\boldsymbol{\Phi}(t,\tau)$，$\boldsymbol{\Phi}^{-1}(t,\tau)=\boldsymbol{\Phi}(\tau,t)$。假定 $\boldsymbol{\Phi}(t,\tau)$ 在任意$[0,T]\times[0,T]$是收敛的，由式(8-1-8)，间接证明了线性系统中的一个重要结论：

$$\boldsymbol{\Phi}(t,\tau)=I+\int_\tau^t\boldsymbol{A}(\tau_1)\mathrm{d}\tau_1+\int_\tau^t\int_\tau^{\tau_1}\boldsymbol{A}(\tau_1)\boldsymbol{A}(\tau_2)\mathrm{d}\tau_2\mathrm{d}\tau_1+\cdots\tag{8-1-10}$$

如果 $\boldsymbol{A}$ 为定常的，则 $\boldsymbol{\Phi}(t,\tau)=\mathrm{e}^{\boldsymbol{A}(t-\tau)}$。

对式(8-1-1)做变量代换，令 $\boldsymbol{\Phi}(t,0)z=\boldsymbol{x}(t)$，两边微分，则式(8-1-1)变为

$$\begin{aligned}\dot{\boldsymbol{z}}&=\hat{\boldsymbol{b}}(t)u(t)\\y(t)&=\hat{\boldsymbol{c}}(t)\boldsymbol{z}(t)\end{aligned}\tag{8-1-11}$$

其中，

$$\begin{aligned}\hat{\boldsymbol{b}}(t)&=\boldsymbol{\Phi}^{-1}(t,0)\boldsymbol{b}(t)\\\hat{\boldsymbol{c}}(t)&=\boldsymbol{c}(t)\boldsymbol{\Phi}(t,0)\end{aligned}\tag{8-1-12}$$

所以

$$\boldsymbol{z}=\boldsymbol{x}_0+\int_0^t\hat{\boldsymbol{b}}(\tau)u(\tau)\mathrm{d}\tau\tag{8-1-13}$$

用 $\boldsymbol{z}=\boldsymbol{\Phi}^{-1}(t,0)\boldsymbol{x}(t)$替换上式得

$$\boldsymbol{x}(t)=\boldsymbol{\Phi}(t,0)\boldsymbol{x}_0+\int_0^t\boldsymbol{\Phi}(t,\tau)\boldsymbol{b}(\tau)u(\tau)\mathrm{d}\tau\tag{8-1-14}$$

故

$$y(t)=\boldsymbol{c}(t)\boldsymbol{\Phi}(t,0)\boldsymbol{x}_0+\int_0^t\boldsymbol{c}(t)\boldsymbol{\Phi}(t,\tau)\boldsymbol{b}(\tau)u(\tau)\mathrm{d}\tau\tag{8-1-15}$$

当 $\boldsymbol{x}_0=0$ 时，就得到了式(8-1-2)，其中核函数为

$$g(t,\tau)=\boldsymbol{c}(t)\boldsymbol{\Phi}(t,\tau)\boldsymbol{b}(\tau)$$

再考察如下的单输入单输出双线性系统：

$$\begin{cases}\dot{\boldsymbol{x}}=\boldsymbol{A}(t)\boldsymbol{x}(t)+\boldsymbol{D}(t)\boldsymbol{x}(t)u(t)+\boldsymbol{b}(t)u(t)\\y=\boldsymbol{c}(t)\boldsymbol{x}(t),\quad t\geqslant0,\quad \boldsymbol{x}(0)=\boldsymbol{x}_0\end{cases}\tag{8-1-16}$$

令 $\boldsymbol{z}=\boldsymbol{\Phi}^{-1}(t,0)\boldsymbol{x}(t)$，则

$$
\begin{aligned}
&\dot{\boldsymbol{z}}=\hat{\boldsymbol{D}}(t)\boldsymbol{z}(t)u(t)+\hat{\boldsymbol{b}}(t)u(t)\\
&y(t)=\hat{\boldsymbol{c}}(t)\boldsymbol{z}(t),\quad t\geqslant 0,\quad \boldsymbol{z}(0)=\boldsymbol{z}_0
\end{aligned}\tag{8-1-17}
$$

其中，

$$
\begin{aligned}
&\hat{\boldsymbol{b}}(t)=\boldsymbol{\Phi}^{-1}(t,0)\boldsymbol{b}(t)\\
&\hat{\boldsymbol{D}}(t)=\boldsymbol{\Phi}^{-1}(t,0)\boldsymbol{D}(t)\boldsymbol{\Phi}(t,0)\\
&\hat{\boldsymbol{c}}(t)=\boldsymbol{c}(t)\boldsymbol{\Phi}(t,0)
\end{aligned}\tag{8-1-18}
$$

于是

$$
\boldsymbol{z}=\boldsymbol{z}_0+\int_0^t\hat{\boldsymbol{D}}(\tau_1)\boldsymbol{z}(\tau_1)u(\tau_1)\mathrm{d}\tau_1+\int_0^t\hat{\boldsymbol{b}}(\tau_1)u(\tau_1)\mathrm{d}\tau_1\tag{8-1-19}
$$

将 $\boldsymbol{z}(\tau_1)$ 代入式(8-1-19)得

$$
\begin{aligned}
\boldsymbol{z}=&\ \boldsymbol{z}_0+\int_0^t\hat{\boldsymbol{D}}(\tau_1)[\boldsymbol{z}_0+\int_0^{\tau_1}\hat{\boldsymbol{D}}(\tau_2)\boldsymbol{z}(\tau_2)u(\tau_2)\mathrm{d}\tau_2+\\
&\int_0^{\tau_1}\hat{\boldsymbol{b}}(\tau_2)u(\tau_2)\mathrm{d}\tau_2]u(\tau_1)\mathrm{d}\tau_1+\int_0^t\hat{\boldsymbol{b}}(\tau_1)u(\tau_1)\mathrm{d}\tau_1\\
=&\ \boldsymbol{z}_0+\int_0^t\hat{\boldsymbol{D}}(\tau_1)\ \boldsymbol{z}_0u(\tau_1)\mathrm{d}\tau_1+\int_0^t\int_0^{\tau_1}\hat{\boldsymbol{D}}(\tau_1)\hat{\boldsymbol{D}}(\tau_2)\boldsymbol{z}(\tau_2)u(\tau_2)u(\tau_1)\mathrm{d}\tau_2\mathrm{d}\tau_1+\\
&\int_0^t\int_0^{\tau_1}\hat{\boldsymbol{D}}(\tau_1)\hat{\boldsymbol{b}}(\tau_2)u(\tau_2)u(\tau_1)\mathrm{d}\tau_2\mathrm{d}\tau_1+\int_0^t\hat{\boldsymbol{b}}(\tau_1)u(\tau_1)\mathrm{d}\tau_1
\end{aligned}\tag{8-1-20}
$$

在式(8-1-20)中继续代入 $\boldsymbol{z}(\tau_2)$，并继续进行至 $N-1$ 步，将得到如下级数形式：

$$
\begin{aligned}
\boldsymbol{z}=&\ \boldsymbol{z}_0+\sum_{k=1}^{N-1}\int_0^t\int_0^{\tau_1}\cdots\int_0^{\tau_{k-1}}\hat{\boldsymbol{D}}(\tau_1)\hat{\boldsymbol{D}}(\tau_2)\cdots\hat{\boldsymbol{D}}(\tau_{k-1})\ \boldsymbol{z}_0u(\tau_1)u(\tau_2)\cdots u(\tau_k)\mathrm{d}\tau_k\cdots\mathrm{d}\tau_1+\\
&\sum_{k=1}^{N-1}\int_0^t\int_0^{\tau_1}\cdots\int_0^{\tau_{k-1}}\hat{\boldsymbol{D}}(\tau_1)\hat{\boldsymbol{D}}(\tau_2)\cdots\hat{\boldsymbol{D}}(\tau_{k-1})\hat{\boldsymbol{b}}(\tau_k)u(\tau_1)u(\tau_2)\cdots u(\tau_k)\mathrm{d}\tau_k\cdots\mathrm{d}\tau_1+\\
&\sum_{k=1}^{N-1}\int_0^t\int_0^{\tau_1}\cdots\int_0^{\tau_{k-1}}\hat{\boldsymbol{D}}(\tau_1)\hat{\boldsymbol{D}}(\tau_2)\cdots\hat{\boldsymbol{D}}(\tau_{k-1})\boldsymbol{z}(\tau_k)u(\tau_1)u(\tau_2)\cdots u(\tau_k)\mathrm{d}\tau_k\cdots\mathrm{d}\tau_1
\end{aligned}\tag{8-1-21}
$$

在式(8-1-21)中，若把线性项单独写出来，则有

$$
\begin{aligned}
\boldsymbol{z}=&\ \boldsymbol{z}_0+\int_0^t\hat{\boldsymbol{D}}(\tau_1)\ \boldsymbol{z}_0u(\tau_1)\mathrm{d}\tau_1+\\
&\sum_{k=2}^{N}\int_0^t\int_0^{\tau_1}\cdots\int_0^{\tau_{k-1}}\hat{\boldsymbol{D}}(\tau_1)\hat{\boldsymbol{D}}(\tau_2)\cdots\hat{\boldsymbol{D}}(\tau_{k-1})\ \boldsymbol{z}_0u(\tau_1)u(\tau_2)\cdots u(\tau_k)\mathrm{d}\tau_k\cdots\mathrm{d}\tau_1+\int_0^t\hat{\boldsymbol{b}}(\tau_1)u(\tau_1)\mathrm{d}\tau_1+\\
&\sum_{k=2}^{N}\int_0^t\int_0^{\tau_1}\cdots\int_0^{\tau_{k-1}}\hat{\boldsymbol{D}}(\tau_1)\hat{\boldsymbol{D}}(\tau_2)\cdots\hat{\boldsymbol{D}}(\tau_{k-1})\hat{\boldsymbol{b}}(\tau_k)u(\tau_1)u(\tau_2)\cdots u(\tau_k)\mathrm{d}\tau_k\cdots\mathrm{d}\tau_1+\\
&\int_0^t\int_0^{\tau_1}\cdots\int_0^{\tau_{k-1}}\hat{\boldsymbol{D}}(\tau_1)\hat{\boldsymbol{D}}(\tau_2)\cdots\hat{\boldsymbol{D}}(\tau_{k-1})\boldsymbol{z}(\tau_k)u(\tau_1)u(\tau_2)\cdots u(\tau_k)\mathrm{d}\tau_k\cdots\mathrm{d}\tau_1
\end{aligned}\tag{8-1-22}
$$

如果继续展开到无穷，就有

$$
\begin{aligned}
\boldsymbol{z}=&\ \boldsymbol{z}_0+\sum_{k=1}^{\infty}\int_0^t\int_0^{\tau_1}\cdots\int_0^{\tau_{k-1}}\hat{\boldsymbol{D}}(\tau_1)\hat{\boldsymbol{D}}(\tau_2)\cdots\hat{\boldsymbol{D}}(\tau_{k-1})\ \boldsymbol{z}_0u(\tau_1)u(\tau_2)\cdots u(\tau_k)\mathrm{d}\tau_k\cdots\mathrm{d}\tau_1+\\
&\sum_{k=1}^{\infty}\int_0^t\int_0^{\tau_1}\cdots\int_0^{\tau_{k-1}}\hat{\boldsymbol{D}}(\tau_1)\hat{\boldsymbol{D}}(\tau_2)\cdots\hat{\boldsymbol{D}}(\tau_{k-1})\hat{\boldsymbol{b}}(\tau_k)u(\tau_1)u(\tau_2)\cdots u(\tau_k)\mathrm{d}\tau_k\cdots\mathrm{d}\tau_1
\end{aligned}\tag{8-1-23}
$$

将 $\boldsymbol{\Phi}(t,0)\boldsymbol{z}=\boldsymbol{x}(t)$ 带回原方程，并将式(8-1-18)代入式(8-1-23)，得到输出的无穷级数展开式：

$$
\begin{aligned}
y(t)= & \boldsymbol{c}(t)\boldsymbol{\Phi}(t,0)\boldsymbol{x}_0+\\
& \sum_{k=1}^{\infty}\int_0^t\int_0^{\tau_1}\cdots\int_0^{\tau_{k-1}}\boldsymbol{c}(t)\boldsymbol{\Phi}(t,\tau_1)\boldsymbol{D}(\tau_1)\boldsymbol{\Phi}(\tau_1,\tau_2)\boldsymbol{D}(\tau_2)\cdots\boldsymbol{\Phi}(\tau_{k-1},\tau_k)\\
& \boldsymbol{D}(\tau_k)\boldsymbol{\Phi}(\tau_k,0)\boldsymbol{x}_0u(\tau_1)u(\tau_2)\cdots u(\tau_k)\mathrm{d}\tau_k\cdots\mathrm{d}\tau_1+\\
& \sum_{k=1}^{\infty}\int_0^t\int_0^{\tau_1}\cdots\int_0^{\tau_{k-1}}\boldsymbol{c}(t)\boldsymbol{\Phi}(t,\tau_1)\boldsymbol{D}(\tau_1)\boldsymbol{\Phi}(\tau_1,\tau_2)\boldsymbol{D}(\tau_2)\cdots\\
& \boldsymbol{D}(\tau_{k-1})\boldsymbol{\Phi}(\tau_{k-1},\tau_k)\boldsymbol{b}(\tau_k)u(\tau_1)u(\tau_2)\cdots u(\tau_k)\mathrm{d}\tau_k\cdots\mathrm{d}\tau_1
\end{aligned}
\tag{8-1-24}
$$

如果初始值 $\boldsymbol{x}_0=0$,则

$$
\begin{aligned}
y(t)= & \sum_{k=1}^{\infty}\int_0^t\int_0^{\tau_1}\cdots\int_0^{\tau_{k-1}}\boldsymbol{c}(t)\boldsymbol{\Phi}(t,\tau_1)\boldsymbol{D}(\tau_1)\boldsymbol{\Phi}(\tau_1,\tau_2)\boldsymbol{D}(\tau_2)\cdots\boldsymbol{D}(\tau_{k-1})\boldsymbol{\Phi}(\tau_{k-1},\tau_k)\\
& \boldsymbol{b}(\tau_k)u(\tau_1)u(\tau_2)\cdots u(\tau_k)\mathrm{d}\tau_k\cdots\mathrm{d}\tau_1
\end{aligned}
\tag{8-1-25}
$$

**例 8.1.1** 考虑一个振荡信号发生器系统,其动力学方程为

$$\ddot{y}+[\omega^2+u(t)]y(t)=0,\quad y(0)=0,\quad \dot{y}(0)=1$$

其中,输入信号为电压,输出为调制的频率信号,求输出的近似表达式。

**解:**令

$$\boldsymbol{z}=\begin{pmatrix}z_1\\z_2\end{pmatrix}=\begin{pmatrix}y\\\dot{y}\end{pmatrix}$$

得到状态方程为

$$\begin{pmatrix}\dot{z}_1\\\dot{z}_2\end{pmatrix}=\begin{pmatrix}0&1\\-\omega^2&0\end{pmatrix}\begin{pmatrix}z_1\\z_2\end{pmatrix}+\begin{pmatrix}0&0\\-1&0\end{pmatrix}\begin{pmatrix}z_1\\z_2\end{pmatrix}u$$

$$y(t)=(1\quad 0)\boldsymbol{z},\quad \boldsymbol{z}(0)=\begin{pmatrix}0\\1\end{pmatrix}$$

现在引入一个新状态,初始值为零。事实上只要原状态减去零输入响应即可。当 $u=0$ 时,

$$\boldsymbol{z}(t)=\mathrm{e}^{\boldsymbol{A}t}\boldsymbol{z}_0=\begin{pmatrix}\cos\omega t&\dfrac{1}{\omega}\sin\omega t\\-\omega\sin\omega t&\cos\omega t\end{pmatrix}\begin{pmatrix}0\\1\end{pmatrix}=\begin{pmatrix}\dfrac{1}{\omega}\sin\omega t\\\cos\omega t\end{pmatrix}$$

令

$$\boldsymbol{x}=\boldsymbol{z}-\begin{pmatrix}\dfrac{1}{\omega}\sin\omega t\\\cos\omega t\end{pmatrix}$$

则关于 $\boldsymbol{x}$ 的状态方程为

$$\dot{\boldsymbol{x}}=\begin{pmatrix}0&1\\-\omega^2&0\end{pmatrix}\boldsymbol{x}+\begin{pmatrix}0&0\\-1&0\end{pmatrix}\boldsymbol{x}u+\begin{pmatrix}0\\-\dfrac{1}{\omega}\sin\omega t\end{pmatrix}u$$

$$y=(1\quad 0)\boldsymbol{x}+\frac{1}{\omega}\sin\omega t,\quad \boldsymbol{x}(0)=0$$

将式(8-1-24)代入该双线性系统,由于初始值为零,可得

$$y(t)=\frac{1}{\omega}\sin\omega t+\int_0^t h(t,\tau_1)u(\tau_1)\mathrm{d}\tau_1+\int_0^t\int_0^{\tau_1}h(t,\tau_1,\tau_2)u(\tau_2)u(\tau_1)\mathrm{d}\tau_2\mathrm{d}\tau_1+\cdots$$

其中,前两项的核函数分别为

$$h(t,\tau_1)=-\frac{1}{\omega^2}\sin[\omega(t-\tau_1)]\sin(\omega\tau_1)\mu(t-\tau_1)$$

$$h(t,\tau_1,\tau_2)=\frac{1}{\omega^3}\sin[\omega(t-\tau_1)]\sin[\omega(\tau_1-\tau_2)]\sin(\omega\tau_2)\mu(t-\tau_1)\mu(\tau_1-\tau_2)$$

这里 $\mu(t)$表示单位阶跃函数，即

$$\mu(t-t_0)=\begin{cases}0, & t<t_0\\ 1, & t\geqslant t_0\end{cases}$$

我们通过线性系统与双线性系统，给出了构造一个系统的沃尔泰拉级数解的过程。事实上，对于一般的非线性系统，也可以将其写成级数解，称为沃尔泰拉系统。

## 8.2 多项式与沃尔泰拉系统

任意一个光滑的非线性函数 $y=f(x)$，在任意点 $\boldsymbol{x}_0$ 处可以展开成泰勒级数。类似地，对于一个具有时滞记忆特性的输入输出系统 $y(t)=G(u(t))$，假设初始时刻为 0，输入为 $u(t)$，输出为 $y(t)$，则输出也可以展开成输入的一个多项式系统，其表达式如下：

$$\begin{aligned}y(t)=&\int_0^t g_1(\tau_1)u(t-\tau_1)\mathrm{d}\tau_1+\int_0^t\int_0^{\tau_1} g_2(\tau_1,\tau_2)u(t-\tau_1)u(t-\tau_2)\mathrm{d}\tau_1\mathrm{d}\tau_2+\cdots+\\&\int_0^t\cdots\int_0^{\tau_{n-1}} g_n(\tau_1,\tau_2,\cdots,\tau_n)\prod_{i=1}^n u(t-\tau_i)\mathrm{d}\tau_1\cdots\mathrm{d}\tau_n\\=&\int_0^t g_1(t,\tau_1)u(\tau_1)\mathrm{d}\tau_1+\int_0^t\int_0^{\tau_1} g_2(t,\tau_1,\tau_2)u(\tau_1)u(\tau_2)\mathrm{d}\tau_1\mathrm{d}\tau_2+\cdots+\\&\int_0^t\cdots\int_0^{\tau_{n-1}} g_n(t,\tau_1,\tau_2,\cdots,\tau_n)\prod_{i=1}^n u(\tau_i)\mathrm{d}\tau_1\cdots\mathrm{d}\tau_n\end{aligned}\tag{8-2-1}$$

我们称式(8-2-1)为一个 $n$ 阶沃尔泰拉多项式系统，其中 $g_n(\tau_1,\tau_2,\cdots,\tau_n)$为系统的第 $n$ 阶沃尔泰拉核。如果 $n\to\infty$，则称其为一个沃尔泰拉系统。对于实际的系统，一般假设 $g_n(t_1,t_2,\cdots,t_n)=0,t_i<0$。

为了简化描述，在 $n\to\infty$时，记

$$y(t)=G[u]=\sum_{i=1}^{\infty}G_i[u]\tag{8-2-2}$$

在对式(8-2-2)进行解释之前，首先熟悉如下定义。

**定义 8.2.1** 核函数 $g_n(t,\tau_1,\tau_2,\cdots,\tau_n)$是平稳的，如果

$$g_n(t,\tau_1,\tau_2,\cdots,\tau_n)=g_n(0,t-\tau_1,t-\tau_2,\cdots,t-\tau_n)\tag{8-2-3}$$

**定义 8.2.2** 在式(8-2-1)中，假定在 $t\geqslant 0$ 时施加控制信号，则每一单项 $G_n[u]$可表示为

$$\begin{aligned}&\int_0^t\cdots\int_0^{\tau_{n-1}} g_n(\tau_1,\tau_2,\cdots,\tau_n)\prod_{i=1}^n u(t-\tau_i)\mathrm{d}\tau_1\cdots\mathrm{d}\tau_n\\=&\int_0^t\cdots\int_0^{\tau_{n-1}} g_n(t,\tau_1,\tau_2,\cdots,\tau_n)\prod_{i=1}^n u(\tau_i)\mathrm{d}\tau_1\cdots\mathrm{d}\tau_n\end{aligned}\tag{8-2-4}$$

其中，$G_n[u]$是关于变量 $u(\tau_i),i=1,\cdots,n$ 的 $n$ 阶(或称 $n$ 次)多项式。

若令 $v=\alpha u$，则 $G_n[v]=G_n[\alpha u]=\alpha^n G_n[u]$，称 $G_n[u]$是齐次的。

一个线性定常系统实际上是 1-阶沃尔泰拉多项式系统。

**定义 8.2.3** 如果对于任何一个 $t_i > t, g(t_1, t_2, \cdots, t_n) = 0$，则称系统(8-2-1)满足因果性。

**例 8.2.1** 考虑如下的双线性系统：

$$\dot{\boldsymbol{x}} = \begin{pmatrix} 0 & 0 \\ 1 & 0 \end{pmatrix} \boldsymbol{x} u + \begin{pmatrix} 1 \\ 0 \end{pmatrix} u$$

$$y = (0 \quad 1)\boldsymbol{x}, \quad t \geqslant 0, \quad \boldsymbol{x}(0) = 0$$

求系统输入输出表达式。

**解**：定义

$$\boldsymbol{D} = \begin{pmatrix} 0 & 0 \\ 1 & 0 \end{pmatrix}, \quad \boldsymbol{b} = \begin{pmatrix} 1 \\ 0 \end{pmatrix}, \quad \boldsymbol{c} = (0 \quad 1)$$

容易验证，系统的解为

$$\boldsymbol{x} = \int_0^t \mathrm{e}^{\boldsymbol{D}\int_{\tau_2}^t u(\tau_1)\mathrm{d}\tau_1} \boldsymbol{b} u(\tau_2)\mathrm{d}\tau_2$$

而

$$\mathrm{e}^{\boldsymbol{D}\int_{\tau_2}^t u(\tau_1)\mathrm{d}\tau_1} = \left\{ \boldsymbol{I} + \boldsymbol{D}\int_{\tau_2}^t u(\tau_1)\mathrm{d}\tau_1 + \frac{1}{2!}\boldsymbol{D}^2 \left[ \int_{\tau_2}^t u(\tau_1)\mathrm{d}\tau_1 \right]^2 + \cdots \right\}$$

由于 $\boldsymbol{D}^2 = \boldsymbol{0}$，所以

$$\mathrm{e}^{\boldsymbol{D}\int_{\tau_2}^t u(\tau_1)\mathrm{d}\tau_1} = \begin{pmatrix} 1 & 0 \\ \int_{\tau_2}^t u(\tau_1)\mathrm{d}\tau_1 & 1 \end{pmatrix}$$

因此输入输出关系为

$$y(t) = \int_0^t \boldsymbol{c}\mathrm{e}^{\boldsymbol{D}\int_{\tau_2}^t u(\tau_1)\mathrm{d}\tau_1} \boldsymbol{b} u(\tau_2)\mathrm{d}\tau_2 = \int_0^t \int_{\tau_2}^t u(\tau_1)u(\tau_2)\mathrm{d}\tau_1\mathrm{d}\tau_2$$

显然系统的输入输出表示为一个齐次 2-阶沃尔泰拉多项式。

定义单位阶跃函数

$$\mu(t - t_0) = \begin{cases} 0, & t \leqslant t_0 \\ 1, & t \geqslant t_0 \end{cases}$$

所以本例输出可以写成

$$y(t) = \int_0^t \int_0^t \mu(\tau_1 - \tau_2)u(\tau_1)u(\tau_2)\mathrm{d}\tau_1\mathrm{d}\tau_2$$

其中，核函数为

$$g(\tau_1, \tau_2) = \mu(\tau_1 - \tau_2)$$

**定义 8.2.4** 一个 $n$ 阶齐次多项式系统的核函数称为可分的，如果

$$g(t_1, t_2, \cdots, t_n) = \sum_{i=1}^m v_{1i}(t_1)v_{2i}(t_2)\cdots v_{ni}(t_n) \tag{8-2-5}$$

或者

$$g(t, \tau_1, \tau_2, \cdots, \tau_n) = \sum_{i=1}^m v_{0i}(t)v_{1i}(\tau_1)v_{2i}(\tau_2)\cdots v_{ni}(\tau_n) \tag{8-2-6}$$

其中，$v_{ji}$ 是连续的。如果每个 $v_{ji}$ 都是可微的，则其称为微分可分的。

**定义 8.2.5(对称核)** 在平稳情形之下，一个核函数称为对称的，若满足

$$g(t_1,t_2,\cdots,t_n)=g(t_{\pi(1)},t_{\pi(2)},\cdots,t_{\pi(n)}) \tag{8-2-7}$$

在非平稳情形之下，一个核函数称为对称的，若满足

$$g(t,\tau_1,\tau_2,\cdots,\tau_n)=g(t,t_{\pi(1)},t_{\pi(2)},\cdots,t_{\pi(n)}) \tag{8-2-8}$$

其中，$\pi(\cdot)$表示整数 $1,2,\cdots,n$ 的任意一种置换排队，共有 $n!$ 个这种置换排队。

一般情形下，一个齐次核函数总是对称的。因此，一个对称核函数可以写成

$$g_{\text{sym}}(t_1,t_2,\cdots,t_n)=\frac{1}{n!}\sum_{\pi(\cdot)}g(t_{\pi(1)},t_{\pi(2)},\cdots,t_{\pi(n)}) \tag{8-2-9}$$

或者

$$g_{\text{sym}}(t,\tau_1,\tau_2,\cdots,\tau_n)=\frac{1}{n!}\sum_{\pi(\cdot)}g(t,t_{\pi(1)},t_{\pi(2)},\cdots,t_{\pi(n)}) \tag{8-2-10}$$

因此，$G_n[u]$又可以写成对称核的形式：

$$\begin{aligned}&\int_0^t\cdots\int_0^{\tau_{n-1}}g_{n\text{sym}}(\tau_1,\tau_2,\cdots,\tau_n)\prod_{i=1}^{n}u(t-\tau_i)\mathrm{d}\tau_1\cdots\mathrm{d}\tau_n\\&=\frac{1}{n!}\int_0^t\cdots\int_0^{\tau_{n-1}}\sum_{\pi(\cdot)}g(t,t_{\pi(1)},t_{\pi(2)},\cdots,t_{\pi(n)})\prod_{i=1}^{n}u(t-\tau_{\pi(i)})\mathrm{d}\tau_{\pi(1)}\cdots\mathrm{d}\tau_{\pi(n)}\end{aligned} \tag{8-2-11}$$

对于式(8-2-1)，其对应的离散形式为

$$\begin{aligned}y(k)=&\sum_{i_1=0}^{M}h_1(i_1)u(k-i_1)+\sum_{i_1=0}^{M}\sum_{i_2=0}^{i_1}h_2(i_1,i_2)u(k-i_1)u(k-i_2)+\cdots+\\&\sum_{i_1=0}^{M}\sum_{i_2=0}^{i_1}\cdots\sum_{i_n=0}^{i_{n-1}}h_n(i_1,i_2,\cdots,i_n)\prod_{i=1}^{n}u(k-i)\end{aligned} \tag{8-2-12}$$

其中，$u$ 为系统输入，$\tau_i$ 表示滞后，$h_n(i_1,i_2,\cdots,i_n)=g_n(i_1T,i_2T,\cdots,i_nT)T^n$。

以下介绍沃尔泰拉模型的简明推导。

输出 $y(t)$可以看作输入 $u(t)$的非线性函数。由于系统有记忆性，所以 $y(t)$可以看作受 $t$ 时刻以前的所有输入 $u(t-\tau)$影响所产生的，对所有的 $0\leqslant\tau\leqslant t$，通俗地说，就是 $y(t)$依赖过去的输入。因此，如果 $u(t-\tau)$可以描述为一个序列 $u(1),u(2),\cdots$，那么输出可以表述为

$$y(t)=f(u(1),u(2),\cdots) \tag{8-2-13}$$

假设 $t$ 固定，$u(t-\tau)$是平方可积希尔伯特空间的元素，即

$$\int_0^{\infty}u^2(t-\tau)\mathrm{d}\tau<\infty \tag{8-2-14}$$

假设 $\phi_1(\tau),\phi_2(\tau),\cdots$是这个希尔伯特空间的一组基，即

$$\int_0^{\infty}\phi_i\phi_j\mathrm{d}\tau=\begin{cases}1, & i=j\\0, & i\neq j\end{cases} \tag{8-2-15}$$

所以输入信号在任何过去时刻，可以写为关于基函数的线性组合：

$$u(t-\tau)=\sum_{i=1}^{\infty}u_i(t)\phi_i(t) \tag{8-2-16}$$

其中，系数 $u_i(t)$为信号在基 $\varphi_i(t)$上的投影(内积)，即

$$u_i(t)=\int_0^{\infty}u(t-\tau)\phi_i\mathrm{d}\tau \tag{8-2-17}$$

将 $y(t)=f(u(1),u(2),\cdots)$按照多元函数进行泰勒级数展开，得

$$y(t)=a+\sum_{i=1}^{\infty}a_iu_i(t)+\sum_{i_1=1}^{\infty}\sum_{i_2=1}^{\infty}a_{i_1}a_{i_2}u_{i_1}(t)u_{i_2}(t)+\cdots \tag{8-2-18}$$

将式(8-2-17)代入式(8-2-18),得

$$y(t)=a+\int_0^{\infty}\sum_{i=1}^{\infty}a_i\phi(\tau_1)u(t-\tau_1)\mathrm{d}\tau_1+$$
$$\int_0^{\infty}\int_0^{\infty}\sum_{i_1=1}^{\infty}\sum_{i_2=1}^{\infty}a_{i_1t_2}\phi_{i_1}(\tau_1)\phi_{i_2}(\tau_2)u(t-\tau_1)u(t-\tau_2)\mathrm{d}\tau_1\mathrm{d}\tau_2+\cdots \tag{8-2-19}$$

在式(8-2-19)中,明显可以得到核函数的表达式。

尽管式(8-2-19)是有趣的结论,但它是无穷级数,如何跟有限项的沃尔泰拉相联系呢?这里就要用到 Weierstrass 定理。

按照 Weierstrass 定理,若 $f(t)$在闭区间$[t_1,t_2]$上是连续的实值函数,则对任意 $\varepsilon>0$,存在一个多项式 $p(t)$,使得$|f(t)-p(t)|<\varepsilon,\forall t\in[t_1,t_2]$。

将系统看作从输入空间到输出空间的一个算子 $F$,即 $y=F[u]$。Weierstrass 定理在泛函的推广为 Stone-Weierstrass 定理。其叙述如下:假设 $X$ 是一个紧集,$\Phi$ 是一个由定义在 $X$ 上的连续实值,可分离 $X$ 的函数构成的代数,并且含常数函数,则对于任意一个定义在 $X$ 上的连续实值函数 $f(t)$,任意 $\varepsilon>0$,存在一个函数 $p\in\Phi$,使得$|f(t)-p(t)|<\varepsilon,\forall x\in X$。

**注 8.2.1** 代数 $\Phi$ 可以是分离点,即若对于 $X$ 中任意两个不同元素 $x_1\neq x_2$,则存在 $p\in\Phi$,使得

$$p(x_1)\neq p(x_2) \tag{8-2-20}$$

在式(8-2-14)中,已经假定信号是平方可积的。假定系统是平稳的,且是一阶近似稳定的。根据本章参考文献[1],可以构造如下的代数 $P$,其中

$$\begin{aligned}&P_1[u]=1,\\&P_2[u]=\int_0^t g(\tau)u(t-\tau)\mathrm{d}\tau,\quad \int_0^T|g(t)|^2\mathrm{d}t<\infty\\&\vdots\end{aligned} \tag{8-2-21}$$

因此,代数 $\Phi$ 采用下列表达式构成:

$$y(t)=P[u]=g_0+\sum_{i_1}^{N_1}\int_0^t g_{1,i}(\tau)u(t-\tau)\mathrm{d}\tau+$$
$$\sum_{i=1}^{N_2}\sum_{j=1}^{N_3}\int_0^t\int_0^t h_{2,i}(\tau_1)h_{3,j}(\tau_2)u(t-\tau_1)u(t-\tau_2)\mathrm{d}\tau_1\mathrm{d}\tau_2+\cdots \tag{8-2-22}$$

在满足 Stone-Weierstrass 定理的条件下,算子 $y=F[u]$,可以由 $\Phi$ 中的一个有限次数的多项式来近似。而且式(8-2-22)所构造的核函数是可以分离的。

## 8.3 沃尔泰拉系统的辨识

对于沃尔泰拉系统而言,其系统辨识的任务就是要从系统的输入、输出数据集合,找到一个合适的算法,将表达式中的核函数计算出来。

**1. 方法 1:利用递推最小二乘估计辨识系统参数**

若系统模型可由离散沃尔泰拉级数(8-2-12)表述,则系统方程所描述的是一种输入输出

关系。如何利用输入输出数据集，对 $h_1(i_1), h_2(i_1,i_2), \cdots, h_n(i_1,i_2,\cdots,i_n), \cdots$ 进行估计？

假定系统具有有限记忆 $M$，并且假定零初始值(即零阶项为零)。假定信号在 $t\geqslant 0$ 后作用，即 $u(t)=0, t<0$，则这样一个 $N$ 阶沃尔泰拉系统可以表述如下：

$$\begin{aligned} y(k) &= \sum_{n=1}^{N}\sum_{i_1=0}^{M}\sum_{i_2=0}^{i_1}\cdots\sum_{i_n=0}^{i_{n-1}} h_n(i_1,i_2,\cdots,i_n)\prod_{i=1}^{n} u(k-i) \\ &= \sum_{i_1=0}^{M} h_1(i_1)u(k-i_1) + \sum_{i_1=0}^{M}\sum_{i_2=0}^{i_1} h_2(i_1,i_2)u(k-i_1)u(k-i_2) + \cdots + \\ &\quad \sum_{i_1=0}^{M}\sum_{i_2=0}^{i_1}\cdots\sum_{i_n=0}^{i_{n-1}} h_n(i_1,i_2,\cdots,i_n)\prod_{i=1}^{n} u(k-i) \end{aligned} \tag{8-3-1}$$

对于一个输出带噪声的系统，假设对系统施加了 $u(0),\cdots,u(k)$，其中输出为 $y(0),\cdots,y(k)$，则可将式(8-3-1)写成如下矩阵形式：

$$\boldsymbol{Y}=\boldsymbol{UH}+\xi \tag{8-3-2}$$

其中，$\xi$ 表示测量误差或噪声。

$$\boldsymbol{Y}=(y(0),y(1),\cdots,y(k))^{\mathrm{T}}$$

$$\begin{aligned}\boldsymbol{H}=(&h_1(0),h_1(1),\cdots,h_1(M),h_2(0,0),h_2(1,0),h_2(1,1),\cdots,\\ &h_N(0,0,\cdots,0),\cdots,h_N(M,M,\cdots,M))^{\mathrm{T}}\end{aligned}$$

$$\boldsymbol{U}=\begin{pmatrix} u(0) & 0 & \cdots & 0 & u^2(0) & 0 & 0 & \cdots & u^N(0) & \cdots \\ u(1) & u(0) & \cdots & 0 & u^2(1) & u(0)u(1) & u(0)^2 & \cdots & u^N(1) & \cdots \\ \vdots & \vdots & \vdots & \vdots & \vdots & \vdots & \vdots & \vdots & \vdots & \vdots \end{pmatrix} \tag{8-3-3}$$

在式(8-3-2)中如果 $\boldsymbol{U}$ 恰好是个方阵，且是可逆的，则

$$\boldsymbol{H}=\boldsymbol{U}^{-1}\boldsymbol{Y} \tag{8-3-4}$$

如果 $\boldsymbol{U}$ 不是方阵，或者是方阵但是不可逆，则需要用第 4 章的最小二乘估计方法来获得 $\boldsymbol{H}$ 估计解。

另外，如果阶数 $n$ 很大，或者记忆 $M$ 很大，矩阵的维数将达到 $(M+1)^n$。这将导致求解很复杂。所以在沃尔泰拉级数表述中，$n$ 与 $M$ 应当选取得合适。

**例 8.3.1** 考虑如下双线性系统：

$$\dot{\boldsymbol{x}}=\begin{pmatrix}-a & 0\\ 0 & -b\end{pmatrix}\boldsymbol{x}+\begin{pmatrix}0 & 0\\ -1 & 0\end{pmatrix}\boldsymbol{x}u+\begin{pmatrix}1\\ 2\end{pmatrix}u$$

$$y=(0\quad 1)\boldsymbol{x},\quad t\geqslant 0,\quad \boldsymbol{x}(0)=0$$

使用递推最小二乘法辨识离散沃尔泰拉一阶和二阶系数。

**解**：将式(8-1-24)用于本双线性系统，由于初始值为零，可得

$$y(t)=\int_0^t g(t,\tau_1)u(\tau_1)\mathrm{d}\tau_1+\int_0^t\int_0^{\tau_1} g(t,\tau_1,\tau_2)u(\tau_2)u(\tau_1)\mathrm{d}\tau_2\mathrm{d}\tau_1+\cdots$$

其中前两项的核函数分别为

$$g(t,\tau_1)=2\mathrm{e}^{-b(t-\tau_1)}$$

$$g(t,\tau_1,\tau_2)=-\mathrm{e}^{-b(t-\tau_1)}\mathrm{e}^{-a(\tau_1-\tau_2)}$$

由 $h_n(i_1,i_2,\cdots,i_n)=g_n(i_1T,i_2T,\cdots,i_nT)T^n$ 将 $h_n$ 离散化，采样时间为 $T$，得

$$h_1(0)=2T$$
$$h_1(1)=2T\mathrm{e}^{-bT}$$
$$h_1(2)=2T\mathrm{e}^{-2bT}$$
$$h_2(0,0)=-T^2$$
$$h_2(1,0)=-T^2\mathrm{e}^{-bT}\mathrm{e}^{-aT}$$
$$h_2(1,1)=-T^2\mathrm{e}^{-bT}$$
$$h_2(2,0)=-T^2\mathrm{e}^{-2bT}\mathrm{e}^{-2aT}$$
$$h_2(2,1)=-T^2\mathrm{e}^{-2bT}\mathrm{e}^{-aT}$$
$$h_2(2,2)=-T^2\mathrm{e}^{-2bT}$$

采用图 8.3.1 所示输入信号，得到了图 8.3.2 所示的输出信号图（实线所示），利用第 4 章的最小二乘估计得到的参数辨识结果如表 8.3.1，辨识效果与有效性测试显示在图 8.3.2（虚线所示）中。

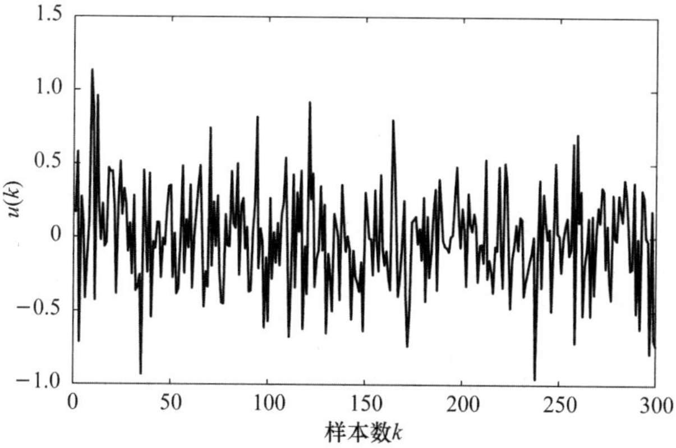


图 8.3.1　输入信号图

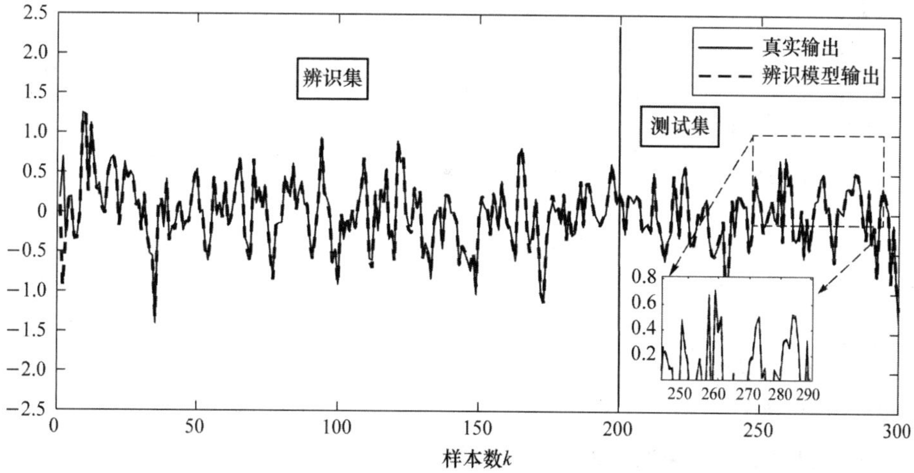


图 8.3.2　输出信号图

仿真代码如下：

```
clear all;
%初始化模型
L=400;
T=0.1;a=1;b=1;
par0=[2*T 2*T*exp(-b*T) 2*T*exp(-2*b*T) -T*T -T*T*exp(-(a+b)*T) -T*T
*exp(-b*T) -T*T*exp(-2*(a+b)*T) -T*T*exp(-(a+2*b)*T) -T*T*exp(-2*T*b)]';
%参数 theta 真实值
par1=0.001*ones(9,1);
P=10^6*eye(9);
%生成输入输出数据
u=randn(L,1);
% 系统矩阵
A = [-a 0; 0 -b];
B = [1; 2];
C = [0 1];
D = [0 0; -1 0];
x=[0;0];
I=[1 0;0 1];
% 模拟系统响应
for k = 1:L
    x = (I+A*T)*x + B*T*u(k)+D*T*x*u(k);
    y(k) = C*x ;
end
y=y';
%递推最小二乘(RLS)算法
for k =6:L
    varphi =[u(k) u(k-1) u(k-2) u(k)*u(k) u(k)*u(k-1) u(k-1)*u(k-1) u(k-2)*u(k)
u(k-2)*u(k-1) u(k-2)*u(k-2)]';
    L = P * varphi /( 1 + varphi'* P * varphi);
    P = P - L * varphi'* P ;
    par1=par1+ L*(y(k)-varphi'*par1);
end
plot(u);
xlabel('k');ylabel('u(k)');
T=table(par0,par1)
```

**2. 方法2:利用单位脉冲响应来确定核函数**

考虑沃尔泰拉系统连续形式的单项：

$$y(t)=\int_0^t\cdots\int_0^{\tau_{n-1}}g_n(\tau_1,\tau_2,\cdots,\tau_n)\prod_{i=1}^{n}u(t-\tau_i)\mathrm{d}\tau_1\cdots\mathrm{d}\tau_n \tag{8-3-5}$$

假设 $u_0(t)=\delta(t)$，则

$$y_0(t)=g_n(t,t,\cdots,t) \tag{8-3-6}$$

假设输入如下信号：

$$u_{p-1}(t)=\delta_0(t)+\delta_0(t-T_1)+\cdots+\delta_0(t-T_{p-1}),\quad p=2,3,\cdots,n \tag{8-3-7}$$

其中，$T_i>0,i=1,\cdots,p-1$，则

$$y_p(t)=\sum_m \frac{n!}{m_1!\cdots m_p!}g_n(\underbrace{t,\cdots,t}_{m_1},\cdots,\underbrace{t-T_{p-1},\cdots,t-T_{p-1}}_{m_p}) \tag{8-3-8}$$

其中，$m_1+m_2+\cdots+m_p=n,m_i\leqslant n,i=1,\cdots,p$，这里 $\sum\limits_m$ 是对所有满足 $0<m_i\leqslant n$ 的正整数求和。

下面用一个例子来说明辨识过程。

对于一个二阶单项系统，对应于 $u_0$ 与 $u(1)$ 的输出分别为

$$y_0(t)=g_2(t,t) \tag{8-3-9}$$

$$y_1(t)=g_2(t,t)+2g_2(t,t-T_1)+g_2(t-T_1,t-T_1) \tag{8-3-10}$$

显然 $g_2(t,t)$ 可以直接从 $y_0(t)$ 得到。为了求 $g_2(t,t-T_1)$ 与 $g_2(t-T_1,t-T_1)$，不妨令

$$T_1=t_1-t_2,\quad t_1>t_2$$

则从式(8-3-10)，可以计算出

$$g_2(t_1,t_2)=\frac{1}{2}[y_1(t_1)-y_0(t_1)-y_0(t_2)] \tag{8-3-11}$$

类似的方法可以推广到 $n$ 阶齐次多项式系统，只要选取合适的不同的采样点，构成一组输入信号 $u_0(t),\cdots,u_{n-1}(t)$，细节在这里就不详述了。

对一个二阶的沃尔特拉系统

$$y(t)=\int_0^t g_1(\tau_1)u(t-\tau_1)\mathrm{d}\tau_1+\int_0^t\int_0^{\tau_1} g_2(\tau_1,\tau_2)u(t-\tau_1)u(t-\tau_2)\mathrm{d}\tau_1\mathrm{d}\tau_2 \tag{8-3-12}$$

如果输入采用 $u_0$ 与 $u(1)$，则式(8-3-12)为

$$y_0(t)=g_1(t)+g_2(t,t) \tag{8-3-13}$$

$$y_1(t)=g_1(t)+g_1(t-T_1)+g_2(t,t)+2g_2(t,t-T_1)+g_2(t-T_1,t-T_1) \tag{8-3-14}$$

如何计算一个二阶系统的核函数 $g_2(t_1,t_2),t_1>t_2$？与上面的二阶单项式类似，令

$$T_1=t_1-t_2,\quad t_1>t_2$$

可以得到

$$g_2(t_1,t_2)=\frac{1}{2}[y_1(t_1)-y_0(t_1)-y_0(t_2)] \tag{8-3-15}$$

那么如何计算一阶核函数。从(8-3-12)可以看出，如果令输入为 $2u_0(t)$，则输出为

$$y_2(t)=2g_1(t)+4g_2(t,t) \tag{8-3-16}$$

所以，由

$$\begin{pmatrix} y_0(t) \\ y_2(t) \end{pmatrix}=\begin{pmatrix} 1 & 1 \\ 2 & 4 \end{pmatrix}\begin{pmatrix} g_1(t) \\ g_2(t,t) \end{pmatrix} \tag{8-3-17}$$

可得出

$$\begin{cases} g_1(t)=2y_0(t)-\dfrac{1}{2}y_2(t) \\ g_2(t,t)=-y_0(t)+\dfrac{1}{2}y_2(t) \end{cases} \tag{8-3-18}$$

这样就计算出了一个二阶沃尔泰拉系统的核函数。

对于更高阶的沃尔特拉多项式系统，可以继续上面的过程，但是推导过程将很烦琐，感兴趣的读者可以自行推导。

**例 8.3.2** 考虑如下的双线性系统：

$$\ddot{y}+a_1\dot{y}+a_0y(t)=b_0u(t)+d_0y(t)u(t)$$

其中，$b_0\neq 0, d_0\neq 0$。要求计算输出的 2 阶沃尔特拉多项式，并利用脉冲信号，辨识系统未知参数。

**解**：将系统写成状态方程，令 $x_1=y, x_2=\dot{y}$，

$$\dot{\boldsymbol{x}}=\begin{pmatrix}0 & 1\\ -a_0 & -a_1\end{pmatrix}\boldsymbol{x}+\begin{pmatrix}0 & 0\\ d_0 & 0\end{pmatrix}\boldsymbol{x}u+\begin{pmatrix}0\\ b_0\end{pmatrix}u$$

$$y=(1\quad 0)\boldsymbol{x}$$

记

$$\boldsymbol{A}=\begin{pmatrix}0 & 1\\ -a_0 & -a_1\end{pmatrix},\quad \boldsymbol{D}=\begin{pmatrix}0 & 0\\ d_0 & 0\end{pmatrix},\quad \boldsymbol{b}=\begin{pmatrix}0\\ b_0\end{pmatrix}u,\quad \boldsymbol{c}=(1\quad 0)$$

由线性系统理论，

$$g_n(t_1,\cdots,t_n)=\boldsymbol{c}\mathrm{e}^{\boldsymbol{A}t_n}\boldsymbol{D}\boldsymbol{c}\,\mathrm{e}^{\boldsymbol{A}t_{n-1}}\boldsymbol{D}\cdots\mathrm{e}^{\boldsymbol{A}t_1}\boldsymbol{b},\quad n=1,2,\cdots$$

对于给定单位脉冲 $u_0$，则

$$y_0(t)=\sum_{n=1}^{\infty}g_n(0,\cdots,0,t)=g_1(t)=\boldsymbol{c}\mathrm{e}^{\boldsymbol{A}t}\boldsymbol{b}$$

可以验证 $\boldsymbol{D}^2=0, \boldsymbol{D}\boldsymbol{b}=0$。与线性系统类似，利用单位脉冲可以计算出 $a_0$、$a_1$、$b_0$。如何确定 $d_0$？对系统施加信号 $\delta_0(t)+\delta_0(t-T_1)$，系统输出为

$$\begin{aligned}y_1(t)&=\sum_{n=1}^{\infty}[g_n(0,\cdots,0,t)+g_n(0,\cdots,0,T,t-T)+\\&\quad g_n(0,\cdots,0,T,0,t-T)+\cdots+g_n(0,\cdots,0,t-T)]\\&=\boldsymbol{c}\mathrm{e}^{\boldsymbol{A}t}\boldsymbol{b}+\boldsymbol{c}\mathrm{e}^{\boldsymbol{A}(t-T)}\boldsymbol{b}\mu(t-T)+\boldsymbol{c}\mathrm{e}^{\boldsymbol{A}(t-T)}D\mathrm{e}^{\boldsymbol{A}T}\boldsymbol{b}\mu(t-T)\end{aligned}$$

其中，$\mu(t-T)$为单位阶跃函数。利用 $y_1(t)$在 $a_0$、$a_1$、$b_0$ 已知的情况下，可以很容易确定 $d_0$，只要 $t>T$，读者可以自行验证。

**例 8.3.3** 考虑图 8.3.3 所示的一个直流电机的双线性模型。

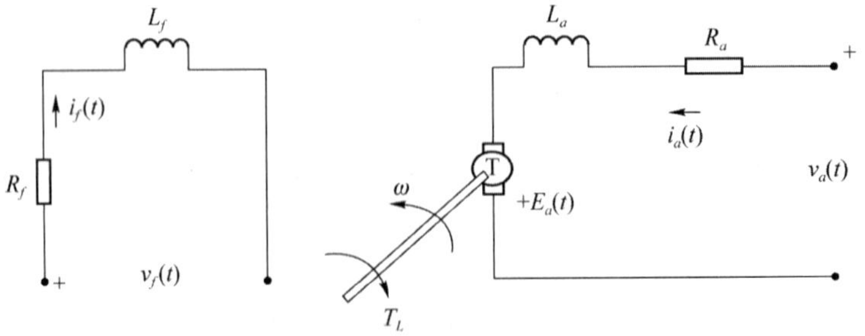


图 8.3.3 一个直流电机的双线性模型

该电机的电流场的方程为

$$\frac{\mathrm{d}}{\mathrm{d}t}i_f(t)=-\frac{R_f}{L_f}i_f+\frac{1}{L_f}v_f(t)$$

产生的电压为

$$e_a(t)=Ki_f\omega(t)$$

产生的电磁转矩的表达式为

$$T(t)=Ki_fi_a(t)$$

感应电流方程为

$$\frac{\mathrm{d}i_a}{\mathrm{d}t}=-\frac{R_a}{L_a}i_a(t)-\frac{K}{L_a}i_f\omega(t)+\frac{1}{L_a}v_a(t)$$

转动方程为

$$\frac{\mathrm{d}\omega}{\mathrm{d}t}=\frac{K}{J}i_f(t)i_a(t)-\frac{1}{J}T_L$$

其中，$J$ 为转动惯量，$T_L$ 为负载。

直流电机的一个常用控制方法是保持电压为常数，即 $v_a=V$。通过改变电阻来调节电流 $i_f$ 的大小。Wield 实施该模式，假定电机负载扮演了一个阻尼装置，即 $T_L=B\omega(t)$，$B$ 为黏性阻尼系数。选择控制为 $u(t)=i_f$，输出为 $y=\omega(t)$。

定义状态变量

$$\boldsymbol{x}=\begin{pmatrix}i_a\\ \omega\end{pmatrix}$$

系统可描述为

$$\dot{\boldsymbol{x}}(t)=\begin{pmatrix}-\dfrac{R_a}{L_a} & 0\\ 0 & -\dfrac{B}{J}\end{pmatrix}\boldsymbol{x}(t)+\begin{pmatrix}0 & -\dfrac{K}{L_a}\\ \dfrac{K}{J} & 0\end{pmatrix}\boldsymbol{x}(t)u(t)+\begin{pmatrix}\dfrac{v_a}{L_a}\\ 0\end{pmatrix},\quad \boldsymbol{x}(0)=\begin{pmatrix}i_a(0)\\ \omega(0)\end{pmatrix}$$

$$y(t)=(0\quad 1)\boldsymbol{x}(t)$$

状态方程右边有一个常数项。为了消除该常数项的影响，令初始值为零，控制为零，此时系统的解为

$$\boldsymbol{x}_c(t)=\begin{pmatrix}\dfrac{v_a}{R_a}(1-\mathrm{e}^{-\frac{R_a}{L_a}t})\\ 0\end{pmatrix}$$

令 $\boldsymbol{z}(t)=\boldsymbol{x}(t)-\boldsymbol{x}_c(t)$，则

$$\begin{aligned}\dot{z}(t)&=\dot{x}(t)-\dot{x}_c(t)\\ &=\begin{pmatrix}-\dfrac{R_a}{L_a} & 0\\ 0 & -\dfrac{B}{J}\end{pmatrix}\boldsymbol{z}(t)+\begin{pmatrix}0 & -\dfrac{K}{L_a}\\ \dfrac{K}{J} & 0\end{pmatrix}\boldsymbol{z}(t)u(t)+\begin{pmatrix}0\\ \dfrac{Kv_a}{JR_a}(1-\mathrm{e}^{-\frac{R_a}{L_a}t})\end{pmatrix}u(t)\end{aligned}$$

$$\boldsymbol{z}(0)=\begin{pmatrix}i_a(0)\\ \omega(0)\end{pmatrix}$$

$$y(t)=(0\quad 1)\boldsymbol{z}(t)$$

这是一个标准的双线性系统。可以采用 8.1 节的内容，直接求近似解。假设 $\boldsymbol{z}(0)$ 初始条件为零，则级数表达式的前 3 个核函数为

$$g_1(t,\tau_1)=\frac{Kv_a}{JR_a}\mathrm{e}^{-\frac{B}{J}(t-\tau_1)}(1-\mathrm{e}^{-\frac{R_a}{L_a}\tau_1})\mu(t-\tau_1)$$

$$g_2(t,\tau_1,\tau_2)=0$$

$$g_3(t,\tau_1,\tau_2,\tau_3)=-\frac{K^2Bv_a}{J^2L_aR_a}\mathrm{e}^{-\frac{B}{J}(t-\tau_1)}\mathrm{e}^{-\frac{R_a}{L_a}(\tau_1-\tau_2)}\mathrm{e}^{-\frac{B}{J}(\tau_2-\tau_3)}(1-\mathrm{e}^{-\frac{R_a}{L_a}\tau_3})$$

$$\mu(t-\tau_1)\mu(\tau_1-\tau_2)\mu(\tau_2-\tau_3)$$

其中，$\mu(\cdot)$为单位阶跃函数。

## 本章小结

本章主要介绍了控制系统的沃尔泰拉级数模型。控制系统状态具有记忆功能，系统的输出可以看作关于具有记忆输入的一个映射，类似于一个多元函数的泰勒级数展开，这个控制系统也可以展开成级数，该级数就是沃尔泰拉模型。本章介绍了两种沃尔泰拉模型辨识法，一种是基于输入输出样本数据的系统辨识，可以用递推最小二乘实现；另一种是基于时域的脉冲响应，时域方法只能处理比较简单的沃尔泰拉模型。沃尔泰拉多项式系统还可以采用多元拉普拉斯变换，因此如同古典自动控制原理一样，对沃尔泰拉系统也可以利用频域方法来辨识，读者可以参阅本章参考文献[1]，限于篇幅，这里不进行频域法的讨论。

## 本章参考文献


[1] Wilson J R. Nonlinear system theory: the Volterra/Wiener Approach[M]. Baltimore: The John Hopkins University Press, 1981.

[2] Schetzen M. The Volterra and Wiener Theories of Nonlinear System[M]. New York: John Wiley & Sons, 1980.

[3] 侯媛彬，周莉，王立琦，等. 系统辨识[M]. 西安：西安电子科技大学出版社，2014.

[4] 曹建福，等. 非线性系统理论及应用[M]. 西安：西安交通大学出版社，2001.

[5] 陈贺新. 非线性滤波器与数字图像处理[M]. 北京：国防工业出版社，1997.


## 本章习题

1. 考虑如下双线性系统：

$$\dot{\boldsymbol{x}}=\begin{pmatrix}0&0\\4&0\end{pmatrix}\boldsymbol{x}u+\begin{pmatrix}1\\0\end{pmatrix}u,\quad \boldsymbol{x}(0)=0$$

$$y=(0\quad 1)\boldsymbol{x},\quad t\geqslant 0$$

求系统输入输出的沃尔泰拉表达式。

2. 已知系统为

$$\dot{\boldsymbol{x}}(t)=\begin{pmatrix}-2&0\\0&-1\end{pmatrix}\boldsymbol{x}(t)+\begin{pmatrix}0&-2\\1&0\end{pmatrix}\boldsymbol{x}(t)u(t)+\begin{pmatrix}1\\0\end{pmatrix},\quad \boldsymbol{x}(0)=\begin{pmatrix}0\\0\end{pmatrix}$$

$$y(t)=(0\quad 1)\boldsymbol{x}(t)$$

求系统的输入输出的沃尔泰拉表达式。

# 第 9 章

# 哈默斯坦与维纳模型辨识

本章将介绍哈默斯坦模型、维纳模型以及它们组合而成的非线性模型及其系统辨识。这些模型有一个共同点，皆由互相连接的无记忆非线性增益环节和有记忆线性子系统组成。

## 9.1 基于广义最小二乘的哈默斯坦模型辨识

考虑一个哈默斯坦模型，如图 9.1.1 所示。

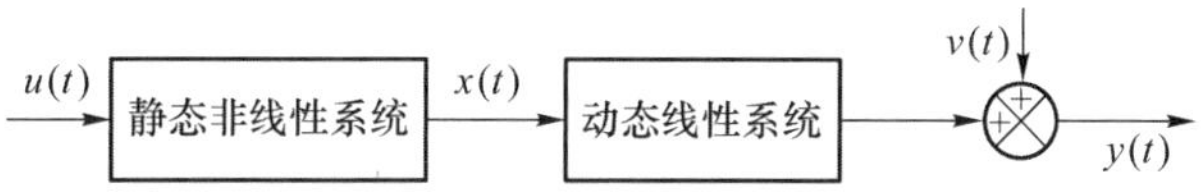


图 9.1.1　哈默斯坦模型框图

哈默斯坦模型中的静态非线性环节用下列 $p$ 次升幂多项式来近似：

$$x=f_{NL}(u)=\gamma_0+\gamma_1 u+\cdots+\gamma_p u^p \tag{9-1-1}$$

可适当地选择系数 $\gamma_i$ 和阶次 $p$ 来逼近给定的无记忆非线性增益环节。动态线性部分用差分方程表示：

$$A(q^{-1})y(k)=B(q^{-1})x(k)+A(q^{-1})v(k) \tag{9-1-2}$$

其中，

$$A(q^{-1})=1+a_1q^{-1}+\cdots+a_nq^{-n} \tag{9-1-3}$$

$$B(q^{-1})=b_0+b_1q^{-1}+\cdots+b_nq^{-n} \tag{9-1-4}$$

假定动态线性系统是开环稳定的，输出附加噪声 $v(k)$ 是零均值的随机变量。辨识问题就是指对于预先选定的 $n$ 和 $p$，根据测量数据序列 $\{u(k),y(k)\}$ 来估计参数 $a_i$、$b_i$ 和 $\gamma_i$。

在处理辨识问题前，让我们研究一下哈默斯坦模型的某些基本性质。合并式(9-1-1)和式(9-1-2)，得出下列的整个系统方程：

$$A(q^{-1})y(k)=B(q^{-1})\left[\gamma_0+\sum_{i=1}^{p}\gamma_i u^i(k)\right]+\varepsilon(k) \tag{9-1-5}$$

其中，

$$\varepsilon(k)=A(q^{-1})v(k) \tag{9-1-6}$$

由于存在 $b_0\gamma_0$，不失一般性，令非线性增益系数 $\gamma_0=1$。还要注意的是，剩下的各 $\gamma_i$ 将乘

以 $B(q^{-1})$ 的各 $b_j$，因此得出叉积 $\gamma_i b_j$。这意味着需要求解的是一个非线性参数辨识问题。

这里采用一个小技巧，即把这些叉积作为新参数看待，问题就又变成线性的了。然而必须采取附加的步骤，从 $\gamma_i b_j$ 中把参数 $\gamma_i$ 和 $b_j$ 分离出来。

当系统中的干扰噪声较小时，用简单的最小二乘法就可以进行参数辨识。当噪声变得显著时，常规最小二乘法将得出有偏参数估计值。在这种情况下，必须应用迭代的最小二乘法。下面介绍这个问题的广义最小二乘解法。首先，定义多项式 $S_i(q^{-1})$：

$$S_i(q^{-1})=\gamma_i B(q^{-1})=s_{i0}+s_{i1}q^{-1}+\cdots+s_{in}q^{-n} \tag{9-1-7}$$

其中，

$$s_{ij}=\gamma_i b_j,\quad i=1,\cdots,p,\quad j=0,1,\cdots,n \tag{9-1-8}$$

得到

$$A(q^{-1})y(k)=B(q^{-1})+\sum_{i=1}^{p}S_i(q^{-1})u^i(k)+\varepsilon(k) \tag{9-1-9}$$

假定残差 $\varepsilon(k)$ 满足自回归模型

$$C(q^{-1})\varepsilon(k)=e(k) \tag{9-1-10}$$

其中，$e(k)$ 是零均值的独立随机变量，而 $C(q^{-1})$ 是

$$C(q^{-1})=1+c_1q^{-1}+\cdots+c_nq^{-m} \tag{9-1-11}$$

在式(9-1-11)中，$c_i$ 是未知量，阶 $m$ 通常是预先选定的。广义最小二乘法用来估计 $a_i$、$b_i$、$s_i$ 和 $c_i$，其后在一个分离步骤中把 $\gamma_i$ 从 $s_{ij}$ 中分离出来。

定义一组过滤信号

$$\tilde{u}^l(k)=C(q^{-1})u^i(k),\quad \tilde{y}(k)=C(q^{-1})y(k) \tag{9-1-12}$$

可证明方程(9-1-10)变为

$$A(q^{-1})\tilde{y}(k)=B(q^{-1})C(q^{-1})+\sum_{i=1}^{p}S_i(q^{-1})\tilde{u}^i(k)+e(k) \tag{9-1-13}$$

这个方程和方程(9-1-9)就在广义最小二乘算法中被交替应用着。现在简要地叙述该广义最小二乘算法的步骤。

---

**算法 9.1.1** 基于广义最小二乘的哈默斯坦模型辨识

---

1. 令 $c_i=0$。利用未过滤的数据 $u^j(k)$ 和 $y(k)$，根据方程(9-1-9)，得出参数集 $(\hat{a}_i,\hat{b}_i,\hat{s}_{ij})$ 的最小二乘估计值。
2. 生成线差序列 $\{\varepsilon(k)\}$，由方程(9-1-10)得出 $c_i$ 的最小二乘估计值。
3. 根据方程(9-1-12)生成过滤信号 $\tilde{y}(k)$ 和 $\tilde{u}^i(k)$，$i=1,2,\cdots,p$，由方程(9-1-13)得出 $\hat{a}_i$，$\hat{b}_i$，$\hat{s}_{ij}$。
4. 返回第 2 步并且重复计算。
5. 上述算法收敛后，因为 $s_{ij}$ 和 $b_i$ 现在是已知量，我们可由方程(9-1-8)用最小二乘法估计 $\gamma_i$，得到的解是

$$\hat{\gamma}_i=\left(\sum_{i-1}^{n}\hat{b}_i^2\right)^{-1}\sum_{i-1}^{n}\hat{b}_i\hat{s}_{ij},\quad i=2,3,\cdots,p$$

---

**例 9.1.1** 假定有如下的哈默斯坦模型，其静态非线性部分表示为

$$x(k)=\gamma_1 u(k)+\gamma_2 u^2(k)$$

动态线性部分表示为

$$A(z^{-1})y(k)=B(z^{-1})x(k)$$

$$A(z^{-1})=1+a_1 z^{-1}+a_2 z^{-2}$$

$$B(z^{-1})=b_1 z^{-1}+b_2 z^{-2}$$

白化滤波器表示为

$$C(z^{-1})=1+c_1 z^{-1}+c_2 z^{-2}$$

已知参数标定值为：$a_1=-1.5$，$a_2=0.8$，$b_1=1.8$，$b_2=5$，$\gamma_1=1$，$\gamma_2=2$。

**解：** 输入序列服从 N(0,1)正态分布，如图 9.1.2 所示。

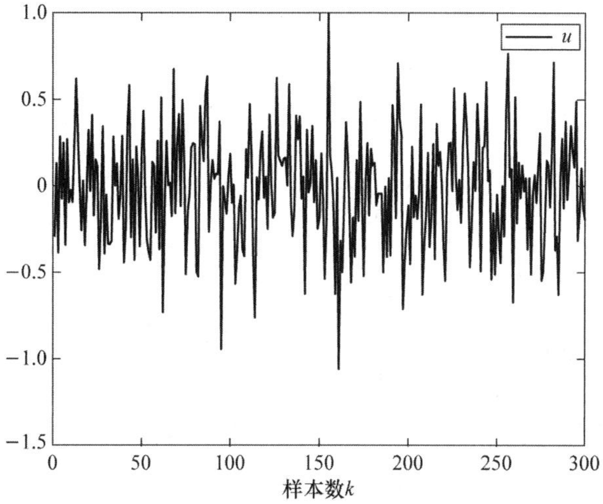


图 9.1.2 输入序列

输出序列如图 9.1.3 所示。将产生的 300 个输入输出数据分为实验集(200 个)和测试集(100 个)，使用广义最小二乘法所辨识出的参数获得广义最小二乘估计输出，如图 9.1.3 所示。

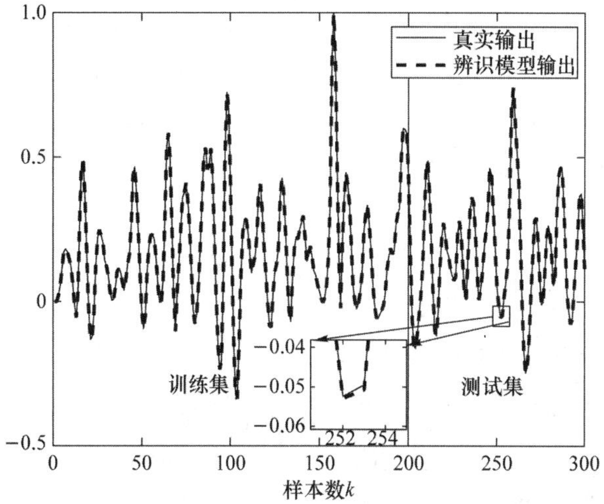


图 9.1.3 真实输出序列与辨识模型输出序列

表 9.1.1 为参数辨识结果。

**表 9.1.1　参数辨识结果**

| 待辨识参数 | $a_1$ | $a_2$ | $b_1$ | $b_2$ | $\gamma_1$ | $\gamma_2$ | $c_1$ | $c_2$ |
|---|---|---|---|---|---|---|---|---|
| 标定值 | −1.5 | 0.8 | 1.8 | 5 | 1 | 2 | | |
| 辨识值 | −1.49 | 0.8 | 1.79 | 5.09 | 1.02 | 1.94 | −1.6 | 0.86 |

仿真代码如下：

```
v1 = randn(1,300);v2 = randn(1,300);
for i = 1:1:300
    u(i) = v1(i);u2(i) = u(i)^2;
end
for i = 3:300  % 生成输出序列 y
    y(i) = - a1 * y(i - 1) - a2 * y(i - 2) + b1 * gamma1 * u(i - 1) + b2 * gamma1 * u(i - 2) + b1 *
gamma2 * u2(i - 1) + b2 * gamma2 * u2(i - 2) + v2(i);
end
for i = 3:num1    % 递推最小二乘估计 a,b,gamma
    H = [ - y(i - 1); - y(i - 2);u(i - 1);u(i - 2);u2(i - 1);u2(i - 2)];
    K = P * H/(1 + H' * P * H);
    Theta(:,i,1) = Theta(:,i - 1,1) + K * (y(i) - H' * Theta(:,i - 1,1));
    P = (eye(6) - K * H') * P;
end
for i = 1:num1    % 生成残差序列 e
    e(1,i,1) = y(i) - H' * Theta(:,num1,1);
end
Theta_c = zeros(2,num1,num2);
for i = 3:num1   % 递推最小二乘估计 c
        H_c = [ - e(i - 1); - e(i - 2)];
        K_c = P_c * H_c/(1 + H_c' * P_c * H_c);
        Theta_c(:,i,1) = Theta_c(:,i - 1,1) + K_c * (e(1,i,1) - H_c' * Theta_c(:,i - 1,1));
        P_c = (eye(2) - K_c * H_c') * P_c;
end
for i = 3:1:num1    % 过滤输入
    u_f(i) = u(i) + Theta_c(1,num1,1) * u(i - 1) + Theta_c(2,num1,1) * u(i - 2);
    u2_f(i) = u2(i) + Theta_c(1,num1,1) * u2(i - 1) + Theta_c(2,num1,1) * u2(i - 2);
end
for i = 3:1:num1    % 过滤输出
    y_f(i) = y(i) + Theta_c(1,num1,1) * y(i - 1) + Theta_c(2,num1,1) * y(i - 2);
end
for j = 2:num2    % 重复,直到收敛
    P2 = eye(6) * 10000;
    for i = 3:num1    % 递推最小二乘估计 a,b,gamma
        H2 = [ - y_f(i - 1); - y_f(i - 2);u_f(i - 1);u_f(i - 2);u2_f(i - 1);u2_f(i - 2)];
        K2 = P2 * H2/(1 + H2' * P2 * H2);
```

```
        Theta(:,i,j) = Theta(:,i-1,j) + K2 * (y_f(i) - H2' * Theta(:,i-1,j));
        P2 = (eye(6) - K2 * H2') * P2;
    end
    for i = 1:num1     % 生成残差序列
        e(1,i,j) = y(i) - H' * Theta(:,num1,j);
    end
    P_c = eye(2) * 10000;
    for i = 3:num1
        H_c = [-e(i-1); -e(i-2)];
        K_c = P_c * H_c/(1 + H_c' * P_c * H_c);
        Theta_c(:,i,j) = Theta_c(:,i-1,j) + K_c * (e(1,i,j) - H_c' * Theta_c(:,i-1,j));
        P_c = (eye(2) - K_c * H_c') * P_c;
    end
    u_f = [];u2_f = [];
    u_f(1) = u(1);u_f(2) = u(2);
    u2_f(1) = u(1)^2;u2_f(2) = u(2)^2;
    for i = 3:1:num1   % 过滤输入
        u_f(i) = u(i) + Theta_c(1,num1,j) * u(i-1) + Theta_c(2,num1,j) * u(i-2);
        u2_f(i) = u2(i) + Theta_c(1,num1,j) * u2(i-1) + Theta_c(2,num1,j) * u2(i-2);
    end
    y_f = [];y_f(1) = y(1);y_f(2) = y(2);
    for i = 3:1:num1   % 过滤输出
        y_f(i) = y(i) + Theta_c(1,num1,j) * y(i-1) + Theta_c(2,num1,j) * y(i-2);
    end
end
```

## 9.2 基于广义最小二乘的维纳模型辨识

一个维纳模型如图 9.2.1 所示。

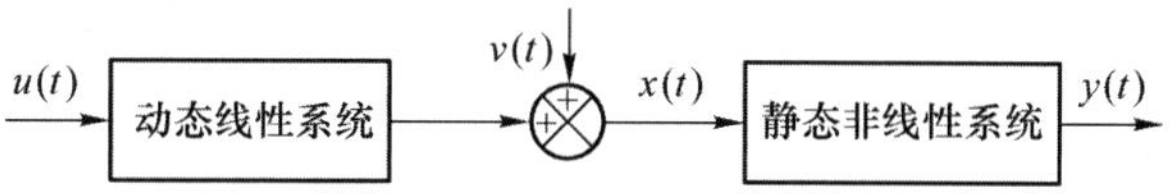


图 9.2.1 维纳模型框图

静态非线性环节为 $y=g(x)$，为了与哈默斯坦辨识法相匹配，这里考虑它的逆映射，将 $y=g(x)$ 的逆映射 $x=g_{-1}(y)$ 用下列 $p$ 次升幂多项式来近似：

$$x=\gamma_0+\gamma_1 y+\gamma_2 y^2+\cdots+\gamma_p y^p \tag{9-2-1}$$

假定线性动力学模型为

$$A(q^{-1})x(k)=B(q^{-1})u(k)+A(q^{-1})v(k) \tag{9-2-2}$$

其中，

$$A(q^{-1})=1+a_1 q^{-1}+\cdots+a_n q^{-n} \tag{9-2-3}$$

$$B(q^{-1})=b_0+b_1 q^{-1}+\cdots+b_n q^{-n} \tag{9-2-4}$$

假定动态线性系统是开环稳定的，输出附加噪声 $v(k)$ 是零均值的随机变量。辨识问题就是指对于预先选定的 $n$ 和 $p$，根据测量数据序列 $\{u(k), y(k)\}$ 来估计参数 $a_i$、$b_i$ 和 $\gamma_i$。

将式(9-2-1)代入式(9-2-2)，即

$$A(q^{-1})(\gamma_0+\gamma_1 y+\gamma_2 y^2+\cdots+\gamma_p y^p)=B(q^{-1})u(k)+A(q^{-1})v(k) \tag{9-2-5}$$

由于存在参数的乘积，所以可以采用非线性规划求解。这里采用与哈默斯坦模型辨识同样的处理方法，把这些交叉乘积作为新参数看待，就可将其转化为线性辨识问题。

我们定义多项式 $S_i(q^{-1})$：

$$S_i(q^{-1})=\gamma_i A(q^{-1})=s_{i0}+s_{i1}q^{-1}+\cdots+s_{in}q^{-n} \tag{9-2-6}$$

其中，

$$\begin{aligned}&s_{ij}=\gamma_i a_j, \quad i=0,1,\cdots,p, \quad j=0,1,\cdots,n\\&a_0=1\end{aligned} \tag{9-2-7}$$

得到

$$\gamma_0 A(q^{-1})+\gamma_1 A(q^{-1})y(k)+\cdots+\gamma_p A(q^{-1})y^p(k)=B(q^{-1})u(k)+\varepsilon(k) \tag{9-2-8}$$

其中，

$$\varepsilon(k)=A(q^{-1})v(k) \tag{9-2-9}$$

假定残差 $\varepsilon(k)$ 满足自回归模型，即

$$C(q^{-1})\varepsilon(k)=e(k) \tag{9-2-10}$$

其中，$e(k)$ 是零均值的独立随机变量，而 $C(q^{-1})$ 为

$$C(q^{-1})=1+c_1 q^{-1}+\cdots+c_n q^{-m} \tag{9-2-11}$$

在式(9-2-11)中，$c_i$ 是未知量，阶 $m$ 通常是预先选定的。广义最小二乘法用来估计 $a_i$、$b_i$、$s_i$ 和 $c_i$，其后在一个分离步骤中把 $\gamma_i$ 从 $s_{ij}$ 中分离出来。

定义一组过滤信号

$$\tilde{y}^l(k)=C(q^{-1})y^l(k), \quad \tilde{u}(k)=C(q^{-1})u(k) \tag{9-2-12}$$

假如 $\gamma_1\neq 0$，不妨令 $\gamma_1=1$，两边同除以 $\gamma_1$，可得到关于过滤信号的方程：

$$\tilde{y}(k)=-\{\gamma_0 A(q^{-1})C(q^{-1})+[1-A(q^{-1})]\tilde{y}(k)+\cdots+\gamma_p A(q^{-1})\tilde{y}^p(k)\}+B(q^{-1})\tilde{u}(k)+e(k) \tag{9-2-13}$$

类似于哈默斯坦模型，我们简要地叙述该广义最小二乘算法的步骤。

---

**算法 9.2.1** 基于广义最小二乘的维纳模型辨识

---

1. 令 $c_i=0$。利用未过滤的数据 $u(k)$ 和 $y^l(k)$，根据方程(9-2-5)，得出参数集 $(\hat{a}_i, \hat{b}_i, \hat{s}_{ij})$ 的最小二乘估计值。
2. 生成线差序列 $\{\varepsilon(k)\}$，由方程(9-2-10)得出 $c_i$ 的最小二乘估计值。
3. 根据方程(9-2-12)生成过滤信号 $\tilde{y}(k)$ 和 $\tilde{u}^i(k)$，$i=1,2,\cdots,p$，由方程(9-2-13)得出 $\hat{a}_i$，$\hat{b}_i$，$\hat{s}_{ij}$。
4. 返回第二步并且重复计算。
5. 上述算法收敛后，因为 $s_{ij}$ 和 $a_i$ 现在是已知量，我们可由方程(9-2-7)用最小二乘法估计 $\gamma_i$，得到的解是

$$\hat{\gamma}_i=\left(\sum_{i=0}^{n}\hat{a}_i^2\right)^{-1}\sum_{i=0}^{n}\hat{a}_i\hat{s}_{ij}, \quad i=0,1,\cdots,p$$

---

**例 9.2.1** 假定有如下维纳模型，其动态线性部分表示为

$$A(z^{-1})x(k)=B(z^{-1})u(k)+A(z^{-1})v(k)$$
$$A(z^{-1})=1+a_1z^{-1}+a_2z^{-2}$$
$$B(z^{-1})=b_1z^{-1}+b_2z^{-2}$$

其静态非线性部分表示为

$$y(k)=\gamma_1 e^{x(k)}$$

白化滤波器表示为

$$C(z^{-1})=1+c_1z^{-1}+c_2z^{-2}$$

其中参数的标定值为 $a_1=-1.5, a_2=0.8, b_1=1.8, b_2=5, \gamma_1=20$。

**解：** 输入序列 $u$ 如图 9.2.2 所示，产生输出序列 $y$，共计 300 个输入输出数据，将其分为训练集(1～200)、测试集(201～300)，使用广义最小二乘法所辨识出的参数获得广义最小二乘估计输出。输出序列与估计输出序列如图 9.2.3 所示。

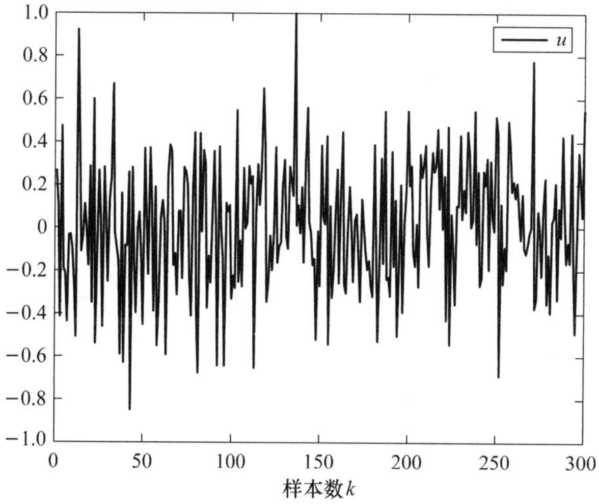


图 9.2.2 输入序列

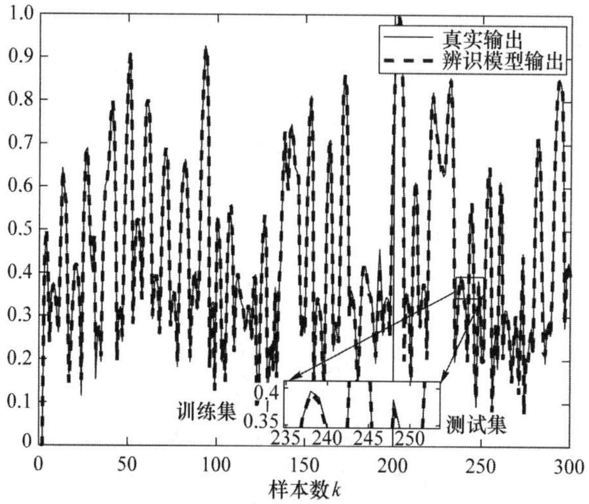


图 9.2.3 输出序列与估计输出序列

表 9.2.1 所示为参数辨识结果。

**表 9.2.1 参数辨识结果**

| 待辨识参数 | $a_1$ | $a_2$ | $b_1$ | $b_2$ | $\gamma_1$ | $c_1$ | $c_2$ |
|---|---|---|---|---|---|---|---|
| 标定值 | −1.5 | 0.8 | 1.8 | 5 | 20 | | |
| 辨识值 | −1.35 | 0.69 | 1.52 | 4.45 | 19.98 | −1.69 | 0.83 |

仿真代码如下：

```
clear
clc
v1 = randn(1,300);
v2 = randn(1,300);
u = [];
for i = 1:1:300
    u(i) = v1(i);
end
x = zeros(1,300);
x(1) = 0;
x(2) = 0;
y = zeros(1,300);
y(1) = 0;
y(2) = 0;
for i = 3:300
    x(i) = - a1 * x(i - 1) - a2 * x(i - 2) + b1 * u(i - 1) + b2 * u(i - 2) + 0.2 * v2(i);
    y(i) = real((x(i)/gamma)^(1/3));
end

P = eye(4) * 10000;
Theta = zeros(4,num1,num2);
for i = 3:num1
    H = [ - x(i - 1); - x(i - 2);u(i - 1);u(i - 2)];
    K = P * H/(1 + H' * P * H);
    Theta(:,i,1) = Theta(:,i - 1,1) + K * (x(i) - H' * Theta(:,i - 1,1));
    P = (eye(4) - K * H') * P;
end

Theta_c = zeros(2,num1,num2);
P_c = eye(2) * 10000;
e = zeros(1,num1,num2);
for i = 1:num1
    e(1,i,1) = x(i) - H' * Theta(:,num1,1);
end
```

```
for i = 3:num1
        H_c = [ - e(i - 1); - e(i - 2)];
        K_c = P_c * H_c/(1 + H_c'* P_c * H_c);
        Theta_c(:,i,1) = Theta_c(:,i - 1,1) + K_c * (e(1,i,1) - H_c'* Theta_c(:,i - 1,1));
        P_c = (eye(2) - K_c * H_c') * P_c;
end

% 过滤输入
u_f = [];
u_f(1) = u(1);
u_f(2) = u(2);
for i = 3:1:num1
    u_f(i) = u(i) + Theta_c(1,num1,1) * u(i - 1) + Theta_c(2,num1,1) * u(i - 2);
end
% 过滤输出
x_f = [];
x_f(1) = x(1);
x_f(2) = x(2);
for i = 3:1:num1
    x_f(i) = x(i) + Theta_c(1,num1,1) * x(i - 1) + Theta_c(2,num1,1) * x(i - 2);
end
for j = 2:num2
    % 递推最小二乘估计 a,b
    P2 = eye(4) * 10000;
    for i = 3:num1
        H2 = [ - x_f(i - 1); - x_f(i - 2);u_f(i - 1);u_f(i - 2)];
        K2 = P2 * H2/(1 + H2'* P2 * H2);
        Theta(:,i,j) = Theta(:,i - 1,j) + K2 * (x_f(i) - H2'* Theta(:,i - 1,j));
        P2 = (eye(4) - K2 * H2') * P2;
    end
    % 生成残差序列
    for i = 1:num1
        e(1,i,j) = x(i) - H'* Theta(:,num1,j);
    end
    P_c = eye(2) * 10000;
    for i = 3:num1
        H_c = [ - e(i - 1); - e(i - 2)];
        K_c = P_c * H_c/(1 + H_c'* P_c * H_c);
        Theta_c(:,i,j) = Theta_c(:,i - 1,j) + K_c * (e(1,i,j) - H_c'* Theta_c(:,i - 1,j));
        P_c = (eye(2) - K_c * H_c') * P_c;
    end
    % 过滤输入
    u_f = [];
```

```
    u_f(1) = u(1);
    u_f(2) = u(2);
    for i = 3:1:num1
        u_f(i) = u(i) + Theta_c(1,num1,j) * u(i - 1) + Theta_c(2,num1,j) * u(i - 2);
    end
    %过滤输出
    x_f = [];
    x_f(1) = y(1);
    x_f(2) = y(2);
    for i = 3:1:num1
        x_f(i) = x(i) + Theta_c(1,num1,j) * x(i - 1) + Theta_c(2,num1,j) * x(i - 2);
    end
end

P = eye(1) * 10000;
Thetar = zeros(1);
for i = 3:num1
    H = [real((x(i))^(1/3));];
    K = P * H/(1 + H' * P * H);
    Thetar = Thetar + K * (y(i) - H' * Thetar);
    P = (eye(1) - K * H') * P;
end
```

## 9.3 维纳-哈默斯坦组合模型辨识

一般意义下的维纳-哈默斯坦组合模型具有图 9.3.1 所示的结构。

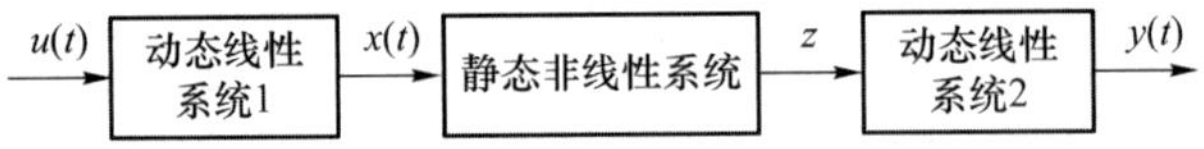


图 9.3.1 维纳-哈默斯坦组合模型

对于组合模型来说，系统参数未知，包括动态线性系统 1 的参数 $\boldsymbol{\theta}_1 \in \mathbb{R}^{s_1}$、动态线性系统 2 的参数 $\boldsymbol{\theta}_2 \in \mathbb{R}^{s_2}$，以及静态非线性系统的参数 $\boldsymbol{\theta}_p \in \mathbb{R}^{p}$。

因此，一般维纳-哈默斯坦组合模型的非线性系统可以写成如下的具有记忆的算子映射：

$$y(k)=F[y(k-1),\cdots,y(0),u(k-1),\cdots,u(0),\boldsymbol{\theta}_1,\boldsymbol{\theta}_2,\boldsymbol{\theta}_p] \tag{9-3-1}$$

其中，$F$ 的具体表达形式依赖两个系统动力学方程即非线性映射的表示式(如非线性映射采用多项式等)，包括参数以及参数之间的乘积。

假设采用一组输入序列 $\{\hat{u}(k)\}_1^N$，获得了相应的输出序列 $\{\hat{y}(k)\}_1^N$，则系统辨识问题就转化为求下列非线性优化问题：

$$J=\min_{\boldsymbol{\theta}_1,\boldsymbol{\theta}_2,\boldsymbol{\theta}_p}\sum_{k=1}^{N}\{\hat{y}(k)-F[y(k-1),\cdots,y(0),\hat{u}(k-1),\cdots,\hat{u}(0),\boldsymbol{\theta}_1,\boldsymbol{\theta}_2,\boldsymbol{\theta}_p]\}^2 \tag{9-3-2}$$

下面用例子来说明。

假设动态线性系统 1 的数学模型用权模型表示为

$$G(q^{-1})x(k)=H(q^{-1})u(k) \tag{9-3-3}$$

其中,

$$G(q^{-1})=1+g_1q^{-1}+\cdots+g_lq^{-l} \tag{9-3-4}$$

$$H(q^{-1})=h_0+h_1q^{-1}+\cdots+h_lq^{-l} \tag{9-3-5}$$

无记忆非线性环节为

$$z=f(x)=\gamma_0+\gamma_1x+\cdots\gamma_rx^r \tag{9-3-6}$$

假设动态线性系统 2 采用参数化模型的数学模型为

$$A(q^{-1})y=B(q^{-1})z \tag{9-3-7}$$

$$A(q^{-1})=1+a_1q^{-1}+\cdots+a_nq^{-n} \tag{9-3-8}$$

$$B(q^{-1})=b_0+b_1q^{-1}+\cdots+b_nq^{-n} \tag{9-3-9}$$

所以式(9-3-7)可以改写为

$$y(k)=[1-A(q^{-1})]y(k)+B_2(q^{-1})f\left[-\sum_{m=1}^{l}g_mx(l-m)+\sum_{m=0}^{l}h_mu(l-m)\right] \tag{9-3-10}$$

在式(9-3-10)右端会出现参数相乘的形式。辨识问题转化为求如下极小值问题:

$$J=\min_{\boldsymbol{a},\boldsymbol{b},\boldsymbol{h},\boldsymbol{g},\boldsymbol{\gamma}}\sum_{k=1}^{N}\left\{\hat{y}(k)-[1-A(q^{-1})]y(k)+B(q^{-1})f\left[-\sum_{m=1}^{l}g_mx(l-m)+\sum_{m=0}^{l}h_m\hat{u}(l-m)\right]\right\}^2 \tag{9-3-11}$$

其中,

$$\boldsymbol{a}=(a_1,a_2,\cdots,a_n)^{\mathrm{T}},\boldsymbol{b}=(b_0,b_1,\cdots,b_n)^{\mathrm{T}},\boldsymbol{g}=(g_1,\cdots,g_l)^{\mathrm{T}}$$

$$\boldsymbol{h}=(h_0,h_1,\cdots,h_l)^{\mathrm{T}},\boldsymbol{\gamma}=(\gamma_0,\gamma_1,\cdots,\gamma_r)^{\mathrm{T}}$$

这里通过一个例子来介绍一个非线性规划算法。

**例 9.3.1** 假设有一个非线性映射为

$$y(k)=\theta_1\sin(\theta_2k+\theta_3)$$

其中,$\theta_1$ 是正弦函数的幅值,$\theta_2$ 是角频率,$\theta_3$ 是相角。要求根据数据 $\{y(k),k\}$ 来估计这 3 个量。

由于输出写不成关于 3 个未知参数的线性表示,所以通常最小二乘法是不能用的。需要用非线性优化算法,确切地说,需要迭代算法才行。

**解**:参照方程(9-3-11),希望误差函数

$$J=\sum_{k=1}^{N}[\hat{y}(k)-\theta_1\sin(\theta_2k+\theta_3)]^2$$

达到最小来估计 $\theta_1$、$\theta_2$、$\theta_3$。

由极值问题的必要条件,可由 $\partial J/\partial\boldsymbol{\theta}=\boldsymbol{0}$ 导出 $\boldsymbol{\theta}$ 所满足的非线性方程。令 $\hat{\boldsymbol{\theta}}(i)$ 是 $\boldsymbol{\theta}$ 的第 $i$

次迭代估计值,定义 $\hat{\boldsymbol{\theta}}(i+1)$ 为

$$\hat{\boldsymbol{\theta}}(i+1)=\hat{\boldsymbol{\theta}}(i)+\Delta\boldsymbol{\theta}$$

其中,$\Delta\boldsymbol{\theta}$ 为修正项,也称为迭代步长。

修正项 $\Delta\boldsymbol{\theta}$ 是按照使 $J[\Delta\boldsymbol{\theta}]$ 趋于最小的方式来确定的。$f(y,u,\boldsymbol{\theta}(i))\overset{\Delta}{=}\theta_1\sin(\theta_2 k+\theta_3)$,只要把 $f(y,u,\boldsymbol{\theta}(i)+\Delta\boldsymbol{\theta})$ 展开为关于 $\boldsymbol{\theta}(i)$ 的如下泰勒级数:

$$f(y,u,\boldsymbol{\theta}(i)+\Delta\boldsymbol{\theta})\simeq f(y,u,\boldsymbol{\theta}(i))+\left(\left.\frac{\partial f}{\partial\boldsymbol{\theta}}\right|_{\boldsymbol{\theta}=\boldsymbol{\theta}(i)}\right)^{\mathrm{T}}\Delta\boldsymbol{\theta}$$

其中,

$$\frac{\partial f}{\partial\boldsymbol{\theta}}=\left(\frac{\partial f}{\partial\theta_1}\quad\frac{\partial f}{\partial\theta_2}\quad\frac{\partial f}{\partial\theta_3}\right)^{\mathrm{T}}$$

于是 $J[\Delta\boldsymbol{\theta}]$ 变为

$$J[\Delta\boldsymbol{\theta}]=\sum_{k=1}^{N}\left[y(k)-f(\boldsymbol{\theta}(i))-\left(\left.\frac{\partial f}{\partial\boldsymbol{\theta}}\right|_{\boldsymbol{\theta}=\boldsymbol{\theta}(i)}\right)\Delta\boldsymbol{\theta}\right]^2$$

令 $\partial J/\partial(\Delta\boldsymbol{\theta})=\mathbf{0}$ 即可确定 $\Delta\boldsymbol{\theta}$,从而可确定 $\hat{\boldsymbol{\theta}}(i+1)$。经简单计算,得最优 $\Delta\boldsymbol{\theta}$ 为

$$\Delta\boldsymbol{\theta}^*=\left[\left(\left.\frac{\partial f}{\partial\boldsymbol{\theta}}\right|_{\boldsymbol{\theta}=\boldsymbol{\theta}(i)}\right)^{\mathrm{T}}\left(\left.\frac{\partial f}{\partial\boldsymbol{\theta}}\right|_{\boldsymbol{\theta}=\boldsymbol{\theta}(i)}\right)\right]^{-1}\left(\left.\frac{\partial f}{\partial\boldsymbol{\theta}}\right|_{\boldsymbol{\theta}=\boldsymbol{\theta}(i)}\right)[y(k)-f(\boldsymbol{\theta}(i))]$$

迭代过程将获得使 $J$ 趋于极小值的一个 $\hat{\boldsymbol{\theta}}$。但 $J$ 是 $\boldsymbol{\theta}$ 的非二次函数,这意味着可能存在局部极小值。为获取全局极小值,可以改变初始值的位置,一个靠近 $\boldsymbol{\theta}$ 真值的初始值可使得算法能收敛于正确的参数值。

为说明迭代过程,假设 $\theta_1$ 和 $\theta_3$ 已知,仅仅 $\theta_2$ 是待估计量,要求计算出递推公式。此时指标函数为

$$J[\Delta\theta_2]=\sum_{K=1}^{N}[y(k)-\theta_1\sin(\theta_3(i)k+\theta_3)-k\theta_1\cos(\theta_2(i)k+\theta_3)\Delta\theta_2]^2$$

由极值问题的必要条件,可得出 $\Delta\theta_2$ 的解析解为

$$\Delta\theta_2=(\boldsymbol{H}^{\mathrm{T}}\boldsymbol{H})^{-1}\boldsymbol{H}^{\mathrm{T}}\boldsymbol{g}$$

其中,

$$\boldsymbol{H}=\begin{pmatrix}\theta_1\cos(\theta_2(i)+\theta_3)\\2\theta_1\cos(2\theta_2(i)k+\theta_3)\\\vdots\\N\theta_1\cos(\theta_2(i)k+\theta_3)\end{pmatrix}$$

$$\boldsymbol{g}=\begin{pmatrix}y(1)-\theta_1\sin(\theta_2(i)+\theta_3)\\y(2)-\theta_1\sin(2\theta_2(i)+\theta_3)\\\vdots\\y(N)-\theta_1\sin(N\theta_2(i)+\theta_3)\end{pmatrix}$$

以上的求解过程实际上是一种特殊的共轭梯度法。还有更多的数值求解方法可以用来求解非线性规划问题。为避免结果收敛于局部极值点,还可采用随机算法,如模拟退火法,以及各种人工智能算法,如遗传算法、粒子群算法等。有兴趣的读者可以参阅本章参考文献[1]和[3]。

# 本章小结

本章介绍了3种非线性动态模型的系统辨识方法。它们分别是哈默斯坦模型、维纳模型以及维纳-哈默斯坦组合模型。哈默斯坦模型与维纳模型辨识经过变量滤波，可以转化为线性参数辨识，从而可以采用第4章所介绍的各种递推最小二乘算法。对于组合模型的参数辨识，本章推荐采用非线性规划算法。哈默斯坦模型与维纳模型具有结构简单、便于辨识的优点，被广泛用于复杂过程的控制与优化中。

# 本章参考文献


[1] Oliver N. Nonlinear System Identification. From Classical Approaches to Neural Networks and Fuzzy Models [M]. Berlin, Heidelberg: Springer Berlin Heidelberg, 2001.

[2] Schetzen M. The Volterra and Wiener Theories of Nonlinear Systems[M]. New York: Wiley, 1980.

[3] Wills A, Schön T B, Ljung L, et al. Identification of Hammerstein-Wiener Models [J]. Automatica, 2013, 49(1): 70-81.

[4] Brouri A, Slassi S. Identification of Nonlinear Systems Structured by Wiener-hammerstein Model[J]. International Journal of Electrical and Computer Engineering, 2016, 6(1): 167.


# 本章习题

1. (采用MATLAB)假设一个哈默斯坦模型中的静态非线性环节用下列2次多项式来近似：

$$x=f_{\mathrm{NL}}(u)=\gamma_0+\gamma_1 u+\gamma_2 u^2$$

而动态线性部分用差分方程表示：

$$A(q^{-1})y(k)=B(q^{-1})x(k)+v(k)$$

其中，

$$A(q^{-1})=1+a_1q^{-1}+a_2q^{-2}$$

$$B(q^{-1})=b_0+b_1q^{-1}$$

$v(k)$是均值为0、方差为0.5的高斯白噪声。要求：

(1) 自己设定一组标定参数，并生成200个样本数据；

(2) 利用样本数据估计参数$a_i$、$b_i$和$\gamma_i$。

2. (采用MATLAB)假设一个维纳模型中的静态非线性环节用下列函数来近似：

$$y=\theta\sqrt[3]{x}$$

而动态线性部分用差分方程表示：

$$A(q^{-1})x(k)=B(q^{-1})u(k)+v(k)$$

其中，

$$A(q^{-1})=1+a_1q^{-1}+a_2q^{-2}$$

$$B(q^{-1})=b_0+b_1q^{-1}$$

$v(k)$是均值为 0、方差为 0.1 的高斯白噪声。要求：

(1) 设定一组标定参数，并生成样本 200 个样本数据；

(2) 利用样本数据估计参数 $a_i$、$b_i$ 和 $\gamma_i$。

3. (采用 MATLAB)自己搭建一个维纳-哈默斯坦组合模型，设定标定参数并产生样本数据，编程实现参数辨识，并对模型进行有效性测试。

# 第 10 章

# 基于 NARMAX 模型的非线性系统辨识

非线性带外部输入的自回归滑动平均模型(NARMAX)是线性 ARMAX 模型的扩展,可用于描述和预测非线性动态系统的行为。NARMAX 模型因为具有强大的非线性建模能力、灵活的模型结构、良好的噪声处理能力,被广泛应用于工业、金融、环境科学、生物医学工程等多个领域。例如:在化工过程控制中,NARMAX 模型可以用于预测化学反应的输出,从而优化生产过程;在能源领域,该模型能够预测风能和太阳能的产量,帮助人们实现更高效的能源管理。

## 10.1 NARMAX 模型及其辨识

### 10.1.1 NARMAX 模型

一个单输入单输出系统的 NARMAX 模型的数学描述如下:

$$\begin{aligned} y(k)= F[&y(k-1),y(k-2),\cdots,y(k-n_y),\\ &u(k-d),u(k-d-1),\cdots,u(k-d-n_u),\\ &e(k-1),e(k-2),\cdots,e(k-n_e)]+e(k) \end{aligned} \tag{10-1-1}$$

其中:$y(k)$、$u(k)$和 $e(k)$分别是系统输出、输入和噪声序列;$n_y$、$n_u$ 和 $n_e$ 分别是系统输出、输入和噪声的最大滞后;$F[\cdot]$是一个非线性映射,即一个多元非线性函数;$d$ 是一个时间延迟,通常设置为 $d=1$。

与线性 ARMAX 模型建模一样,NARMAX 模型的建模包括模型结构选择、参数估计、噪声建模与模型有效性验证等。

下面介绍 3 种 NARMAX 模型结构。

**1. 多项式 NARMAX 模型**

常用的 NARMAX 模型是用幂型式表示的:

$$\begin{aligned} y(k)= \theta_0 &+ \sum_{i_i=1}^{n} f_{i_1}(x_{i_1}(k)) + \sum_{i_1=1}^{n}\sum_{i_2=i_1}^{n} f_{i_1 i_2}(x_{i_1}(k),x_{i_2}(k)) + \cdots +\\ &\sum_{i_1=1}^{n}\cdots\sum_{i_\ell=i_{\ell-1}}^{n} f_{i_1 i_2\cdots i_\ell}(x_{i_1}(k),x_{i_2}(k),\cdots,x_{i_\ell}(k)) + e(k) \end{aligned} \tag{10-1-2}$$

其中，$\ell$ 为多项式的阶数，$\theta_{i_1 i_2 \cdots i_m}$ 为模型参数，$n=n_y+n_u+n_e$，

$$f_{i_1 i_2 \cdots i_m}(x_{i_1}(k), x_{i_2}(k), \cdots, x_{i_m}(k)) = \theta_{i_1 i_2 \cdots i_m} \prod_{k=1}^{m} x_{i_k}(k), \quad 1 \leqslant m \leqslant \ell \tag{10-1-3}$$

$$x_m(k) = \begin{cases} y(k-m), & 1 \leqslant m \leqslant n_y \\ u(k-(m-n_y)), & n_y+1 \leqslant m \leqslant n_y+n_u \\ e(k-(m-n_y-n_u)), & n_y+n_u+1 \leqslant m \leqslant n_y+n_u+n_e \end{cases} \tag{10-1-4}$$

更具体地说，式(10-1-2)可以显式地写成

$$y(k) = \theta_0 + \sum_{i_i=1}^{n} \theta_{i_1} x_{i_1}(k) + \sum_{i_1=1}^{n} \sum_{i_2=i_1}^{n} \theta_{i_{i_2}} x_{i_1}(k) x_{i_2}(k) + \cdots +$$
$$\sum_{i_1=1}^{n} \cdots \sum_{i_\ell=i_{\ell-1}}^{n} \theta_{i_1 i_2 \cdots i_i} x_{i_1}(k) x_{i_2}(k) \cdots x_{i_\ell}(k) + e(k) \tag{10-1-5}$$

系统的次数为各项中的最高阶次。一个 $\ell$ 次多项式的 NARMAX 模型意味着模型中每个项的次数不高于 $\ell$。NARMAX 模型的一个特例是 NARX，它不包括任何与噪声相关的模型项，式(10-1-4)中 $x_i(k)$的定义变成

$$x_m(k) = \begin{cases} y(k-m), & 1 \leqslant m \leqslant n_y \\ u(k-(m-n_y)), & n_y+1 \leqslant m \leqslant n_y+n_u \end{cases} \tag{10-1-6}$$

根据上述定义，NARX 模型可以表述为

$$y(k) = F[y(k-1), y(k-2), \cdots, y(k-n_y) +$$
$$u(k-d), u(k-d-1), \cdots, u(k-d-n_u)] + e(k) \tag{10-1-7}$$

其中，$e(k)$是一个白噪声序列。

**注 10.1.1** 一个多项式 NARMAX 模型(10-1-2)中潜在模型项的总数是 $M=(n+\ell)!/[n!\ \ell!]$，对于较大的 $n_y$、$n_u$ 或 $n_e$，包括在完整的 NARMAX 模型或 NARX 模型中的初始候选模型项的数量可能很大。在实际应用中，通常只有少数候选模型项对描述潜在的动态关系是重要的，因此并不是所有的候选模型项都包含在模型中。为使 NARMAX 模型具有简洁性，可以只选择有意义的模型项并将其包含在模型中。

幂型多项式 NARMAX 模型的优点如下。

① 幂型多项式是光滑函数。

② 根据 Weierstrass 定理，定义在闭空间上的任何给定连续函数都可以使用幂型多项式一致逼近。

③ 噪声模型是 NARMAX 模型的组成部分，因此可以处理总是包括噪声测量的真实的数据集。

④ NARMAX 模型可以被精确地写下来，人们对幂型多项式模型进行了系统的研究，并发展了一系列的 NARMAX 模型辨识算法。这意味着可以快速有效地执行 NARMAX 模型的结构检测和参数估计。

然而，当非线性行为非常严重时，如尖锐、跳变等，多项式类的 NARMAX 模型可能并不合适。在式(10-1-1)中我们还可以选择其他形式的 $F[\cdot]$，如有理函数、一般隐含模型等。

**2. 有理 NARMAX 模型**

一个典型的有理 NARMAX 模型可以表示为两个多项式 NARMAX 模型的比值：

$$y(k) = \frac{B[y(k-1), \cdots, y(k-n_y), u(k-1), \cdots, u(k-n_u), e(k-1), \cdots, e(k-n_e)] + e(k)}{A[y(k-1), \cdots, y(k-n_y), u(k-1), \cdots, u(k-n_u), e(k-1), \cdots, e(k-n_e)] + e(k)} \tag{10-1-8}$$

其中，$y(k)$、$u(k)$、$e(k)$、$n_y$、$n_u$ 和 $n_e$ 如前所定义，$A[\cdot]$和 $B[\cdot]$是式(10-1-2)或式(10-1-4)的多项式。有理模型(10-1-8)是比标准多项式 NARMAX 模型(10-1-1)更一般的表示。事实上，如果分母中的多项式被设置为 $A[\cdot]\equiv 1$，则有理模型将简化为多项式 NARMAX 模型(10-1-1)。

**3. 一般隐含参数模型**

一个隐含参数模型可以描述为

$$\begin{aligned} y(k)= F[&y(k-1),y(k-2),\cdots,y(k-n_y),\\ &u(k-d),u(k-d-1),\cdots,u(k-d-n_u),\\ &e(k-1),e(k-2),\cdots,e(k-n_e),\boldsymbol{P}]+e(k) \end{aligned} \tag{10-1-9}$$

其中，$\boldsymbol{P}\in\mathbb{R}^p$为参数向量。

例如，如下模型

$$y(k)=\theta_1\sin(\theta_2 u(k)+\theta_3 u(k-1)+\theta_4)+\theta_5 y(k-1)+e(k) \tag{10-1-10}$$

即一个隐含参数模型，其中 $\boldsymbol{\theta}=(\theta_1,\theta_2,\theta_3,\theta_4,\theta_5)^{\mathrm{T}}$ 为系统参数向量。

## 10.1.2 NARMAX 的参数估计方法

如果模型中的项数先验已知，则拟合非线性模型是简单的。如果识别的目的是开发可以与底层系统相关并且忠实地再现动态不变量的模型，则确定模型项或模型的结构是至关重要的。将方程(10-1-1)重新写为如下预测误差模型：

$$\begin{aligned} y(k)= F^1[&y(k-1),\cdots,y(k-n_y);u(k-d),\cdots,u(k-d-n_u+1);\\ &\zeta(k-1),\cdots,\zeta(k-n_\zeta)]+\zeta(t) \end{aligned} \tag{10-1-11}$$

其中，$\zeta(t)=y(t)-\hat{y}(t)$，$\hat{y}=F^1[y(k-1),\cdots,u(k-d);\zeta(k-1),\cdots,\zeta(k-n_\zeta)]$，$E[\zeta(k)\mid y(k-1),\cdots,u(k-d),\cdots]=0$，$n_\zeta$ 是附加性噪声项的数目。

展开式(10-1-11)，重新组合项可以得到

$$\begin{aligned} y(k)= &G^{yu}[y(k-1),\cdots,y(k-n_y),u(k-1),\cdots,u(k-d-n_u+1)]+\\ &G^{yu\zeta}[y(k-1),\cdots,y(k-n_y),u(k-d),\cdots,u(k-d-n_u+1),\\ &\zeta(k-1),\cdots,\zeta(k-n_\zeta)]+G^{\zeta}[\zeta(k-1),\cdots,\zeta(k-n_\zeta)]+\zeta(k) \end{aligned} \tag{10-1-12}$$

其中，$G^{\zeta}[\cdot]$是 $\zeta(i)$，$i=k-1,\cdots,k-n_\zeta$ 的多项式，简记为关于 $\zeta(i)$的多项式；类似地，$G^{yu}[\cdot]$是关于 $u(i)$和 $y(j)$的多项式，$G^{yu\zeta}[\cdot]$是关于 $u(i)$、$y(j)$和 $\zeta(k)$的多项式。

将未知参数分离出来：

$$y(t)=\boldsymbol{\Phi}(t-1)\boldsymbol{\theta}+\zeta(k)=(\boldsymbol{\Phi}_{yu}(k-1),\boldsymbol{\Phi}_{yu\zeta}(k-1),\boldsymbol{\Phi}_{\zeta}(k-1))\begin{pmatrix}\boldsymbol{\theta}_{yu}\\ \boldsymbol{\theta}_{yu\zeta}\\ \boldsymbol{\theta}_{\zeta}\end{pmatrix}+\zeta(k) \tag{10-1-13}$$

满足多项式

$$\begin{aligned} G^{yu}[\cdot]&=\boldsymbol{\Phi}_{yu}(k-1)\boldsymbol{\theta}_{yu}\\ G^{yu\zeta}[\cdot]&=\boldsymbol{\Phi}_{yu\zeta}(k-1)\boldsymbol{\theta}_{yu\zeta}\\ G^{\zeta}[\cdot]&=\boldsymbol{\Phi}_{\zeta}(t-1)\boldsymbol{\theta}_{\zeta} \end{aligned} \tag{10-1-14}$$

其中，$\boldsymbol{\Phi}(k-1)$、$\boldsymbol{\theta}$ 分别是项和多项式系数。定义：

$$\varepsilon(t)=\boldsymbol{\Phi}_{yu\zeta}(k-1)\boldsymbol{\theta}_{yu\zeta}+\boldsymbol{\Phi}_{\zeta}(k-1)\boldsymbol{\theta}_{\zeta}+\zeta(k) \tag{10-1-15}$$

考虑到

$$y(k)=\boldsymbol{\Phi}_{yu}(k-1)\boldsymbol{\theta}_{yu}+\varepsilon(k) \tag{10-1-16}$$

通过检验上述方程，$\varepsilon(k)$是高度相关的，并且估计的参数总是有偏差的。因此，基于广义最小二乘的算法是参数估计的一个很好的选择。

NARMAX 的模型辨识步骤如下。

① 数据采集：收集系统的输入和输出数据，作为后续系统辨识的真实数据集使用。

② 确定模型结构：选择 NARMAX 模型的结构，包括输入项、非线性项和滞后项的数量和类型。这一步可以基于经验知识或者模型选择准则来确定。

③ 建立候选模型：根据确定的模型结构，建立候选模型的集合。

④ 参数估计：使用广义最小二乘法来估计候选模型的参数。最小二乘法是一种常用的参数估计方法，旨在使模型输出与实际输出之间的误差平方和最小化。

⑤ 模型选择：通过比较不同候选模型的拟合优度（如残差平方和、信息准则等）来选择最佳模型。

⑥ 模型验证：验证所选最佳模型的性能，包括对新数据的预测能力等。

## 10.1.3 NARMAX 的噪声建模

在 NARMAX 模型中，通常谨慎的做法是建立通用噪声模型，以捕获非线性系统识别中可能出现的所有噪声模型项。

当偏差为有色噪声时，采用广义最小二乘估计算法可以更好地处理这种情况。广义最小二乘通过引入一个白化滤波器，将相关的残差转化为白色残差，从而有效地处理有色噪声。

假设有色噪声偏差可以用一个自回归（AR）模型表示：

$$\varepsilon(k)+\sum_{i=1}^{p}c_i\varepsilon(k-i)=e(k) \tag{10-1-17}$$

依据 5.4 节中广义最小二乘辨识的描述，统一的噪声模型可以表示为

$$C(q^{-1})A(q^{-1})y(k)=C(q^{-1})B(q^{-1})u(k)+e(k) \tag{10-1-18}$$

这里 $e(k)$是一个白噪声。可以通过广义最小二乘法求下列误差函数的极小值而获得系统参数的估计：

$$J=\sum_k e^2(k)=\sum_k\left(C(q^{-1})A(q^{-1})y(k)-C(q^{-1})B(q^{-1})u(k)\right)^2 \tag{10-1-19}$$

第一步：令 $C(q^{-1})=1$，误差方程就简单地变成

$$J_1=\sum_k\left(A(q^{-1})y(k)-B(q^{-1})u(k)\right)^2=(\boldsymbol{Y}-\boldsymbol{H\theta})^{\mathrm{T}}(\boldsymbol{Y}-\boldsymbol{H\theta})$$

$$\Rightarrow\hat{\boldsymbol{\theta}}=(\boldsymbol{H}^{\mathrm{T}}\boldsymbol{H})^{-1}\boldsymbol{H}^{\mathrm{T}}\boldsymbol{Y} \tag{10-1-20}$$

第二步：根据估计的 $A(q^{-1})$与 $B(q^{-1})$，定义残差 $\varepsilon(k)$为

$$\varepsilon(k)=A(q^{-1})y(k)-B(q^{-1})u(k) \tag{10-1-21}$$

则 $J$ 可以写成

$$J_2=\sum_k\left[C(q^{-1})\varepsilon(k)\right]^2=(\boldsymbol{\varepsilon}-\boldsymbol{\Omega c})^{\mathrm{T}}(\boldsymbol{\varepsilon}-\boldsymbol{\Omega c})$$

$$\Rightarrow\hat{c}=(\boldsymbol{\Omega}^{\mathrm{T}}\boldsymbol{\Omega})^{-1}\boldsymbol{\Omega}^{\mathrm{T}}\boldsymbol{\varepsilon} \tag{10-1-22}$$

其中，

$$\boldsymbol{c}=(c_1,c_2,\cdots,c_p)$$

$$\boldsymbol{\varepsilon}=(\varepsilon(n+1),\cdots,\varepsilon(n+N))^{\mathrm{T}} \tag{10-1-23}$$

$$\boldsymbol{\Omega}=\begin{pmatrix} -\varepsilon(n+1) & \cdots & -\varepsilon(n+1-p) \\ \vdots & & \vdots \\ -\varepsilon(n+N-1) & \cdots & -\varepsilon(n+N-p) \end{pmatrix}$$

第三步：根据上述的 $\hat{C}$，我们定义两个过滤信号 $\tilde{u}(k)$、$\tilde{y}(k)$ 为

$$\tilde{u}(k)=C(q^{-1})u(k),\quad \tilde{y}(k)=c(q^{-1})y(k) \tag{10-1-24}$$

则 $J$ 变成为

$$J_3=\sum_k (A(q^{-1})\tilde{y}(k)-B(q^{-1})\tilde{u}(k))^2=(\tilde{\boldsymbol{Y}}-\tilde{\boldsymbol{H}}\boldsymbol{\theta})^{\mathrm{T}}(\tilde{\boldsymbol{Y}}-\tilde{\boldsymbol{H}}\boldsymbol{\theta})$$

$$\Rightarrow \hat{\boldsymbol{\theta}}=(\tilde{\boldsymbol{H}}^{\mathrm{T}}\tilde{\boldsymbol{H}})^{-1}\tilde{\boldsymbol{H}}^{\mathrm{T}}\tilde{\boldsymbol{Y}} \tag{10-1-25}$$

其中，$\tilde{\boldsymbol{Y}}$、$\tilde{\boldsymbol{H}}$ 是将 $\tilde{u}(k)$、$\tilde{y}(k)$ 代入 $\boldsymbol{Y}$、$\boldsymbol{H}$ 所得。

第四步：返回到第二步，重复这个过程，直到 $\hat{\theta}$ 和 $\hat{c}$ 收敛为止。

**例 10.1.1** 辨识多项式 NARX 模型。

该例给出了一个四阶多项式 NARX 模型。该模型是在没有模型形式先验知识的情况下从真实卫星数据中识别出来的，将磁层扰动指数 $y(k)$（输出）与太阳风参数 $u(k)$（输入）联系起来，最终辨识结果为如下一个输出滞后为 3、输入滞后为 2 的多项式 NARX 模型：

$$\begin{aligned} y(k)= & \theta_1+\theta_2 y(k-1)-\theta_3 y^3(k-1)u(k-1)+ \\ & \theta_4 y(k-1)y^2(k-3)u(k-2)-\theta_5 y(k-1)u^2(k-1)u(k-2) \end{aligned} \tag{10-1-26}$$

将正弦衰减信号 $\sin(t\pi/5)\exp(-0.04t)$ 作为输入信号，噪声信号为均值为 0、标准差为 0.01 的高斯噪声，输入信号与噪声信号如图 10.1.1、图 10.1.2 所示，用于产生真实信号数据集，采样 150 个样本用于训练，50 个样本用于测试。使用最小二乘法来对此多项式 NARX 模型的各项参数进行辨识，辨识结果如表 10.1.1 所示。

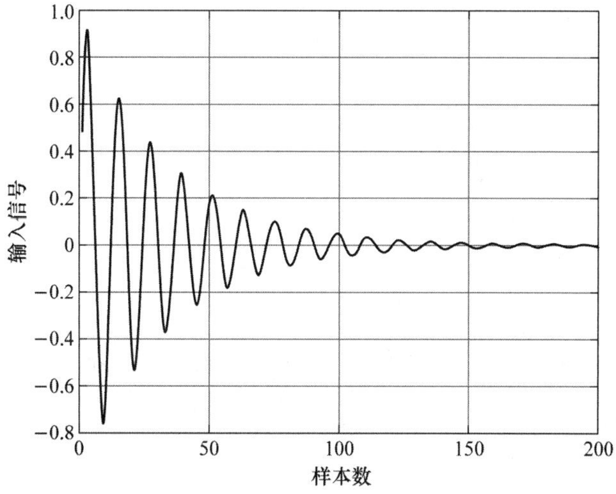


图 10.1.1 输入信号

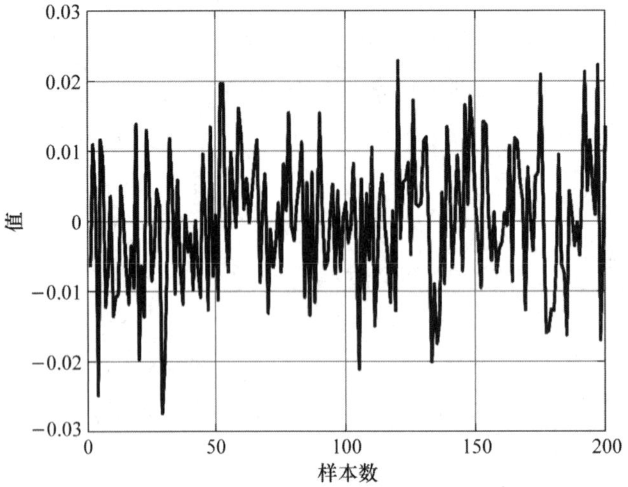


图 10.1.2 噪声信号数据集

**表 10.1.1 参数标定值与辨识值的比较**

| 辨识参数 | $\theta_1$ | $\theta_2$ | $\theta_3$ | $\theta_4$ | $\theta_5$ |
|---|---|---|---|---|---|
| 标定值 | 0.024 86 | 0.983 68 | −0.921 30 | 0.519 36 | −1.259 77 |
| 辨识值 | 0.025 3 | 0.982 3 | −0.889 2 | 0.512 1 | −1.275 0 |

最终在训练集与测试集上辨识模型与真实输出模型的拟合情况如图 10.1.3、图 10.1.4 所示。

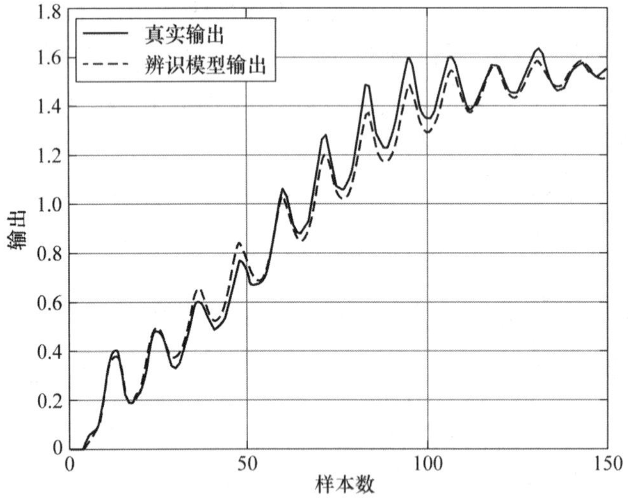


图 10.1.3 多项式 NARX 模型的真实输出与辨识模型输出

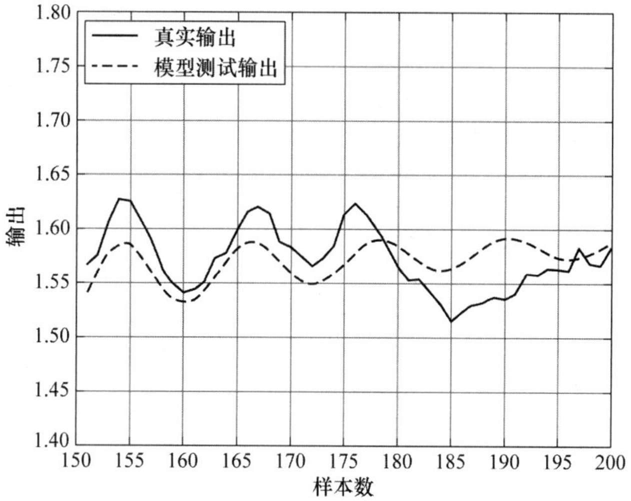


图 10.1.4 多项式 NARX 模型的真实输出与辨识测试输出

仿真代码如下：

```
N = 150;
t = 1:200;
u = sin(t * pi/6). * exp( - 0.03 * t);
y = zeros(1, 200);
Phi = zeros(N - 2, 5);
noiz = 0.01 * (randn(1,200))
for i = 4:200
    y(i) = 0.02486 + 0.98368 * y(i - 1) - 0.92130 * y(i - 1)^3 * u(i - 1) + 0.51936 * y(i - 1) *
y(i - 3)^3 * u(i - 2) - 1.25977 * y(i - 1) * u(i - 1)^2 * u(i - 2) + noiz(i);
end

for i = 4:N
    Phi(i - 2, :) = [1,y(i - 1),y(i - 1)^3 * u(i - 1),y(i - 1) * y(i - 3)^3 * u(i - 2),y(i - 1) *
u(i - 1)^2 * u(i - 2)];
end
Y = y(3:N)';
theta_hat = (Phi' * Phi) \ Phi' * Y;
disp('Estimated parameters:');
disp(theta_hat);
y_model = zeros(1, N);
for i = 4:200
    y_model(i) = theta_hat(1) + theta_hat(2) * y_model(i - 1) + theta_hat(3) * y_model
(i - 1)^3 * u(i - 1) + …
```

```
                theta_hat(4) * y_model(i-1) * y_model(i-3)^3 * u(i-2) + theta_hat(5) *
y_model(i-1) * u(i-1)^2 * u(i-2);
    end
    plot(t, y, 'b-', 'LineWidth', 2);
    hold on;
    plot(t(:,(1:150)), y_model(:,(1:150)), 'r--', 'LineWidth', 2); % 模型曲线
    legend('真实输出', '辨识模型输出');
    xlabel('时间');
    ylabel('输出');
    title('真实输出与模型测试曲线对比图');
    grid on;
    hold off
    xlim([0 150])
    % ylim([0.00 1.50])
    plot(t, noiz, 'g-', 'LineWidth', 2); % 模型曲线
    xlabel('时间');
    ylabel('输出');
    grid on;
    plot(t, u, 'g-', 'LineWidth', 2); % 模型曲线
    xlabel('时间');
    ylabel('输入信号');
    grid on;
    plot(t(:,(151:200)), y(:,(151:200)), 'b-', 'LineWidth', 2);
    hold on;
    plot(t(:,(151:200)), y_model(151:200), 'r--', 'LineWidth', 2);
```

### 10.1.4 一般隐含参数模型的辨识

假设有如下的单输入单输出隐含参数非线性系统：

$$y(k)=f(y(k-1),u(k-1),\boldsymbol{\theta})+e(k) \tag{10-1-27}$$

要求利用样本数据，辨识系统中的参数 $\boldsymbol{\theta}$，使得如下指标取极小值：

$$\min_{\boldsymbol{\theta}} J = \min_{\boldsymbol{\theta}} \sum_{k=0}^{N} [\hat{y}(k) - f(y(k-1),u(k-1),\boldsymbol{\theta})]^2 \tag{10-1-28}$$

其中，$\boldsymbol{\theta}\in\mathbb{R}^p$。

由于参数是隐含在模型中的，要想使得式(10-1-28)达到极小，由函数极值的必要条件

$$\left.\frac{\partial J}{\partial \boldsymbol{\theta}}\right|_{\boldsymbol{\theta}=\hat{\boldsymbol{\theta}}}=\mathbf{0} \tag{10-1-29}$$

由于得不到解析解，只能采用数值求解的方法。下面介绍一种基于牛顿梯度法的最优化求解算法。

令 $\hat{\theta}(i)$是 $\theta$ 的第 $i$ 次迭代估计值，并且 $\hat{\theta}(i+1)$为

$$\hat{\boldsymbol{\theta}}(i+1)=\hat{\boldsymbol{\theta}}(i)+\Delta\boldsymbol{\theta} \tag{10-1-30}$$

修正项 $\Delta\boldsymbol{\theta}$ 是按照使 $J[\Delta\boldsymbol{\theta}]$ 趋于最小的方式来确定的。这一步是容易实现的，只要把 $f(y,u,\boldsymbol{\theta}(i)+\Delta\boldsymbol{\theta})$ 展开为关于 $\boldsymbol{\theta}(i)$ 的如下泰勒级数：

$$f(y,u,\boldsymbol{\theta}(i)+\Delta\boldsymbol{\theta})\simeq f(y,u,\boldsymbol{\theta}(i))+f_{\boldsymbol{\theta}}(\boldsymbol{\theta}(i))\Delta\boldsymbol{\theta} \tag{10-1-31}$$

其中，

$$f_{\boldsymbol{\theta}}=\frac{\partial f}{\partial\boldsymbol{\theta}}=\begin{bmatrix}\dfrac{\partial f}{\partial\theta_1}\\ \dfrac{\partial f}{\partial\theta_2}\\ \vdots\\ \dfrac{\partial f}{\partial\theta_p}\end{bmatrix}$$

于是 $J[\Delta\boldsymbol{\theta}]$ 变为

$$J[\Delta\boldsymbol{\theta}]=\sum_{K=1}^{N}[y(k)-f(\boldsymbol{\theta}(i))-f_{\boldsymbol{\theta}}^{\mathrm{T}}(\boldsymbol{\theta}(i))\Delta\boldsymbol{\theta}]^2 \tag{10-1-32}$$

要使式(10-1-32)最小，只要令

$$y(k)-f(\boldsymbol{\theta}(i))=f_{\boldsymbol{\theta}}^{\mathrm{T}}(\boldsymbol{\theta}(i))\Delta\boldsymbol{\theta} \tag{10-1-33}$$

考虑采样样本，从 $k=1,\cdots,N$，由式(10-1-33)可构成一个观测矩阵模型

$$\begin{bmatrix}y(1)-f(\boldsymbol{\theta}(1))\\ y(2)-f(\boldsymbol{\theta}(2))\\ \vdots\\ y(N)-f(\boldsymbol{\theta}(N))\end{bmatrix}=\begin{bmatrix}f_{\boldsymbol{\theta}}^{\mathrm{T}}(\boldsymbol{\theta}(1))\\ f_{\boldsymbol{\theta}}^{\mathrm{T}}(\boldsymbol{\theta}(2))\\ \vdots\\ f_{\boldsymbol{\theta}}^{\mathrm{T}}(\boldsymbol{\theta}(N))\end{bmatrix}\Delta\boldsymbol{\theta} \tag{10-1-34}$$

$$\Rightarrow\tilde{\boldsymbol{Y}}=\boldsymbol{H}\Delta\boldsymbol{\theta}$$

其中，

$$\tilde{\boldsymbol{Y}}\stackrel{\Delta}{=}\begin{bmatrix}y(1)-f(\boldsymbol{\theta}(1))\\ y(2)-f(\boldsymbol{\theta}(2))\\ \vdots\\ y(N)-f(\boldsymbol{\theta}(N))\end{bmatrix},\quad \boldsymbol{H}\stackrel{\Delta}{=}\begin{bmatrix}f_{\boldsymbol{\theta}}^{\mathrm{T}}(\boldsymbol{\theta}(1))\\ f_{\boldsymbol{\theta}}^{\mathrm{T}}(\boldsymbol{\theta}(2))\\ \vdots\\ f_{\boldsymbol{\theta}}^{\mathrm{T}}(\boldsymbol{\theta}(N))\end{bmatrix}$$

由式(10-1-34)，可获得 $\Delta\boldsymbol{\theta}$ 的最小二乘解为

$$\Delta\boldsymbol{\theta}=(\boldsymbol{H}^{\mathrm{T}}\boldsymbol{H})^{-1}\boldsymbol{H}^{\mathrm{T}}\tilde{\boldsymbol{Y}} \tag{10-1-35}$$

使得式(10-1-35)极小的问题本质上是一个非线性优化问题，这里也称之为非线性最小二乘辨识。

**例 10.1.2** 考虑如下的隐含 NARX 模型：

$$y(k)=\theta_1\sin[\theta_2 u(k)+\theta_3 u(k-1)+\theta_4]+\theta_5 y(k-1)+e(k) \tag{10-1-36}$$

要求根据测量数据来估计 $\theta_i,i=1,\cdots,5$。其中，输入信号为 $u(k)=k\exp(-0.01k)$，噪声信号为均值为 0、标准差为 0.05 的高斯噪声，用于产生真实输入输出数据集，输入信号与噪声信号如图 10.1.5、图 10.1.6 所示，给定一组标定参数。$\boldsymbol{\theta}^{\mathrm{T}}=(\theta_1,\theta_2,\theta_3,\theta_4,\theta_5)=(0.1,7.5,$

6.7，−0.88，1）。

在标定参数值上，产生一组量测数据集。进行非线性最小二乘拟合，其中前 150 个样本用于训练，后 50 个样本用于测试，经过迭代优化器迭代最终参数辨识结果如表 10.1.2 所示。

**表 10.1.2 参数辨识结果**

| 辨识参数 | $\theta_1$ | $\theta_2$ | $\theta_3$ | $\theta_4$ | $\theta_5$ |
|---|---|---|---|---|---|
| 数值 | 0.107 7 | 7.472 4 | −6.688 9 | −0.607 6 | 0.983 9 |

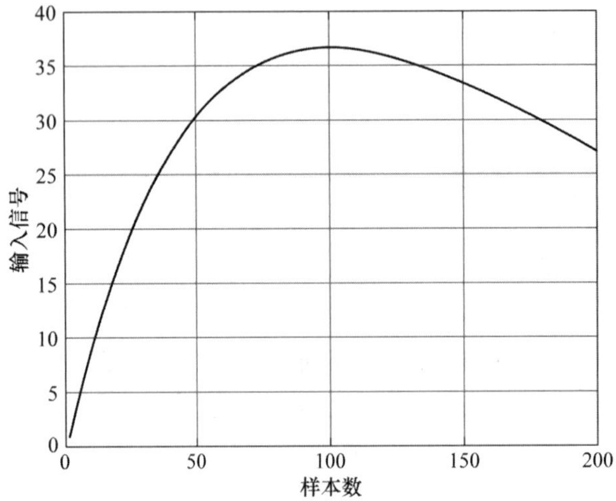


图 10.1.5 输入信号

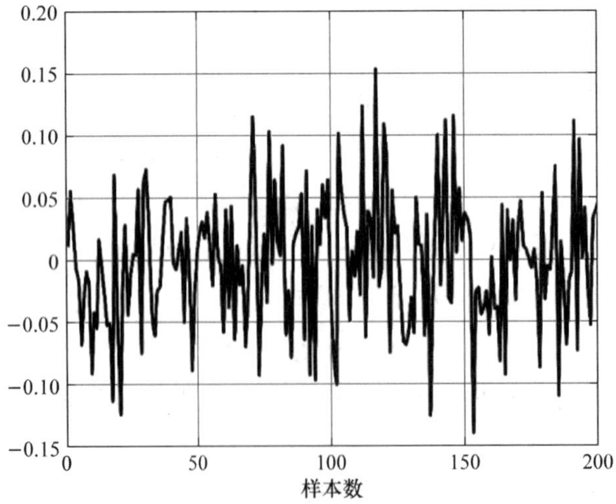


图 10.1.6 噪声信号

最终辨识模型在训练集与测试集上的拟合结果如图 10.1.7、图 10.1.8 所示。

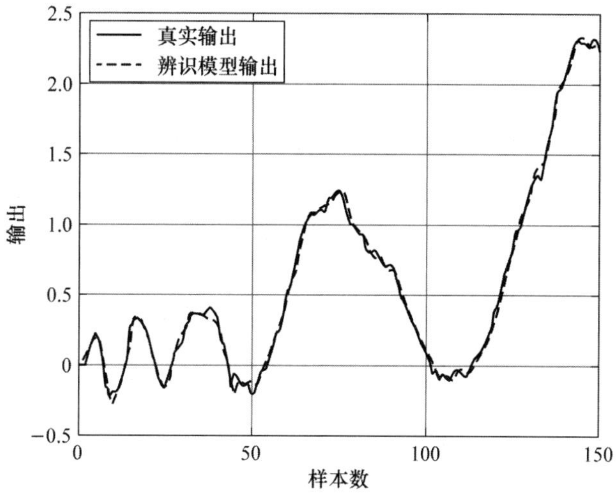


图 10.1.7 最小二乘隐含 NARX 模型的真实输出与辨识模型输出

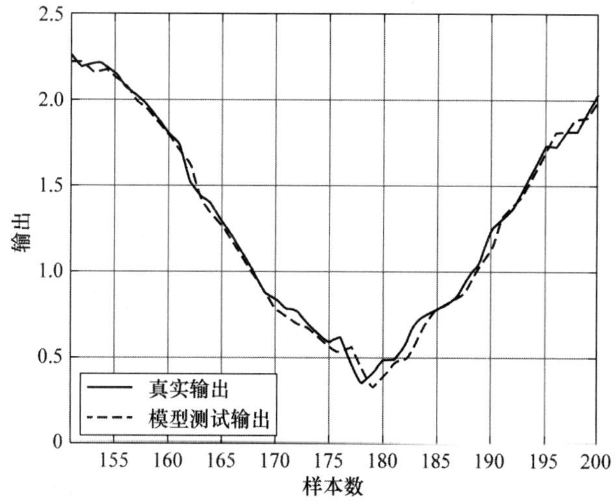


图 10.1.8 一个隐含 NARX 模型的真实输出与模型测试输出

仿真代码如下：

```
func = @(p, x) p(1) * sin(p(2) * x(:,1) + p(3) * x(:,3) + p(4)) + p(5) * x(:,2);
k = 1:150;
u = k. * exp( - 0.01 * k);
w = zeros(1, 150);
noziz = 0.05 * randn(1,200)
theta_true = [       0.1     7.5    - 6.7     - 0.88      1];
for i = 2:length(k)
    w(i) = theta_true(1) * sin(theta_true(2) * u(i) + theta_true(3) * u(i - 1) + theta_
true(4)) + theta_true(5) * w(i - 1) + noziz(i)
end
```

```
xdata = [u', [0, w(1:end-1)]',[0, u(1:end-1)]'];
ydata = w';
initial_guess = [  0.1    4.9    -4.2   1.8    1];
options = optimoptions('lsqcurvefit',...
    'Display','iter',...
                       'TolFun', 1e-10,...
                       'TolX', 1e-10,...
                       'MaxIter', 1000);
estimated_params = lsqcurvefit(func, initial_guess, xdata, ydata, [], [], options);
disp('Estimated parameters:');
disp(estimated_params);
figure;
plot(k, ydata, 'b-', 'LineWidth', 2);
hold on;
plot(k, func(estimated_params, xdata), 'r--', 'LineWidth', 2);
xlabel('k');
ylabel('w(k)');
legend('True data', 'Fitted data');
title('Parameter Estimation using Nonlinear Least Squares');
grid on;
hold off;
plot(noziz , 'r-', 'LineWidth', 2);
xlabel('时间');
ylabel('值');
grid on;
plot( u, 'r-', 'LineWidth', 2);
xlabel('时间');
ylabel('输入信号');
grid on;
k_new = 1:200;
u_new = k_new. * exp( - 0.01 * k_new);
w_new = zeros(1, 200);
w_fit = zeros(1, 200);
for i = 2:length(k_new)
    w_new(i) = theta_true(1) * sin(theta_true(2) * u_new(i) + theta_true(3) * u_new(i-1)
+ theta_true(4)) + theta_true(5) * w_new(i-1) + noziz(i)
end
xdata_new = [u_new', [0, w_new(1:end-1)]',[0, u_new(1:end-1)]'];
figure;
plot(k_new, w_new', 'b-', 'LineWidth', 2);
hold on;
plot(k_new, func(estimated_params, xdata_new), 'r--', 'LineWidth', 2);
```

```
hold on
xlabel('k');
ylabel('w(k)');
legend('真实输出','辨识模型输出');
grid on;
hold off;
plot(noziz ,'r-','LineWidth', 2); % 拟合数据
xlabel('时间');
ylabel('值');
grid on;
plot( u_new,'r-','LineWidth', 2); % 拟合数据
xlabel('时间');
ylabel('输入信号');
grid on;
```

# 10.2 基于神经网络的 NARMAX 模型辨识

## 10.2.1 前向神经网络

图 10.2.1 为一单隐藏层前向神经网络(三层前馈网)示意图,其主要包括输入层、隐藏层和输出层。

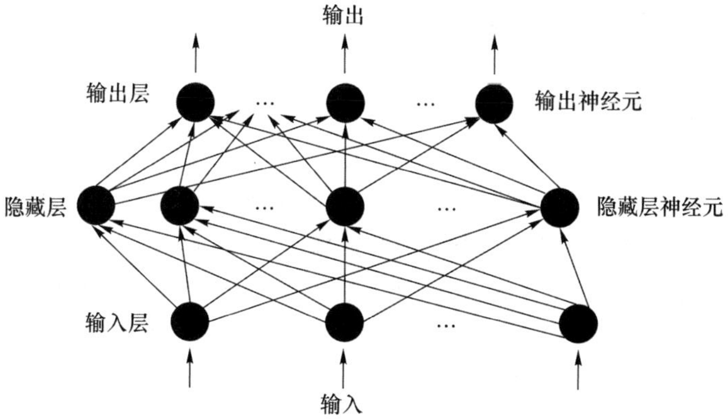


图 10.2.1 单隐藏层 BP 神经网络模型

在三层前馈网络中,输入向量为 $\boldsymbol{X}=(x_1,x_2,\cdots,x_i,\cdots,x_n)^{\mathrm{T}}$,如加入 $x_0=-1$,可为隐藏层神经元引入阈值;隐藏层输出向量为 $\boldsymbol{Y}=(y_1,y_2,\cdots,y_j,\cdots,y_m)^{\mathrm{T}}$,如加入 $y_0=-1$,可为输出层神经元引入阈值;输出层输出向量 $\boldsymbol{O}=(o_1,o_2,\cdots,o_k,\cdots,o_r)^{\mathrm{T}}$。期望输出向量为 $\boldsymbol{d}=(d_1,d_2,\cdots,d_k,\cdots,d_r)^{\mathrm{T}}$。输入层到隐藏层之间的权值矩阵用 $\boldsymbol{V}$ 表示,$\boldsymbol{V}=(V_1,V_2,\cdots,V_j,\cdots,V_m)$,其中列向量 $V_j$ 为隐藏层第 $j$ 个神经元对应的权向量;隐藏层到输出层之间的权值矩阵用 $\boldsymbol{W}$ 表示,$\boldsymbol{W}=(W_1,W_2,\cdots,W_k,\cdots,W_r)$,其中列向量 $W_k$ 为输出层第 $k$ 个神经元对应的权向量。它们之间

的关系为

$$o_k = f(\text{net}_k), \quad k = 1,2,\cdots,r \tag{10-2-1a}$$

$$\text{net}_k = \sum_{j=0}^{m} w_{jk} y_j, \quad k = 1,2,\cdots,r \tag{10-2-1b}$$

$$y_j = f(\text{net}_j), \quad j = 1,2,\cdots,m \tag{10-2-1c}$$

$$\text{net}_j = \sum_{i=0}^{n} v_{ij} x_i, \quad j = 1,2,\cdots,m \tag{10-2-1d}$$

其中,激活函数为

$$f(x)=\frac{1}{1+\mathrm{e}^{-x}} \tag{10-2-2}$$

式(10-2-1)与式(10-2-2)为三层前馈网络的数学模型。

前向网络的权值调整计算公式为

$$\Delta w_{jk} = \eta\delta_k^0\gamma_j = \eta(d_k - o_k)o_k(1 - o_k)\gamma_j$$

$$\Delta v_{ij} = \eta\left(\sum_{k=0}^{r}\delta_k^0 w_{jk}\right)\gamma_j(1-\gamma_j)x_i \tag{10-2-3}$$

其中,$\eta\in(0,1)$,表示学习率。更详细的讨论将在第 12 章给出。

式(10-2-3)称为反向传播算法(又称 BP 算法)。BP 算法的基本思想是,学习过程由信号的正向传播与误差的反向传播两个过程组成。正向传播时,输入样本从输入层传入,经各隐藏层逐层处理后传向输出层。若输出层的实际输出与期望的输出(教师信号)不符,则转入误差反向传播阶段。误差反向传播是将输出误差以某种形式通过隐藏层向输入层逐层反传并将误差分摊给各层的所有单元,从而获得各层单元的误差信号,此误差信号作为修正各单元权值的依据。这种信号正向传播与误差反向传播的各层权值调整过程是周而复始地进行的。权值不断调整的过程也就是网络学习训练过程。此过程一直进行到网络输出的误差减小到可接受的程度或进行到预先设定的学习次数为止。

## 10.2.2 递归 NARX 网络

在非线性动力系统的辨识和建模中,重点是从实验数据中寻找和获取模型,这些数据可以表示局部或全局操作区域内的固有系统动力学或输入输出行为。

递归 NARX 网络通过在 NARX 模型的基础上引入递归连接来实现,如图 10.2.2 所示。这种递归连接使得网络能够在每个时间段保持一个内部状态,从而捕捉时间序列数据中的动态依赖关系。具体来说,网络的输出不仅取决于当前和过去的输入,还取决于过去的输出。递归 NARX 网络通常使用前馈神经网络(如多层感知器)作为基本的非线性映射函数,通过反向传播算法进行训练。网络的训练目标是最小化实际输出和网络预测输出之间的误差。

从数学上讲,递归 NARX 网络可以公式化为

$$\begin{aligned}y(k)&= F[y(k-1),\cdots,y(k-n_y),u(k-d),\cdots,u(k-d-n_u)]\\&= w_0 + \sum_{i=1}^{m} w_i\varphi_i(y(k-1),\cdots,y(k-n_y),u(k-d),\cdots,u(k-d-n_u)) + e(k)\end{aligned} \tag{10-2-4}$$

其中,$e(k)$是建模误差,并且激活函数 $\varphi_i(\cdot)$,$i=1,\cdots,m$ 通常是预定义的。

注意,网络本身只是非线性激活单元 $\varphi_i(\cdot)$ 的加权组合,它们是简单的静态函数。网络中没有动态。这对于模式识别等应用来说是可以的,但在系统辨识中使用网络,滞后的输入和输出是必要的,这些输入和输出必须明确提供或通过程序重复提供。因此,网络本身具有非常简单的架构。

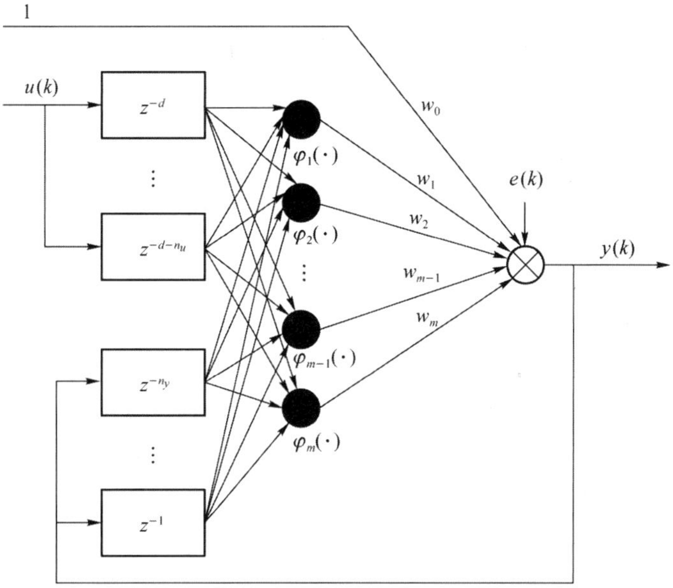


图 10.2.2 一种对于单输入单输出系统的递归 NARX 网络

神经网络中使用的术语也与系统辨识中通用的标准符号略有不同,线性和非线性系统参数的模型参数估计等价于网络权重的学习等。

## 10.2.3 开环与闭环 NARX 网络模型

开环与闭环 NARX 模型在公式表达上的主要区别在于反馈的使用。开环 NARX 模型是一个前馈神经网络模型,它根据过去的输入和真实的输出值来预测未来的输出值。在开环 NARX 模型中,没有使用反馈信号,即模型的输出不会作为输入再次反馈到模型中。

闭环 NARX 模型则在使用了上述的开环 NARX 模型基础上,将模型的输出反馈回输入端,并将其作为下一个时间步的输入之一。这样,模型的输出就不仅仅依赖过去的输入和输出,还依赖模型自身的预测结果。闭环 NARX 模型可以表示为

$$y(k)=F[\hat{y}(k-1),\hat{y}(k-2),\cdots,\hat{y}(k-n_y)+u(k-d),u(k-d-1),\cdots,u(k-d-n_u)]+e(k)$$

其中,$\hat{y}(t-i),i=1,\cdots,n_y$ 是模型在历史时间步上的预测输出,它被反馈回模型作为当前时间步的输入之一。这种反馈机制使得闭环 NARX 模型能够更好地处理具有时滞和反馈控制的系统。

需要注意的是,闭环 NARX 模型在实际应用中需要谨慎处理,因为反馈的引入可能导致模型的不稳定或者出现振荡。因此,在使用闭环 NARX 模型时,需要进行充分的测试和验证,以确保其稳定性和性能。

总体来说,开环 NARX 模型和闭环 NARX 模型的主要区别在于是否使用了反馈信号。

开环 NARX 模型仅依赖过去的输入和输出值进行预测，而闭环 NARX 模型则将预测结果反馈回输入端以影响未来的预测结果。

**例 10.2.1** 构建一个可以预测悬浮磁体动态行为的 NARX 模型，该系统的特点是磁体的位置和控制电流共同决定了磁体在某时刻之后的位置。

系统的运动方程为

$$\frac{d^2 y(t)}{dt^2} = -g + \frac{\alpha}{M}\frac{i^2(t)}{y(t)} - \frac{\beta}{M}\frac{dy(t)}{dt} \tag{10-2-5}$$

其中：$y(t)$是磁铁在电磁铁上方的距离；$i(t)$是经过电磁铁的电流；$M$ 是磁铁的质量；$g$ 是重力常数；$\beta$ 为黏性摩擦系数，由磁体运动材料决定；$\alpha$ 为场强常数，由电磁铁上的导线匝数和磁体(磁体位置)强度决定。收集了系统输入 $u(t)$(施加在电磁铁上的电压)和系统输出 $y(t)$(磁体位置)，其对应两个时间序列。

这是一个时间序列问题，它使用反馈时间序列的过去值(磁体位置)和外部输入序列(控制电流)来预测反馈序列的将来值。分别采用两个与 3 个的抽头延迟作为外部输入(控制电流)和反馈(磁体位置)。延迟越多，网络便能对越复杂的动态系统进行建模。训练网络之前，先使用外部输入和反馈时间序列的前两个时间步来填充网络的延迟状态。

在 MATLAB 中打开'nnet/model_maglev_demo'获取实验样本数据集 maglev_dataset，系统输入信号如图 10.2.3 所示。

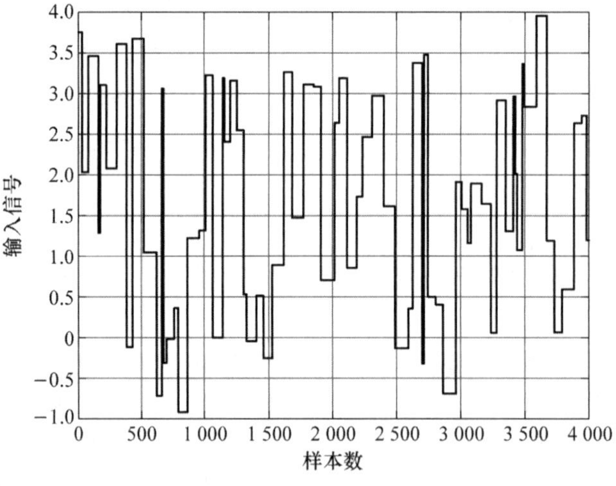


图 10.2.3 输入信号

利用 narxnet 函数创建一个非线性自回归神经网络模型。采用具有神经元个数为 10、8 的两个隐藏层网络对系统进行辨识，对 NARX 模型进行开环方式训练，即采用延迟输出的真实值作为网络输入，网络结构图 10.2.4 所示。

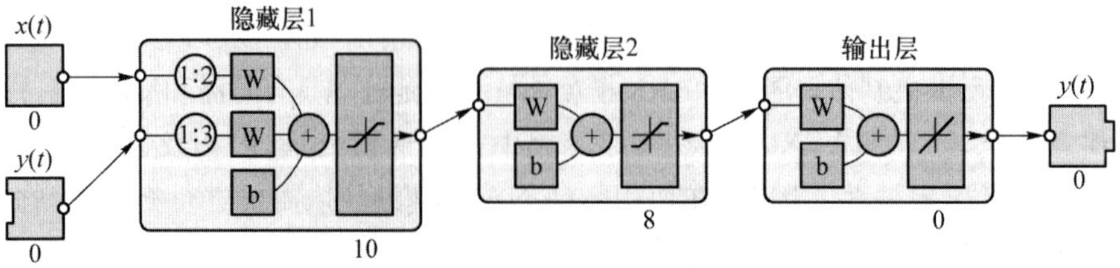


图 10.2.4 开环训练的 NARX 网络结构

此外，需要将两个反馈时间序列同时用作输入时间序列和目标时间序列。训练集用于对网络进行训练。MATLAB 中的 PREPARETS 功能用于模拟和训练的时间序列数据，以呈现给网络，将前 3 200 个时间步作为训练集、后 800 个时间步作为测试集。

只要网络针对验证集持续改进，训练就会继续。测试集提供完全独立的网络准确度测量。性能以均方误差衡量，并以对数刻度显示。随着网络训练的加深，均方误差迅速降低。图 10.2.5 显示了开环训练的模型在测试集上的辨识效果。

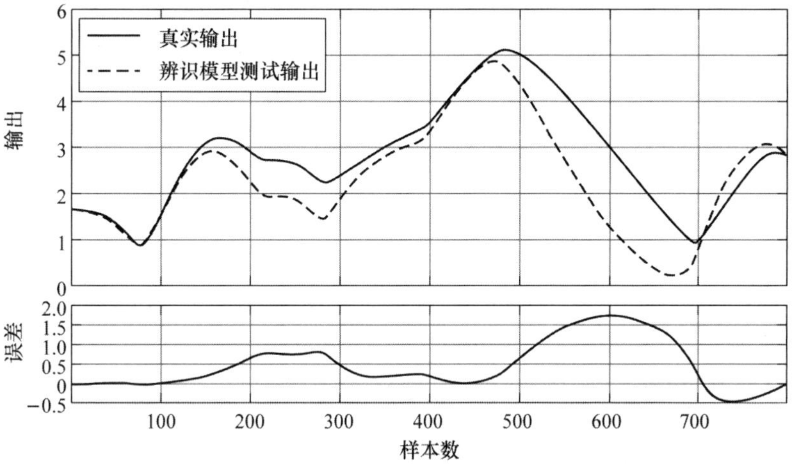


图 10.2.5　开环训练的 NARX 模型辨识测试集的效果与误差

同时，可以以闭环形式模拟网络，在 MATLAB 中将前面构建的 NARX 网络作为 closeloop 的输入得到闭环网络结构，如图 10.2.6 所示。在这种情况下，网络只给定初始的磁体位置，必须递归地使用自己预测的位置来预测新的位置。

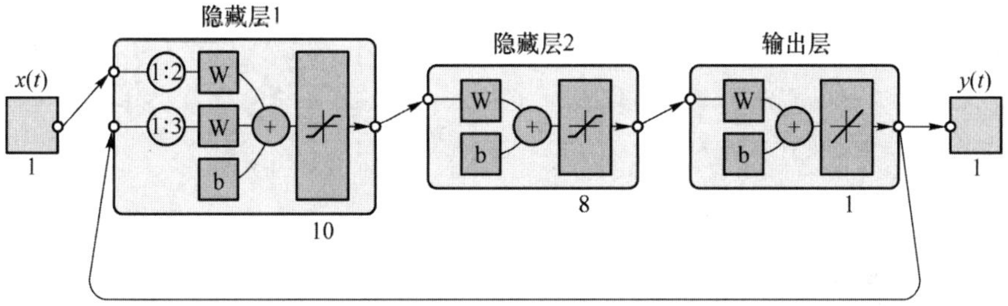


图 10.2.6　闭环训练的 NARX 网络结构

闭环训练过程更加复杂和耗时，因为需要处理递归反馈。其存在稳定性问题，特别是当模型的预测误差累积时，可能导致性能急剧下降。闭环训练可以让模型学习到如何处理和纠正自身的预测误差，从而提高长期预测的准确性。模型更能够适应系统的动态变化，因为它学习到了如何根据自身的预测来进行调整。图 10.2.7 显示闭环训练的模型在测试集上的辨识效果。

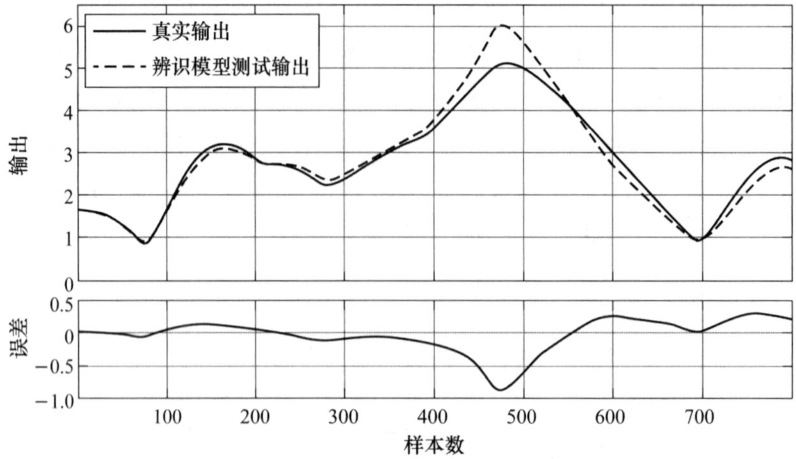


图 10.2.7 闭环训练的 NARX 模型辨识测试集的效果与误差

仿真代码如下：

```
[x,t] = maglev_dataset;
train_ratio = 0.8;
train_size = 3200;

x_train = x(:, 1:train_size);
t_train = t(:, 1:train_size);
x_test = x(:, train_size+1:end);
t_test = t(:, train_size+1:end);

setdemorandstream(491218381)
net = narxnet(1:2,1:3,[10,8]);
view(net)
[Xs,Xi,Ai,Ts] = preparets(net,x_train,{},t_train);
[net,tr] = train(net,Xs,Ts,Xi,Ai);
plotperform(tr)

Y_train = net(Xs,Xi,Ai);
perf = mse(net,Ts,Y_train)
plotresponse(Ts,Y_train)
figure
E = gsubtract(Ts,Y_train);
ploterrcorr(E)
plotinerrcorr(Xs,E)
[Xs,Xi,Ai,Ts] = preparets(net,x_test,{},t_test);
Y_test =  net(Xs,Xi,Ai);
perf = mse(net,Ts,Y_test)
plotresponse(Ts,Y_test)
```

```
figure
net2 = closeloop(net);
[Xs,Xi,Ai,Ts] = preparets(net2,x_train,{},t_train);
[net2,tr] = train(net2,Xs,Ts,Xi,Ai);
Y_train_close = net2(Xs,Xi,Ai);
perf = mse(net2,Ts,Y_train_close)
plotresponse(Ts,Y_train_close)
figure
[Xs,Xi,Ai,Ts] = preparets(net2,x_test,{},t_test);
Y_test_close = net2(Xs,Xi,Ai);
perf = mse(net2,Ts,Y_test_close)
plotresponse(Ts,Y_test_close)
```

# 本 章 小 结

本章介绍了基于 NARMAX 模型的非线性系统辨识问题。首先介绍了不同的 NARMAX 模型的表示形式。然后讨论了 NARMAX 模型的参数估计方法，这是模型辨识的核心。参数估计的目的是找到能够最佳拟合系统实际行为的模型参数。此外，本章还介绍了对 NARMAX 模型的噪声白化处理，这对于准确描述系统行为很重要。本章的另一个重点是基于神经网络的 NARMAX 模型辨识。神经网络作为一种强大的非线性建模工具，能够很好地处理 NARMAX 模型中的非线性问题，适用于更复杂的非线性动态系统建模与辨识。

# 本章参考文献

[1] Rahrooh A, Shepard S. Identification of Nonlinear Systems Using NARMAX Model [J]. Nonlinear Analysis: Theory, Methods & Applications, 2009, 71(12): 1198-1202.

[2] Boynton R J, Balikhin M A, Billings S A, et al. Data Derived NARMAX Dst Model [C]//Annalesgeophysicae. Copernicus GmbH, 2011, 29(6): 965-971.

[3] Billings S A, Coca D. Identification of NARMAX and Related Models[J]. Research report-university of Sheffield Department of Automatic Control and Systems Engineering, 2001, 75(13): 231-267.

# 本 章 习 题

1. 考虑如下的多项式 NARX 模型：

$$y(k)=0.5+0.2y(k-1)-0.4y^3(k-2)u(k-1)+0.5y^2(k-1)y(k-3)-2.2u(k-1)u(k-2)+e(k)$$

采用正弦衰减信号 $\sin(t\pi/4)\exp(-0.03t)$作为输入信号，噪声信号为均值为 0、标准差为0.01的高斯噪声，用于产生真实信号数据集，采用最小二乘的方法来对此多项式 NARX 模型的各项参数进行辨识。

2. 对于如下的 NARX 模型：

$$w(k)=3.4\sin(0.2k+0.7)+0.4w(k-1)+e(k)$$

将输入设置为 $u(k)=k\exp(-0.02k)$，噪声信号为均值为 0、标准差为 0.05 的高斯噪声，用来产生真实输入输出数据集，采用非线性最小二乘对模型中的各系数进行参数辨识。

3. 考虑如下的非线性 NARX 模型：

$$y(t)=\theta_1\sin(\theta_2u(t)+\theta_3u(t-1)+\theta_4)+\theta_5y(t-1)+e(t)$$

其中标定参数值如下表所示。

| 真实参数 | $\theta_1$ | $\theta_2$ | $\theta_3$ | $\theta_4$ | $\theta_5$ |
|---|---|---|---|---|---|
| 数值 | 3 | 0.4 | −0.8 | 6 | 1.2 |

(1) 采用开环训练方式进行网络模型的参数训练，分析模型辨识效果。

(2) 采用闭环训练方式进行网络模型的参数训练，分析模型辨识效果。

# 第 11 章

# 基于 K-L 分解的时空建模

在前面的章节中，所讨论的系统都可以看作一个集中参数系统，即把控制对象当作一个质点。系统的动力学模型一般为常微分方程。

如果将体积较大或者占空间区域很大的对象系统看作一个质点进行建模，则可能导致很大的建模误差，因为系统特性除了随着时间变化，还依赖空间位置。从机理上来说，一般这类系统模型需要用偏微分方程来描述。但是，机理建模的精确度对系统物理参数的依赖性很强，而系统的物理参数又可能与空间变量相关，是不确定且可能经常变化的。为弥补机理建模的缺点，本章讨论基于数据驱动的分布参数系统的建模。

关于时空建模的方法有很多讨论，可参阅本章参考文献[1]～[5]。本章主要介绍基于 Karhunen-Loeve(K-L)分解的正交时空模型。该方法除了可以用于分布参数控制系统的建模，还可以用于图像处理、故障诊断、系统仿真与数字孪生等领域。

## 11.1 正交分解

本节主要介绍 K-L 分解的相关内容。K-L 分解是一种基于傅里叶级数思想的方法。它可以将分布参数展开成一系列正交基函数和时间系数的乘积，从而实现近似建模。该方法是在最小二乘意义下实现最优。在系统精度给定情况下，K-L 分解获得的基函数维度最低，能够最大限度地反映系统的能量，是一种有效的偏微分方程系统的建模逼近方法。

### 11.1.1 K-L 分解

假设一个分布参数系统输出为$\{y(x_i,t)\}_{i,j}^{N,L}$，其中，$j=1,2,\cdots,L$ 表示对输出取时域上的 $L$ 个离散点采样，而 $i=1,2,\cdots,N$ 表示在空间上的 $N$ 个输出采样点。

输出的一个 K-L 分解可以写成如下形式：

$$y(x,t) = \sum_{i=1}^{\infty}\varphi_i(x)\psi_j(t) \tag{11-1-1}$$

其中，$\{\varphi_i(x)\}_i^{\infty}$ 表示空间基函数，$\{\psi_j(t)\}_j^{\infty}$ 表示时间系数。

在实际应用中，不可能取到无穷项。因此，一般取一个截断的近似表达式：

$$y_n(x,t) = \sum_{i=1}^{n} \varphi_i(x)\psi_i(t) \tag{11-1-2}$$

记函数的范数：

$$\langle f(x), f(x) \rangle = \| f \|^2 \tag{11-1-3}$$

函数按时间采样平均值为

$$\overline{f(x,t)} = \frac{1}{L}\sum_{i=1}^{L} f(x,t_i) \tag{11-1-4}$$

求输出 $y(x,t)$的一个 $n$ 阶最佳近似可转化为如下的最优化问题：

$$\begin{aligned} &\min_{\varphi(x)} \| y(x,t) - y_n(x,t) \|^2 \\ &\text{s. t.} \\ &\| \varphi_i \| = 1 \\ &i = 1,2,\cdots,n \end{aligned} \tag{11-1-5}$$

对式(11-1-5)，利用变分法，可得极值存在的必要条件为

$$\begin{cases} \int_\Omega R(x,\zeta)\varphi_i(\zeta)\mathrm{d}\zeta = \lambda_i\varphi_i(x) \\ \langle \varphi_i, \varphi_i \rangle = 1 \\ i = 1,2,\cdots,n \end{cases} \tag{11-1-6}$$

其中，$R(x,\zeta) = \langle y(x,t), y(\zeta,t) \rangle$，为输出空间上两点的相关函数。如果能求解特征方程(11-1-6)，就可以计算出空间基函数。

在 K-L 分解中，一般要求空间基函数是单位正交的，即

$$\langle \varphi_i(x), \varphi_j(x) \rangle = \int_\Omega \varphi_i(x)\varphi_j(x)\mathrm{d}x = \begin{cases} 0, & i = j \\ 1, & i \neq j \end{cases} \tag{11-1-7}$$

其中，$\langle \varphi_i(x), \varphi_j(x) \rangle = \int_\Omega \varphi_i(x)\varphi_j(x)\mathrm{d}x$ 为希尔伯特空间的内积。只要得到正交空间基函数，根据投影法则，就可以计算出时间系数，并可以获得系统的近似表达式。

一旦计算出 $\varphi_1, \varphi_2, \cdots, \varphi_n$，就可以采用格兰特-施密特正交化过程计算出标准正交基。

### 11.1.2 双正交 K-L 分解

为了推导的方便，根据对偶原理，也可将时间系数正交化。

对于一个一般系统，假设系统输出$\{y(x_i,t)\}_{i=1,j=1}^{N,L}$均匀分布在时间域和空间域上，正交空间基函数为$\{\varphi_i(x)\}_{i=1}^{\infty}$，正交时间基函数为$\{\psi_i(t)\}_{i=1}^{\infty}$，系数为$\{\alpha_i\}_{i=1}^{\infty}$，则通过双正交分解系统的输出可以表示为如下形式：

$$y(x,t) = \sum_{i=1}^{\infty} \alpha_i\varphi_i(x)\psi_i(t) \tag{11-1-8}$$

基函数满足正交特性，即

$$\begin{aligned} &\langle \varphi_i(x), \varphi_j(x) \rangle = \int_\Omega \varphi_i(x)\varphi_j(x)\mathrm{d}x = \begin{cases} 0, & i \neq j \\ 1, & i = j \end{cases} \\ &\langle \psi_i(t), \psi_j(t) \rangle = \int_T \psi_i(t)\psi_j(t)\mathrm{d}t = \begin{cases} 0, & i \neq j \\ 1, & i = j \end{cases} \end{aligned} \tag{11-1-9}$$

其中,〈·,·〉表示内积。

在实际应用中,只需选取主导基函数即可反映系统的绝大部分能量,假设选取 $n$ 个基函数,则

$$y_n(x,t)=\sum_{i=1}^{n}\alpha_i\varphi_i(x)\psi_i(t)$$
$$\alpha_i=\langle y(x,t),\varphi_i(x)\psi_i(t)\rangle \tag{11-1-10}$$

系统的主导基函数可以通过求解如下最小化问题获得:

$$\min_{\varphi_i(x),\psi_i(t)}\frac{1}{N}\frac{1}{L}\int_T\int_\Omega\left(y(x,t)-y_n(x,t)\right)^2\mathrm{d}x\mathrm{d}t$$
$$\text{s.t.}\quad\begin{cases}\langle\varphi_i(x),\varphi_i(x)\rangle=1, & \varphi_i(x)\in L^2(\Omega), \quad i=1,\cdots,n\\ \langle\psi_i(t),\psi_i(t)\rangle=1, & \psi_i(t)\in L^2(T), \quad i=1,\cdots,n\end{cases} \tag{11-1-11}$$

针对上述优化问题,通过引入拉格朗日乘子将其转化为无约束优化问题,即

$$\begin{aligned}J=&\frac{1}{N}\frac{1}{L}\int_T\int_\Omega\left[y(x,t)-\sum_{i=1}^{n}\alpha_i\varphi_i(x)\psi_i(t)\right]^2\mathrm{d}x\mathrm{d}t+\\&\sum_{i=1}^{n}\lambda_i(\langle\varphi_i(x),\varphi_i(x)\rangle-1)+\sum_{i=1}^{n}\eta_i(\langle\psi_i(t),\psi_i(t)\rangle-1)\\=&\frac{1}{N}\frac{1}{L}\int_T\int_\Omega\left\{y^2(x,t)-2y(x,t)\sum_{i=1}^{n}\alpha_i\varphi_i(x)\psi_i(t)+\boldsymbol{\Lambda}\boldsymbol{\Lambda}^{\mathrm{T}}\right\}\mathrm{d}x\mathrm{d}t+\\&\sum_{i=1}^{n}\lambda_i\left[\int_\Omega\varphi_i^2(x)\mathrm{d}x-1\right]+\sum_{i=1}^{n}\eta_i\left[\int_T\psi_i^2(t)\mathrm{d}t-1\right]\end{aligned} \tag{11-1-12}$$

其中,

$$\boldsymbol{\Lambda}=\begin{pmatrix}\alpha_1\\\alpha_2\\\vdots\\\alpha_n\end{pmatrix}^{\mathrm{T}}\begin{pmatrix}\varphi_1(x) & 0 & \cdots & 0\\0 & \varphi_2(x) & 0 & \vdots\\\vdots & 0 & & 0\\0 & \cdots & 0 & \varphi_n(x)\end{pmatrix}\begin{pmatrix}\psi_1(t)\\\psi_2(t)\\\vdots\\\psi_n(t)\end{pmatrix},\quad\boldsymbol{\Lambda}\boldsymbol{\Lambda}^{\mathrm{T}}=\sum_{i=1}^{n}\alpha_i^2 \tag{11-1-13}$$

根据变分法,对式(11-1-12)取关于 $\varphi_i(x)$ 和 $\psi_i(t)$ 的变分,可得目标泛函的变分为

$$\begin{aligned}\delta J=&\left\{\frac{1}{N}\frac{1}{L}\int_T\int_\Omega\left\{\left[-2y(x,t)\sum_{i=1}^{n}\alpha_i\psi_i(t)\right]\delta\varphi_i(x)+\right.\right.\\&\left.\left[-2y(x,t)\sum_{i=1}^{n}\alpha_i\varphi_i(x)\right]\delta\psi_i(t)\right\}\mathrm{d}x\mathrm{d}t+\\&\left.\sum_{i=1}^{n}2\lambda_i\int_\Omega\varphi_i(x)\delta\varphi_i(x)\mathrm{d}x+\sum_{i=1}^{n}2\eta_i\int_T\psi_i(t)\delta\psi_i(t)\mathrm{d}t\right\}\end{aligned} \tag{11-1-14}$$

整理得

$$\begin{aligned}\delta J=&\int_\Omega\left\{\frac{1}{N}\frac{1}{L}\int_T\left[-2y(x,t)\sum_{i=1}^{n}\alpha_i\psi_i(t)\right]\mathrm{d}t+\sum_{i=1}^{n}2\lambda_i\varphi_i(x)\right\}\delta\varphi_i(x)\mathrm{d}x+\\&\int_T\left\{\frac{1}{N}\frac{1}{L}\int_\Omega\left[-2y(x,t)\sum_{i=1}^{n}\alpha_i\varphi_i(x)\right]\mathrm{d}x+\sum_{i=1}^{n}2\eta_i\psi_i(t)\right\}\delta\psi_i(t)\mathrm{d}t\end{aligned} \tag{11-1-15}$$

上述泛函极值存在的必要条件为 $\delta J=0$,由于 $\varphi_i(x)$ 和 $\psi_i(t)$ 可以是任意函数,可得如下必要条件:

$$\frac{1}{N}\frac{1}{L}\int_T\left[y(x,t)\sum_{i=1}^n\alpha_i\psi_i(t)\right]\mathrm{d}t=\sum_{i=1}^n\lambda_i\varphi_i(x) \tag{11-1-16}$$

$$\frac{1}{N}\frac{1}{L}\int_\Omega\left[y(x,t)\sum_{i=1}^n\alpha_i\varphi_i(x)\right]\mathrm{d}x=\sum_{i=1}^n\eta_i\psi_i(t) \tag{11-1-17}$$

对于时间域和空间域内的所有采样点，令 $t=1,\cdots,L$，对应 $t_1,\cdots,t_L$，令 $z=1,2,\cdots,N$ 对应 $x_1,x_2,\cdots,x_N$，则可以得到如下两个积分近似：

$$\int_T f(x,t)\mathrm{d}t=\sum_{t=1}^L f(x,t) \tag{11-1-18}$$

$$\int_\Omega f(x,t)\mathrm{d}x=\sum_{z=1}^N f(x,t) \tag{11-1-19}$$

则上述必要条件可以写作

$$\frac{1}{N}\frac{1}{L}\sum_{t=1}^L\left[y(x,t)\sum_{i=1}^n\alpha_i\psi_i(t)\right]=\sum_{i=1}^n\lambda_i\varphi_i(x) \tag{11-1-20}$$

$$\frac{1}{N}\frac{1}{L}\sum_{z=1}^N\left[y(x,t)\sum_{i=1}^n\alpha_i\varphi_i(x)\right]=\sum_{i=1}^n\eta_i\psi_i(t) \tag{11-1-21}$$

在式(11-1-20)中，$\alpha_i\psi_i(t)$可以视为 $y(x,t)$在空间基函数 $\varphi_i(x)$上的投影，即

$$\alpha_i\psi_i(t)=\langle y(x,t),\varphi_i(x)\rangle \tag{11-1-22}$$

化简可得

$$\frac{1}{N}\frac{1}{L}\sum_{t=1}^L\sum_{i=1}^n y(x,t)\int_\Omega\varphi_i(\xi)y(\xi,t)\mathrm{d}\xi=\sum_{i=1}^n\lambda_i\varphi_i(x) \tag{11-1-23}$$

令

$$R(x,\xi)=\frac{1}{N}\frac{1}{L}\sum_{t=1}^L y(x,t)y(\xi,t) \tag{11-1-24}$$

可得

$$\sum_{i=1}^n\int_\Omega R(x,\xi)\varphi_i(\xi)\mathrm{d}\xi=\sum_{i=1}^n\lambda_i\varphi_i(x) \tag{11-1-25}$$

考虑到当 $i=1,\cdots,n$ 时的相互独立性，当且仅当以下条件满足时，式(11-1-25)成立：

$$\int_\Omega R(x,\xi)\varphi_i(\xi)\mathrm{d}\xi=\lambda_i\varphi_i(x) \tag{11-1-26}$$

类似地，令

$$R(t,\tau)=\frac{1}{N}\frac{1}{L}\sum_{z=1}^N y(x,t)y(x,\tau) \tag{11-1-27}$$

由式(11-1-21)可以得到如下方程：

$$\int_T R(t,\tau)\psi_i(\tau)\mathrm{d}\tau=\eta_i\psi_i(t) \tag{11-1-28}$$

综上所述，式(11-1-12)所述优化问题极值的必要条件为

$$\begin{cases}\int_\Omega R(x,\xi)\varphi_i(\xi)\mathrm{d}\xi=\lambda_i\varphi_i(x)\\ \int_T R(t,\tau)\psi_i(\tau)\mathrm{d}\tau=\eta_i\psi_i(t), \quad i=1,\cdots,n\end{cases} \tag{11-1-29}$$

上述积分方程采用常规的方法求解十分复杂，而且针对样本点总是离散分布的。下面将基于系统的采样数据，介绍一种快照法，通过离散化，将积分特征方程问题近似为求矩阵特征

值问题,从而可以确定基函数。

## 11.1.3 基于快照法的近似基函数计算

由于通过式(11-1-29)求解基函数非常困难,这里我们充分利用获取的离散采样信息,将这些信息按照空间或者时间顺序排序,就可构成一个类似照片底片的快照序列。例如,一个按时间顺序排列的快照序列为

$$y(x,1),y(x,2),\cdots,y(x,N) \tag{11-1-30}$$

另一个按空间顺序排序的快照序列为

$$y(1,t),y(2,t),\cdots,y(N,t) \tag{11-1-31}$$

我们的目的就是利用快照序列来构造基函数序列。假设空间基函数 $\varphi_i(x)$和时间基函数 $\psi_i(t)$可以分别写成关于快照序列式(11-1-30)与式(11-1-31)的如下线性组合:

$$\varphi_i(x) = \sum_{t=1}^{L} \gamma_{it} y(x,t) \tag{11-1-32}$$

$$\psi_i(t) = \sum_{z=1}^{N} \omega_{iz} y(x,t) \tag{11-1-33}$$

其中,$L$、$N$ 的意义同式(11-1-1)。

将式(11-1-32)和式(11-1-33)代入式(11-1-29),可得

$$\begin{cases} \dfrac{1}{N}\dfrac{1}{L}\displaystyle\int_{\Omega}\sum_{t=1}^{L} y(x,t)y(\xi,t)\sum_{k=1}^{L}\gamma_{ik}y(\xi,k)\mathrm{d}\xi = \lambda_i\sum_{t=1}^{L}\gamma_{it}y(x,t) \\ \dfrac{1}{N}\dfrac{1}{L}\displaystyle\int_{T}\sum_{z=1}^{N} y(x,t)y(x,\tau)\sum_{z=1}^{N}\omega_{iz}y(z,\tau)\mathrm{d}\tau = \eta_i\sum_{z=1}^{N}\omega_{iz}y(x,t) \end{cases} \tag{11-1-34}$$

定义两点之间的相关函数如下:

$$C_{tk} = \frac{1}{N}\frac{1}{L}\int_{\Omega}\sum_{k=1}^{L} y(\xi,t)y(\xi,k)\mathrm{d}\xi \tag{11-1-35}$$

$$C_{xz} = \frac{1}{N}\frac{1}{L}\int_{T}\sum_{z=1}^{N} y(x,\tau)y(z,\tau)\mathrm{d}\tau \tag{11-1-36}$$

则式(11-1-34)转化为如下的矩阵特征值问题:

$$\begin{cases} C_{tk}\gamma_i = \lambda_i\gamma_i \\ C_{xz}\omega_i = \eta_i\omega_i \end{cases} \tag{11-1-37}$$

其中,$\gamma_i=(\gamma_{i1},\cdots,\gamma_{iL})^{\mathrm{T}}$ 和 $\omega_i=(\omega_{i1},\cdots,\omega_{iN})^{\mathrm{T}}$ 表示第 $i$ 个特征向量。

根据式(11-1-37)可以求得一系列的 $\gamma_i$ 和 $\omega_i$,将结果代入式(11-1-32)和式(11-1-33),即可确定空间基函数和时间基函数。由于矩阵 $\boldsymbol{C}$ 是对称半正定的,因此特征向量 $\gamma_i$ 和 $\omega_i$ 分别是正交的。在经过标准化处理后,即可得到最终的空间基函数和时间基函数。

## 11.1.4 维数选取

在基函数的形式确定后,基函数维数的选取直接影响时空维纳模型的建模效果。在上述问题中,假设得到的最大非零特征值的总数为 $K$,满足 $K\leqslant\min(N,L)$。对所有特征值降序排列,即 $\lambda_1\geqslant\lambda_2\geqslant\cdots\geqslant\lambda_K$ 对应基函数 $\varphi_1(x),\varphi_2(x),\cdots,\varphi_K(x)$, $\eta_1\geqslant\eta_2\cdots\geqslant\eta_K$ 对应基函数 $\psi_1(t)$,

$\psi_2(t),\cdots,\psi_K(t)$。

对于基函数维数的选取,选取的主导基函数越多,系统的近似精度越高,但是过多的基函数会增加模型的复杂度,降低模型的泛化能力。因此,需要在保证系统精度的前提下,权衡模型的复杂度,合理选取基函数维度。由文献[5]可知,系统的总能量可以用所有特征值的总和来衡量,特征值的和越大,基函数反映的系统能量越多。对于特征值为 $\mu_i$,由双正交时空分解得到的基函数为 $\phi_i(\cdot)$,则其反映的能量比例为

$$E_i=\frac{\mu_i}{\sum_{j=1}^{K}\mu_j} \tag{11-1-38}$$

一般来说,当所有基函数的能量总和大于 99% 时,即可认为这组基函数能反映系统的绝大部分能量。此时,若基函数所反映的总能量随基函数的增加变化不再明显,相应的维数 $n$ 就是我们需要的维数,在排好序的基函数集中,选取前 $n$ 个基函数,即可确定最终的基函数。

经验表明,对于大多数时空系统,只需要前几个主导基函数就可反映系统的全部能量。对于任意基函数 $\{\theta_i(\cdot)\}_{i=1}^{n}$,可得到如下方程:

$$\sum_{i=1}^{n}\langle(y(x,t),\varphi_i(\cdot))^2\rangle=\sum_{i=1}^{n}\mu_i\geqslant\sum_{i=1}^{n}\langle(y(x,t),\theta_i(\cdot))^2\rangle \tag{11-1-39}$$

这表明,K-L 分解相比于其他方法,可以得到维数更低的模型。

# 11.2 基于 K-L 分解的分布参数系统时空建模

一个分布参数系统的经典时空建模原理如图 11.2.1 所示。对于一个输入为 $u_{\text{in}}(x,t)$、输出为 $y(x,t)$的分布参数系统,其中 $x$ 表示空间变量,$t$ 为时间变量,首先通过 K-L 分解,将系统的输出分解成一系列空间基函数 $\varphi(x)$和时间系数 $y(t)$乘积的形式。然后采用参数辨识的方法(如神经网络、带外部输入的自回归模型等)建立输入和时间系数之间的关系。最后,通过空间基函数和辨识的时间系数 $\tilde{y}(t)$重构系统输出,得到系统的近似模型。采用该模型代替分布参数系统的机理模型,从而可进行最优控制求解、预测控制、非线性控制等。

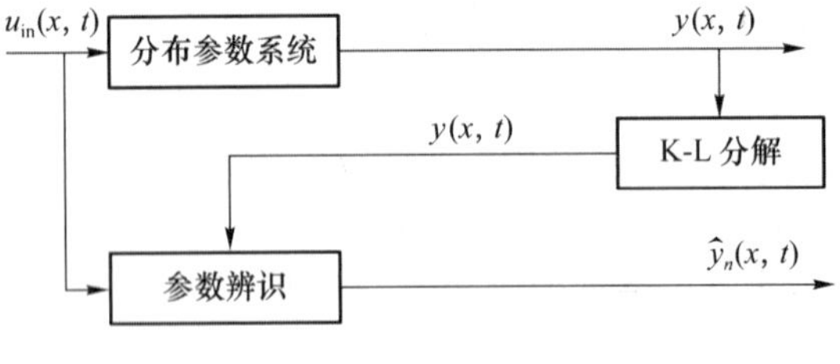


图 11.2.1 经典时空建模原理图

## 11.2.1 分布参数系统的时空建模

设一个动态分布参数系统在时域上的输入输出关系满足如下卷积:

$$y(x,t)=\sum_{\tau=0}^{t}\int_{\Omega}h(x,z,\tau)c_{\text{in}}(z,t-\tau)\mathrm{d}z+d(x,t) \tag{11-2-1}$$

其中，$d(x,t)$表示系统的外部干扰。

设方程状态信息的空间基函数为$\{\varphi_i(x)\}_{i=1}^n$，时间基函数为$\{\psi_i(t)\}_{i=1}^l$，输入信号的空间基函数为$\{\varphi_i(x)\}_{i=1}^m$，输入时间基函数为$\{\psi_i(t)\}_{i=1}^l$。

系统输入变量$u_{in}$可以近似表示为

$$u_{in}(z,t) = \sum_{i=1}^{m} c_i\varphi_i(z)\psi_i(t) \tag{11-2-2}$$

其中，$c_i=\langle u_{in}(z,t),\varphi_i(z)\psi_i(t)\rangle$表示内积，为系数。

未建模动态和随机扰动误差$d(x,t)$可以表示为

$$d_n(x,t)= \sum_{i=1}^{n} d_i\varphi_i(x)\psi_i(t) \tag{11-2-3}$$

其中，$d_i(t)=\langle d(x,t),\varphi_i(x)\psi_i(t)\rangle$表示系数。

假设式(11-2-1)中的线性动态模块$h(x,z,\tau)$在时域$[0,\infty)$，对于任意空间点$x$和$z$是绝对可积的，也就是说，动态模块是稳定的，则该模块可描述为

$$h_{n,l}(x,z,\tau) = \sum_{i=1}^{n}\sum_{j=1}^{m}\sum_{k=1}^{l}\alpha_{i,j,k}\varphi_i(x)\phi_j(z)\psi_k(\tau) \tag{11-2-4}$$

其中，$\alpha_{i,j,k}\in\mathbb{R}\ (i=1,\cdots,n,j=1,\cdots,m,k=1,\cdots,l)$表示基函数$\varphi_i(x)$、$\phi_j(z)$和$\psi_k(\tau)$相应的常系数，$h_{n,l}(x,z,\tau)$就是卷积核。

将式(11-2-4)代入式(11-2-1)，得

$$\begin{aligned}
y(x,t)= & \sum_{i=1}^{n} b_i\varphi_i(x)\psi_i(t)\\
= & \sum_{\tau=0}^{t}\int_{\Omega}\sum_{i=1}^{n}\sum_{j=1}^{m}\sum_{k=1}^{l}\alpha_{ijk}\varphi_i(x)\phi_j(z)\psi_k(t-\tau)\sum_{r=1}^{m}\phi_j(z)\psi_k(t-\tau)c_r\mathrm{d}z+\sum_{i=1}^{n}d_i\varphi_i(x)\psi_i(t)\\
= & \sum_{i=1}^{n}\varphi_i(x)\sum_{j=1}^{m}\sum_{k=1}^{l}\alpha_{ijk}\sum_{r=1}^{m}\int_{\Omega}\phi_j(z)\phi_r(z)\mathrm{d}z\sum_{\tau=0}^{t}\psi_k(t-\tau)\psi_r(\tau)c_r+\\
& \sum_{i=1}^{n}d_i\varphi_i(x)\psi_i(t)
\end{aligned} \tag{11-2-5}$$

令

$$\phi_{jr}\triangleq\int_{\Omega}\phi_j(z)\phi_r(z)\mathrm{d}z,\quad L_{kr}(t) = \sum_{\tau=0}^{t}\psi_k(t-\tau)c_r \tag{11-2-6}$$

可得

$$\sum_{i=1}^{n} b_i\varphi_i(x)\psi_i(t) = \sum_{i=1}^{n}\varphi_i(x)\sum_{j=1}^{m}\sum_{k=1}^{l}\alpha_{ijk}\sum_{r=1}^{m}\psi_r(\tau)\phi_{jr}L_{kr}+\sum_{i=1}^{n}d_i\varphi_i(x)\psi_i(t) \tag{11-2-7}$$

为了找到系数之间的关系，将式(11-2-7)两端分别与$\varphi_h(x)$与$\psi_z(t)$做内积，根据基的正交性，得

$$\begin{aligned}
& \sum_{i=1}^{n}\int_{\Omega}\varphi_i(x)\varphi_h(x)\mathrm{d}xb_i\\
= & \sum_{i=1}^{n}\int_{\Omega}\int_{\Omega}\varphi_i(x)\varphi_h(x)\mathrm{d}x\sum_{j=1}^{m}\sum_{k=1}^{l}\alpha_{ijk}\sum_{r=1}^{m}\psi_r(\tau)\phi_{jr}L_{kr}+\sum_{i=1}^{n}\int_{\Omega}\varphi_i(x)\varphi_h(x)\mathrm{d}xd_i
\end{aligned} \tag{11-2-8}$$

根据 Galerkin 法，得如下 $n$ 个方程：

$$b_i = \sum_{j=1}^{m}\sum_{k=1}^{l}\alpha_{i,j,k}\sum_{r=1}^{m}\phi_{j,r}L_{k,r}(t) + d_i, \quad i = 1,\cdots,n \tag{11-2-9}$$

令

$$\begin{aligned}\boldsymbol{L}_{jk} &\overset{\Delta}{=} \sum_{r=1}^{m}\phi_{j,r}L_{k,r}(t), \quad \boldsymbol{B}^{\mathrm{T}} \overset{\Delta}{=} (b_1,\cdots,b_n)\\ \boldsymbol{D}^{\mathrm{T}} &\overset{\Delta}{=} (d_1,\cdots,d_n), \quad \boldsymbol{\alpha}_{jk}^{\mathrm{T}} \overset{\Delta}{=} (\alpha_{1jk},\cdots,\alpha_{njk})\end{aligned} \tag{11-2-10}$$

写成矩阵形式

$$\boldsymbol{B} = \sum_{j=1}^{m}\sum_{k=1}^{l}\boldsymbol{\alpha}_{jk}\boldsymbol{L}_{jk} + \boldsymbol{D}, \quad i = 1,\cdots,n \tag{11-2-11}$$

令 $\boldsymbol{\alpha}_{11} = \boldsymbol{I}$，

$$\boldsymbol{D} = -\boldsymbol{L}_{11} - \boldsymbol{A}^{\mathrm{T}}\overline{\boldsymbol{L}}(t) \tag{11-2-12}$$

其中，

$$\begin{aligned}\overline{\boldsymbol{L}}^{\mathrm{T}} &= (\boldsymbol{L}_{12},\cdots,\boldsymbol{L}_{1l},\boldsymbol{L}_{21},\cdots,\boldsymbol{L}_{ml},-\boldsymbol{I})\\ \boldsymbol{A} &= (\boldsymbol{\alpha}_{12},\cdots,\boldsymbol{\alpha}_{1l},\boldsymbol{\alpha}_{21},\cdots,\boldsymbol{\alpha}_{ml},\boldsymbol{B})\end{aligned} \tag{11-2-13}$$

为待定参数矩阵。

对于式(11-2-11)，通过求如下极小化问题：

$$\min_{\boldsymbol{A}}\frac{1}{L}\|\boldsymbol{D}\|^2 \tag{11-2-14}$$

即可确定式(11-2-14)的一个最小二乘估计式为

$$\hat{\boldsymbol{A}} = \left(\frac{1}{L}\sum_{t=1}^{L}\overline{\boldsymbol{L}}(t)\overline{\boldsymbol{L}}^{\mathrm{T}}(t)\right)^{-1}\left(-\frac{1}{L}\sum_{t=1}^{L}\overline{\boldsymbol{L}}(t)\boldsymbol{L}_{1,1}^{\mathrm{T}}(t)\right) \tag{11-2-15}$$

## 11.2.2 仿真实例

为了验证上一节所论述的建模方法的有效性，考虑一个管式化学反应器的时空建模问题。

**例 11.2.1** 考虑如图 11.2.2 所示的管式反应器，反应器中有一根细长的催化棒，A 从反应器的一端进入，经过化学放热反应以后，生成物质 B，从反应器另一端排出。整个过程是放热过程。为了保持反应器温度恒定，需要向反应器提供冷却剂。整个系统是分布参数系统，控制目标是通过调整冷却剂的温度保持系统内各个空间点温度恒定。

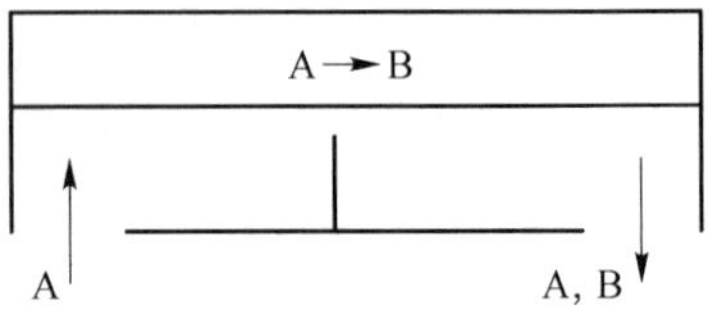


图 11.2.2 管式反应器示意图

该系统的机理模型为

$$\frac{\partial y(x,t)}{\partial t} = \frac{\partial^2 y(x,t)}{\partial x^2} + \beta_T\left(\mathrm{e}^{-\frac{\gamma}{(1+y)}} - \mathrm{e}^{-\gamma}\right) + \beta_u\left(b(x)u(t) - y(x,t)\right)$$

边值满足 Dirichlet 条件：

$$y(0,t)=0, \quad y(X,t)=0$$

初始条件：

$$y(x,0)=0$$

其中，$y(x,t)$表示反应器温度，$u(t)$表示冷却剂的温度，$b_i(x)$表示执行器的分布函数，$\beta_T$ 表示反应热量，$\beta_u$ 表示热传导系数，$\gamma$ 表示活化能，$X$ 表示反应器长度。

参数标定值如表 11.2.1 所示。

**表 11.2.1　参数标定值**

| 参数 | $\beta_T$ | $\beta_u$ | $\gamma$ | $T$ | $X$ |
|---|---|---|---|---|---|
| 数值 | 16 | 2 | 2 | 2 | 3 |

假设在反应器中有 4 个均匀分布的控制器，记为

$$\boldsymbol{u}^{\mathrm{T}}=(u_1,u_2,u_3,u_4)$$

相应的空间分布函数(权值)

$$\boldsymbol{b}^{\mathrm{T}}(x)=(b_1,b_2,b_3,b_4)$$

其中，

$$b_i(x)=H\left(x-\frac{(i-1)\pi}{4}\right)-H\left(x-\frac{i\pi}{4}\right)$$

这里 $H(\cdot)$表示阶跃函数。

为了得到快照序列，令激励信号分别为

$$u_i(t)=1.1+5\sin\left(15t+\frac{i}{10}\right),\quad i=1,2,3,4$$

通过有限差分法求解机理方程，可以得到输入输出样本集，其图形如图 11.2.3 所示。为使用本章提出的双正交时空维纳模型建模方法，以方便建立输入和输出之间的模型，这里时间节点数取 $L=100$，空间节点数取 $N=120$，采样周期 $D_t=0.01$。

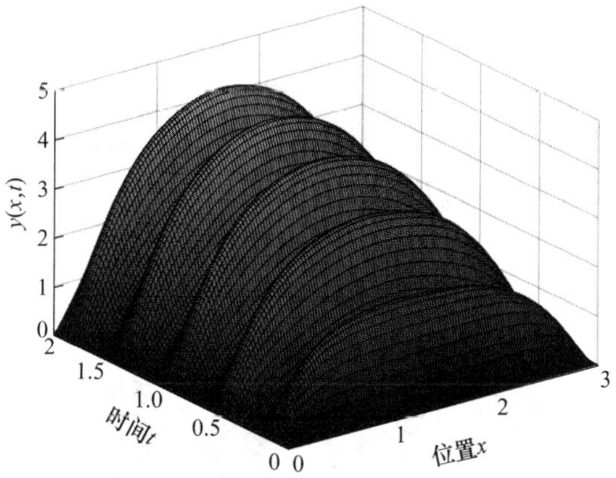


图 11.2.3　利用数值计算得到的系统输出图形

对样本数据进行双正交时空分解，可得到主导时间基函数和空间基函数。为了确定基函数的数目，从得到的主导基函数中选取不同数目的空间基函数和时间基函数，组成最终的基函数，在确定基函数维数时，采用 11.1.4 节中给出的方法，分别计算不同基函数数目下反映的系统能量，列入表 11.2.2 中，空间基函数和时间基函数的数目总是保持一致。

表 11.2.2 不同基函数下的能量

| 基函数数目 | 1 | 2 | 3 | 4 | 5 | 6 |
|---|---|---|---|---|---|---|
| 反映的系统能量 | 94.115 1 | 97.812 1 | 98.899 1 | 99.230 1 | 99.401 2 | 99.544 7 |

由表 11.2.2 可知，当基函数数目为 4 时，反映的系统能量刚好大于 99%；当基函数数目大于 4 时，反映的系统能量随基函数的增加变化不再明显。因此，我们选取前 4 个主导时间基函数和空间基函数，作为最终的基函数。代入双正交时空维纳系统中，辨识出未知参数，即可得到具体的模型。图 11.2.4 为所建立的系统模型的预测输出结果。

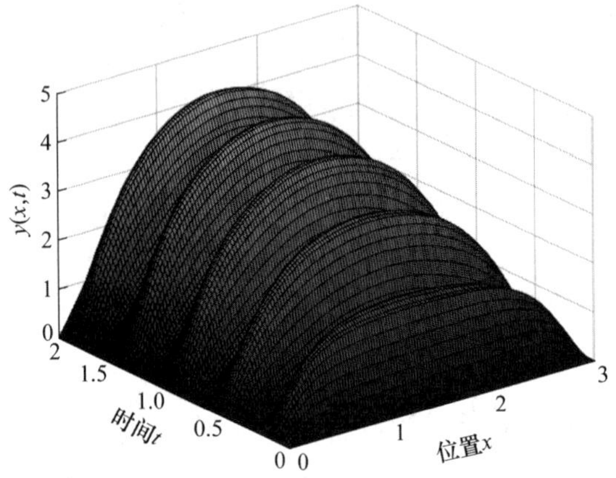


图 11.2.4 所建立的系统模型的预测输出结果

为了评价建模结果，定义如下均方误差指标：

$$\mathrm{RMSE}=\sqrt{\left(\frac{\int e^2(x,t)\mathrm{d}x}{\int \mathrm{d}x\sum \Delta t}\right)}$$

该指标能够衡量模型的精度。从图 11.2.5 中可以发现，对于空间所有点，模型的预测误差均小于 0.01，通过计算可知，模型的预测输出与系统真实输出的均方误差为 0.017 4，这说明本章提出的双正交时空维纳建模方法具有较好的建模精度。

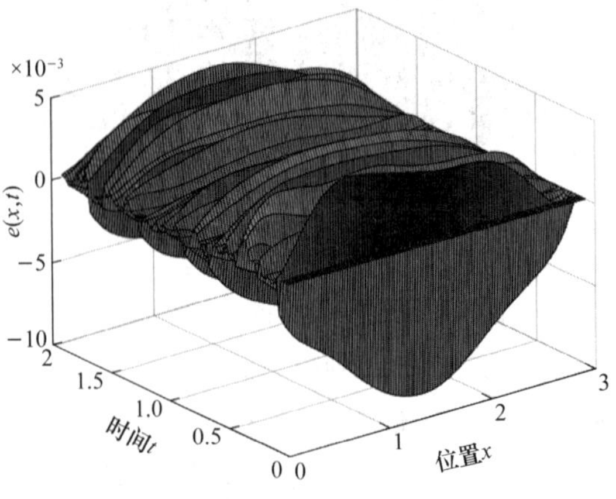


图 11.2.5 所建立的系统模型的预测误差

为了测试模型的泛化性或者适应性，重新给催化反应过程一组新的输入：

$$u_i(t)=1.1+5\sin\left(16t+\frac{i}{10}\right),\quad i=1,2,3,4$$

分析此时模型的预测效果。此时模型的预测输出和预测误差分别如图 11.2.6 和图 11.2.7所示。通过对比可知，预测结果与系统的真实输出基本一致，预测的最大绝对误差均小于 0.1，此时的均方误差为 RMSE = 0.023 9。由此说明，本章所提方法建立的模型具有很好的泛化能力。

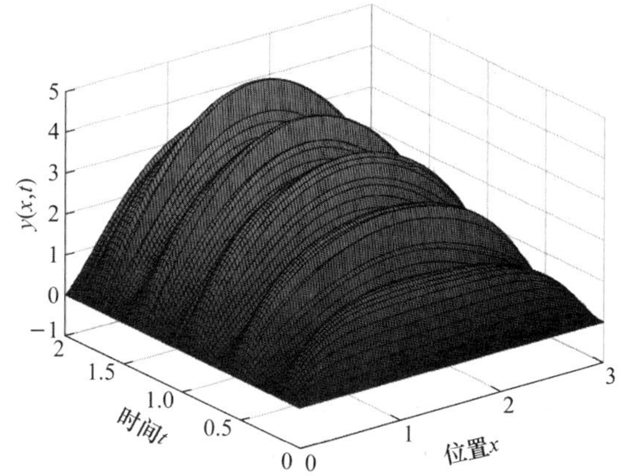


图 11.2.6 所建立的系统模型对测试信号的预测输出

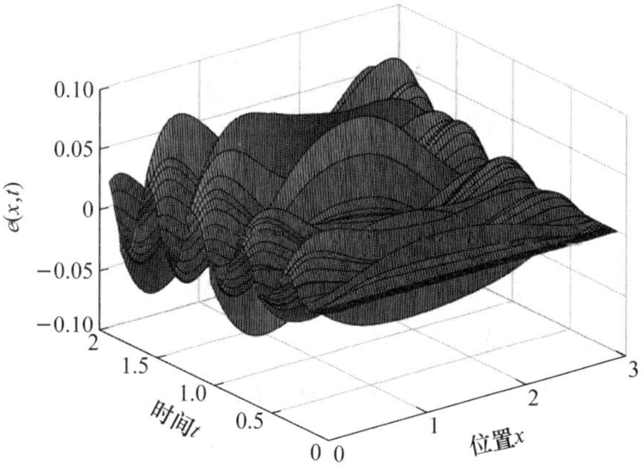


图 11.2.7 所建立的系统模型对测试信号的预测误差

综上所述，本章所给出的双正交时空维纳建模方法具有较好的建模精度和泛化能力，可以用于复杂分布参数系统建模。

# 本章小结

本章介绍了如何采用 K-L 分解的方法建立分布参数系统的时空模型。将优化问题取变分，获得极值问题的必要条件。该条件是一组积分方程，不易求解。因此，本章介绍了一种基于快照序列的基函数的近似求解算法，该算法最终转化为矩阵特征根与特征向量计算，以便于程序化设计,并介绍了选取主导基函数的法则。将 K-L 分解应用于分布参数系统的卷积公式,经过一系列投影计算,最终将建模问题归结为一个最小二乘参数估计问题。通过一个化学反应例子,对所阐述的方法进行了仿真验证。

## 本章参考文献


[1] Li S R, Ge Y L. Spatial-Temporal Separation Based on the Dynamic Recurrent Wavelet Neural Network Modelling for ASP Flooding[J]. American Journal of Applied Mathematics, 2018, 5(6): 154-167.

[2] Qi C K, Li H X. A Karhunen-Loève Decomposition-Based Wiener Modeling Approach for Nonlinear Distributed Parameter Processes[J]. Industrial & Engineering Chemistry Research, 2008, 47(12): 4184-4192.

[3] Qi C K, Zhang H T, Li H X. A Multi-channel Spatio-temporal Hammerstein Modeling Approach for Nonlinear Distributed Parameter Processes[J]. Journal of Process Control, 2009, 19(1): 85-99.

[4] Morton K W, Mayers D F. Numerical Solution of Partial Differential Equations[M]. Cambridge:Cambridge University Press ,2005.

[5] 张强. 偏微分方程的有限差分方法[M]. 北京:科学出版社,2019.


## 本章习题

1. 希尔伯特空间的一组基如何正交标准化?

2. 在 K-L 分解中,如何确定主导基函数的个数?

3. 给定一个图 9.1.1 所示的哈默斯坦结构的非线性系统,其动态部分是一个分布参数系统,非线性部分是一个多项式,要求:推导基于 K-L 分解的该系统的时空建模过程。

4. 若系统是图 9.1.1 所示的一个维纳结构的非线性系统,其动态部分是一个分布参数系统,非线性部分是一个多项式,要求:推导基于 K-L 分解的该系统的时空建模过程。

# 第 12 章

# 基于卷积神经网络的时空建模

卷积神经网络(Convolutional Neural Network, CNN)是一种前馈神经网络,具有权值共享、平移不变性等优点,而且可以采用反向传播算法实现对权值的调整。卷积神经网络在图像识别、动作识别等时空建模领域中有巨大的应用潜力。本章从卷积神经网络架构开始,详细介绍 CNN 各层的功能及计算方法,并探讨其在分布参数系统建模中的应用。

## 12.1 卷积神经网络的发展史

1982 年,日本学者 Kunihiko Fukushima 提出了一个神经认知机模型,该模型通过模仿哺乳动物的视觉来识别物体的一些简单特征,将形似的物体归为一类。

1986 年,Rumelhart 和 Hinton 提出了神经网络的概念,并针对多层神经网络设计了反向传播(BackPropagation,BP)算法。

1989 年,由 Alexander Waibel 等提出的时间延迟神经网络(Time Delay Neural Network, TDNN)是应用于语音识别问题的卷积神经网络,将快速傅里叶变换预处理的语音信号作为输入,其隐藏层由 2 个一维卷积核组成,以提取频率域上的平移不变特征。

1990 年, Yann LeCun 发明了一个应用 BP 算法的 CNN 模型——LeNet 来处理 MNIST 手写体数字数据库。该模型包括卷积层、池化层、全连接层,输入为单通道灰度图,经过两次卷积层和池化层后,经过全连接层接 Softmax 函数作为输出。

随着图形处理器(GPU)的推出,图形图像的处理能力得到了快速提升。2012 年,Alex Krizhevsky 等和 ImageNet 等利用 GPU 发明了 AlexNet。在大规模视觉识别挑战赛(ImageNet Large Scale Visual Recognition Competition,ILSVRC)上,其以准确率超出第二名 10%的成绩,验证了 CNN 的学习和泛化能力。2012 年,在 ILSVRC 中,Hinton 等在其论文中提到的 AlexNet 引入了全新的深层结构和 Dropout 方法,将错误率从 25% 以上降低到了 15%。2013 年,Zeiler 和 Fergus 提出了 ZFnet。ZFnet 在 AlexNet 的基础上进行了改进,采用了更小的卷积核和更小的步长,把 ILSVRC 的错误率降低到了 11.7%。他们还提出了反卷积,并将每个卷积层进行可视化。

2014 年, Andrew Zisserman 等发明了 VGGNet。在 ILSVRC 上,VGGNet 分别获得了

定位与分类两个问题上的第一名和第二名。VGGNet 使用比 AlexNet 更多的卷积层,加深网络的拟合能力。

2014 年,ILSVRC 的冠军是 Google 团队的 GoogLenet。它的创新之处是提出了多尺度卷积的盗梦空间(Inception)模块,使得之后整个网络结构的宽度和深度都可扩大。其用小卷积堆叠代替大卷积,引入盗梦空间模块,并提出了批量标准化(Batch Normalization,BN)层,BN 层标准化了每层的数据分布,容许更大的学习率,使得训练时间大大缩短。

残差神经网络(ResNet)是何恺明等于 2015 年提出的一种卷积神经网络,在 2015 年 ILSVRC 分类任务中赢得了第一名。对于一个深层 CNN,如果后面的每一层都是恒等映射,则它等效于一个浅层神经网络,因此最好让一些层来拟合恒等映射。但是恒等映射的学习很困难,因为会产生梯度的消失等难以收敛的状况;考虑将其改为学习该层映射输出与原图像的偏差,如果偏差等于零,那么该层就相当于学习了一个恒等映射。将残差作为输入且期望为零,训练时初始样本数据将围绕在零附近,随着迭代过程的进行,收敛会加快。

CNN 至今仍是人工智能领域的研究热点之一。研究者致力于研制新的 CNN 网络架构、学习算法等,以进一步提高 CNN 训练的简易性与可识别能力,同时推广 CNN 在遥感遥测、物体识别、行为认知、姿态估计、大气科学等领域的应用。

## 12.2 卷积神经网络的架构

一个卷积神经网络包含如下几个部分。

- 输入层:输入图像等信息。
- 卷积层:提取图像的底层特征。
- 池化层:防止过拟合,将数据维度减小。
- 全连接层:汇总卷积层和池化层得到的图像的底层特征和信息。
- 输出层:根据全连接层的信息得到概率最大的结果。

下面将针对上述各层依次展开具体阐述。

### 12.2.1 输入层

输入层的主要任务就是输入图像等信息。对于输入图像,要将其转换为对应的二维矩阵,这个二维矩阵是由图像每一个像素的像素值大小组成的。图 12.2.1 所示为手写数字“8”的图像,计算机读取后得到以像素值大小组成的二维矩阵存储的图像。

图 12.2.1 又称为灰度图像,其每一个像素值是 0～255(由纯黑色到纯白色),表示其颜色强弱程度。如果是彩色图像,则有 R、G、B 3 个通道,分别对应红色、绿色、蓝色。每个通道的每个像素值也是 0～255,表示其每个像素的颜色强弱。

输入层的作用就是将图像转换为其对应的由像素值构成的二维矩阵,并将此二维矩阵存储起来,等待后面几层的操作。

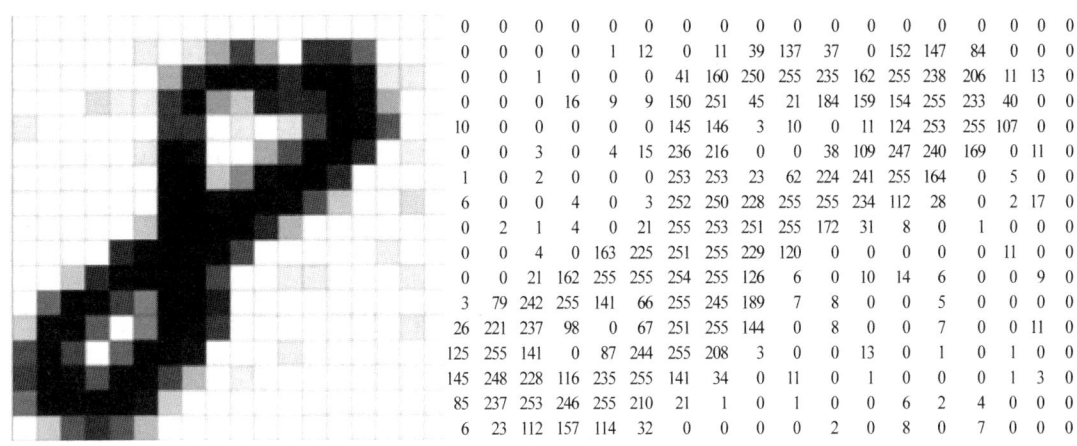

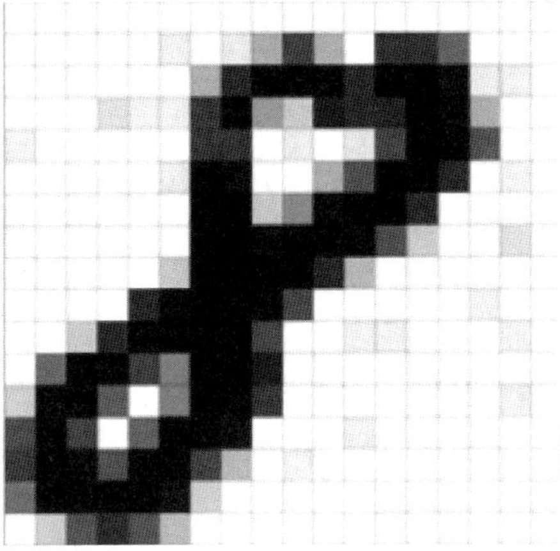

| | | | | | | | | | | | | | | | | | |
|---|---|---|---|---|---|---|---|---|---|---|---|---|---|---|---|---|---|
| 0 | 0 | 0 | 0 | 0 | 0 | 0 | 0 | 0 | 0 | 0 | 0 | 0 | 0 | 0 | 0 | 0 | 0 |
| 0 | 0 | 0 | 0 | 1 | 12 | 0 | 11 | 39 | 137 | 37 | 0 | 152 | 147 | 84 | 0 | 0 | 0 |
| 0 | 0 | 1 | 0 | 0 | 0 | 41 | 160 | 250 | 255 | 235 | 162 | 255 | 238 | 206 | 11 | 13 | 0 |
| 0 | 0 | 0 | 16 | 9 | 9 | 150 | 251 | 45 | 21 | 184 | 159 | 154 | 255 | 233 | 40 | 0 | 0 |
| 10 | 0 | 0 | 0 | 0 | 0 | 145 | 146 | 3 | 10 | 0 | 11 | 124 | 253 | 255 | 107 | 0 | 0 |
| 0 | 0 | 3 | 0 | 4 | 15 | 236 | 216 | 0 | 0 | 38 | 109 | 247 | 240 | 169 | 0 | 11 | 0 |
| 1 | 0 | 2 | 0 | 0 | 0 | 253 | 253 | 23 | 62 | 224 | 241 | 255 | 164 | 0 | 5 | 0 | 0 |
| 6 | 0 | 0 | 4 | 0 | 3 | 252 | 250 | 228 | 255 | 255 | 234 | 112 | 28 | 0 | 2 | 17 | 0 |
| 0 | 2 | 1 | 4 | 0 | 21 | 255 | 253 | 251 | 255 | 172 | 31 | 8 | 0 | 1 | 0 | 0 | 0 |
| 0 | 0 | 4 | 0 | 163 | 225 | 251 | 255 | 229 | 120 | 0 | 0 | 0 | 0 | 0 | 11 | 0 | 0 |
| 0 | 0 | 21 | 162 | 255 | 255 | 254 | 255 | 126 | 6 | 0 | 10 | 14 | 6 | 0 | 0 | 9 | 0 |
| 3 | 79 | 242 | 255 | 141 | 66 | 255 | 245 | 189 | 7 | 8 | 0 | 0 | 5 | 0 | 0 | 0 | 0 |
| 26 | 221 | 237 | 98 | 0 | 67 | 251 | 255 | 144 | 0 | 8 | 0 | 0 | 7 | 0 | 0 | 11 | 0 |
| 125 | 255 | 141 | 0 | 87 | 244 | 255 | 208 | 3 | 0 | 0 | 13 | 0 | 1 | 0 | 1 | 0 | 0 |
| 145 | 248 | 228 | 116 | 235 | 255 | 141 | 34 | 0 | 11 | 0 | 1 | 0 | 0 | 0 | 1 | 3 | 0 |
| 85 | 237 | 253 | 246 | 255 | 210 | 21 | 1 | 0 | 1 | 0 | 0 | 6 | 2 | 4 | 0 | 0 | 0 |
| 6 | 23 | 112 | 157 | 114 | 32 | 0 | 0 | 0 | 0 | 2 | 0 | 8 | 0 | 7 | 0 | 0 | 0 |

图 12.2.1 数字“8”的灰度图像与其对应的二维矩阵

## 12.2.2 卷积层

得到输入层保存的图像信息后，CNN 通过卷积操作提取图像特征。

卷积的计算是通过卷积核来完成的。卷积核是一个权矩阵，通过卷积核不断在图像上移动，计算卷积核与它所覆盖图像对应位置像素的乘积并求和，来计算输出值。一幅输入图像经过卷积后得到一个新的二维矩阵，也被称为特征图(Feature Map)。

**1. 二维卷积计算**

二维卷积在图像处理与计算机视觉中广泛应用，主要用于图像特征提取与滤波处理等。

设 $f(x,y)$、$h(x,y)$ 是平面 $\mathbb{R}^2$ 上的两个分段连续函数，它们的内积定义如下：

$$g(x,y)=f(x,y)*h(x,y)=\int_{-\infty}^{\infty}\int_{-\infty}^{\infty}f(u,v)h(x-u,y-v)\mathrm{d}u\mathrm{d}v \qquad (12\text{-}2\text{-}1)$$

可以看出，二维卷积是指保持坐标方向不变，先将 $h(x,y)$ 旋转 180°(求反)，然后在 $x$ 轴上正向平移 $u$ 个单位，在 $y$ 轴上正向平移 $v$ 个单位，与 $f(x,y)$ 相乘后再积分。

离散二维卷积可以写成如下形式：

$$g[x,y]=f[x,y]*h[x,y]=\sum_{i=-\infty}^{\infty}\sum_{j=-\infty}^{\infty}f(i,j)h(x-i,y-j) \qquad (12\text{-}2\text{-}2)$$

其中，$(x,y)$ 是输出图像的坐标位置，$g[x,y]$ 表示输出图像的像素值，也称为特征图。

在实际应用中，一般令 $h(i,j)=0$，$i<0$ 或 $j<0$，所以式(12-2-2)可以写成

$$g[x,y]=f[x,y]*h[x,y]=\sum_{i=0}^{x}\sum_{j=0}^{y}f(i,j)h(x-i,y-j) \qquad (12\text{-}2\text{-}3)$$

$h[x,y]$ 称为二维卷积核，在图像处理中又称为图像滤波器，是一个矩阵。式(12-2-3)表明，输出图像的每个像素值是通过对输入图像中对应位置及周围区域的像素值与卷积核进行加权求和得到的。卷积核对应的权重决定了卷积操作的特性，如边缘检测、模糊、锐化等。

考察下面两个 3×3 矩阵，$\boldsymbol{H}$ 是核，$\boldsymbol{F}$ 是输入信号。$\boldsymbol{H}$ 与 $\boldsymbol{F}$ 的卷积是将 $\boldsymbol{H}$ 进行左右翻转和上下折叠后，两个矩阵对应位置的元素相乘，最后求和得到卷积结果。

$$\boldsymbol{H}=\begin{pmatrix}0 & -1 & 0\\ -1 & 8 & -1\\ 0 & -1 & 0\end{pmatrix},\quad \boldsymbol{F}=\begin{pmatrix}1 & 2 & 3\\ 4 & 5 & 6\\ 7 & 8 & 9\end{pmatrix}$$

$$\xrightarrow{\text{卷积}} 1\times0+(-1)\times2+3\times0+4\times(-1)+5\times8+6\times(-1)+7\times0+8\times(-1)+9\times0$$
$$=20$$

因此，二维卷积的过程如下。

① 将二维卷积核的矩阵水平翻转，竖直折叠。

② 从输入矩阵的最左上方开始，把这个卷积核矩阵覆盖到图像左上方矩阵。

③ 将卷积核矩阵的每一个元素与下方图像的对应元素相乘，再把所有的乘积相加，输出到与卷积核的中心点位置一致的输出矩阵(特征图)里。

④ 从左往右，移动这个卷积核矩阵。每移动一格，就进行一次新的卷积计算，直到卷积核碰到图像的右边界。

⑤ 卷积核返回左边下一行，继续重复，直到卷积核到达右下角。

⑥ 将每次移动得到的卷积值输出到一个新矩阵中，在输出矩阵中的位置与每次计算时卷积核中心的位置一致，得到一个新的图像矩阵，这个图像矩阵就是输入图像经过该二维卷积核滤波后的输出。

下面通过图 12.2.2 说明二维卷积的计算过程。

首先，将滤波器上下左右翻转。因为这个滤波器是对称的，所以翻转前后不变。然后，把翻转后的滤波器对准输入图像的左上角，再把对应的元素相乘并相加，得到 70，放入此刻滤波器中心所在的位置，作为输出图像在该位置的值。

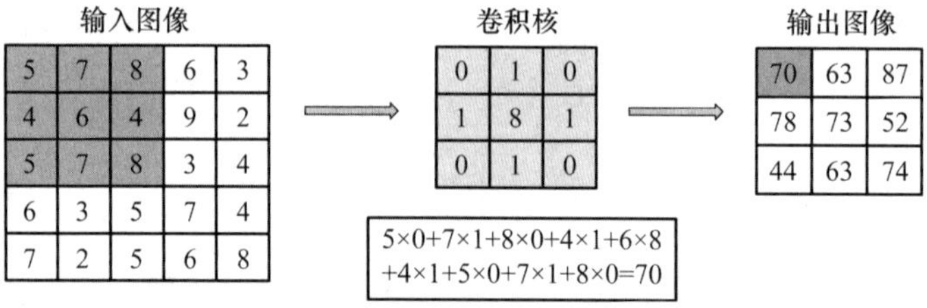


图 12.2.2　二维卷积的计算过程

将滤波器向右平移，计算卷积后，下移一行，从最左边开始重复上面的移动过程，直到移动到最后一行与最后一列为止，这样就得到了一个 3×3 的输出图像矩阵。卷积是一个降维的过程，由上面的例子可以看出，输入图像为 5×5 的矩阵，输出图像却为 3×3 的矩阵，输出维数变小。

**注 12.2.1**　由于在实际计算中，卷积核是通过迭代算法确定的，而初始值是可以随机选取的，因此对初始值不需要进行折叠翻转。在机器学习中，直接令卷积核与图像做互相关函数(Cross-Correlation)计算。

**2. 填充**

卷积是一个降维的过程，如果存在多次这样的卷积计算，在某个时刻可能导致输出维数为 1，这样就无法继续进行卷积计算。另外注意到，每次卷积核移动的时候中间位置都被计算了，而输入图像二维矩阵的边缘却只计算了一次，因此可能导致边缘计算的结果不准确。为了解决此问题，在输入图像的二维矩阵周围再扩充一圈或者几圈，使得每个位置都可以被公平地计算到，从而不会丢失任何特征，且使得输入输出的矩阵维数相同，此过程称为填充(Padding)。

(1) 边缘填充

卷积核移动计算到最边缘的行与列时，为使得计算能够继续进行，需对输入矩阵外围进行补零，这就是填充。填充是为了增加图片各边的像素数目，具体填充多少需要由卷积核大小及步幅大小来决定。填充的上限是保持输入输出图片大小一致。填充的数值一般设为零，因此不会产生新的噪声。

按照常规的卷积计算，假如输入图像矩阵是 $n_h \times n_w$ 矩阵，卷积核矩阵是 $k_h \times k_w$ 矩阵，则输出的矩阵将会是 $(n_h - k_h + 1) \times (n_w - k_w + 1)$ 矩阵，例如图 12.2.2 中的输出矩阵就是 3×3 矩阵。可以看出，输出矩阵由输入与卷积核的矩阵大小来决定。下面介绍的填充技巧将改变输出的形状。

填充指在输入层的边缘填充元素，一般为零元素，有时添加相似元素。例如，在图 12.2.2 中，对输入数据矩阵上下左右进行零填充，则卷积计算过程如图 12.2.3 所示。

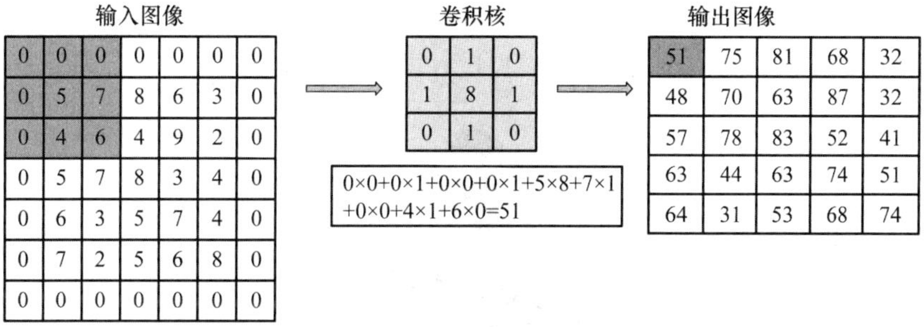


图 12.2.3　输入矩阵经过填充后的卷积计算过程

填充后的矩阵为 7×7 矩阵，代入 $(7-3+1) \times (7-3+1) = 5 \times 5$，所以输出矩阵为 5×5 矩阵。这样就使得输入与输出矩阵的高与宽是相同的。

一般来说，如果在高的两侧一共填充 $p_h$ 行，在宽的两侧一共填充 $p_w$ 列，则输出为 $(n_h - k_h + p_h + 1) \times (n_w - k_w + p_w + 1)$。

通常所填充的行数 $p_h = k_h - 1$，列数 $p_w = k_w - 1$，如上例 3×3 的卷积核，需增加两个填充行、两个填充列。如果卷积核的高是奇数，则在输入端上下各增加 $(k_h - 1)/2$ 填充行；如果卷积核的高是偶数，则在输入端上增加 $k_h/2$ 填充行，在输入端下增加 $k_h/2 + 1$ 填充行。同理，可对输入端的宽度进行填充。因此，即使当卷积核的高度与宽度不同时，也可以通过设计输入端的高与宽的不同填充数使得输入输出具有相同的高与宽。

卷积核的尺寸(也称大小)一般选为奇数，如 1×1、3×3、5×5、7×7 都是最常见的。选择奇数尺寸的原因有如下几点。

① 更容易填充。在卷积时，有时候需要卷积前后的尺寸不变。这时候我们就需要用到填充。

② 更容易找到卷积锚点。在 CNN 中，进行卷积操作时一般会以卷积核模块的一个位置为基准进行滑动，这个基准通常就是卷积核模块的中心。若卷积核为奇数，则卷积锚点很好找，自然就是卷积模块的中心，但如果卷积核是偶数，这时候就没有办法确定了。

在卷积计算中，有两种形式：Padding＝SAME，Padding＝VALID。SAME 表示输出与输入的矩阵大小相同，而 VALID 表示不适合于填充。Padding 参数的默认值为 VALID。

(2) 膨胀填充(空洞卷积)

在卷积核的滑动窗元素之间增加一些间隙(空洞)，这些间隙在卷积中称为膨胀因子(Dilated Ratio)，记为 $d$。

常规卷积核的膨胀因子为 1，此时加入的空洞数为 $d-1=0$。假定膨胀因子 $d$ 不为 1，则在卷积核高与宽之间加入的空洞数为 $d_h-1$ 与 $d_w-1$。

假定输入图像的大小为 $n_h \times n_w$，原卷积核的大小为 $k_h \times k_w$，那么在高上加入了 $d_h-1$ 个空洞、在宽上加入了 $d_w-1$ 个空洞后的卷积核的大小为 $k_{dh} \times k_{dw}$，其中

$$\begin{cases} k_{dh}=k_h+(k_h-1)\times(d_h-1) \\ k_{dw}=k_w+(k_w-1)\times(d_w-1) \end{cases} \tag{12-2-4}$$

空洞卷积的输出特征图的大小为 $o_{dh} \times o_{dw}$，其中

$$\begin{cases} o_{dh}=n_h+p_h-k_h-(k_h-1)(d_h-1)+1 \\ o_{dw}=n_w+p_w-k_w-(k_w-1)(d_w-1)+1 \end{cases} \tag{12-2-5}$$

图 12.2.4 为膨胀填充示意图。图 12.2.5 为一个膨胀填充的例子。

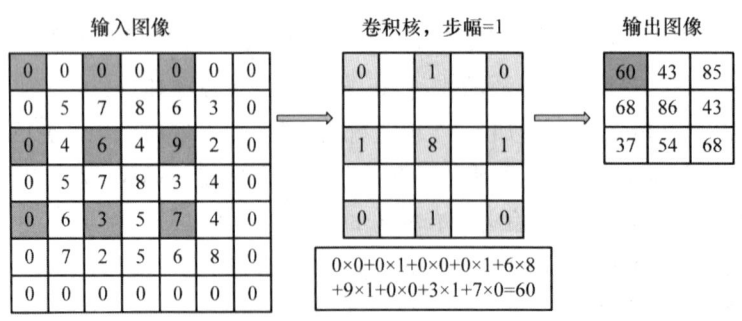

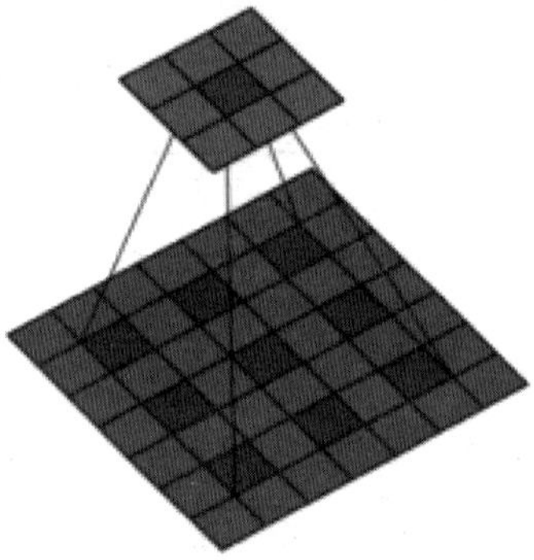

图 12.2.4 膨胀填充示意图

输入图像

| | | | | | | |
|---|---|---|---|---|---|---|
| 0 | 0 | 0 | 0 | 0 | 0 | 0 |
| 0 | 5 | 7 | 8 | 6 | 3 | 0 |
| 0 | 4 | 6 | 4 | 9 | 2 | 0 |
| 0 | 5 | 7 | 8 | 3 | 4 | 0 |
| 0 | 6 | 3 | 5 | 7 | 4 | 0 |
| 0 | 7 | 2 | 5 | 6 | 8 | 0 |
| 0 | 0 | 0 | 0 | 0 | 0 | 0 |

卷积核，步幅=1

| | | | | |
|---|---|---|---|---|
| 0 | | 1 | | 0 |
| | | | | |
| 1 | | 8 | | 1 |
| | | | | |
| 0 | | 1 | | 0 |

0×0+0×1+0×0+0×1+6×8+9×1+0×0+3×1+7×0=60

输出图像

| | | |
|---|---|---|
| 60 | 43 | 85 |
| 68 | 86 | 43 |
| 37 | 54 | 68 |

图 12.2.5 膨胀填充示例

从图 12.2.5 可以看出膨胀填充改变了输出图像的大小。

**3. 步幅**

上面介绍了卷积窗在输入数组上，从左上方开始，按从左往右、从上往下的顺序，依次在输入数组上滑动。我们将每次滑动的行数与列数称为步幅(Stride)。

在上面的例子中，在高和宽两个方向上，步幅均为 1，当然也可以增大步幅。增大步幅将

导致输出矩阵的高与宽变小。图 12.2.6 展示了上下左右步幅为 2 的卷积计算过程及输出结果。

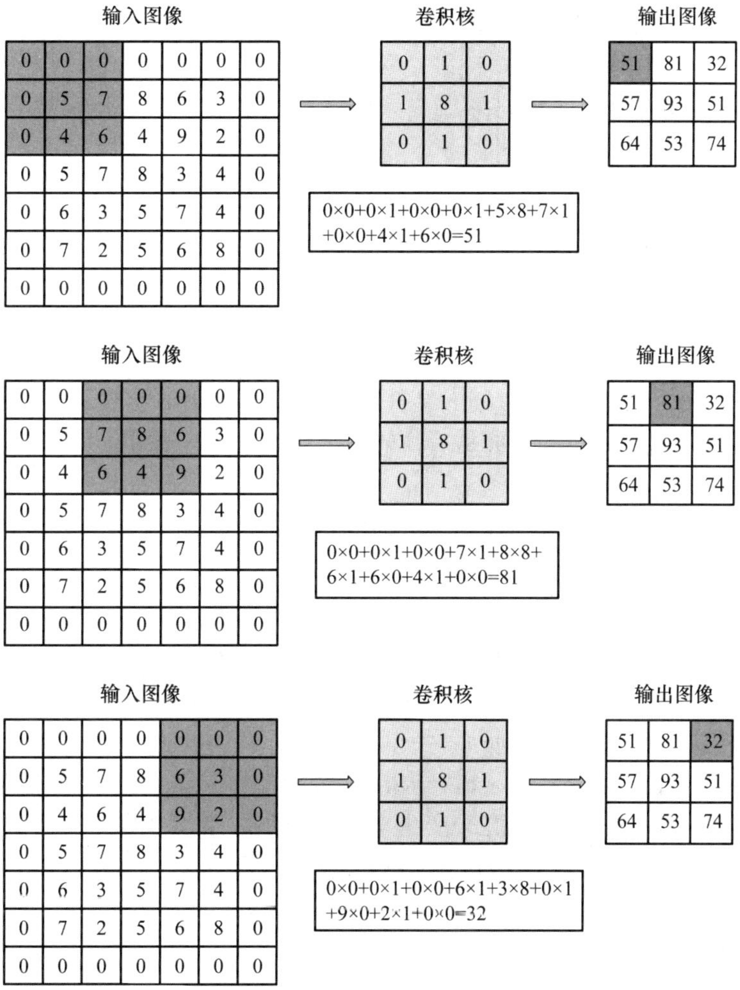


图 12.2.6　步幅为 2 的卷积计算过程

一般来说，当图像移动时高方向的步幅为 $s_h$，宽方向的步幅为 $s_w$，则输出图像的矩阵维数为

$$\mathrm{size}(o)=\frac{n_h-k_h+p_h+s_h}{s_h}\times\frac{n_w-k_w+p_w+s_w}{s_w} \tag{12-2-6}$$

如果 $p_h=k_h-1$，　$p_w=k_w-1$，则输出矩阵维数简化为

$$\mathrm{size}(o)=\frac{n_h+s_h-1}{s_h}\times\frac{n_w+s_w-1}{s_w} \tag{12-2-7}$$

如果 $n_h$ 可被 $s_h$ 整除，$n_w$ 可被 $s_w$ 整除，则输出矩阵维数简化为

$$\mathrm{size}(o)=\frac{n_h}{s_h}\times\frac{n_w}{s_w} \tag{12-2-8}$$

**4. 感受野**

感受野本来是神经科学中的名词，指神经元所反应（支配）的刺激区域。在 CNN 中的感受野指每一层输出特征图上的一个点对应上一层输入图上的区域，如图 12.2.7 所示。

图 12.2.7 反映了经过几层卷积之后，卷积结果所对应前几层的图像数据范围。

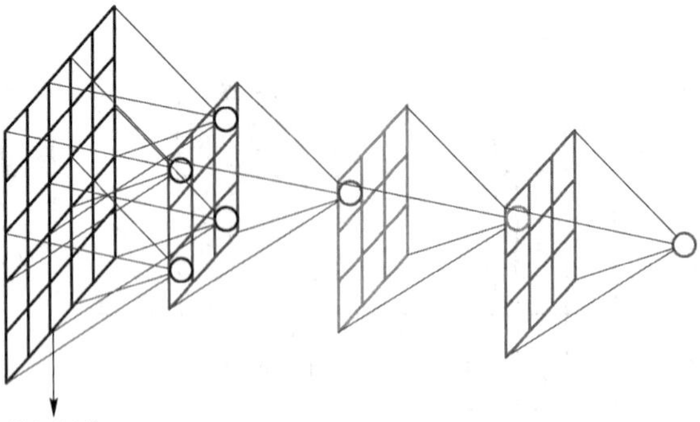


图 12.2.7 感受野示意图

感受野的大小除了与卷积核的尺寸、卷积层数有关，还取决于卷积是否采用膨胀卷积。感受野大小的计算可以参照式(12-2-6)从后往前逐层计算。

**5. 反卷积**

反卷积(Transposed Convolution)又称为上采样、转置卷积。它并不是正向卷积的完全逆过程。

依据图 12.2.8 中的示例，可以得到一个线性代数方程组

$$\begin{cases} y_{11}=\omega_{11}x_{11}+\omega_{12}x_{12}+\omega_{21}x_{21}+\omega_{22}x_{22} \\ y_{12}=\omega_{11}x_{12}+\omega_{12}x_{13}+\omega_{21}x_{22}+\omega_{22}x_{23} \\ y_{21}=\omega_{11}x_{21}+\omega_{12}x_{22}+\omega_{21}x_{31}+\omega_{22}x_{32} \\ y_{22}=\omega_{11}x_{22}+\omega_{12}x_{23}+\omega_{21}x_{32}+\omega_{22}x_{33} \end{cases} \tag{12-2-9}$$

上述方程组中共有 9 个输入变量，将其写成 $\boldsymbol{Y}=\boldsymbol{W}\boldsymbol{X}$ 的形式。其中，$\boldsymbol{X}=(\boldsymbol{X}_1,\boldsymbol{X}_2,\boldsymbol{X}_3)$，$\boldsymbol{X}_i=(x_{i1},x_{i2},x_{i3})$，$i=1,2,3$，$\boldsymbol{W}\in\mathbb{R}^{4\times 9}$，

$$\boldsymbol{W}=\begin{pmatrix} \omega_{11} & \omega_{12} & 0 & \omega_{21} & \omega_{22} & 0 & 0 & 0 & 0 \\ 0 & \omega_{11} & \omega_{12} & 0 & \omega_{21} & \omega_{22} & 0 & 0 & 0 \\ 0 & 0 & 0 & \omega_{11} & \omega_{12} & 0 & \omega_{21} & \omega_{22} & 0 \\ 0 & 0 & 0 & 0 & \omega_{11} & \omega_{12} & 0 & \omega_{21} & \omega_{22} \end{pmatrix} \tag{12-2-10}$$

由于($\boldsymbol{W}^{\mathrm{T}}\boldsymbol{W}$)不可逆，不可能求出最小二乘解，可令 $\boldsymbol{X}=\boldsymbol{W}^{\mathrm{T}}\boldsymbol{Y}$，这就是转置卷积，只能还原输入尺寸，并不能还原输入真值。在实际应用中，可以把反卷积看作一种特殊的正向卷积，首先按照一定的比例通过补 0 来扩大输入图像的尺寸，然后旋转卷积核，最后进行正向卷积。

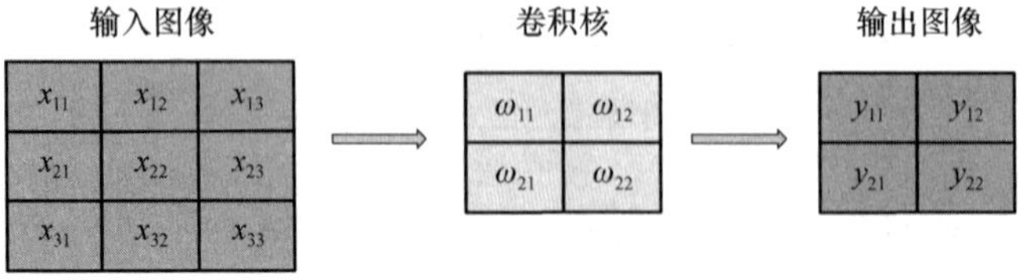


图 12.2.8 反卷积示例图

**6. 三维卷积的计算**

一张彩色图像由 3 个通道叠加而成，每个通道分别表示为一个矩阵，矩阵中的每一个像素值范围都为[0,255]，表示颜色的深浅。一张彩色图像在内存中可以理解为三维立体矩阵，3 个维

度分别为 Height、Width、Channels，每一个元素取值范围为[0,255]。

若需要保留图像的颜色信息，则需要对图像进行三维卷积。卷积核维度数与原图像的通道数必须保持一致。计算过程与二维卷积相似：以图 12.2.9 为例，卷积核的最上层负责 Red 层，卷积核的中间层负责 Green 层，卷积核的最底层负责 Blue 层。每个通道分别经过单独卷积后，将对应的坐标位置值累加起来，输出到输出矩阵对应的位置。3 个通道的卷积核并不需要一样，因为这 3 个通道是相对独立的。三维卷积的数学表达如下：

$$g[x,y,c]=f[x,y,c]*h[x,y,c]=\sum_{i=0}^{x}\sum_{j=0}^{y}\sum_{m=0}^{c}f(i,j,m)h(x-i,y-j,c-m)$$

$$=\sum_{m=0}^{c}\left[\sum_{i=0}^{x}\sum_{j=0}^{y}f(i,j,m)h(x-i,y-j,c-m)\right] \tag{12-2-11}$$

所以三维卷积可以看作多个二维卷积的和。

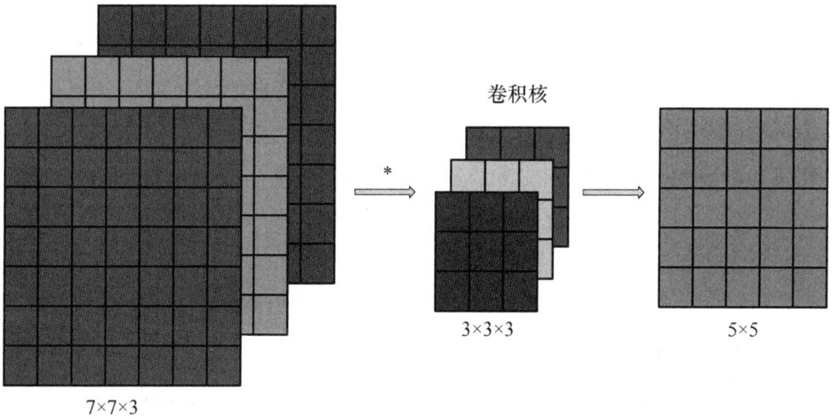


图 12.2.9 三维卷积示意图

一张彩色图像也可以和多个不同的三维卷积核进行运算，表示提取多个特征，其得到的输出矩阵的层数等于卷积核的个数。图 12.2.10 给出了两个卷积核的输出图像矩阵。

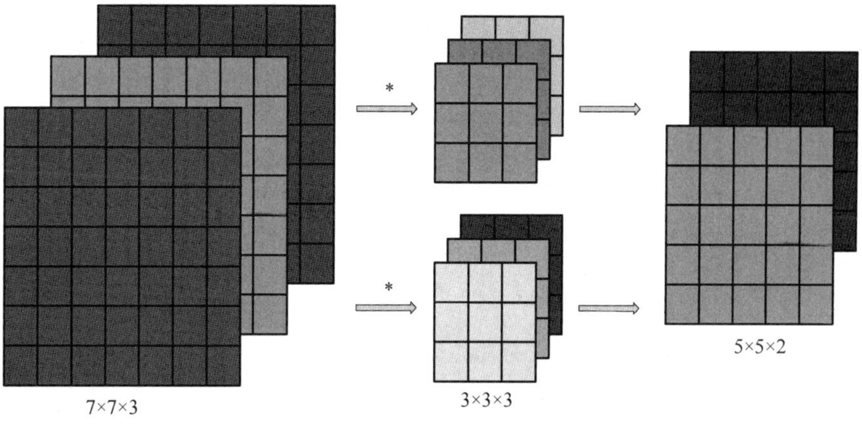


图 12.2.10 两个卷积核的输出图像矩阵

卷积核的通道数只与输入图像的通道数有关，在进行卷积运算时，要求用于运算的卷积核的通道数应与输入图像的通道数一致。同时，有几个卷积核就得到几个通道的特征图，如图

12.2.10 使用了两个卷积核，所以得到两个通道的特征图。因此，如果输入图像有(32,32,3)维度，卷积核的形状是(3,3,3,10)，即采用 10 个大小为 3×3 的卷积核，根据上面的讨论，则输出为一个(30,30)的 10 个通道的立方体矩阵。这就引出卷积层深度的概念。

在卷积层中，每个卷积核连接数据窗的权重是固定的，称为参数共享机制。每个卷积核只关注图像的一个特性，如垂直边缘、水平边缘、颜色、纹理等，这些所有卷积核加起来就是整张图像的特征提取器集合。

卷积层的深度就是卷积核的个数，每个卷积核中各通道与输入图像各通道相对应，各对应通道同时分别进行运算，形成输出特征图中的一个通道；多个卷积核运算后形成多个通道，因此卷积核的深度也就是输出图像的通道数，即特征图的厚度。

由于本卷积层的输出图像即下一层的输入图像，因此卷积核的深度同时决定了下一卷积层中卷积核的通道数。

在图像处理中，一般来说，浅层卷积层提取的是图像的基本特征，如边缘、方向和纹理等特征；而深层卷积层提取的是图像的高阶特征，出现了高层语义模式，如车轮、人脸等特征。

**7. 激活层**

为了提升网络的非线性能力，以提高网络的表达能力，每个卷积层后都会跟一个激活层。激活函数主要分为饱和激活函数(Sigmoid 函数、Tanh 函数)与非饱和激活函数，如线性整流(Rectified Linear Unit, ReLU)函数。非饱和激活函数能够解决梯度消失的问题，能够加快收敛速度。

(1) Sigmoid 函数

图 12.2.11 所示为 Sigmoid 函数。

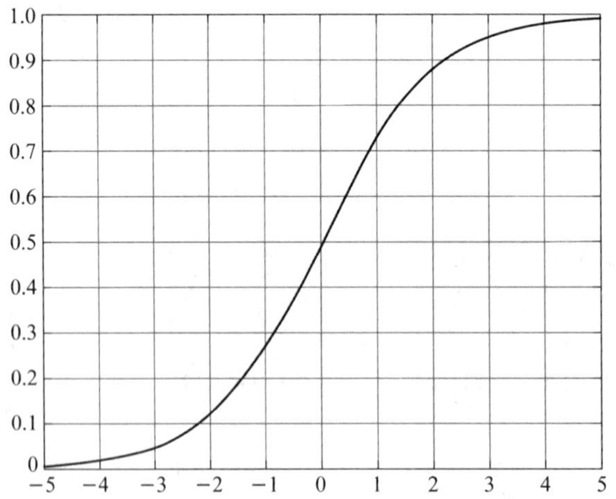


图 12.2.11 Sigmoid 函数

Sigmoid 函数的数学表达式为

$$f(x)=\frac{1}{1+e^{-x}} \tag{12-2-12}$$

导数为

$$f'(x)=f(x)[1-f(x)] \tag{12-2-13}$$

这是一个饱和函数，最大值趋于 1，最小值趋于零。它是神经网络最早采用的激活函数之一。其优点是输出受限，函数简单可以求导。然而，函数的数据分布不以 0 为中心，幂运算相对比较耗时，梯度趋于零时，收敛变慢；而且当 $x$ 很大时，函数值随 $x$ 的波动变化很小，此时对输入的微小变化不再敏感，因此在 CNN 中很少使用。

(2) Tanh 函数

图 12.2.12 所示为 Tanh 函数。

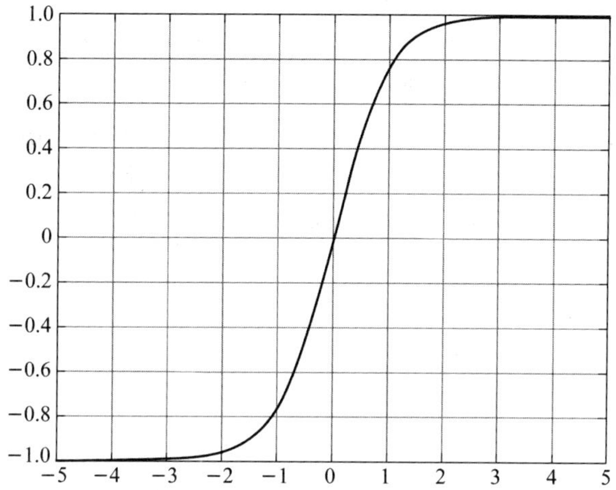


图 12.2.12 Tanh 函数

Tanh 函数的表达式为

$$f(x)=\frac{e^{x}-e^{-x}}{e^{x}+e^{-x}} \tag{12-2-14}$$

其最大值趋于 1，最小值趋于 −1。导数为

$$f'(x)=1-f^{2}(x) \tag{12-2-15}$$

它是神经网络最早采用的激活函数之一。其优点是数据以 0 为中心，分布在(−1,1)，可以求导，梯度变化比 Sigmoid 函数大，因此收敛速度比 Sigmoid 函数快。其缺点是很容易达到饱和，且幂计算耗时多，因此在 CNN 中也很少用。

(3) ReLU 函数

图 12.2.13 所示为 ReLU 函数。

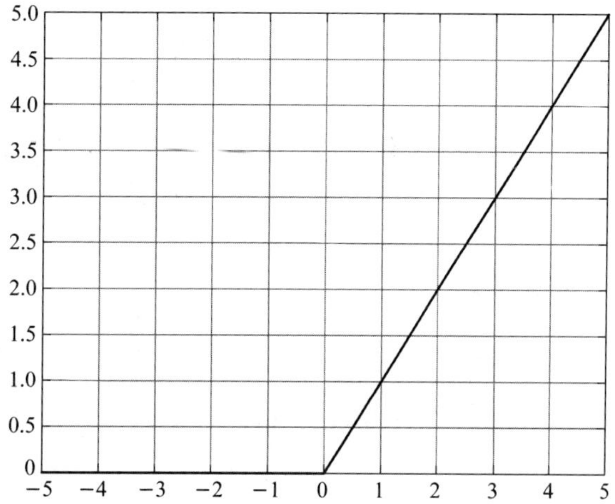


图 12.2.13 ReLU 函数

ReLU 函数的表达式为

$$f(x)=\max(0,x) \tag{12-2-16}$$

导数为

$$f'(x)=\begin{cases}1, & x>0\\ 0, & x<0\end{cases} \tag{12-2-17}$$

这是当今在 CNN 中广泛应用的激活函数。ReLU 函数本质上是分段连续函数，在前向计算时简单，而且输入为正时，导数为常数，在反向传播计算时，不会产生梯度发散问题；而且 ReLU 函数值为 0 的部分使得隐藏层的很多输出变为零，网络变得稀疏，可以防止过拟合。然而其左端恒等于 0，导致权值无法更新，从而出现死神经元情况；右端无约束将会导致数据的分布发生改变，这也是在 ReLU 函数后面增加批量标准化操作（BN 层）的原因。

（4）LReLU 函数

图 12.2.14 所示为 LReLU 函数。

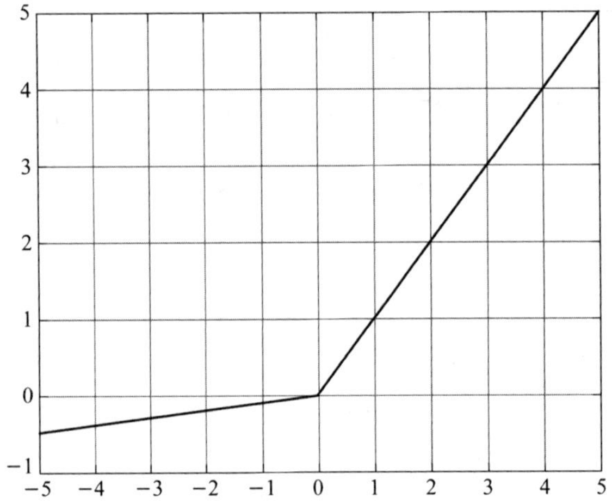


图 12.2.14　LReLU 函数

LReLU 函数的表达式为

$$f(x)=\max(0.01x,x) \tag{12-2-18}$$

导数为

$$f'(x)=\begin{cases}1, & x>0\\ 0.01, & x<0\end{cases} \tag{12-2-19}$$

LReLU 函数可以避免神经元死亡，使网络不再稀疏，但会导致计算量增加，收敛速度变慢，可能出现过拟合。

（5）ELU 函数

图 12-2-15 所示为 ELU 函数。

ELU 函数表达式为

$$f(x)=\begin{cases}x, & x>0\\ a(\mathrm{e}^x-1), & x<0\end{cases} \tag{12-2-20}$$

导数为

$$f'(x)=\begin{cases}1, & x>0\\ a\mathrm{e}^x, & x<0\end{cases} \tag{12-2-21}$$

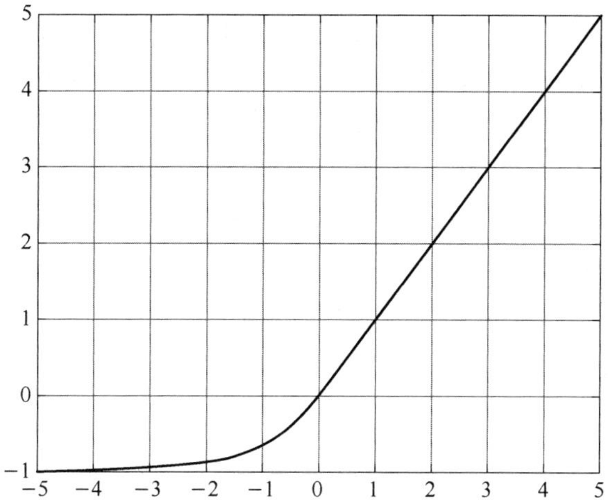


图 12.2.15 ELU 函数

ELU 函数处理有噪声的信号有优势，可以避免神经元死亡，但是由于增加了一个优化参数，导致计算量较大，收敛速度变慢。

**8. 批量标准化**

CNN 学习的目的是学习数据的分布，如果训练的样本集与测试集分布不同，则会大大降低模型的泛化能力。因此在训练前，有必要将所述样本数据的分布进行标准化处理。

若一个随机变量 $X$ 的概率密度函数为

$$f(x)=\frac{1}{\sigma\sqrt{2\pi}}\exp\left\{-\frac{(x-\mu)^2}{2\sigma^2}\right\} \tag{12-2-22}$$

则称随机变量 $X$ 是正态随机变量，其服从的分布称为正态分布，记为 $X\sim N(\mu,\sigma^2)$，其中 $\mu$ 表示数学期望，$\sigma^2$ 表示方差。

如果 $\mu=0,\sigma=1$，则称其为标准正态分布，此时概率密度函数转化为

$$f(x)=\frac{1}{\sqrt{2\pi}}\exp\left\{-\frac{x^2}{2}\right\} \tag{12-2-23}$$

批量标准化就是通过一定的变换，把每层神经网络输入值的分布强行拉回均值为 0、方差为 1 的标准正态分布。下面为 BN 算法的计算过程。

---

**算法 12.2.1** BN 算法

---

Input：大小为 $m$ 的小批量数据值 $B=\{x_1,x_2,\cdots,x_m\}$；$\gamma,\beta$ 为待定参数

Output：$y=\{y_i=\mathrm{BN}_{\gamma,\beta}(x_i)\}$

1. $\mu_B=\frac{1}{m}\sum_{i=1}^{m}x_i$ //计算均值

2. $\sigma_B=\frac{1}{m}\sum_{i=1}^{m}(x_i-\mu_B)^2$ //计算方差

3. $\hat{x}_i=\frac{x_i-\mu_B}{\sqrt{\sigma_B^2+\varepsilon}}$ //标准化，$\varepsilon>0$ 正数，一般取 $10^{-5}$

4. $y_i=\gamma\hat{x}_i+\beta\equiv\mathrm{BN}_{\gamma,\beta}(x_i)$ //放大与平移

---

批量标准化可以提高学习率。因为随着训练的进行，在做非线性变换前的激活输入值分布会逐渐变化，而且往往向非线性函数取值的上下限移动，这导致在反向传播时底层神经网络会发生梯度消失，这是导致训练速度降低的根本原因。BN 可减少对参数初始化方法的依赖，通过一定的变换，把每层神经网络输入值的分布强行拉回均值为 0、方差为 1 的标准正态分布内，这使得输入数据落在了非线性函数比较敏感的区域，导致梯度变大，从而使得收敛速度加快。因此 BN 允许网络使用饱和非线性激活函数（如 Sigmoid 函数、Tanh 函数等）进行训练，其能缓解梯度消失问题。需要注意的是，BN 不适用于 image-to-image 以及对噪声敏感的任务。

## 12.2.3 池化层

图像经过卷积输出后，数据量仍然很大，如果将它们直接输入后面的神经全连接层，将导致要学习的权值数目庞大，增加了计算量与计算成本，也可能导致过拟合。池化（Pooling）层相当于一种重新采样，也称为下采样（Downsample）。它只抓取主要特征，滤除其他非显著信息。因此池化层能滤除冗余信息，降低模型中参数的计算量，防止过拟合，增强网络对图像的扭曲、平移等形变的鲁棒性。

常用的池化操作有最大池化（Max Pooling）、平均池化（Average Pooling）以及混合池化（Mix Pooling）等，本节对上述 3 种池化操作进行阐述。

**1. 最大池化**

最大池化是将输入的矩阵划分为若干个矩形区域，对每个子区域输出最大值。其计算过程如下：

假设输入图像矩阵为 $n_h \times n_w$，池化核为 $p_k \times p_k$，步幅为 $s$，则输出图像矩阵大小为 $o_h \times o_w$，其中

$$\begin{cases} o_h = \dfrac{n_h - p_k}{s} + 1 \\ o_w = \dfrac{n_w - p_w}{s} + 1 \end{cases} \tag{12-2-24}$$

定义最大池化函数为

$$Y_{i,j} = \text{Pool}(X)_{i,j} = \max_{m=0}^{p_k-1} \max_{n=0}^{p_k-1} X_{i \times s+m, j \times s+n} \tag{12-2-25}$$

其中 $i=0,1,\cdots,o_h$，$j=0,1,\cdots,o_w$。

图 12.2.16 所示为最大池化过程。

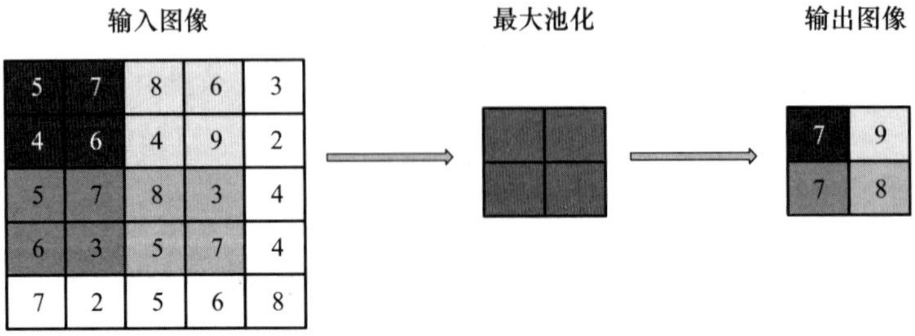


图 12.2.16 最大池化过程

最大池化是 CNN 中最常用的方法。它选择每个矩形区域中的最大值进入下一层，而其他元素不会进入下一层。因此，最大池化提取特征图中响应最强烈的部分进入下一层，这种方式摒弃了网络中大量的冗余信息，使得网络更容易被优化。同时这种操作方式常常会丢失一些特征图中的细节信息，所以最大池化更多学习到的是图像的纹理信息与边缘信息。

在最大池化操作中不进行填充操作。在上例中，输入图像的最后一行以及最后一列直接被忽略，因此输出图像尺寸变为 2×2。

**2. 平均池化**

平均池化是将输入的图像划分为若干个矩形区域，对每个子区域输出所有元素的平均值，如图 12.2.17 所示。

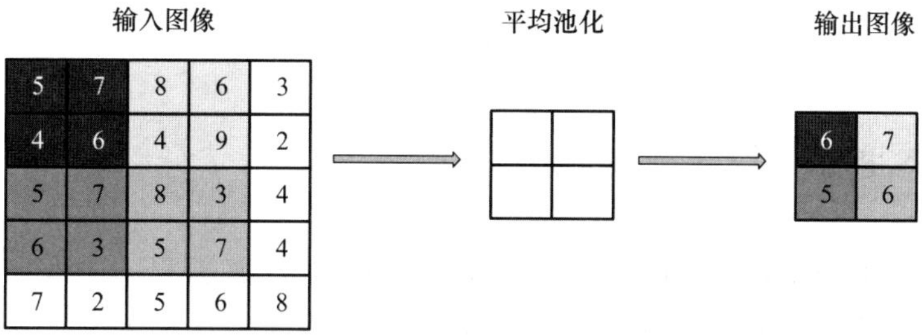


图 12.2.17 平均池化过程图

其计算过程如下。

假设输入图像矩阵为 $n_h \times n_w$，池化核为 $p_k \times p_k$，步幅为 $s$，则输出图像矩阵大小为 $o_h \times o_w$，其中，$o_h$、$o_w$ 满足式(12-2-24)。

定义平均池化函数为

$$Y_{i,j} = \text{Avg}\,(X)_{i,j} = \frac{1}{p_k^2}\sum_{m=0}^{p_k-1}\sum_{n=0}^{p_k-1} X_{i\times s+m,\,j\times s+n} \tag{12-2-26}$$

其中 $i=0,1,\cdots,o_h$，$j=0,1,\cdots,o_w$。

平均池化取每个矩形区域中的平均值(若为分数则向上取整)。平均池化操作可以提取特征图中所有特征的信息进入下一层，而不像最大池化只保留值最大的特征，因此平均池化可更多保留图像的背景信息。

**3. 混合池化**

混合池化定义如下：

$$Y_{i,j} = \lambda \text{Pool}\,(X)_{i,j} + (1-\lambda)\text{Avg}\,(X)_{i,j} \tag{12-2-27}$$

其中 $\lambda$ 是 0 或 1 的随机值，表示选择使用最大池化或平均池化。换句话说，混合池化以随机方式改变了池化调节的规则，这将在一定程度上能解决最大池化和平均池化所遇到的问题。

混合池化优于传统的最大池化和平均池化方法，并可以通过解决过拟合问题来提高分类精度。此外该方法所需要的计算开销可忽略不计，而无须调整任何超参数，可被广泛运用于 CNN 中。

在 CNN 中，池化层虽然没有参数优化，但可将它改为图 12.2.18 所示的多层神经网络的形式。

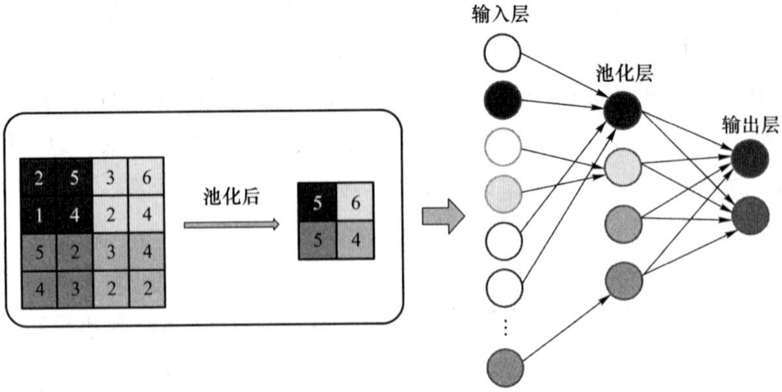


图 12.2.18　池化层对应的多层神经网络

## 12.2.4　全连接层

从前面的讨论可知，卷积提取的是图像的局部特征。全连接（Full Connection，FC）层的作用就是将前面的局部信息通过加权矩阵重新拼装成一幅完整的输出特征图。全连接层表现为一个常规的前馈神经网络，将高维输入数据映射到一个低维度的输出空间。

在 CNN 中，输入图像经过一系列卷积、池化后，将提取到的所有特征图进行“展平”并“拉直”，变成一个列向量，其维数为（输出矩阵的高×宽）×通道数，作为全连接层的输入样本。经过运算后，得到低维特征空间的一个输出值。

图 12.2.19 所示为全连接层神经网络。

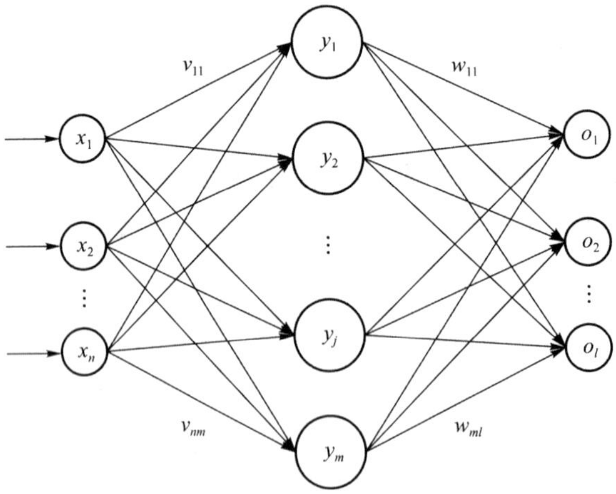


图 12.2.19　全连接层神经网络

## 12.2.5　输出层

卷积神经网络的输出就是将一维向量经过计算后得到识别值的概率值。在深度学习中，我们需要识别的结果一般都是多分类的，所以每个位置都会有一个概率值，代表识别为当前值的概率，取最大的概率值即可得到最终的识别结果。

## 12.3 卷积神经网络的训练

CNN 等效为一个前向网络，CNN 的权值训练实际上是对一个极值问题设计一个数值求解算法。CNN 一般存在多个极值点，常规的梯度法容易落入局部极值，同时存在收敛慢、过拟合等问题。因此在 CNN 训练中，如何改进优化算法，使得求解速度快、精度高都是业界关注的关键问题。

下面分别介绍跟 CNN 训练相关的内容。

### 12.3.1 损失函数

损失函数用于衡量模型所做出的预测与真实值之间的偏离程度，在系统辨识中，也被称为性能指标。一般来说，损失函数越小，模型越精确，鲁棒性就越好。在模型的训练阶段，每个批次的训练数据送入模型后，通过前向传播输出预测值，损失函数会计算出预测值和真实值之间的差异值，也就是损失值。得到损失值之后，模型通过反向传播更新各个参数，来降低真实值与预测值之间的损失，这个过程重复进行，直至收敛，此时损失函数达到最小值。

损失函数分为以下几类。

**1. $L_1$ 损失函数**

$L_1$ 损失（$L_1$ Loss）函数又称平均绝对误差（Mean Absolute Error, MAE）函数，其定义如下：

$$L(y,\hat{y}) = \frac{1}{N}\sum_{n=1}^{N} | y_n - \hat{y}_n | \tag{12-3-1}$$

其衡量的是预测值与真实值之间距离的平均误差幅度，值域为（0，∞）。其对离群点（Outliers）或者异常值更具有鲁棒性，在零点处的导数不连续，不可导；即使对于很小的损失，梯度波动也很大，不利于模型收敛；因此可使用动态学习率，在损失接近最小值时降低学习率。

**2. $L_2$ 损失函数**

$L_2$ 损失（$L_2$ Loss）函数又称为均方差（Mean Square Error，MSE）函数，其定义如下：

$$L(y,\hat{y}) = \frac{1}{N}\sum_{n=1}^{N} (y_n - \hat{y}_n)^2 \tag{12-3-2}$$

其衡量的是预测值与真实值之间距离的平方的均值，值域为（0，∞）。其对异常值十分敏感，梯度更新的方向很容易受离群点所主导，不具备鲁棒性。其优点是在零点处可导，但是梯度为零会导致收敛变慢。

若使用 MSE 函数对所有的样本点只给出一个预测值，那么这个值一定是所有目标值的平均值；如果是最小化 MAE 函数，则这个值是所有样本点目标值的中位数。对异常值而言，中位数比均值更加鲁棒，因此 MAE 函数对于异常值也比 MSE 函数更稳定。

**3. 光滑 $L_1$ 损失函数**

光滑 $L_1$ 损失（Smooth $L_1$ Loss，SLL）函数综合了 $L_1$ 和 $L_2$ 损失函数的优点，在零点附近

采用了 $L_2$ 损失中的平方函数，解决了 $L_1$ 损失在零点处梯度不可导的问题，使其更加平滑易于收敛；此外，在其他区间上，它采用了 $L_1$ 损失中的线性函数，使得梯度能够快速下降。其定义如下：

$$L(Y,f(x))=\begin{cases}\frac{1}{2}(y-f(x))^2, & |y-f(x)|<1\\ |y-f(x)|-\frac{1}{2}, & |y-f(x)|\geqslant 1\end{cases} \tag{12-3-3}$$

**4. Huber 损失函数**

Huber 损失函数结合了 MSE 函数和 MAE 函数的优点，不仅使损失函数具有连续的导数，而且利用 MSE 梯度随误差减小的特性，可取得更精确的最小值；但是，Huber 损失函数需要不断调整超参数 $\delta$。其定义如下：

$$L_\delta(Y,\hat{Y})=\begin{cases}\frac{1}{2}(y_n-\hat{y}_n)^2, & |y_n-\hat{y}_n|<\delta\\ \delta|y_n-\hat{y}_n|-\frac{1}{2}\delta^2, & \text{其他}\end{cases} \tag{12-3-4}$$

**5. 交叉熵损失函数**

在熵理论中，相关定义的数学表达式如下。

① 熵(Entropy)：

$$H(p)=-\sum_{n=1}^{N}p(n)\log(p(n)) \tag{12-3-5}$$

② 交叉熵(Cross-Entropy)：

$$H(p,q)=-\sum_{n=1}^{N}p(n)\log(q(n)) \tag{12-3-6}$$

③ 交叉熵损失(Cross-Entropy Loss)：

$$H(Y,f(x))=-\sum_{n=1}^{N}y_n\log(f(x_n)) \tag{12-3-7}$$

交叉熵作为信息论中的一个重要概念，用于度量真实概率分布与预测概率分布间的差异；其值越小，则意味着模型预测效果越好。

在二分情况下，预测结果只有两种情况，所以对每个类别的预测概率只有 $p$ 与 $1-p$。此时，交叉熵损失函数为

$$H(Y,f(x))=-\frac{1}{N}\sum_{n=1}^{N}[y_n\log(p_n)+(1-y_n)\log(1-p_n)] \tag{12-3-8}$$

在多分情况下，交叉熵损失函数为

$$H(Y,f(x))=-\frac{1}{N}\sum_{n=1}^{N}\sum_{m=1}^{M}y_{nm}\log(p_{nm}) \tag{12-3-9}$$

**6. K-L 散度损失函数**

K-L(Kullback-Leibier Divergence)散度同样是一种度量两个概率密度分布差异的指标，其数学定义为

$$D_{kl}(p,q)=\sum_{n=1}^{N}p_n\log\left(\frac{p_n}{q_n}\right) \tag{12-3-10}$$

由此，定义 K-L 散度为

$$L(Y,f(x)) = \sum_{n=1}^{N}\left[y_n\left(\log\frac{y_n}{f(x_n)}\right)\right] \tag{12-3-11}$$

其中，$Y$ 为真实值，$f(x)$ 为预测值。

**7. Softmax 损失函数**

Softmax 损失函数定义如下：

$$L(Y,f(x)) = -\frac{1}{N}\sum_{n=1}^{N}\log\frac{e^{f(y_n)}}{\sum_{m=1}^{M}e^{f_m}} \tag{12-3-12}$$

它常用于特征分离问题，如分类与图像标注问题。输出向量中每个元素的取值范围都是(0,1)，即每个类别的预测概率。

**8. Hinge 损失函数**

Hinge 损失函数适用于最大间隔的分类，支持向量机（Support Vector Machine，SVM）模型的损失函数本质上就是 Hinge 损失＋$L_2$ 正则化。其定义如下：

$$\sum_{n=1}^{N}[1-y_n(\boldsymbol{w}\boldsymbol{x}_n+\boldsymbol{b})]_+ + \lambda\|\boldsymbol{w}\|^2$$

$$[z]_+ = \begin{cases} z, & z>0 \\ 0, & z<0 \end{cases} \tag{12-3-13}$$

其中，$\boldsymbol{w}$ 为行向量，$\boldsymbol{x}$ 为列向量，两者维数相等。

**9. 0-1 损失函数**

该函数无须考虑预测值和真实值的误差程度，只要预测错误就会输出 1，否则输出 0。其定义如下：

$$L(Y,f(x)) = \begin{cases} 1, & y=f(x) \\ 0, & y\neq f(x) \end{cases} \tag{12-3-14}$$

还有一种改进的 0-1 损失函数称为聚焦损失函数(Focal Loss)，其定义如下：

$$L(Y,f(x)) = \begin{cases} 1, & |y-f(x)|\geqslant T \\ 0, & |y-f(x)|<T \end{cases} \tag{12-3-15}$$

在网络学习中，只能采用一个标量损失函数，如果一个 CNN 有多个输出，则每个输出可能对应一个损失函数。此时只需采用加权法，将多损失函数转变为单损失函数即可，其中权重因子之和为 1。表 12.3.1 给出了如何根据问题类型选择最后一层激活函数及损失函数的建议。

**表 12.3.1 根据问题类型选择最后一层激活函数及损失函数参考表**

| 问题类型 | 最后一层激活函数 | 损失函数 |
|---|---|---|
| 二分类 | Sigmoid 函数、Tanh 函数 | 二元交叉熵损失函数 |
| 多分类、单标签 | Softmax 函数 | 分类交叉熵损失函数 |
| 多分类、多标签 | Sigmoid 函数、Tanh 函数 | 二元交叉熵损失函数 |
| 回归到任意值 | 无 | MSE |
| 回归到 0 到 1 之间 | Sigmoid 函数、Tanh 函数 | MSE 函数或二元交叉熵损失函数 |

## 12.3.2 优化算法

**1. 梯度法**

考虑一个 CNN 的优化问题，其数学描述为

$$L(\boldsymbol{W}^*) = \min_{\boldsymbol{W}}\left(\frac{1}{N}\sum_{n=1}^{N} L_n(x_n, y_n, \boldsymbol{W}) + \lambda R(\boldsymbol{W})\right) \tag{12-3-16}$$

其中，$N$ 为训练样本集，$\lambda$ 是需要学习的超参数，$R(\boldsymbol{W})$ 表示损失函数正则化项，也可以看作优化问题的惩罚项。$R(\boldsymbol{W})$ 一般采用 $L_2$ 正则化，即采用二次型表示，如 $R(\boldsymbol{W})=1/2\boldsymbol{W}^{\mathrm{T}}\boldsymbol{W}$ 或者加权的二次型 $1/2\boldsymbol{W}^{\mathrm{T}}\boldsymbol{M}\boldsymbol{W}$，其中 $\boldsymbol{M}$ 是对角正定矩阵，易于求梯度。$R(\boldsymbol{W})$ 也可以采用 $L_1$ 正则化，即 $\lambda\sum_{m=1}^{M}|\boldsymbol{W}_m|$，缺点是在原点不可导。

式(12-3-16)的负梯度为

$$\nabla_{\boldsymbol{W}} L(\boldsymbol{W}) = \frac{1}{N}\sum_{n=1}^{N} \nabla_{\boldsymbol{W}} L_n(x_n, y_n, \boldsymbol{W}) + \lambda \nabla_{\boldsymbol{W}} R(\boldsymbol{W}) \tag{12-3-17}$$

令

$$\boldsymbol{W}(k+1)=\boldsymbol{W}(k)-\alpha\left[\nabla_{\boldsymbol{W}} L(\boldsymbol{W}(k))\right]^{\mathrm{T}} \tag{12-3-18}$$

即负梯度法，其中梯度为行向量，$\alpha$ 为迭代步长，也称为学习率。

在反向传播算法中，负梯度法是常用的方法，但是每次需要集中 $N$ 个训练样本一起训练，如果 $N$ 很大，这将导致巨大的计算量与存储量，从而使收敛速度很慢。

**2. 随机梯度下降法**

随机梯度下降法(Stochastic Gradient Descent，SGD)是对梯度下降法的改进。首先，SGD 每次迭代时仅使用一个样本计算梯度，这使其比常规梯度法计算速度快很多；其次，常规的梯度法在目标函数有多个局部最小值时可能会被停在局部最小值中。由于 SGD 每次迭代只使用一个样本计算梯度，因此每次迭代的梯度方向任意变化，这会使得每次迭代的方向变化很大，有可能跳出局部最小解而寻找到全局极小解。

SGD 算法的数学表达为

$$\begin{aligned}\nabla_{\boldsymbol{W}} L_s(\boldsymbol{W}) &= \nabla_{\boldsymbol{W}} L_n(x_n, y_n, \boldsymbol{W}) + \lambda \nabla_{\boldsymbol{W}} R(\boldsymbol{W}) \\ \boldsymbol{W}(k+1) &= \boldsymbol{W}(k)-\alpha\left[\nabla_{\boldsymbol{W}} L_s(\boldsymbol{W}(k))\right]^{\mathrm{T}}\end{aligned} \tag{12-3-19}$$

由于每次迭代中只使用一个样本计算梯度，样本的选择是随机的，尽管计算成本低，但由搜索方向的不可预知性产生的噪声很大，有可能朝着损失函数变大的方向搜索，反而使得算法并不易收敛。常规批量数据的负梯度方向较为稳定，但是易陷入梯度消失并且收敛慢，SGD 梯度方向变化快，不易陷入梯度消失但是算法振荡幅度大，也不易收敛。如何将二者结合起来扬长避短呢？下面介绍一种小批量 SGD 法(Batch Stochastic Gradient Descent，BSGD)。

**3. 小批量 SGD 法**

顾名思义，小批量指有一个小批量数据组，假设为

$$B_M=\{(x_1, y_1), (x_2, y_2), \cdots, (x_M, y_M)\}, M<N$$

$B_M$ 在每次迭代时随机生成，小批量 SGD 算法的数学表达为

$$\nabla_{\boldsymbol{W}} L_B(\boldsymbol{W}) = \frac{1}{M}\sum_{m=1}^{M} \nabla_{\boldsymbol{W}} L_m(x_m, y_m, \boldsymbol{W}) + \lambda \nabla_{\boldsymbol{W}} R(\boldsymbol{W}) \tag{12-3-20}$$

$$\boldsymbol{W}(k+1) = \boldsymbol{W}(k) - \alpha \nabla_{\boldsymbol{W}} [\nabla_{\boldsymbol{W}} L_B(\boldsymbol{W}(k))]^{\mathrm{T}} \tag{12-3-21}$$

批量的大小对收敛速度有影响。如果批量过小，则相邻两个梯度方向差异大，导致算法振荡大，不易收敛，因此可适当增大批量数据，这样既可以保持梯度搜索方向的稳定性，又可以加快收敛速度。该算法是 CNN 中推荐使用的方法之一。

**4. 动量法**

动量法(Momentum)是在迭代学习算法中增加一个动量项，其数学表达式如下：

$$\boldsymbol{W}(k+1) = \beta \boldsymbol{W}(k) - \alpha \nabla_{\boldsymbol{W}} [\nabla_{\boldsymbol{W}} L_B(\boldsymbol{W}(k))]^{\mathrm{T}} \tag{12-3-22}$$

如果将式(12-3-21)看成离散差分方程，则式(12-3-21)的线性部分的特征根在单位圆上。从系统瞬态特性分析，特征根在单位圆上，系统会产生振荡。事实上，式(12-3-22)在接近极值点处，会围绕极值点产生振荡。为了减小振荡的影响，最直接的方法就是增加系统阻尼。动量法就是先在迭代变量的前一时刻上乘以一个因子，该因子尽可能靠近单位圆，一般选择$\beta=0.9$，再跟负梯度方向相加，这样既保持了式(12-3-22)的特性，又使得系统能较为平滑地搜索到极值点。动量法与小批量 SGD 相结合也是 CNN 中推荐使用的算法之一。

**5. 自适应更新学习率**

自适应更新学习率(Adaptive Gradient，AdaGrad)可以自动更新学习率，其数学表达式如下：

$$\alpha_n = \frac{\alpha}{\delta + \sqrt{\sum_{i=1}^{n-1} \boldsymbol{g}_i^{\mathrm{T}} \boldsymbol{g}_i}} \tag{12-3-23}$$

其中：$\alpha$ 为全局学习率，需要设置一个固定的值；$\delta$ 是一个很小的常量，大概为 $e^{-7}$，主要是为了防止分母为 0；$\boldsymbol{g}_i$ 为第 $i$ 次迭代时的梯度。可以看到，随着梯度累加和的增加，学习率会降低，从而使损失函数稳定落入局部最优解。

**6. 自适应矩估计**

概率论中矩的定义是，如果一个随机变量 $\boldsymbol{x}$ 服从某个分布，则其一阶矩为其平均值，即 $E\{\boldsymbol{x}\}$，$\boldsymbol{x}$ 的二阶矩为其均方矩阵，即 $E\{\boldsymbol{x}\boldsymbol{x}^{\mathrm{T}}\}$，定义 $\|\boldsymbol{x}\|^2 = \mathrm{tr}(E\{\boldsymbol{x}\boldsymbol{x}^{\mathrm{T}}\})$。自适应矩估计(Adaptive Moment Estimation，Adam)根据损失函数梯度的一阶矩估计和二阶矩估计来动态调整学习率。算法过程如下：

$$\begin{aligned}
\boldsymbol{g}(k) &= \frac{1}{M}\sum_{m=1}^{M} \nabla_w L(x_i, y_i, \boldsymbol{W}(k)) \\
\boldsymbol{s}(k) &= \rho_1 \boldsymbol{s}(k-1) + (1-\rho_1)\boldsymbol{g}(k) \\
r(k) &= \rho_2 r(k-1) + (1-\rho_2)\|\boldsymbol{g}(k)\|^2 \\
\hat{\boldsymbol{s}}(k) &= \frac{\boldsymbol{s}(k)}{1-\rho_1} \\
\hat{r}(k) &= \frac{r(k)}{1-\rho_2} \\
\Delta \boldsymbol{W}(k) &= -\alpha \frac{\hat{\boldsymbol{s}}(k)}{\delta + \sqrt{\hat{r}(k)}} \\
\boldsymbol{W}(k+1) &= \boldsymbol{W}(k) + \Delta \boldsymbol{W}(k)
\end{aligned} \tag{12-3-24}$$

其中，$\boldsymbol{g}(k)$为第 $k$ 迭代运算损失函数梯度的累加和；$\boldsymbol{s}$ 为梯度的一阶矩；$r(k)$为梯度范数平方的加权和；$\rho_1$ 和 $\rho_2$ 为衰减系数，一般 $\rho_1=0.9$，$\rho_2=0.999$；$\delta$ 的目的是防止分母为 0，一般取 $e^{-8}$；$\alpha$ 为用户设置的全局学习率，一般可设为 $e^{-4}$。

**7. 动态学习率**

学习率是梯度下降算法中非常关键的超参数，合适的学习率能够使目标函数在合适的时间内收敛到局部最小值。在使用随机梯度下降法时，因为每一次迭代都是随机选择一个样本来计算梯度并更新参数的值，所以使用固定的学习率可能并不是最优的，因此，使用动态学习率可以帮助模型更快地收敛。

以下是几种常用的动态学习率。

① 比例衰减学习率：

$$\alpha_k=\frac{\alpha}{1+k} \tag{12-3-25}$$

② 指数衰减学习率：

$$\alpha_k=\alpha_0\sigma^k,\quad \sigma<1 \tag{12-3-26}$$

③ 反比例平方学习率：

$$\alpha_k=\frac{\alpha}{k^2} \tag{12-3-27}$$

## 12.3.3 抛弃法

抛弃法(Dropout)一般用在全连接层。在训练过程开始时，一般所有的神经元都被激活。如果一个 CNN 中训练的权与参数过多，而样本数据少，则会导致过拟合的情况发生。因此在训练过程中，会随机扔掉一部分神经元，从而减少特征量，这可以理解为对特征的一次重新采样，以防止过拟合。

常用函数：nn. dropout。

## 12.3.4 网络训练的基本步骤

CNN 的训练与经典 BP 算法是一样的，都可采用随机梯度下降。在深度学习中，其是用于优化可微分目标函数的迭代算法。算法流程如下。

Step 1：选定训练样本，从样本集中随机抽取 $N$ 个样本作为训练组。

Step 2：在 0 附近随机初始化所有卷积核的权重、阈值，初始化学习率与精度参数。

Step 3：从训练组中取出一个样本作为输入，执行前向计算。

Step 4：计算出各中间层的输出与最终输出。

Step 5：计算输出值与目标值的差，对于中间层隐单元也要计算输出误差。

Step 6：利用反向传播算法计算误差对于所有权重与阈值的梯度。

Step 7：更新所有权重与阈值的值。

Step 8：当计算 $M$ 步之后，如果计算结果达到精度要求，则停止训练，进入 Step 9，否则转入 Step 3，继续训练。

Step 9:将训练好的权值与阈值保存在文件中,如果将来还要进行训练,则直接将保存的值作为初始值,不再需要初始化。

## 12.3.5 CNN 训练中的常见问题

**1. 什么是过拟合？怎么避免？**

过拟合指的是,在一定次数的迭代后,模型准确度在训练集上越来越好,但是在测试集上越来越差。如果 CNN 中样本参数比输入数据还多,或者噪声太多,样本没有代表性,就容易导致过拟合,模型只记住了训练集的特征,用在测试集上则偏差太大。

有 3 个方法可以解决这个问题:一是扩大样本数据量;二是使用 Dropout,减少特征量;三是权重衰减。

这里介绍一下权重衰减。权重衰减等价于 $L_2$ 范数正则化,正则化通过为模型损失函数添加惩罚项使得模型参数值较小,是应对过拟合的手段。$L_2$ 范数正则化(权重衰减)通过惩罚绝对值较大的模型参数,相当于对模型增加了限制,这可能对过拟合有效。在实际应用中,有时会在惩罚项中添加偏差元素的平方和,并且在构造优化器实例时通过 weight_decay 参数来指定权重衰减超参数。

**2. 梯度消失与梯度爆炸是怎么产生的？怎么预防？**

随着网络深度的加深,梯度消失问题会愈加明显。

考虑一个特殊 CNN,输入 $x$ 为实数,输出 $y$ 为实数,第 $i$ 层卷积为 $y_i = W_i + b_i$,其中 $W_i$、$b_i$ 为卷积参数,又设所有层的非线性激活函数为 $f_i$,每一层卷积在经过激活函数前的值为 $x_i$,经过激活函数后的输出值为 $f_i(x_i)$,则每层的输出为

$$y_1 = f_1(x_1) = f_1(W_1 x + b_1)$$

$$y_2 = f_2(x_2) = f_2(W_2 f_1(W_1 x + b_1) + b_2)$$

$$y_3 = f_3(x_3) = f_3(W_3 f_2(W_2 f_1(W_1 x + b_1) + b_2) + b_3)$$

$$\vdots$$

$$y_N = f_N(W_N f_{N-1}(W_{N-1} f_{N-2}(\cdots) + b_{N-1}) + b_N) \tag{12-3-28}$$

为了简明起见,不妨令 $N=3$,设最终损失为 $L$,观察从第三层开始,用 BP 算法,推导 $L$ 对参数 $W_1$ 的偏导数,结果为

$$\frac{\partial L}{\partial W_1} = \frac{\partial L}{\partial f_3}\frac{\partial f_3}{\partial x_3}W_3\frac{\partial f_2}{\partial x_2}W_2\frac{\partial f_1}{\partial x_1}\frac{\partial x_1}{\partial W_1} \tag{12-3-29}$$

在 CNN 中,由于激励函数选择不当,$\partial f_3/\partial x_3$、$\partial f_2/\partial x_2$、$\partial f_1/\partial x_1$ 连续相乘,可能导致乘积趋于零。例如,若 $f_i$ 为 Sigmoid 函数,它的导数的取值范围是(0, 0.25],也就是说对于导数中的每一个元素,都有 $0<\partial f_3/\partial x_3 \leqslant 0.25$,$0<\partial f_2/\partial x_2 \leqslant 0.25$,$0<\partial f_1/\partial x_1 \leqslant 0.25$,小于 1 的数乘在一起,必然是越乘越小的。这才仅仅是 3 层,如果是 10 层的话,根据 $0.25^{10} \approx 0.000\,000\,954$,第 10层的误差相对第一层卷积的参数 $W_1$ 的梯度将是一个非常小的值,这就是所谓的梯度消失。

采用 ReLU 函数取代 Sigmoid 函数,就是使得 $\partial f_3/\partial x_3 = 1$,$\partial f_2/\partial x_2 = 1$,$\partial f_1/\partial x_1 = 1$,这样的话只要一条路径上的导数都是 1,无论神经网络是多少层,这一部分的乘积都始终为 1,保证深层的梯度也可以传递到浅层中。

观察式(12-3-27),采用了 ReLU 函数并且$\partial f_3/\partial x_3 = 1$,$\partial f_2/\partial x_2 = 1$,$\partial f_1/\partial x_1 = 1$,但是还

会出现 $W_1, W_2, W_3, \cdots$ 的连乘。如果 CNN 网络层数太多，而且权值初始化时普遍取值太大，就会出现梯度爆炸。如果是曲线梯度爆炸，则可以采用截断法，取梯度的绝对值的上限作为梯度的限幅。

**3. 为什么网络训练不收敛？**

可能的原因有：数据噪声太大，样本选择不具代表性；神经网络深度不够，导致函数拟合能力差；批数据的维数太小；学习率设置不合适，导致在某处反复振荡。对于这种情况，可以调低学习率，或者采用正则化。

## 12.4 基于 CNN 的分布参数系统时空模型

本节选用一个采用三元复合驱油的油藏开发模型作为建模对象。假设化学驱由聚合物、表面活性剂和碱三元组成，其动力学特性是储层油水渗流和化学剂的吸附-扩散方程等。机理模型可以用一组偏微分方程描述如下。

① 油相渗流连续性方程：

$$\nabla \cdot \left[\frac{Kk_{ro}}{B_o\mu_0}\nabla(p-\rho_0 gh)\right]+q_o=\frac{\partial}{\partial t}\left[\frac{\phi(1-S_w)}{B_o}\right] \tag{12-4-1}$$

② 水相渗流连续性方程：

$$\nabla \cdot \left(\frac{Kk_{rw}}{B_w R_k \mu_w}\nabla(p-\rho_w gh)\right)+q_w=\frac{\partial}{\partial t}\left(\frac{\phi S_w}{B_w}\right) \tag{12-4-2}$$

③ 聚合物的吸附扩散方程：

$$\nabla\cdot\left(\frac{Kk_{rw}u_p w}{B_w R_k \mu_w}\nabla(p-\rho_w gh)\right)+\nabla\cdot\left[(D_w+D_{wp})\frac{\phi_p S_w}{B_w}\nabla u_p w\right]+q_c=$$

$$\frac{\partial}{\partial t}\left(\rho_r(1-\phi)C_{rp}+\frac{\phi_p S_w u_p w}{B_w}\right) \tag{12-4-3}$$

④ 表面活性剂的吸附扩散方程：

$$\nabla\cdot\left(\frac{Kk_{rw}u_s w}{B_w R_k \mu_w}\nabla(p-\rho_w gh)\right)+\nabla\cdot\left(\frac{Kk_{ro}u_s w}{B_0 R_k \mu_0}\nabla(p-\rho_o gh)\right)+$$

$$\nabla\cdot\left[(D_o+D_{os})\frac{\phi_s S_0}{B_0}\nabla u_s w\right]+\nabla\cdot\left[(D_w+D_{ws})\frac{\phi_s S_w}{B_w}\nabla u_s w\right]+q_d=$$

$$\frac{\partial}{\partial t}\left(\frac{\phi_s S_0 u_s w}{B_0}+\frac{\phi_s S_w u_s w}{B_w}+\rho_r(1-\phi)C_{rs}\right) \tag{12-4-4}$$

⑤ 碱的吸附扩散方程：

$$\nabla\cdot\left(D_a\frac{\phi S_w}{B_w}\nabla u_a w\right)+\nabla\cdot\left(\frac{Kk_{rw}u_a w}{B_w R_k \mu_w}\nabla(p-\rho_w gh)\right)+$$

$$R_a+q_e=\frac{\partial}{\partial t}\left[\frac{K_a}{(1+K_b u_a w)^2}(1-\phi)S_w u_a w+\frac{\phi S_w u_a w}{B_w}\right] \tag{12-4-5}$$

⑥ 初始条件：

$$\widetilde{P}(x,y,z,t)\big|_{t=0}=\widetilde{P}^0,\quad S_w(x,y,z,t)\big|_{t=0}=S_w^0 \tag{12-4-6}$$

$$c_\Theta(x,y,z,t)\big|_{t=0}=c_\Theta^0,\quad (x,y,z)\in\Omega \tag{12-4-7}$$

⑦ 边界条件：

$$\left.\frac{\partial \widetilde{P}}{\partial n}\right|_{\partial\Omega}=0,\quad \left.\frac{\partial S_w}{\partial n}\right|_{\partial\Omega}=0,\quad \left.\frac{\partial c_\Theta}{\partial n}\right|_{\partial\Omega}=0 \tag{12-4-8}$$

参数符号的下标 $p$、$s$、$oh$ 分别为聚合物、表面活性剂和碱。其他参数如表 12.4.1 所示。

**表 12.4.1 ASP 驱油 PDE 描述中的参数定义**

| 参数 | 意义 |
|---|---|
| $K$ | 绝对渗透率 |
| $k_{ro}/k_{rw}$ | 油/水相相对渗透率 |
| $p_o/p_w$ | 油/水相压力 |
| $S_o/S_w$ | 油/水饱和度 |
| $p_{cow}$ | 毛细管力 |
| $c_\Theta$ | 驱替剂浓度 |
| $\mu_o/\mu_w$ | 油/水黏度 |
| $\phi/\phi_p/\phi_s$ | 孔隙度 |
| $K_a$ | 吸附容量常数 |
| $K_b$ | 碱的吸附常数 |
| $v_w$ | 渗流系数 |
| $R_{oh}$ | 碱耗 |
| $C_{rp}/C_{rs}$ | 吸附聚合物/表面活性剂的质量 |
| $q_o/q_w$ | 油/水相流速 |
| $q_c/q_d/q_e$ | 驱替速度 |
| $\{D_{ij}\}_{i\in\{w,o\},j\in\{s,p\}}$ | $j$ 在 $i$ 中的扩散系数 |

基于 CNN 的分布参数系统时空建模步骤如下。

**1. 数据采集**

对时空数据进行采集,得到对应的分布参数系统的时空输出快照序列。假设一个空间分布为 $n\times m$ 的分布参数系统每一时刻对应有 $n\times m$ 个输出,令 $t=1,\cdots,k$,就得到了 $k$ 张快照序列作为历史输出数据集,数据维度为 $n\times m\times k$,外部控制变量 $u$ 选为注入井的各组分的浓度(假设注入速度保持不变)。

**2. 卷积层构建**

将空间点的时空数据整理成适合 CNN 处理的格式并进行标准化处理。卷积层使用卷积核(滤波器)来执行局部感知和参数共享。通过选择合适的卷积核大小和数量,降低数据维度捕获数据的空间特征信息。

**3. 池化层与激活构建**

通过池化操作去除特征图中的冗余信息,保留关键特征,实现特征的压缩。为提升网络的非线性能力,每个卷积层后都会跟一个激活层。

**4. 全连接层构建**

这里全连接层采用多层感知器,即多层前馈神经网络。经过 CNN 降维过的历史输出特

征信息与控制输入 $u$(标准化处理后)一同进入全连接层进行训练。

**5. 结果输出**

经过训练并测试,如果达到预期效果,则停止训练并将计算结果输出。

鉴于化学驱油是一个持续三到六年的长期工业活动,收集完整的现场数据集具有一定的难度,因此本实验采用了油藏数值模拟软件 CMG Suite 2015 来帮助构建数据集,从而为数据建模过程提供了所需的快照。油藏结构图和油藏初始渗透率如图 12.4.1 和图 12.4.2 所示。

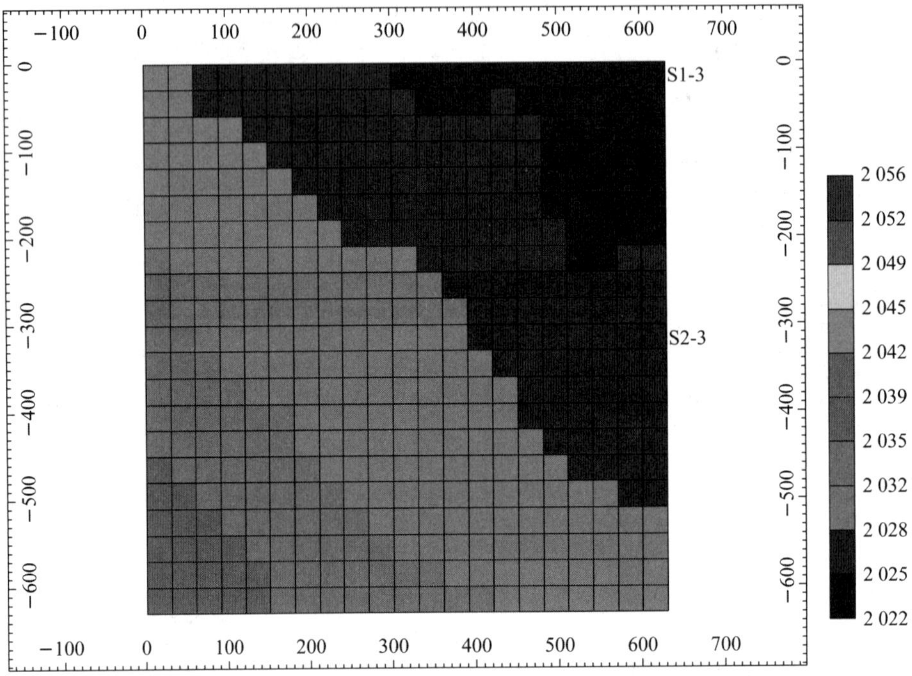


图 12.4.1 某时刻的油藏结构示意图

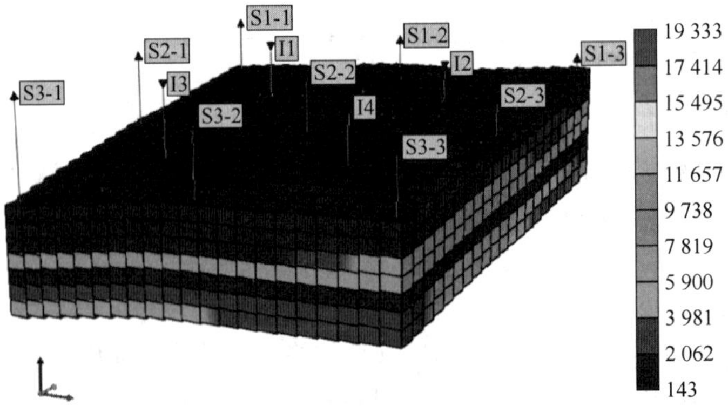


图 12.4.2 油藏初始渗透率

为了简化问题,我们考虑一个四注四采的油藏化学驱建模问题,将 I1～I4 作为注入井,采出井设在相邻两口井的中间位置,共 S1～S4 4 口采出井,位于图 12.4.1 中三角形所示的位置。将注入井各驱替剂浓度作为输入,并将从采出井回收的原油中的含水率作为输出。整个驱替周期设为 1 500 天,分阶段地采用不同的驱替方案,其中 I1 注入井的输入信号如图 12.4.3

所示。将前15天的输出信号快照作为训练数据，利用CNN进行降维提取主要特征，并将注入井注入的各组分浓度作为外源输入信号，进行化学驱的时空模型辨识，过程如图12.4.4所示。

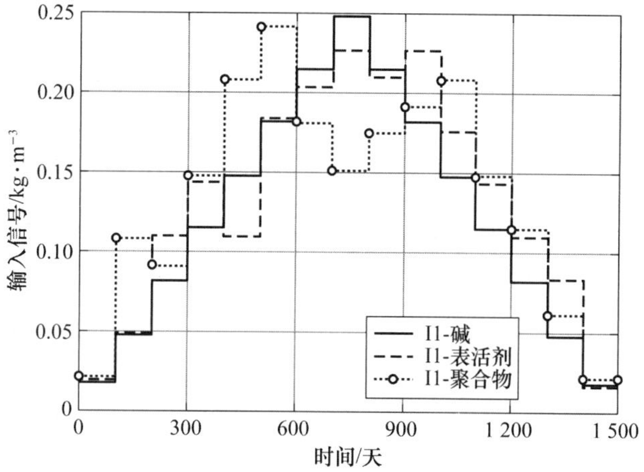


图12.4.3 I1注入井的输入信号图

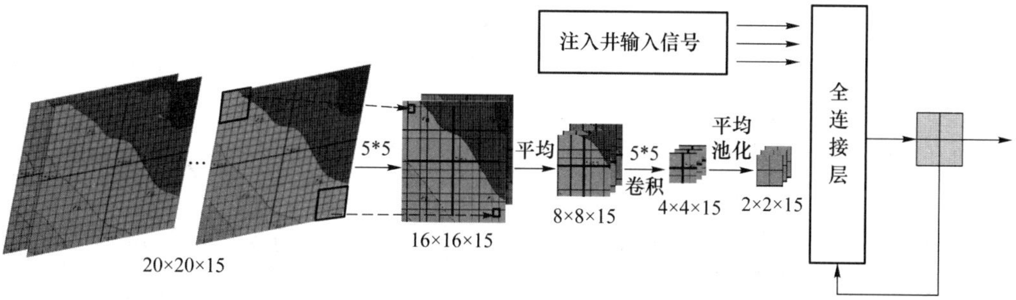


图12.4.4 化学驱CNN时空模型辨识过程

具体的网络构建与训练过程如下。

Step 1:将前1 100天的数据作为训练数据集，并利用后400天的数据构建测试数据集，对辨识的CNN化学驱模型进行测试验证。

Step 2:将15天的输出数据快照作为模型的训练输入数据，将维度为20×20×15的历史输出快照经过一个5＊5的卷积进行特征降维，通过平均池化层进一步降低维度，平滑数据中的噪声，降低噪声干扰，提高模型的泛化能力。通过一层卷积和池化层进一步提取特征，从输入数据中提取更丰富和更复杂的数据信息。

Step 3:将降维后的油藏输出特征与注入井中聚合物、碱和表面活性剂的浓度一同作为全连接层的输入，预测油藏4口采出井位置的含水率输出结果。

Step 4:在全连接层中，进行线性变换，即输入数据与权重矩阵的乘积。在线性变换后，通过Sigmoid函数将结果映射到一个非线性空间中。

Step 5:计算损失函数对权重矩阵的梯度，并使用优化算法(梯度下降)来更新权重矩阵，以减小网络输出与真实值之间的差距。

Step 6:完成预测后将当前预测结果作为下一时刻全连接层的输入，进行快照数据更新，形成闭环训练。

模型在4口采出井训练集和测试集上的表现如图12.4.5～图12.4.8所示。

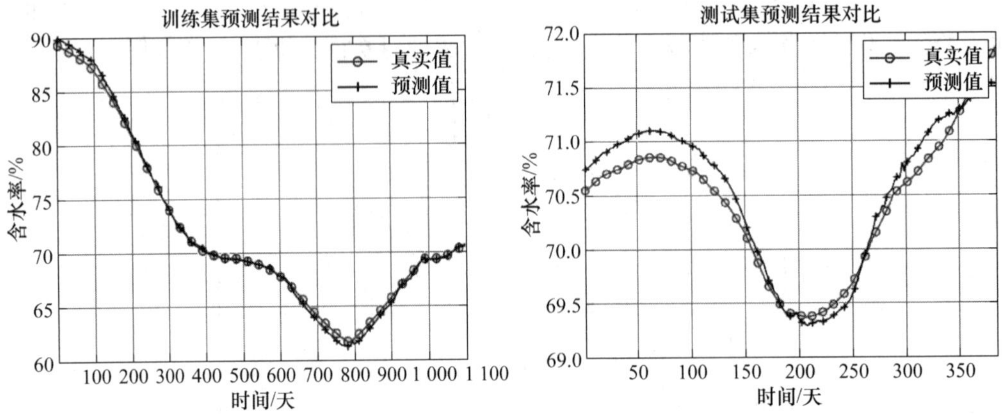


图 12.4.5　采出井 1 的模型预测结果对比

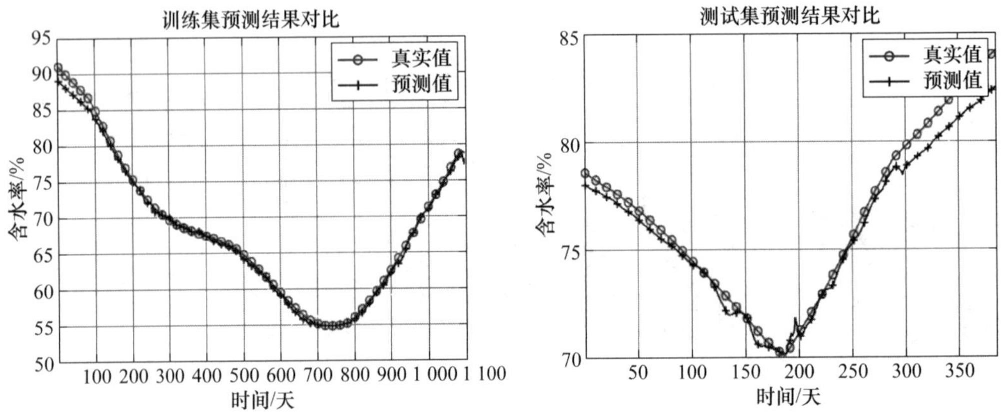


图 12.4.6　采出井 2 的模型预测结果对比

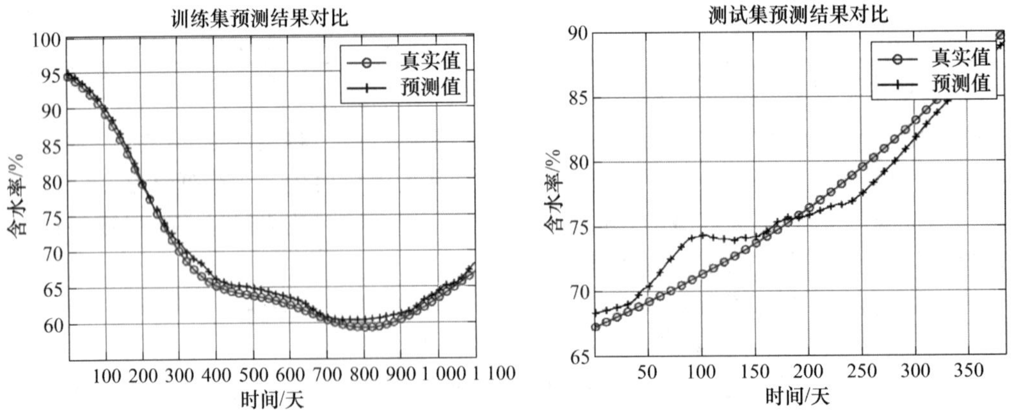


图 12.4.7　采出井 3 的模型预测结果对比

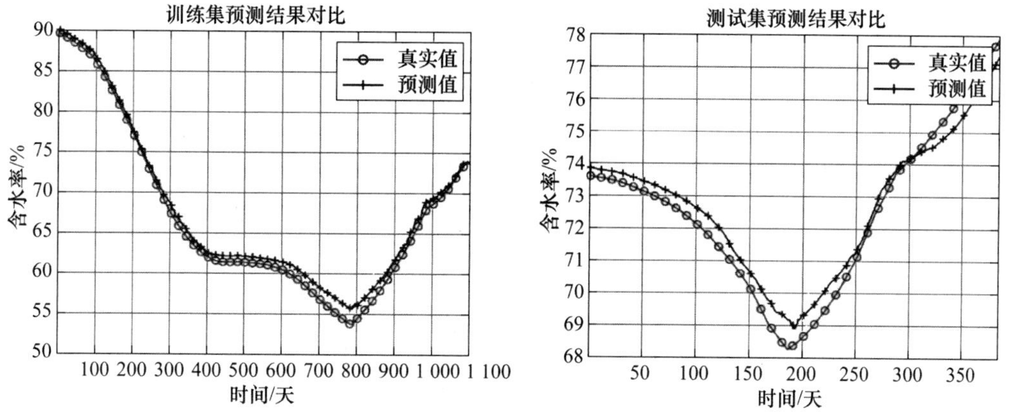


图 12.4.8 采出井 4 的模型预测结果对比

通过对比训练集与测试集上的表现，CNN 构建的油田化学驱时空模型在训练集上取得了较小的损失值，意味着模型已经成功地捕获了训练数据中的大部分信息。同时测试集的表现也体现了模型良好的泛化能力和鲁棒性。

卷积网络构建部分代码示例：

```
import torch
import torch.nn as nn
import torch.nn.functional as F
class SimpleCNN(nn.Module):
    def __init__(self):
        super(SimpleCNN, self).__init__()
        self.conv1 = nn.Conv2d(1, 1, kernel_size=5, stride=1, padding=0)
        self.pool1 = nn.AvgPool2d(kernel_size=2, stride=2)
        self.conv2 = nn.Conv2d(1, 1, kernel_size=5, stride=1, padding=0)
        self.pool2 = nn.AvgPool2d(kernel_size=2, stride=2)
        self.fc = nn.Linear(2 * 2 * 15 + num_groups, 4)
    def forward(self, x, predicted_snapshot, concentration_info):
        batch_size = x.size(0) // 15
        x = x.view(batch_size, 15, *x.size()[2:])
        x = F.relu(self.conv1(x))
        x = self.pool1(x)
        x = F.relu(self.conv2(x))
        x = self.pool2(x)
        x = x.view(batch_size, 15, -1)
        x = torch.cat((x, predicted_snapshot.unsqueeze(1), concentration_info.unsqueeze
(1)), dim=1)
        x = x.view(batch_size, -1)
        x = self.fc(x)
        return x
```

# 本章小结

本章从卷积神经网络的架构讲起，详细介绍了卷积计算、池化、激励函数、批量标准化、填充、输出层等。在网络训练方面，介绍了损失函数、优化算法、训练步骤等。

# 本章参考文献


[1] Bottou L, Curtis F E, Nocedal J. Optimization Methods for Large-scale Machine Learning[J]. SIAM Review, 2018,60(2):223-311.

[2] Chen L Q, Li H X, Yang H D. Dimension Embedded Basis Function for Spatiotemporal Modeling of Distributed Parameter System[J]. IEEE Transactions on Industrial Informatics, 2020, 16(9): 5846-5854.

[3] Chollet F. Xception: Deep Learning with Depthwise Separable Convolutions[J]. 2017. arXiv preprint,1610-02357.

[4] Fang S W, Li S R, Liu Z. Spatiotemporal Modeling of Distributed Parameter Systems Based on Time Aware Tensor Decomposition[C]. Proceedings of 2022 Chinese Process Control Conference(CPCC), 2022.

[5] Fukushima K. Neocognitron: a Self-Organizing Neural Network Model for a Mechanism of Pattern Recognition Unaffected by Shift in Position[J]. Biological Cybernetics, 1980,36(4):193-202.

[6] Goodfellow I, Bengio Y, Courville A. Deep Learning [M]. Cambridge: MIT press, 2016: 326-366.

[7] He K, Zhang X, Ren S, et al. Deep Residual Learning for Image Recognition [C]. In Proceedings of the IEEE conference on computer vision and pattern recognition,2016.

[8] Kingma D P, Ba J. Adam: a Method for Stochastic Optimization[C]. International Conference on Learning Representations, 2014.

[9] LeCun Y, Bottou L, Bengio Y, er al. Gradient-based Learning Applied to Document Recognition[J]. Proceedings of the IEEE, 1998, 86(11): 2278-2324.

[10] LeCun Y, Boser B, Denker J S, et al. Backpropagation Applied to Handwritten Zip Code Recognition[J]. Neural computation, 1989, 1(4): 541-551.

[11] Liu Z, Li S R, Guo Y L, et al. Integrated Spatiotemporal Modeling and Mixed-Integer Approximate Dynamic Programming for Asp Flooding [J]. Journal of Process Control, 2021, 105:179-203.

[12] Rumelhart D E, Hinton G E, Williams R J. Learning representations by back-propagating errors[J]. Nature, 1986, 323(6088): 533.

[13] Simonyan K, Zisserman A. Very Deep Convolutional Networks for Large-Scale Image Recognition[J]. 2014. arXiv preprint arXiv:1409. 1556.

[14] Szegedy C, Liu W, Jia Y, et al. Going Deeper with Convolutions[C]. In Proceedings of the IEEE conference on computer vision and pattern recognition, 2015: 1-9.
[15] Waibel A, Hanazawa T, Hinton G, et al. Phoneme Recognition Using Time-Delay Neural Networks [J]. IEEE Transactions on Acoustics, Speech, and Signal Processing, 1989, 37(3): 328-339.
[16] Aaron Courville. 深度学习[M]. 北京:人民邮电出版社,2017.
[17] 李树荣, 葛玉磊. 三元复合驱最优控制[M]. 北京:科学出版社, 2019.
[18] 李玉鑑,张婷,单传辉,等. 深度学习: 卷积神经网络从入门到精通[M]. 北京:机械工业出版社,2018.
[19] 吴岸城. 神经网络与深度学习[M]. 北京:电子工业出版社,2016.

# 本章习题

1. 什么是卷积神经网络? 请解释其基本原理和工作方式。
2. 请说明卷积操作在 CNN 中的作用以及它是如何应用在图像处理中的。
3. 请解释卷积核在卷积神经网络中的作用,以及它是如何帮助提取图像特征的。
4. 请描述 CNN 中常用的池化操作的定义、作用,以及它在图像处理中的应用。
5. 请解释卷积神经网络中的步长是什么,以及它在卷积操作中的作用。
6. 请描述 CNN 中卷积层的作用,并解释为什么它在处理图像数据时特别有效。
7. CNN 与传统神经网络相比有什么优势?
8. 列举几种防止 CNN 过拟合的方法。
9. 为什么不能随机选取几个数作为权重初始值?

# 第 13 章

# 线性系统的最优状态估计

本章将讨论另一类估计问题，即状态估计问题，其中被估计的量是一类随时间变化的随机状态向量。下面首先讨论线性最小方差估计，并将其推广至离散线性系统得到最优滤波公式，然后讨论离散卡尔曼滤波的稳定性、带有控制项的离散线性最优滤波，最后介绍基于状态空间模型的系统辨识。

## 13.1 线性最小方差估计

第 2 章针对一个条件数学期望的求解问题，提出并介绍了最小方差估计问题。对于一般情况下的条件数学期望问题，难以得到其解析解，因此本节介绍一种可以近似求解的最小方差估计——线性最小方差估计。

### 13.1.1 线性最小方差估计的描述及推导

假设有一个观测模型：

$$\boldsymbol{y}=\boldsymbol{H}\boldsymbol{x}+\boldsymbol{v} \tag{13-1-1}$$

其中，$\boldsymbol{x}$ 为 $n$ 维待估计的随机向量，$\boldsymbol{y}$ 为 $m$ 维量测矢量，$\boldsymbol{v}$ 是 $m$ 维量测噪声矢量。

令 $E\{\cdot\}$表示数学期望算子，假设

① $\boldsymbol{E}\{\boldsymbol{v}_i\}=\boldsymbol{0},i=1,\cdots,m,\quad \boldsymbol{E}\{\boldsymbol{v}\boldsymbol{v}^{\mathrm{T}}\}=\boldsymbol{R}>\boldsymbol{0}$；

② $\boldsymbol{E}\{\boldsymbol{x}\}=\boldsymbol{\mu}_x,\boldsymbol{E}\{\boldsymbol{y}\}=\boldsymbol{\mu}_y,\boldsymbol{E}\{(\boldsymbol{x}-\boldsymbol{\mu}_x)(\boldsymbol{x}-\boldsymbol{\mu}_x)^{\mathrm{T}}\}=\boldsymbol{P}_x,\boldsymbol{E}\{(\boldsymbol{y}-\boldsymbol{\mu}_y)(\boldsymbol{y}-\boldsymbol{\mu}_y)^{\mathrm{T}}\}=\boldsymbol{P}_y>\boldsymbol{0}$，其中 $\boldsymbol{\mu}_x$、$\boldsymbol{\mu}_y$、$\boldsymbol{P}_y$ 均已知；

③ $\boldsymbol{E}\{(\boldsymbol{x}-\boldsymbol{u}_x)\boldsymbol{v}^{\mathrm{T}}\}=\boldsymbol{0}$。

令 $\hat{\boldsymbol{x}}$ 为 $\boldsymbol{x}$ 的最小方差估计，求使

$$J=\boldsymbol{E}\{(\boldsymbol{x}-\hat{\boldsymbol{x}})(\boldsymbol{x}-\hat{\boldsymbol{x}})^{\mathrm{T}}\} \tag{13-1-2}$$

达到最小的 $\boldsymbol{x}$ 的估计值 $\hat{\boldsymbol{x}}$，如果 $\hat{\boldsymbol{x}}$ 存在，则称 $\hat{\boldsymbol{x}}$ 为 $\boldsymbol{x}$ 的最小方差估计，记为 $\boldsymbol{x}_V$。

这里我们主要考虑 $\boldsymbol{x}$ 的线性最小方差估计问题，即 $\hat{\boldsymbol{x}}$ 为 $\boldsymbol{y}$ 的线性函数，并且使 $J$ 达到极小。如果这样的 $\hat{\boldsymbol{x}}$ 存在，则记为$\hat{\boldsymbol{x}}_{LV}$。

为此，令

$$\hat{\boldsymbol{x}}_{LV}=\boldsymbol{a}+\boldsymbol{B}\boldsymbol{y},\quad \boldsymbol{a}\in\mathbb{R}^{n},\quad \boldsymbol{B}\in\mathbb{R}^{n\times m} \tag{13-1-3}$$

将$\hat{\boldsymbol{x}}_{LV}$代入$\boldsymbol{E}\{(\boldsymbol{x}-\boldsymbol{a}-\boldsymbol{B}\boldsymbol{y})(\boldsymbol{x}-\boldsymbol{a}-\boldsymbol{B}\boldsymbol{y})^{\mathrm{T}}\}$，得如下的优化问题：

$$J=\min_{\boldsymbol{a},\boldsymbol{B}}\{\boldsymbol{E}[(\boldsymbol{x}-\boldsymbol{a}-\boldsymbol{B}\boldsymbol{y})(\boldsymbol{x}-\boldsymbol{a}-\boldsymbol{B}\boldsymbol{y})^{\mathrm{T}}]\} \tag{13-1-4}$$

求解$\partial J/\partial\boldsymbol{a}=\boldsymbol{0}$与$\partial J/\partial\boldsymbol{B}=\boldsymbol{0}$：

$$\frac{\partial J}{\partial\boldsymbol{a}}=-2\boldsymbol{E}\{(\boldsymbol{x}-\boldsymbol{a}-\boldsymbol{B}\boldsymbol{y})\}=-2\boldsymbol{\mu}_x+2\boldsymbol{a}+2\boldsymbol{B}\boldsymbol{\mu}_y=\boldsymbol{0} \tag{13-1-5}$$

$$\frac{\partial J}{\partial\boldsymbol{B}}=-2\boldsymbol{E}\{(\boldsymbol{x}-\boldsymbol{a}-\boldsymbol{B}\boldsymbol{y})\boldsymbol{y}^{\mathrm{T}}\}=-2\boldsymbol{E}\{\boldsymbol{x}\boldsymbol{y}^{\mathrm{T}}\}+2\boldsymbol{a}\boldsymbol{E}\{\boldsymbol{y}^{\mathrm{T}}\}+2\boldsymbol{B}\boldsymbol{E}\{\boldsymbol{y}\boldsymbol{y}^{\mathrm{T}}\}=\boldsymbol{0} \tag{13-1-6}$$

联立式(13-1-5)与式(13-1-6)，得

$$\begin{cases}-\boldsymbol{\mu}_x+\boldsymbol{a}+\boldsymbol{B}\boldsymbol{\mu}_y=\boldsymbol{0}\\ -\boldsymbol{E}\{\boldsymbol{x}\boldsymbol{y}^{\mathrm{T}}\}+\boldsymbol{a}\boldsymbol{E}\{\boldsymbol{y}^{\mathrm{T}}\}+\boldsymbol{B}\boldsymbol{E}\{\boldsymbol{y}\boldsymbol{y}^{\mathrm{T}}\}=\boldsymbol{0}\end{cases} \tag{13-1-7}$$

所以

$$\boldsymbol{a}=\boldsymbol{\mu}_x-\boldsymbol{B}\boldsymbol{\mu} \tag{13-1-8}$$

记

$$\begin{aligned}\mathrm{cov}\{\boldsymbol{x},\boldsymbol{y}\}&=\boldsymbol{E}\{(\boldsymbol{x}-\boldsymbol{\mu}_x)(\boldsymbol{y}-\boldsymbol{\mu}_y)^{\mathrm{T}}\}\\&=\boldsymbol{E}\{(\boldsymbol{x}-\boldsymbol{\mu}_x)\boldsymbol{y}^{\mathrm{T}}\}-\boldsymbol{E}\{(\boldsymbol{x}-\boldsymbol{\mu}_x)\boldsymbol{\mu}_y^{\mathrm{T}}\}\\&=\boldsymbol{E}\{\boldsymbol{x}\boldsymbol{y}^{\mathrm{T}}\}-\boldsymbol{\mu}_x\boldsymbol{\mu}_y^{\mathrm{T}}\end{aligned} \tag{13-1-9}$$

称为随机矢量$\boldsymbol{x}$、$\boldsymbol{y}$的协方差矩阵。因此，可得到

$$\boldsymbol{E}\{\boldsymbol{x}\boldsymbol{y}^{\mathrm{T}}\}=\boldsymbol{\mu}_x\boldsymbol{\mu}_y^{\mathrm{T}}+\mathrm{cov}\{\boldsymbol{x},\boldsymbol{y}\} \tag{13-1-10}$$

同样可计算得

$$\boldsymbol{P}_y=\boldsymbol{E}\{(\boldsymbol{y}-\boldsymbol{\mu}_y)(\boldsymbol{y}-\boldsymbol{\mu}_y)^{\mathrm{T}}\}=\boldsymbol{E}\{\boldsymbol{y}\boldsymbol{y}^{\mathrm{T}}\}-\boldsymbol{\mu}_y\boldsymbol{\mu}_y^{\mathrm{T}} \tag{13-1-11}$$

将式(13-1-8)至式(13-1-11)代入式(13-1-7)，可得

$$\boldsymbol{B}=\mathrm{cov}\{\boldsymbol{x},\boldsymbol{y}\}\boldsymbol{P}_y^{-1}$$

因此可求得线性最小方差估计表达式为

$$\begin{aligned}\hat{\boldsymbol{x}}_{LV}&=\boldsymbol{\mu}_x-\mathrm{cov}\{\boldsymbol{x},\boldsymbol{y}\}\boldsymbol{P}_y^{-1}\boldsymbol{\mu}_y+\mathrm{cov}\{\boldsymbol{x},\boldsymbol{y}\}\boldsymbol{P}_y^{-1}\boldsymbol{y}\\&=\boldsymbol{\mu}_x+\mathrm{cov}\{\boldsymbol{x},\boldsymbol{y}\}\boldsymbol{P}_y^{-1}(\boldsymbol{y}-\boldsymbol{\mu}_y)\end{aligned} \tag{13-1-12}$$

将式(13-1-12)两边求数学期望，得$\boldsymbol{E}\{\boldsymbol{x}\}=\boldsymbol{E}\{\hat{\boldsymbol{x}}_{LV}\}=\boldsymbol{\mu}_x$，即得线性最小方差估计是无偏的。

记$\tilde{\boldsymbol{x}}_{LV}=\boldsymbol{x}-\hat{\boldsymbol{x}}_{LV}$，$\boldsymbol{P}_{\tilde{x}_{LV}}=\boldsymbol{E}\{\tilde{\boldsymbol{x}}_{LV}\tilde{\boldsymbol{x}}_{LV}^{\mathrm{T}}\}$，则最小方差阵为

$$\begin{aligned}\boldsymbol{P}_{\tilde{x}_{LV}}&=\boldsymbol{E}\{[\boldsymbol{x}-\boldsymbol{\mu}_x-\mathrm{cov}\{\boldsymbol{x},\boldsymbol{y}\}\boldsymbol{P}_y^{-1}(\boldsymbol{y}-\boldsymbol{\mu}_y)][\boldsymbol{x}-\boldsymbol{\mu}_x-\mathrm{cov}\{\boldsymbol{x},\boldsymbol{y}\}\boldsymbol{P}_y^{-1}(\boldsymbol{y}-\boldsymbol{\mu}_y)]^{\mathrm{T}}\}\\&=\boldsymbol{P}_x-\mathrm{cov}\{\boldsymbol{x},\boldsymbol{y}\}\boldsymbol{P}_y^{-1}\mathrm{cov}\{\boldsymbol{y},\boldsymbol{x}\}\end{aligned} \tag{13-1-13}$$

为了验证式(13-1-13)是最小方差矩阵，假设$\hat{\boldsymbol{x}}_L=\boldsymbol{z}+\boldsymbol{A}\boldsymbol{y}$为$\boldsymbol{x}$的任意一个线性估计，记

$$\tilde{\boldsymbol{x}}_L=\boldsymbol{x}-\hat{\boldsymbol{x}}_L \tag{13-1-14}$$

$$\boldsymbol{P}_{\tilde{x}_L}=\boldsymbol{E}\{\tilde{\boldsymbol{x}}_L\tilde{\boldsymbol{x}}_L^{\mathrm{T}}\}=\boldsymbol{E}\{(\boldsymbol{x}-\boldsymbol{z}-\boldsymbol{A}\boldsymbol{y})(\boldsymbol{x}-\boldsymbol{z}-\boldsymbol{A}\boldsymbol{y})^{\mathrm{T}}\} \tag{13-1-15}$$

令

$$\boldsymbol{b}=\boldsymbol{z}-\boldsymbol{\mu}_x+\boldsymbol{A}\boldsymbol{\mu}_y \tag{13-1-16}$$

则

$$\boldsymbol{P}_{\tilde{x}_L}=\boldsymbol{E}\{[\boldsymbol{x}-\boldsymbol{\mu}_x-\boldsymbol{b}-\boldsymbol{A}(\boldsymbol{y}-\boldsymbol{\mu}_y)][\boldsymbol{x}-\boldsymbol{\mu}_x-\boldsymbol{b}-\boldsymbol{A}(\boldsymbol{y}-\boldsymbol{\mu}_y)]^{\mathrm{T}}\}$$

$$
\begin{aligned}
&= \boldsymbol{P}_x - \boldsymbol{E}\{(\boldsymbol{x}-\boldsymbol{\mu}_x)\}\boldsymbol{b}^{\mathrm{T}} - \boldsymbol{E}\{(\boldsymbol{x}-\boldsymbol{\mu}_x)(\boldsymbol{y}-\boldsymbol{\mu}_y)^{\mathrm{T}}\}\boldsymbol{A}^{\mathrm{T}} - \\
&\quad \boldsymbol{b}\boldsymbol{E}\{(\boldsymbol{x}-\boldsymbol{\mu}_x)^{\mathrm{T}}\} + \boldsymbol{b}\boldsymbol{b}^{\mathrm{T}} + \boldsymbol{b}\boldsymbol{E}\{(\boldsymbol{y}-\boldsymbol{\mu}_y)^{\mathrm{T}}\}\boldsymbol{A}^{\mathrm{T}} - \\
&\quad \boldsymbol{A}\boldsymbol{E}\{(\boldsymbol{y}-\boldsymbol{\mu}_y)(\boldsymbol{x}-\boldsymbol{\mu}_x)^{\mathrm{T}}\} + \boldsymbol{E}\{(\boldsymbol{y}-\boldsymbol{\mu}_y)\}\boldsymbol{b}^{\mathrm{T}} + \\
&\quad \boldsymbol{A}\boldsymbol{E}\{(\boldsymbol{y}-\boldsymbol{\mu}_y)(\boldsymbol{y}-\boldsymbol{\mu}_y)^{\mathrm{T}}\}\boldsymbol{A}^{\mathrm{T}} \\
&= \boldsymbol{P}_x - \mathrm{cov}\{\boldsymbol{x},\boldsymbol{y}\}\boldsymbol{A}^{\mathrm{T}} + \boldsymbol{b}\boldsymbol{b}^{\mathrm{T}} - \boldsymbol{A}\mathrm{cov}\{\boldsymbol{y},\boldsymbol{x}\} + \boldsymbol{A}\boldsymbol{P}_y\boldsymbol{A}^{\mathrm{T}} \\
&= \boldsymbol{b}\boldsymbol{b}^{\mathrm{T}} + [\boldsymbol{A} - \mathrm{cov}\{\boldsymbol{x},\boldsymbol{y}\}\boldsymbol{P}_y^{-1}]\boldsymbol{P}_y[\boldsymbol{A} - \mathrm{cov}\{\boldsymbol{x},\boldsymbol{y}\}]^{\mathrm{T}} + \\
&\quad \boldsymbol{P}_x - \mathrm{cov}\{\boldsymbol{x},\boldsymbol{y}\}\boldsymbol{P}_y^{-1}\mathrm{cov}\{\boldsymbol{y},\boldsymbol{x}\} \geqslant \boldsymbol{P}_{\tilde{x}_{LV}}
\end{aligned} \tag{13-1-17}
$$

因此$\hat{\boldsymbol{x}}_{LV}$是 $\boldsymbol{x}$ 的线性最小方差估计,且是唯一的。

现在考虑观测方程(13-1-1),可以验证

$$
\begin{aligned}
\mathrm{cov}\{\boldsymbol{x},\boldsymbol{y}\} &= \boldsymbol{E}\{(\boldsymbol{x}-\boldsymbol{\mu}_x)(\boldsymbol{y}-\boldsymbol{\mu}_y)^{\mathrm{T}}\} \\
&= \boldsymbol{E}\{(\boldsymbol{x}-\boldsymbol{\mu}_x)(\boldsymbol{H}\boldsymbol{x}+\boldsymbol{v}-\boldsymbol{H}\boldsymbol{\mu}_x)^{\mathrm{T}}\} = \boldsymbol{P}_x\boldsymbol{H}^{\mathrm{T}}
\end{aligned} \tag{13-1-18}
$$

$$
\begin{aligned}
\boldsymbol{P}_y &= \boldsymbol{E}\{(\boldsymbol{y}-\boldsymbol{\mu}_y)(\boldsymbol{y}-\boldsymbol{\mu}_y)^{\mathrm{T}}\} \\
&= \boldsymbol{E}\{(\boldsymbol{H}\boldsymbol{x}+\boldsymbol{v}-\boldsymbol{H}\boldsymbol{\mu}_x)(\boldsymbol{H}\boldsymbol{x}+\boldsymbol{v}-\boldsymbol{H}\boldsymbol{\mu}_x)^{\mathrm{T}}\} \\
&= \boldsymbol{H}\boldsymbol{P}_x\boldsymbol{H}^{\mathrm{T}} + \boldsymbol{R}
\end{aligned} \tag{13-1-19}
$$

可得到如下定理。

**定理 13.1.1** 已知观测模型(13-1-1)且满足假设①～③。$\boldsymbol{x}$ 与 $\boldsymbol{v}$ 统计独立,则 $\boldsymbol{x}$ 的线性最小方差估计为

$$
\begin{aligned}
&\hat{\boldsymbol{x}}_{LV} = \boldsymbol{\mu}_x + \boldsymbol{K}(\boldsymbol{y}-\boldsymbol{\mu}_y) \\
&\boldsymbol{K} = \boldsymbol{P}_x\boldsymbol{H}^{\mathrm{T}}(\boldsymbol{H}\boldsymbol{P}_x\boldsymbol{H}^{\mathrm{T}}+\boldsymbol{R})^{-1} \\
&\boldsymbol{P}_{\tilde{x}_{LV}} = (\boldsymbol{I}-\boldsymbol{K}\boldsymbol{H})\boldsymbol{P}_x
\end{aligned} \tag{13-1-20}
$$

## 13.1.2 线性最小方差估计的几何性质

首先定义一个线性赋范空间 $\boldsymbol{X}$,它是由方差有穷的 $n$ 维随机矢量的全体构成的,在 $\boldsymbol{X}$ 上定义范数:

$$
\|\boldsymbol{x}\| = \{\boldsymbol{E}[(\boldsymbol{x}-\boldsymbol{u}_x)^{\mathrm{T}}(\boldsymbol{x}-\boldsymbol{u}_x)]\}^{\frac{1}{2}}, \quad \boldsymbol{x}\in\boldsymbol{X} \tag{13-1-21}
$$

可以证明按照这个范数,$\boldsymbol{X}$ 构成一个线性赋范空间,由此定义内积:

$$
\langle \boldsymbol{x},\boldsymbol{y}\rangle = \boldsymbol{E}\{(\boldsymbol{x}-\boldsymbol{u}_x)^{\mathrm{T}}(\boldsymbol{y}-\boldsymbol{u}_y)\}, \quad \forall\, \boldsymbol{x}\in\boldsymbol{X}, \boldsymbol{y}\in\boldsymbol{X} \tag{13-1-22}
$$

易证这是一个希尔伯特空间,如果$\langle \boldsymbol{x},\boldsymbol{y}\rangle=0$,则记为 $\boldsymbol{x}\perp\boldsymbol{y}$。

定义 $\boldsymbol{Y}=\{\boldsymbol{a}+\boldsymbol{B}\boldsymbol{y}\,|\,\boldsymbol{a}\in\mathbb{R}^n, \boldsymbol{B}\in\mathbb{R}^{n\times m}\}$,其中 $\boldsymbol{y}$ 为二阶矩有穷的随机矢量。因此,$\boldsymbol{Y}\subset\boldsymbol{X}$ 称为由 $\boldsymbol{y}$ 张成的空间 $\boldsymbol{X}$ 的线性子流型(若 $\boldsymbol{a}=\boldsymbol{0}$,则 $\boldsymbol{Y}\subset\boldsymbol{X}$ 为子空间)。特别地,$\hat{\boldsymbol{x}}_{LV}\in\boldsymbol{Y}$。

**引理 13.1.1** $\boldsymbol{x}-\hat{\boldsymbol{x}}_{LV}\perp\boldsymbol{Y}$,即 $\forall\, \boldsymbol{z}\in\boldsymbol{Y}$,都有 $\boldsymbol{x}-\hat{\boldsymbol{x}}_{LV}\perp\boldsymbol{z}$。

**证明:** 取 $\boldsymbol{z}=\boldsymbol{a}+\boldsymbol{B}\boldsymbol{y}\in\boldsymbol{Y}$,由于$\hat{\boldsymbol{x}}_{LV}$为无偏估计,因此 $\boldsymbol{E}\{(\boldsymbol{x}-\hat{\boldsymbol{x}}_{LV})\boldsymbol{a}^{\mathrm{T}}\}=\boldsymbol{0}$。计算

$$
\begin{aligned}
\boldsymbol{E}\{(\boldsymbol{x}-\hat{\boldsymbol{x}}_{LV})(\boldsymbol{y}-\boldsymbol{u}_y)^{\mathrm{T}}\} &= \boldsymbol{E}\{(\boldsymbol{x}-\hat{\boldsymbol{x}}_{LV})\boldsymbol{y}^{\mathrm{T}}\} = \boldsymbol{E}\{\boldsymbol{x}\boldsymbol{y}^{\mathrm{T}}\} - \boldsymbol{E}\{\hat{\boldsymbol{x}}_{LV}\boldsymbol{y}^{\mathrm{T}}\} \\
&= \boldsymbol{E}\{\boldsymbol{x}\boldsymbol{y}^{\mathrm{T}}\} - \boldsymbol{E}\{[\boldsymbol{\mu}_x + \mathrm{cov}\{\boldsymbol{x},\boldsymbol{y}\}\boldsymbol{P}_y^{-1}(\boldsymbol{y}-\boldsymbol{\mu}_y)]\boldsymbol{y}^{\mathrm{T}}\} \\
&= \boldsymbol{E}\{\boldsymbol{x}\boldsymbol{y}^{\mathrm{T}}\} - \boldsymbol{\mu}_x\boldsymbol{\mu}_y^{\mathrm{T}} - \mathrm{cov}\{\boldsymbol{x},\boldsymbol{y}\}\boldsymbol{P}_y^{-1}\boldsymbol{E}\{(\boldsymbol{y}-\boldsymbol{\mu}_y)\boldsymbol{y}^{\mathrm{T}}\} \\
&= \boldsymbol{E}\{\boldsymbol{x}\boldsymbol{y}^{\mathrm{T}}\} - \boldsymbol{\mu}_x\boldsymbol{\mu}_y^{\mathrm{T}} - \mathrm{cov}\{\boldsymbol{x},\boldsymbol{y}\}\boldsymbol{P}_y^{-1}\boldsymbol{E}\{\boldsymbol{y}\boldsymbol{y}^{\mathrm{T}}\} + \mathrm{cov}\{\boldsymbol{x},\boldsymbol{y}\}\boldsymbol{P}_y^{-1}\boldsymbol{\mu}_y\boldsymbol{\mu}_y^{\mathrm{T}}
\end{aligned}
$$

$$= \boldsymbol{E}\{(\boldsymbol{x}-\boldsymbol{\mu}_x)\boldsymbol{y}^{\mathrm{T}}\} - \mathrm{cov}\{\boldsymbol{xy}\}\boldsymbol{P}_y^{-1}\boldsymbol{E}\{(\boldsymbol{y}-\boldsymbol{\mu}_y)\boldsymbol{y}^{\mathrm{T}}\}$$
$$= \boldsymbol{E}\{(\boldsymbol{x}-\boldsymbol{\mu}_x)(\boldsymbol{y}-\boldsymbol{\mu}_y)^{\mathrm{T}}\} - \boldsymbol{P}_y^{-1}\boldsymbol{E}\{(\boldsymbol{y}-\boldsymbol{\mu}_y)(\boldsymbol{y}-\boldsymbol{\mu}_y)^{\mathrm{T}}\}$$
$$= \mathrm{cov}\{\boldsymbol{x},\boldsymbol{y}\} - \mathrm{cov}\{\boldsymbol{x},\boldsymbol{y}\}\boldsymbol{P}_y^{-1}\boldsymbol{P}_y = \boldsymbol{0}$$

由此得出

$$\boldsymbol{E}\{(\boldsymbol{x}-\hat{\boldsymbol{x}}_{LV})(\boldsymbol{z}-\boldsymbol{u}_z)^{\mathrm{T}}\}=\boldsymbol{0}$$

所以

$$\boldsymbol{x}-\hat{\boldsymbol{x}}_{LV}\perp \boldsymbol{z}\Rightarrow \boldsymbol{x}-\hat{\boldsymbol{x}}_{LV}\perp \boldsymbol{Y} \tag{13-1-23}$$

记$\tilde{\boldsymbol{x}}_{LV}=\boldsymbol{x}-\hat{\boldsymbol{x}}_{LV}$，则 $\boldsymbol{x}=\tilde{\boldsymbol{x}}_{LV}+\hat{\boldsymbol{x}}_{LV}$，其中$\hat{\boldsymbol{x}}_{LV}\in \boldsymbol{Y}$，$\tilde{\boldsymbol{x}}_{LV}\in \boldsymbol{Y}^{\perp}$，通常称$\hat{\boldsymbol{x}}_{LV}$为 $\boldsymbol{x}$ 在 $\boldsymbol{Y}$ 上的正交投影，因此我们说给定 $\boldsymbol{y}$ 之后，关于 $\boldsymbol{x}$ 的线性最小方差估计是 $\boldsymbol{x}$ 在由 $\boldsymbol{y}$ 所张成的线性量测流型 $\boldsymbol{Y}$ 上的投影，记为

$$\hat{\boldsymbol{x}}_{LV}=\hat{\boldsymbol{E}}\{\boldsymbol{x}\,|\,\boldsymbol{Y}\} \tag{13-1-24}$$

**定理 13.1.2(投影定理)** 设有观测量 $\boldsymbol{y}$ 和 $\boldsymbol{Y}$，记

$$\bar{\boldsymbol{Y}}=\begin{pmatrix}\boldsymbol{Y}\\ \boldsymbol{y}\end{pmatrix},\quad \tilde{\boldsymbol{x}}=\boldsymbol{x}-\hat{\boldsymbol{E}}\{\boldsymbol{x}\,|\,\boldsymbol{Y}\},\quad \tilde{\boldsymbol{y}}=\boldsymbol{y}-\hat{\boldsymbol{E}}\{\boldsymbol{y}\,|\,\boldsymbol{Y}\}$$

则 $\boldsymbol{x}$ 在 $\bar{\boldsymbol{Y}}$ 上的线性最小方差估计为

$$\hat{\boldsymbol{E}}\{\boldsymbol{x}\,|\,\bar{\boldsymbol{Y}}\}=\hat{\boldsymbol{E}}\{\boldsymbol{x}\,|\,\boldsymbol{Y}\}+\hat{\boldsymbol{E}}\{\tilde{\boldsymbol{x}}\,|\,\tilde{\boldsymbol{y}}\}$$

**证明**：要证明该定理，即验证 $\hat{\boldsymbol{E}}\{\boldsymbol{x}\,|\,\bar{\boldsymbol{Y}}\}=\hat{\boldsymbol{E}}\{\boldsymbol{x}\,|\,\boldsymbol{Y}\}+\mathrm{cov}\{\tilde{\boldsymbol{x}},\tilde{\boldsymbol{y}}\}\boldsymbol{P}_{\tilde{y}}^{-1}\tilde{\boldsymbol{y}}$。以下略，留做习题。

也可以用立体几何来证明定理 13.1.2。

由图 13.1.1 可知，$\boldsymbol{x}=\overrightarrow{OA}$，$\boldsymbol{x}$ 在由 $\boldsymbol{Y}$ 与 $\boldsymbol{y}$(即 $\bar{\boldsymbol{Y}}$)张成的流型上的投影为$\overrightarrow{OE}\overset{\Delta}{=}\boldsymbol{x}_{LV}$。由矢量求和公式：$\overrightarrow{OE}\overset{\Delta}{=}\boldsymbol{x}_{LV}=\overrightarrow{OB}+\overrightarrow{BE}$。

由于$\overrightarrow{OB}=\hat{\boldsymbol{E}}\{\boldsymbol{x}\,|\,\boldsymbol{Y}\}$，所以$\overrightarrow{BA}=\overrightarrow{OA}-\overrightarrow{OB}=\boldsymbol{x}-\hat{\boldsymbol{E}}\{\boldsymbol{x}\,|\,\boldsymbol{Y}\}$垂直于$\overrightarrow{OB}$，所以$\overrightarrow{BA}$与 $\boldsymbol{Y}$ 轴垂直，$\overrightarrow{EA}$是垂线，推出 $\boldsymbol{Y}$ 轴垂直于由$\triangle ABE$ 所确定的平面，因此$\overrightarrow{BE}\perp \boldsymbol{Y}$。

同理，$\overrightarrow{DC}=\boldsymbol{y}-\hat{\boldsymbol{E}}\{\boldsymbol{y}\,|\,\boldsymbol{Y}\}$，显然也垂直于 $\boldsymbol{Y}$。因此$\overrightarrow{BE}\parallel \overrightarrow{DC}$，平行矢量具有相同的方向。所以$\overrightarrow{BE}$可以看作矢量$\overrightarrow{BA}$在$\overrightarrow{DC}$上的投影，即

$$\overrightarrow{BE}=\hat{\boldsymbol{E}}\{\tilde{\boldsymbol{x}}\,|\,\tilde{\boldsymbol{y}}\}=\hat{\boldsymbol{E}}\{\overrightarrow{BA}\,|\,\overrightarrow{DC}\}$$

其中，$\tilde{\boldsymbol{x}}=\boldsymbol{x}-\hat{\boldsymbol{E}}\{\boldsymbol{x}\,|\,\boldsymbol{Y}\}=\overrightarrow{BA}$，$\tilde{\boldsymbol{y}}=\boldsymbol{y}-\hat{\boldsymbol{E}}\{\boldsymbol{y}\,|\,\boldsymbol{Y}\}=\overrightarrow{DC}$。

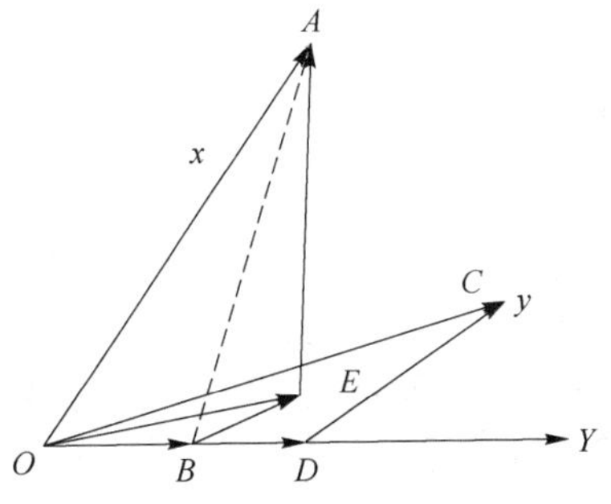


图 13.1.1 投影定理几何示意图

# 13.2 离散线性系统

考虑如下的动力学系统：

$$\begin{aligned}\dot{\boldsymbol{x}}(t)&=\boldsymbol{f}(\boldsymbol{x}(t),\boldsymbol{u}(t),t),\quad t\geqslant t_0\\ \boldsymbol{y}(t)&=\boldsymbol{h}(\boldsymbol{x}(t),\boldsymbol{v}(t),t)\end{aligned}\tag{13-2-1}$$

其中，$\boldsymbol{x}(t)$、$\boldsymbol{y}(t)$分别为$n$维状态变量和$m$维量测变量，$\boldsymbol{u}(t)$、$\boldsymbol{v}(t)$分别为$r$维系统噪声与$m$维量测噪声。系统(13-2-1)的最优滤波即要求基于测量数据，对状态值作出最优估计。

如果式(13-2-1)是如下的线性系统：

$$\begin{aligned}\dot{\boldsymbol{x}}(t)&=\boldsymbol{A}(t)\boldsymbol{x}(t)+\boldsymbol{B}(t)\boldsymbol{u}(t),\quad t\geqslant t_0\\ \boldsymbol{y}(t)&=\boldsymbol{C}(t)\boldsymbol{x}(t)+\boldsymbol{v}(t)\end{aligned}\tag{13-2-2}$$

其中，$\boldsymbol{A}(t)$、$\boldsymbol{B}(t)$、$\boldsymbol{C}(t)$分别为已知的、随时间$t$连续变化的$n\times n$、$n\times p$和$m\times n$矩阵。设$\boldsymbol{\Phi}(t,\tau)$是式(13-2-2)的状态转移矩阵，满足如下性质：

$$\begin{aligned}&\boldsymbol{\Phi}(t,\tau)=\boldsymbol{A}(t)\boldsymbol{\Phi}(t,\tau),\quad t\geqslant\tau\\ &\boldsymbol{\Phi}(\tau,\tau)=\boldsymbol{I}_n\\ &\boldsymbol{\Phi}(t,\tau)\boldsymbol{\Phi}(\tau,t_0)=\boldsymbol{\Phi}(t,t_0),\quad t\geqslant\tau\geqslant t_0\\ &\boldsymbol{\Phi}(t,\tau)^{-1}=\boldsymbol{\Phi}(\tau,t)\end{aligned}\tag{13-2-3}$$

假定式(13-2-2)的初始状态$\boldsymbol{x}(t_0)=\boldsymbol{x}_0$，由线性系统理论知，式(13-2-2)的解为

$$\boldsymbol{x}(t)=\boldsymbol{\Phi}(t,t_0)\boldsymbol{x}_0+\int_{t_0}^{t}\boldsymbol{\Phi}(t,\tau)\boldsymbol{B}(\tau)\boldsymbol{u}(\tau)\mathrm{d}\tau\tag{13-2-4}$$

考虑对式(13-2-2)的离散化，离散抽样时刻$t_0<t_1<\cdots<t_k<\cdots$，由式(13-1-4)可得$\boldsymbol{x}(t_k)$的表达式如下：

$$\boldsymbol{x}(t_k)=\boldsymbol{\Phi}(t_k,t_{k-1})\boldsymbol{x}(t_{k-1})+\int_{t_{k-1}}^{t_k}\boldsymbol{\Phi}(t_k,\tau)\boldsymbol{B}(\tau)\boldsymbol{u}(\tau)\mathrm{d}\tau\tag{13-2-5}$$

定义

$$\boldsymbol{x}_k\overset{\Delta}{=}\boldsymbol{x}(t_k),\quad \boldsymbol{\Phi}_{k,k-1}\overset{\Delta}{=}\boldsymbol{\Phi}(t_k,t_{k-1}),\quad \boldsymbol{w}_{k-1}\overset{\Delta}{=}\int_{t_{k-1}}^{t_k}\boldsymbol{\Phi}(t_k,\tau)\boldsymbol{B}(\tau)\boldsymbol{u}(\tau)\mathrm{d}\tau$$

可得离散时间的线性系统方程：

$$\boldsymbol{x}_k=\boldsymbol{\Phi}_{k,k-1}\boldsymbol{x}_{k-1}+\boldsymbol{w}_{k-1},\quad k\geqslant 1\tag{13-2-6}$$

这是一个以$\boldsymbol{x}_0=\boldsymbol{x}(t_0)$为初始状态的线性差分方程，其中$\boldsymbol{\Phi}_{k,k-1}$是$n$阶可逆阵，称为从第$k-1$时刻到第$k$时刻的状态转移阵(1步)，$\{\boldsymbol{w}_k\}$是$n$维随机序列，称为动态噪声或系统噪声。

同样，定义

$$\boldsymbol{y}_k\overset{\Delta}{=}\boldsymbol{y}(t_k),\quad \boldsymbol{H}_k\overset{\Delta}{=}\boldsymbol{C}(t_k),\quad \boldsymbol{v}_k\overset{\Delta}{=}\boldsymbol{v}(t_k)$$

则由式(13-1-2)的连续线性量测方程可直接导出离散时间线性量测方程：

$$\boldsymbol{y}_k=\boldsymbol{H}_k\boldsymbol{x}_k+\boldsymbol{v}_k\tag{13-2-7}$$

其中，$\boldsymbol{H}_k$是$m\times n$矩阵，称为第$k$时刻的量测阵，$\{\boldsymbol{v}_k\}$是$m$维随机序列，称为量测噪声。

在讨论滤波问题时，假定初始状态$\boldsymbol{x}_0$、动态噪声$\{\boldsymbol{w}_k\}$和量测噪声$\{\boldsymbol{v}_k\}$的统计性质是已知的，例如它们的联合概率分布或一、二阶距是已知的。

假定$\{\boldsymbol{w}_k\}$为均值等于$\boldsymbol{0}$的白噪声，即

$$E\{\boldsymbol{w}_k\}=\boldsymbol{0},\quad E\{\boldsymbol{w}_k\boldsymbol{w}_j^{\mathrm{T}}\}=\delta_{kj}\boldsymbol{Q}_k,\ \delta_{kj}=\begin{cases}1, & k=j\\0, & k\neq j\end{cases}\tag{13-2-8}$$

由

$$\begin{aligned}&\boldsymbol{\Phi}_{kk}=\boldsymbol{I},\quad \boldsymbol{\Phi}_{kj}=\boldsymbol{\Phi}_{k,k-1}\boldsymbol{\Phi}_{k-1,k-2}\cdots\boldsymbol{\Phi}_{j+1,j},\quad k>j\\&\boldsymbol{\Phi}_{jk}=\boldsymbol{\Phi}_{kj}^{-1}\end{aligned}\tag{13-2-9}$$

则从式(13-2-6)出发，对 $k>j$，容易推出 $x_k$ 与 $x_j$ 之间的如下关系式：

$$\begin{aligned}\boldsymbol{x}_k&=\boldsymbol{\Phi}_{k,k-1}(\boldsymbol{\Phi}_{k-1,k-2}\boldsymbol{x}_{k-2}+\boldsymbol{w}_{k-2})+\boldsymbol{w}_{k-1}\\&=\boldsymbol{\Phi}_{k,k-2}\boldsymbol{x}_{k-2}+(\boldsymbol{\Phi}_{k,k-1}\boldsymbol{w}_{k-2}+\boldsymbol{w}_{k-1})\\&=\cdots=\boldsymbol{\Phi}_{kj}\boldsymbol{x}_j+\sum_{l=j+1}^{k}\boldsymbol{\Phi}_{kl}\boldsymbol{w}_{l-1},\quad k>j\end{aligned}\tag{13-2-10}$$

特别地，在式(13-2-10)中取 $j=0$，则有

$$\boldsymbol{x}_k=\boldsymbol{\Phi}_{k0}\boldsymbol{x}_0+\sum_{l=1}^{k}\boldsymbol{\Phi}_{kl}\boldsymbol{w}_{l-1}\tag{13-2-11}$$

这里 $\boldsymbol{x}_k$ 是由初始状态、系统动态噪声所决定的动态方程(13-2-6)的解。

类似地，对于量测方程(13-2-7)，假定 $\{\boldsymbol{v}_k\}$ 为均值等于 $\boldsymbol{0}$ 的 $m$ 维白噪声，即

$$E\{\boldsymbol{v}_k\}=\boldsymbol{0},\quad E\{\boldsymbol{v}_k\boldsymbol{v}_j^{\mathrm{T}}\}=\delta_{kj}\boldsymbol{R}_k\tag{13-2-12}$$

如果 $\boldsymbol{\Phi}_{k,k-1}\equiv\boldsymbol{\Phi}$，$\boldsymbol{H}_k\equiv\boldsymbol{H}$ 且 $\{\boldsymbol{w}_k\}$ 与 $\{\boldsymbol{v}_k\}$ 分别为平稳随机序列（在白噪声情形下等价于 $\boldsymbol{Q}_k\equiv\boldsymbol{Q}$，$\boldsymbol{R}_k\equiv\boldsymbol{R}$），则式(13-2-6)与式(13-2-7)所描述的线性系统称为定常的。

**定义 13.2.1** 对于由式(13-2-6)与式(13-2-7)组成的离散线性系统，假设：

① $\{\boldsymbol{w}_k\}$是均值为 $\boldsymbol{0}$ 的白噪声序列，$E\{\boldsymbol{w}_k\}=\boldsymbol{0}$，$E\{\boldsymbol{w}_k\boldsymbol{w}_j^{\mathrm{T}}\}=\delta_{kj}\boldsymbol{Q}_k$，$\boldsymbol{Q}_k$ 对称半正定；

② $\{\boldsymbol{v}_k\}$是均值为 $\boldsymbol{0}$ 的白噪声序列，$E\{\boldsymbol{v}_k\}=\boldsymbol{0}$，$E\{\boldsymbol{v}_k\boldsymbol{v}_j^{\mathrm{T}}\}=\delta_{kj}\boldsymbol{R}_k$，$\boldsymbol{R}_k$ 对称正定；

③ $\boldsymbol{v}_k$ 与 $\boldsymbol{w}_j$ 相互独立，$E\{\boldsymbol{v}_k\boldsymbol{w}_j^{\mathrm{T}}\}=\boldsymbol{0}$，$\forall k,j$；

④ $E\{\boldsymbol{x}_k\boldsymbol{v}_j^{\mathrm{T}}\}=\boldsymbol{0}$，$\forall k,j$；

⑤ $E\{\boldsymbol{x}_0\boldsymbol{w}_k^{\mathrm{T}}\}=\boldsymbol{0}$，$\forall k=0,1,2,\cdots$。

假定 $\boldsymbol{\mu}_{x_0}=E\{\boldsymbol{x}_0\}$，$\boldsymbol{P}_{x_0}=E\{(\boldsymbol{x}_0-\boldsymbol{\mu}_{x_0})(\boldsymbol{x}_0-\boldsymbol{\mu}_{x_0})^{\mathrm{T}}\}$；已知量测 $\boldsymbol{y}_1,\cdots,\boldsymbol{y}_k$ 之后，求 $\boldsymbol{x}_j$ 的估计值$\hat{\boldsymbol{x}}_{j|k}$，使得指标 $J=E\{(\boldsymbol{x}-\hat{\boldsymbol{x}}_{j|k})(\boldsymbol{x}-\hat{\boldsymbol{x}}_{j|k})^{\mathrm{T}}\}$达到最小。

如果 $j<k$，则称$\hat{\boldsymbol{x}}_{j|k}$为 $\boldsymbol{x}_j$ 的最优平滑；如果 $j=k$，则称$\hat{\boldsymbol{x}}_{j|k}$为 $\boldsymbol{x}_k$ 的最优滤波；如果$j>k$，则称$\hat{\boldsymbol{x}}_{j|k}$为 $\boldsymbol{x}_j$ 的最优预报。

## 13.3 最优滤波公式

考虑离散线性系统式(13-2-6)和式(13-2-7)，令$\hat{\boldsymbol{x}}_{k-1|k-1}$为 $\boldsymbol{y}_1,\cdots,\boldsymbol{y}_{k-1}$已知时 $\boldsymbol{x}_{k-1}$的最优滤波，即$\hat{\boldsymbol{x}}_{k-1|k-1}=\hat{E}\{\boldsymbol{x}_{k-1}\mid\boldsymbol{y}_1,\cdots,\boldsymbol{y}_{k-1}\}$。

问题：当新增观测量 $\boldsymbol{y}_k$ 后，求 $\boldsymbol{x}_k$ 在 $\boldsymbol{y}_1,\cdots,\boldsymbol{y}_k$ 上的最优滤波$\hat{\boldsymbol{x}}_{k|k}$。

下面进行求解。令

$$\boldsymbol{Y}=\begin{pmatrix}\boldsymbol{y}_1\\\vdots\\\boldsymbol{y}_{k-1}\end{pmatrix},\quad \overline{\boldsymbol{Y}}=\begin{pmatrix}\boldsymbol{Y}\\\boldsymbol{y}_k\end{pmatrix}\tag{13-3-1}$$

利用投影定理，

$$\hat{\boldsymbol{x}}_{k|k}=\hat{\boldsymbol{E}}\{\boldsymbol{x}_k|\overline{\boldsymbol{Y}}\}=\hat{\boldsymbol{E}}\{\boldsymbol{x}_k|\boldsymbol{Y}\}+\hat{\boldsymbol{E}}\{\tilde{\boldsymbol{x}}_{k|k-1}|\tilde{\boldsymbol{y}}_k\} \tag{13-3-2}$$

其中

$$\tilde{\boldsymbol{x}}_{k|k-1}=\boldsymbol{x}_k-\hat{\boldsymbol{E}}\{\boldsymbol{x}_k|\boldsymbol{Y}\},\quad \tilde{\boldsymbol{y}}_k=\boldsymbol{y}_k-\hat{\boldsymbol{E}}\{\boldsymbol{y}_k|\boldsymbol{Y}\}$$

记

$$\hat{\boldsymbol{x}}_{k|k-1}=\hat{\boldsymbol{E}}\{\boldsymbol{x}_k|\boldsymbol{Y}\}=\hat{\boldsymbol{E}}(\boldsymbol{\Phi}_{k,k-1}\boldsymbol{x}_{k-1}+\boldsymbol{w}_{k-1}|\boldsymbol{Y})=\boldsymbol{\Phi}_{k,k-1}\hat{\boldsymbol{x}}_{k-1|k-1} \tag{13-3-3}$$

而

$$\begin{aligned}\hat{\boldsymbol{E}}\{\tilde{\boldsymbol{x}}_{k|k-1}|\tilde{\boldsymbol{y}}_k\} &= \boldsymbol{\mu}_{\tilde{x}_{k|k-1}}+\mathrm{cov}(\tilde{\boldsymbol{x}}_{k|k-1},\tilde{\boldsymbol{y}}_k)\boldsymbol{P}_{\tilde{y}_k}^{-1}(\tilde{\boldsymbol{y}}_k-\boldsymbol{\mu}_{\tilde{y}_k})\\ &= \mathrm{cov}(\tilde{\boldsymbol{x}}_{k|k-1},\tilde{\boldsymbol{y}}_k)\boldsymbol{P}_{\tilde{y}}^{-1}(\boldsymbol{y}_k-\hat{\boldsymbol{E}}\{\boldsymbol{y}_k|\boldsymbol{Y}\})\\ &= \mathrm{cov}(\tilde{\boldsymbol{x}}_{k|k-1},\tilde{\boldsymbol{y}}_k)\boldsymbol{P}_{\tilde{y}}^{-1}(\boldsymbol{y}_k-\hat{\boldsymbol{E}}\{\boldsymbol{H}_k\boldsymbol{x}_k+\boldsymbol{v}_k|\boldsymbol{Y}\})\\ &= \mathrm{cov}(\tilde{\boldsymbol{x}}_{k|k-1},\tilde{\boldsymbol{y}}_k)\boldsymbol{P}_{\tilde{y}}^{-1}(\boldsymbol{y}_k-H_k\boldsymbol{x}_{k|k-1})\end{aligned} \tag{13-3-4}$$

在式(13-3-4)中，用到了 $\boldsymbol{\mu}_{\tilde{x}_{k|k-1}}=\mathbf{0}$，$\boldsymbol{\mu}_{\tilde{y}_k}=\mathbf{0}$，这是由于 $\hat{\boldsymbol{E}}\{\boldsymbol{x}|\boldsymbol{Y}\}$、$\hat{\boldsymbol{E}}\{\boldsymbol{y}_k|\boldsymbol{Y}\}$ 是无偏估计。因此可得

$$\begin{aligned}\mathrm{cov}(\tilde{\boldsymbol{x}}_{k|k-1},\tilde{\boldsymbol{y}}_k) &= \boldsymbol{E}\{\tilde{\boldsymbol{x}}_{k|k-1}(\boldsymbol{y}_k-\boldsymbol{H}_k\hat{\boldsymbol{x}}_{k|k-1})^{\mathrm{T}}\}\\ &= \boldsymbol{E}\{\tilde{\boldsymbol{x}}_{k|k-1}(\boldsymbol{H}_k\boldsymbol{x}_k+\boldsymbol{v}_k-\boldsymbol{H}_k\hat{\boldsymbol{x}}_{k|k-1})^{\mathrm{T}}\}\\ &= \boldsymbol{E}\{\tilde{\boldsymbol{x}}_{k|k-1}\tilde{\boldsymbol{x}}_{k|k-1}^{\mathrm{T}}\}\boldsymbol{H}_k^{\mathrm{T}}\\ &= \boldsymbol{P}_{k|k-1}\boldsymbol{H}_k^{\mathrm{T}}\end{aligned} \tag{13-3-5}$$

其中，$P_{k|k-1}\triangleq\boldsymbol{E}\{\tilde{\boldsymbol{x}}_{k|k-1}\tilde{\boldsymbol{x}}_{k|k-1}^{\mathrm{T}}\}$，称为预报方差。

$$\begin{aligned}\boldsymbol{P}_{\tilde{y}_k} &= \boldsymbol{E}\{\tilde{y}_k\tilde{y}_k^{\mathrm{T}}\}=\boldsymbol{E}\{[\boldsymbol{y}_k-\hat{\boldsymbol{E}}(\boldsymbol{y}_k|\boldsymbol{Y})][\boldsymbol{y}_k-\hat{\boldsymbol{E}}(\boldsymbol{y}_k|\boldsymbol{Y})]^{\mathrm{T}}\}\\ &= \boldsymbol{E}\{(\boldsymbol{H}_k\boldsymbol{x}_k+\boldsymbol{v}_k-\boldsymbol{H}_k\hat{\boldsymbol{x}}_{k|k-1})(\boldsymbol{H}_k\boldsymbol{x}_k+\boldsymbol{v}_k-\boldsymbol{H}_k\hat{\boldsymbol{x}}_{k|k-1})^{\mathrm{T}}\}\\ &= \boldsymbol{E}\{[\boldsymbol{H}_k\tilde{\boldsymbol{x}}_{k|k-1}+\boldsymbol{v}_k][\boldsymbol{H}_k\tilde{\boldsymbol{x}}_{k|k-1}+\boldsymbol{v}_k]^{\mathrm{T}}\}\\ &= \boldsymbol{H}_k\boldsymbol{P}_{k|k-1}\boldsymbol{H}_k^{\mathrm{T}}+\boldsymbol{R}_k\end{aligned} \tag{13-3-6}$$

因此

$$\hat{\boldsymbol{x}}_{k|k}=\hat{\boldsymbol{x}}_{k|k-1}+\boldsymbol{P}_{k|k-1}\boldsymbol{H}_k^{\mathrm{T}}(\boldsymbol{H}_k\boldsymbol{P}_{k|k-1}\boldsymbol{H}_k^{\mathrm{T}}+\boldsymbol{R}_k)^{-1}(\boldsymbol{y}_k-\boldsymbol{H}_k\hat{\boldsymbol{x}}_{k|k-1}) \tag{13-3-7}$$

令

$$\boldsymbol{K}_k=\boldsymbol{P}_{k,k-1}\boldsymbol{H}_k^{\mathrm{T}}(\boldsymbol{H}_k\boldsymbol{P}_{k,k-1}\boldsymbol{H}_k^{\mathrm{T}}+\boldsymbol{R}_k)^{-1} \tag{13-3-8}$$

则得最优滤波公式为

$$\hat{\boldsymbol{x}}_{k|k}=\hat{\boldsymbol{x}}_{k|k-1}+\boldsymbol{K}_k(\boldsymbol{y}_k-\boldsymbol{H}_k\hat{\boldsymbol{x}}_{k|k-1}) \tag{13-3-9}$$

可计算出

$$\tilde{\boldsymbol{x}}_{k|k}=\boldsymbol{x}_k-\hat{\boldsymbol{x}}_{k|k}=\boldsymbol{x}_k-\hat{\boldsymbol{x}}_{k|k-1}-\boldsymbol{K}_k(\boldsymbol{y}_k-\boldsymbol{H}_k\hat{\boldsymbol{x}}_{k|k-1})=(\boldsymbol{I}-\boldsymbol{K}_k\boldsymbol{H}_k)\tilde{\boldsymbol{x}}_{k|k-1}-\boldsymbol{K}_k\boldsymbol{v}_k \tag{13-3-10}$$

计算最小方差：

$$\begin{aligned}\boldsymbol{P}_{k|k} &= \boldsymbol{E}\{(\boldsymbol{x}_k-\hat{\boldsymbol{x}}_{k|k})(\boldsymbol{x}_k-\hat{\boldsymbol{x}}_{k|k})^{\mathrm{T}}\}\\ &= \boldsymbol{E}\{[(\boldsymbol{I}-\boldsymbol{K}_k\boldsymbol{H}_k)\tilde{\boldsymbol{x}}_{k|k-1}-\boldsymbol{K}_k\boldsymbol{v}_k][(\boldsymbol{I}-\boldsymbol{K}_k\boldsymbol{H}_k)\tilde{\boldsymbol{x}}_{k|k-1}-\boldsymbol{K}_k\boldsymbol{v}_k]^{\mathrm{T}}\}\end{aligned}$$

$$= (\boldsymbol{I} - \boldsymbol{K}_k\boldsymbol{H}_k)\boldsymbol{P}_{k,k-1}(\boldsymbol{I} - \boldsymbol{K}_k\boldsymbol{H}_k)^{\mathrm{T}} + \boldsymbol{K}_k\boldsymbol{R}_k\boldsymbol{K}_k^{\mathrm{T}} \tag{13-3-11}$$

再计算预报方差：

$$\begin{aligned}\boldsymbol{P}_{k|k-1} &= \boldsymbol{E}\{\tilde{\boldsymbol{x}}_{k|k-1}\tilde{\boldsymbol{x}}_{k|k-1}^{\mathrm{T}}\} = \boldsymbol{E}\{(\boldsymbol{x}_k - \hat{\boldsymbol{x}}_{k|k-1})(\boldsymbol{x}_k - \hat{\boldsymbol{x}}_{k|k-1})^{\mathrm{T}}\}\\ &= \boldsymbol{E}\{(\boldsymbol{\Phi}_{k,k-1}\boldsymbol{x}_{k-1} + \boldsymbol{w}_{k-1} - \boldsymbol{\Phi}_{k,k-1}\hat{\boldsymbol{x}}_{k-1|k-1})(\boldsymbol{\Phi}_{k,k-1}\boldsymbol{x}_{k-1} + \boldsymbol{w}_{k-1} - \boldsymbol{\Phi}_{k,k-1}\hat{\boldsymbol{x}}_{k-1|k-1})^{\mathrm{T}}\}\\ &= \boldsymbol{E}\{(\boldsymbol{\Phi}_{k,k-1}\tilde{\boldsymbol{x}}_{k-1|k-1} + \boldsymbol{w}_{k-1})(\boldsymbol{\Phi}_{k,k-1}\tilde{\boldsymbol{x}}_{k-1|k-1} + \boldsymbol{w}_{k-1})^{\mathrm{T}}\}\\ &= \boldsymbol{\Phi}_{k,k-1}P_{k-1|k-1}\boldsymbol{\Phi}_{k,k-1}^{\mathrm{T}} + \boldsymbol{Q}_{k-1}\end{aligned} \tag{13-3-12}$$

为了使得估计是无偏的，令

$$\hat{\boldsymbol{x}}_{0|0} = \boldsymbol{\mu}_{x_0}, \quad \boldsymbol{P}_{0|0} = \boldsymbol{E}\{(\boldsymbol{x}_0 - \boldsymbol{\mu}_{x_0})(\boldsymbol{x}_0 - \boldsymbol{\mu}_{x_0})^{\mathrm{T}}\} \tag{13-3-13}$$

进一步由式(13-3-8)，得

$$\boldsymbol{K}_k(\boldsymbol{H}_k\boldsymbol{P}_{k,k-1}\boldsymbol{H}_k^{\mathrm{T}} + \boldsymbol{R}_k) = \boldsymbol{P}_{k,k-1}\boldsymbol{H}_k^{\mathrm{T}} \tag{13-3-14}$$

将式(13-3-11)右端展开，并利用式(13-3-14)，得

$$\begin{aligned}\boldsymbol{P}_{k|k} &= \boldsymbol{P}_{k|k-1} - \boldsymbol{K}_k\boldsymbol{H}_k\boldsymbol{P}_{k|k-1} - \boldsymbol{P}_{k|k-1}\boldsymbol{H}_k^{\mathrm{T}}\boldsymbol{K}_k^{\mathrm{T}} + \\ &\quad \boldsymbol{K}_k(\boldsymbol{H}_k\boldsymbol{P}_{k|k-1}\boldsymbol{H}_k^{\mathrm{T}} + \boldsymbol{R}_k)\boldsymbol{K}_k^{\mathrm{T}}\\ &= \boldsymbol{P}_{k|k-1} - \boldsymbol{K}_k\boldsymbol{H}_k\boldsymbol{P}_{k|k-1} = (\boldsymbol{I} - \boldsymbol{K}_k\boldsymbol{H}_k)\boldsymbol{P}_{k|k-1}\end{aligned} \tag{13-3-15}$$

进一步，在式(13-3-15)两端左乘以 $\boldsymbol{H}_k^{\mathrm{T}}$，并再次利用式(13-3-14)，得

$$\boldsymbol{P}_{k|k}\boldsymbol{H}_k^{\mathrm{T}} = \boldsymbol{k}_k\boldsymbol{R}_k \tag{13-3-16}$$

因此

$$\boldsymbol{K}_k = \boldsymbol{P}_{k|k}\boldsymbol{H}_k^{\mathrm{T}}\boldsymbol{R}_k^{-1} \tag{13-3-17}$$

由式(13-3-17)知，如果量测噪声增大，即 $\boldsymbol{R}_k$ 增大，则滤波增益要减小，即 $\boldsymbol{K}_k$ 减小。

总结上述推导过程，我们有如下结论。

**定理 13.3.1** 对于由式(13-2-6)与式(13-2-7)组成的离散线性系统，假设：

① $\{\boldsymbol{w}_k\}$ 是均值为 **0** 的白噪声序列，$\boldsymbol{E}\{\boldsymbol{w}_k\} = \boldsymbol{0}, \boldsymbol{E}\{\boldsymbol{w}_k\boldsymbol{w}_j^{\mathrm{T}}\} = \delta_{kj}\boldsymbol{Q}_k$，$\boldsymbol{Q}_k$ 对称半正定；

② $\{\boldsymbol{v}_k\}$ 是均值为 **0** 的白噪声序列，$\boldsymbol{E}\{v_k\} = \boldsymbol{0}, \boldsymbol{E}\{\boldsymbol{v}_k\boldsymbol{v}_j^{\mathrm{T}}\} = \delta_{kj}\boldsymbol{R}_k$，$\boldsymbol{R}_k$ 对称正定；

③ $\boldsymbol{v}_k$ 与 $\boldsymbol{w}_j$ 相互独立，$\boldsymbol{E}\{\boldsymbol{v}_k\boldsymbol{w}_j^{\mathrm{T}}\} - \boldsymbol{0}, \forall k, j$；

④ $\boldsymbol{E}\{\boldsymbol{x}_k\boldsymbol{v}_j^{\mathrm{T}}\} = \boldsymbol{0}, \forall k, j$；

⑤ $\boldsymbol{E}\{\boldsymbol{x}_0\boldsymbol{w}_k^{\mathrm{T}}\} = \boldsymbol{0}, \forall k = 0, 1, 2, \cdots$。

假定 $\boldsymbol{\mu}_{x_0} = \boldsymbol{E}\{\boldsymbol{x}_0\}, \boldsymbol{P}_{x_0} = \boldsymbol{E}\{(\boldsymbol{x}_0 - \boldsymbol{\mu}_{x_0})(\boldsymbol{x}_0 - \boldsymbol{\mu}_{x_0})^{\mathrm{T}}\}$，则最优滤波递推算法为

$$\begin{aligned}&\hat{\boldsymbol{x}}_{k|k} = \hat{\boldsymbol{x}}_{k|k-1} + \boldsymbol{K}_k(\boldsymbol{y}_k - \boldsymbol{H}_k\hat{\boldsymbol{x}}_{k|k-1})\\ &\hat{\boldsymbol{x}}_{k|k-1} = \boldsymbol{\Phi}_{k,k-1}\hat{\boldsymbol{x}}_{k-1|k-1}\\ &\boldsymbol{K}_k = \boldsymbol{P}_{k|k-1}\boldsymbol{H}_k^{\mathrm{T}}(\boldsymbol{H}_k\boldsymbol{P}_{k|k-1} + \boldsymbol{R}_k)^{-1}\\ &\boldsymbol{P}_{k|k-1} = \boldsymbol{\Phi}_{k,k-1}\boldsymbol{P}_{k-1|k-1}\boldsymbol{\Phi}_{k,k-1}^{\mathrm{T}} + \boldsymbol{Q}_{k-1}\\ &\boldsymbol{P}_{k|k} = (\boldsymbol{I} - \boldsymbol{K}_k\boldsymbol{H}_k)\boldsymbol{P}_{k|k-1}\end{aligned} \tag{13-3-18}$$

通常称这个递推算法为卡尔曼(Kalman)滤波器。

卡尔曼滤波公式还可以写成下式：

$$\begin{aligned}\hat{\boldsymbol{x}}_{k|k} &= \hat{\boldsymbol{x}}_{k|k-1} + \boldsymbol{K}_k(\boldsymbol{y}_k - \boldsymbol{H}_k\hat{\boldsymbol{x}}_{k|k-1})\\ &= \boldsymbol{\Phi}_{k,k-1}\hat{\boldsymbol{x}}_{k-1|k-1} + \boldsymbol{K}_k(\boldsymbol{y}_k - \boldsymbol{H}_k\hat{\boldsymbol{x}}_{k|k-1})\end{aligned} \tag{13-3-19}$$

回顾线性系统的状态全阶观测器的表达式，显然式(13-3-19)可以看作离散线性系统的状态观测器。

**例 13.3.1** 系统状态方程和观测方程如下：

$$\boldsymbol{x}_{k+1}=\boldsymbol{A}\boldsymbol{x}_k+\boldsymbol{w}_k$$

$$\boldsymbol{z}_k=\boldsymbol{H}\boldsymbol{x}_k+\boldsymbol{v}_k$$

其中：$\boldsymbol{x}_k$ 为系统状态方程；$\boldsymbol{z}_k$ 为系统观测；$\boldsymbol{A}$ 为状态转移矩阵；$\boldsymbol{H}$ 为观测矩阵；$\boldsymbol{w}_k\sim N(\boldsymbol{0},\boldsymbol{Q})$；$\boldsymbol{v}_k\sim N(\boldsymbol{0},\boldsymbol{R})$；

该离散线性系统满足定理 13.3.1 中的假设条件①～⑤。

令

$$\boldsymbol{A}=\begin{pmatrix}0.5 & 0.2 & 0.1\\ 0 & 0.4 & 0.1\\ 0 & 0 & 0.3\end{pmatrix},\quad \boldsymbol{H}=(1\quad 0\quad 1),\quad \boldsymbol{P}_{0|0}=\begin{pmatrix}1 & 0 & 0\\ 0 & 1 & 0\\ 0 & 0 & 1\end{pmatrix},\quad \boldsymbol{\mu}_0=\begin{pmatrix}0\\ 0\\ 0\end{pmatrix}$$

图 13.3.1 为例 13.1.1 的仿真图。

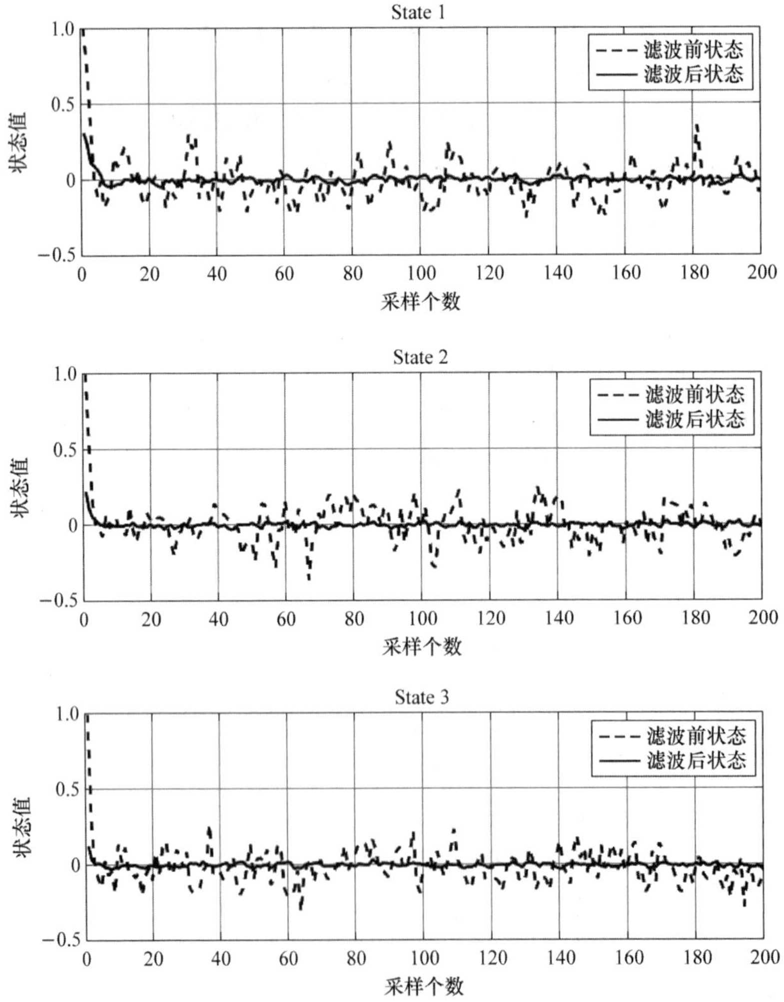


图 13.3.1 $x_1$、$x_2$、$x_3$ 滤波前后的系统状态图($R=R_3$, $Q=Q_1$)

仿真代码如下：

```
A = [0.5, 0.2, 0.1; 0.0, 0.4, 0.1; 0.0, 0.0, 0.3]; % 系统矩阵
B = [0; 0; 0]; % 控制输入矩阵
C = [1, 0, 0; 0, 1, 0; 0, 0, 1]; % 观测矩阵
D = [0; 0; 0]; % 直接传递矩阵(通常为 0)

% 假设系统和测量噪声
Q_1 = 0.01 * eye(3); % 系统过程噪声协方差
R_3= 1 * eye(3); % 测量噪声协方差

x_est = [0; 0; 0]; % 估计的初始状态
P_est = 1 * eye(3); % 初始状态协方差

num_steps = 200; % 模拟的时间步数
true_state = zeros(3, num_steps);
observations = zeros(3, num_steps);
true_state(:,1) = [1;1;1];
observations(:,1) = [1;1;1];
for k = 2:num_steps
    % 更新真实状态
    true_state(:,k) = A * true_state(:,k - 1) + B + sqrt(Q_1) * randn(3,1);
    % 生成观测
    observations(:,k) = C * true_state(:,k) + sqrt(R_1) * randn(3,1);
end
est_state = zeros(3, num_steps);
for k = 1:num_steps
    % 预测
    x_pred = A * x_est;
    P_pred = A * P_est * A' + Q_1;

    % 更新
    K = P_pred * C' / (C * P_pred * C' + R_1);
    x_est = x_pred + K * (observations(:,k) - C * x_pred);
    P_est = (eye(3) - K * C) * P_pred;

    % 存储估计状态
    est_state(:,k) = x_est;
     if k = = num_steps
    K
     end
end

t = 1:num_steps;
figure;
```

```
for i = 1:3
    subplot(3,1,i);
    plot(t, True_state(i,:), 'k--', t, est_state(i,:), 'k-');
    legend('UnfilteredState', 'FilteredState');
    title(['State', num2str(i)]);
    xlabel('采样个数');
    ylabel('状态值');
end
```

## 13.4 离散卡尔曼滤波的稳定性

由于卡尔曼滤波器形式上是一个离散线性系统的状态观测器，所以可得到如下的稳定性定理。

**定理 13.4.1** 已知离散线性系统式(13-2-6)和式(13-2-7)以及假设条件①～⑤与初始条件，它的卡尔曼滤波器为式(13-3-18)，假设：

① 式(13-2-6)与式(13-2-7)是一致完全能控的，即存在 $0<\alpha<\beta$ 及正整数 $N$，使对一切 $k$ 满足：

$$\alpha \boldsymbol{I} \leqslant \sum_{j=k-N}^{k-1} \boldsymbol{\Phi}_{k,j+1} \boldsymbol{Q}_{k,j+1} \boldsymbol{\Phi}_{k,j+1}^{\mathrm{T}} \leqslant \beta \boldsymbol{I} \tag{13-4-1}$$

② 式(10-3-1)与式(10-3-2)是一致完全能观测的，即存在 $0<\gamma<u$ 及正整数 $N$，使得

$$\gamma \boldsymbol{I} \leqslant \sum_{j=k-N}^{k} \boldsymbol{\Phi}_{j,k}^{\mathrm{T}} \boldsymbol{H}_j^{\mathrm{T}} \boldsymbol{R}_j^{-1} \boldsymbol{H}_j \boldsymbol{\Phi}_{j,k} \leqslant \mu \boldsymbol{I} \tag{13-4-2}$$

则卡尔曼滤波器具有如下性质：

① 对任意的初始时刻 $t_0$，给定 $\boldsymbol{P}_{0|0}$，矩阵黎卡提方程

$$\begin{aligned} \boldsymbol{P}_{k|k} &= (\boldsymbol{I}-\boldsymbol{K}_k \boldsymbol{H}_k)\boldsymbol{P}_{k|k-1} \\ \boldsymbol{P}_{k|k-1} &= \boldsymbol{\Phi}_{k,k-1} \boldsymbol{P}_{k-1|k-1} \boldsymbol{\Phi}_{k,k-1}^{\mathrm{T}} + \boldsymbol{Q}_{k-1} \\ \boldsymbol{K}_k &= \boldsymbol{P}_{k|k-1} \boldsymbol{H}_k^{\mathrm{T}} (\boldsymbol{H}_k \boldsymbol{P}_{k|k-1} \boldsymbol{H}_k^{\mathrm{T}} + \boldsymbol{R}_k)^{-1} \end{aligned} \tag{13-4-3}$$

总有唯一对称的非负定解 $\boldsymbol{P}_{k|k}(t_0,\boldsymbol{P}_{0|0})$，而且当 $k\geqslant N$ 时，$\boldsymbol{P}_{k|k}(t_0,\boldsymbol{P}_{0|0})>\boldsymbol{0}$。

② 对任意 $t_0$，$\boldsymbol{P}_{0|0}\geqslant \boldsymbol{0}$，当 $k\geqslant N$ 时，$\boldsymbol{P}_{k|k}(t_0,\boldsymbol{P}_{0|0})$一致有界，即

$$\delta_1 \boldsymbol{I} \leqslant \boldsymbol{P}_{k|k}(t_0,\boldsymbol{P}_{0|0}) \leqslant \delta_2 \boldsymbol{I}, \quad 0<\delta_1<\delta_2 \tag{13-4-4}$$

③ 对 $\forall t_0$ 及 $\boldsymbol{P}_{0|0}\geqslant \boldsymbol{0}$，都有

$$\lim_{t_0 \to -\infty} \boldsymbol{P}_{k|k}(t_0,\boldsymbol{P}_{0|0}) = \widetilde{\boldsymbol{P}}_{k|k} > \boldsymbol{0} \tag{13-4-5}$$

④ 卡尔曼滤波器是指数衰减稳定的，即存在两个常数 $c_1>0$，$c_2>0$，使得对 $k>j$，满足

$$\|\boldsymbol{\Psi}_{k,j}\| \leqslant c_1 \mathrm{e}^{-c_2(k-j)} \tag{13-4-6}$$

其中，$\boldsymbol{\Psi}_{k,j}=\boldsymbol{\Psi}_{k,k-1}\boldsymbol{\Psi}_{k-1,k-2}\cdots\boldsymbol{\Psi}_{j+1,j}$，$\boldsymbol{\Psi}_{k,k-1}=(\boldsymbol{I}-\boldsymbol{K}_k\boldsymbol{H}_k)\boldsymbol{\Phi}_{k,k-1}$ 为卡尔曼滤波器状态转移矩阵。

如果系统为定常的，即 $\boldsymbol{\Phi}_{k,k-1}=\boldsymbol{\Phi}$，$\boldsymbol{H}_k=\boldsymbol{H}$，$\boldsymbol{Q}_k=\boldsymbol{Q}\geqslant\boldsymbol{0}$，$\boldsymbol{R}_k=\boldsymbol{R}>\boldsymbol{0}$ 都为定常阵，则有下列推论。

**推论 13.4.1** 假设连续线性系统式(13-2-6)与式(13-2-7)是定常的，并且存在 $\boldsymbol{\Gamma}$，使得 $\boldsymbol{Q}=\boldsymbol{\Gamma}\boldsymbol{\Gamma}^{\mathrm{T}}$，如果$(\boldsymbol{\Phi},\boldsymbol{\Gamma})$是能控的，$(\boldsymbol{\Phi},\boldsymbol{H})$是能观的，则黎卡提方程

$$\boldsymbol{P}=(\boldsymbol{I}-\boldsymbol{P}\boldsymbol{H}^{\mathrm{T}}\boldsymbol{R}^{-1}\boldsymbol{H})(\boldsymbol{\Phi}\boldsymbol{P}\boldsymbol{\Phi}^{\mathrm{T}}+\boldsymbol{Q}) \tag{13-4-7}$$

有唯一正定解。若令 $\boldsymbol{K}=\boldsymbol{P}\boldsymbol{H}^{\mathrm{T}}\boldsymbol{R}^{-1}$，则滤波方程

$$\hat{\boldsymbol{x}}_{k|k}=(\boldsymbol{I}-\boldsymbol{K}\boldsymbol{H})\boldsymbol{\Phi}\hat{\boldsymbol{x}}_{k-1|k-1}+\boldsymbol{K}\boldsymbol{y}_k \tag{13-4-8}$$

是渐近稳定的，即$(\boldsymbol{I}-\boldsymbol{K}\boldsymbol{H})\boldsymbol{\Phi}$ 的特征根都在复平面的单位圆内。

## 13.5 带有控制项的离散线性系统最优滤波

考虑一个受控的离散线性系统：

$$\boldsymbol{x}_k=\boldsymbol{\Phi}_{k,k-1}\boldsymbol{x}_{k-1}+\boldsymbol{\Gamma}_{k,k-1}\boldsymbol{u}_{k-1}+\boldsymbol{w}_{k-1} \tag{13-5-1}$$

$$\boldsymbol{y}_k=\boldsymbol{H}_k\boldsymbol{x}_k+\boldsymbol{v}_k \tag{13-5-2}$$

其中，$\boldsymbol{x}(t)$、$\boldsymbol{y}(t)$分别表示 $n$ 维状态变量和 $m$ 维量测变量，$\boldsymbol{w}(t)$、$\boldsymbol{v}(t)$分别为 $n$ 维系统噪声与 $m$ 维量测噪声，$\{\boldsymbol{u}_k\}$是 $r$ 维输入信号序列，$\boldsymbol{\Gamma}_{k,k-1}\in\mathbb{R}^{n\times r}$，假设条件同 13.2 节的①～⑤，待求解的问题为：给定 $\boldsymbol{y}_1,\cdots,\boldsymbol{y}_k$，求 $\boldsymbol{x}_k$ 的最小方差估计$\hat{\boldsymbol{x}}_{k|k}$。

$\boldsymbol{x}_k$ 的一步预测值为

$$\begin{aligned}\hat{\boldsymbol{x}}_{k|k-1}&=\hat{\boldsymbol{E}}\{\boldsymbol{x}_k\mid\boldsymbol{y}_1,\cdots,\boldsymbol{y}_{k-1}\}\\&=\hat{\boldsymbol{E}}\{\boldsymbol{\Phi}_{k,k-1}\boldsymbol{x}_{k-1}+\boldsymbol{\Gamma}_{k,k-1}\boldsymbol{u}_{k-1}+\boldsymbol{w}_{k-1}\mid\boldsymbol{y}_1,\cdots,\boldsymbol{y}_{k-1}\}\\&=\boldsymbol{\Phi}_{k,k-1}\hat{\boldsymbol{x}}_{k-1|k-1}+\boldsymbol{\Gamma}_{k,k-1}\hat{\boldsymbol{E}}\{\boldsymbol{u}_{k-1}\mid\boldsymbol{y}_1,\cdots,\boldsymbol{y}_{k-1}\}\end{aligned} \tag{13-5-3}$$

$\{\boldsymbol{u}_k\}$是控制信号，作为一种可能预先给定的期望信号，此时$\{\boldsymbol{u}_k\}$非随机而是确定的。考虑另一种假设：$\boldsymbol{u}_k$ 是 $\boldsymbol{y}_1,\cdots,\boldsymbol{y}_k$ 的函数，此时 $\boldsymbol{u}_{k-1}$ 为 $\boldsymbol{y}_1,\cdots,\boldsymbol{y}_{k-1}$ 的函数，因此当 $\boldsymbol{y}_1,\cdots,\boldsymbol{y}_{k-1}$ 给定之后，$\boldsymbol{u}_{k-1}$ 就是一个确定的函数，所以

$$\hat{\boldsymbol{E}}\{\boldsymbol{u}_{k-1}\mid\boldsymbol{y}_1,\cdots,\boldsymbol{y}_{k-1}\}=\boldsymbol{u}_{k-1} \tag{13-5-4}$$

所以

$$\hat{\boldsymbol{x}}_{k|k-1}=\boldsymbol{\Phi}_{k,k-1}\hat{\boldsymbol{x}}_{k-1|k-1}+\boldsymbol{\Gamma}_{k,k-1}\boldsymbol{u}_{k-1} \tag{13-5-5}$$

类似于 13.3 节的推导，可得到如下结论。

**定理 13.5.1** 对于受控离散线性系统式(13-5-1)与式(13-5-2)，满足定理 13.3.1 的假设条件①～⑤与初始条件，则该系统的卡尔曼滤波器为

$$\hat{\boldsymbol{x}}_{k|k}=\hat{\boldsymbol{x}}_{k|k-1}+\boldsymbol{K}_k(\boldsymbol{y}_k-\boldsymbol{H}_k\hat{\boldsymbol{x}}_{k|k-1}) \tag{13-5-6}$$

其中，

$$\hat{\boldsymbol{x}}_{k|k-1}=\boldsymbol{\Phi}_{k,k-1}\hat{\boldsymbol{x}}_{k-1|k-1}+\boldsymbol{\Gamma}_{k,k-1}\boldsymbol{u}_{k-1} \tag{13-5-7}$$

$$\boldsymbol{K}_k=\boldsymbol{P}_{k,k-1}\boldsymbol{H}_k^{\mathrm{T}}(\boldsymbol{H}_k\boldsymbol{P}_{k,k-1}\boldsymbol{H}_k^{\mathrm{T}}+\boldsymbol{R}_k)^{-1} \tag{13-5-8}$$

$$\boldsymbol{P}_{k,k-1}=\boldsymbol{\Phi}_{k,k-1}\boldsymbol{P}_{k-1,k-1}\boldsymbol{\Phi}_{k,k-1}^{\mathrm{T}}+\boldsymbol{Q}_{k-1} \tag{13-5-9}$$

$$\boldsymbol{P}_{k,k}=(\boldsymbol{I}-\boldsymbol{K}_k\boldsymbol{H}_k)\boldsymbol{P}_{k,k-1} \tag{13-5-10}$$

## 13.6 基于状态空间模型的系统辨识

考虑如下带有未知参数变量的离散定常随机线性系统：

$$\boldsymbol{x}_k=\boldsymbol{\Phi}(\boldsymbol{\theta})\boldsymbol{x}_{k-1}+\boldsymbol{\Gamma}(\boldsymbol{\theta})\boldsymbol{u}_{k-1} \tag{13-6-1}$$

$$\boldsymbol{y}_k=\boldsymbol{H}(\boldsymbol{\theta})\boldsymbol{x}_k \tag{13-6-2}$$

其中：$\boldsymbol{x}_k\in\mathbb{R}^n$表示第$k$次采样时刻$t_k$的$n$维状态变量；$\boldsymbol{u}_k\in\mathbb{R}^m$表示第$k$次采样时刻$t_k$的$m$维控制变量；$\boldsymbol{y}_k\in\mathbb{R}^p$表示第$k$次采样时刻$t_k$的$p$维量测矢量；$\boldsymbol{\theta}\in\mathbb{R}^q$表示待估参数矢量；$\boldsymbol{\Phi}$为$n\times n$的非奇异状态转移矩阵。式(13-6-1)称为状态方程，式(13-6-2)称为量测方程。

将式(13-6-1)两端取$z$变换，

$$[\boldsymbol{I}-\boldsymbol{\Phi}(\boldsymbol{\theta})z^{-1}]\boldsymbol{x}_k=\boldsymbol{\Gamma}(\boldsymbol{\theta})\boldsymbol{u}_{k-1} \tag{13-6-3}$$

得

$$\boldsymbol{x}_k=[\boldsymbol{I}-z^{-1}\boldsymbol{\Phi}(\boldsymbol{\theta})]^{-1}\boldsymbol{\Gamma}(\boldsymbol{\theta})\boldsymbol{u}_{k-1}=\boldsymbol{H}(\boldsymbol{\theta})[z\boldsymbol{I}-\boldsymbol{\Phi}(\boldsymbol{\theta})]^{-1}\boldsymbol{\Gamma}(\boldsymbol{\theta})\boldsymbol{u}(k) \tag{13-6-4}$$

因此

$$\boldsymbol{y}_k=\boldsymbol{H}(\boldsymbol{\theta})[z\boldsymbol{I}-\boldsymbol{\Phi}(\boldsymbol{\theta})]^{-1}\boldsymbol{\Gamma}(\boldsymbol{\theta})\boldsymbol{u}(k) \tag{13-6-5}$$

可参照第5章，将式(13-6-4)转化为ARMA模型，采用最小二乘辨识系统参数。

假设离散定常线性系统带有系统噪声$\boldsymbol{w}_k$与量测噪声$\boldsymbol{v}_k$，且包含未知参数变量$\boldsymbol{\theta}$，即

$$\boldsymbol{x}_k=\boldsymbol{\Phi}(\boldsymbol{\theta})\boldsymbol{x}_{k-1}+\boldsymbol{\Gamma}(\boldsymbol{\theta})\boldsymbol{u}_{k-1}+\boldsymbol{w}_{k-1} \tag{13-6-6}$$

$$\boldsymbol{y}_k=\boldsymbol{H}(\boldsymbol{\theta})\boldsymbol{x}_k+\boldsymbol{v}_k \tag{13-6-7}$$

则该系统辨识需要利用卡尔曼滤波公式，其中$\boldsymbol{w}_k\in\mathbb{R}^n$表示第$k$次采样时刻$t_k$的$n$维干扰噪声，$v_k\in\mathbb{R}^p$表示第$k$次采样时刻$t_k$的$r$维量测噪声。

假设：

① $\{\boldsymbol{w}_k\}$是一个均值为$\boldsymbol{0}$的白噪声序列，$\boldsymbol{E}\{\boldsymbol{w}_k\}=\boldsymbol{0}$，$\boldsymbol{E}\{\boldsymbol{w}_k\boldsymbol{w}_j^{\mathrm{T}}\}=\delta_{kj}\boldsymbol{Q}(\boldsymbol{\theta})$，其中$\boldsymbol{Q}(\boldsymbol{\theta})$为对称半正定矩阵；

② $\{\boldsymbol{v}_k\}$是一个均值为$\boldsymbol{0}$的白噪声序列，$\boldsymbol{E}\{\boldsymbol{v}_k\}=\boldsymbol{0}$，$\boldsymbol{E}\{\boldsymbol{v}_k\boldsymbol{v}_j^{\mathrm{T}}\}=\delta_{kj}\boldsymbol{R}(\boldsymbol{\theta})$，其中$\boldsymbol{R}(\boldsymbol{\theta})$是对称正定矩阵；

③ $\boldsymbol{v}_k$与$\boldsymbol{w}_j$相互独立，$\boldsymbol{E}\{\boldsymbol{v}_k\boldsymbol{w}_j^{\mathrm{T}}\}=\boldsymbol{0}$，$\forall k,j$；

④ $\boldsymbol{E}\{\boldsymbol{x}_k\boldsymbol{v}_j^{\mathrm{T}}\}=\boldsymbol{0}$，$\forall k,j$；

⑤ $\boldsymbol{E}\{\boldsymbol{x}_0\boldsymbol{w}_k^{\mathrm{T}}\}=\boldsymbol{0}$，$\forall k=0,1,2\cdots$。

令

$$\boldsymbol{\mu}_{x_0}=\boldsymbol{E}\{\boldsymbol{x}_0\},\quad \boldsymbol{P}_{x_0}=\boldsymbol{E}\{(\boldsymbol{x}_0-\boldsymbol{\mu}_{x_0})(\boldsymbol{x}_0-\boldsymbol{\mu}_{x_0})^{\mathrm{T}}\} \tag{13-6-8}$$

假定$[\boldsymbol{\Phi}(\boldsymbol{\theta}),\boldsymbol{Q}^{1/2}(\boldsymbol{\theta})]$能控，$[\boldsymbol{\Phi}(\boldsymbol{\theta}),\boldsymbol{H}(\boldsymbol{\theta})]$能观测，则由13.4节得卡尔曼滤波公式为

$$\hat{\boldsymbol{x}}_{k|k}=\hat{\boldsymbol{x}}_{k|k-1}+\boldsymbol{K}(\boldsymbol{\theta})[\boldsymbol{y}_k-\boldsymbol{H}(\boldsymbol{\theta})\hat{\boldsymbol{x}}_{k|k-1}]=[\boldsymbol{I}-\boldsymbol{K}(\boldsymbol{\theta})\boldsymbol{H}(\boldsymbol{\theta})]\hat{\boldsymbol{x}}_{k|k-1}+\boldsymbol{K}(\boldsymbol{\theta})\boldsymbol{y}_k \tag{13-6-9}$$

$$\hat{\boldsymbol{x}}_{k|k-1}=\boldsymbol{\Phi}(\boldsymbol{\theta})\hat{\boldsymbol{x}}_{k-1|k-1}+\boldsymbol{\Gamma}(\boldsymbol{\theta})\boldsymbol{u}_{k-1} \tag{13-6-10}$$

$$\hat{\boldsymbol{y}}_k=\boldsymbol{H}(\boldsymbol{\theta})\hat{\boldsymbol{x}}_{k|k} \tag{13-6-11}$$

其中

$$\boldsymbol{K}(\boldsymbol{\theta})=\boldsymbol{P}(\boldsymbol{\theta})\boldsymbol{H}^{\mathrm{T}}(\boldsymbol{\theta})\boldsymbol{R}^{-1}(\boldsymbol{\theta}) \tag{13-6-12}$$

$$\begin{aligned}\boldsymbol{P}(\boldsymbol{\theta})&=\boldsymbol{E}\{(\boldsymbol{x}_k-\hat{\boldsymbol{x}}_{k|k})(\boldsymbol{x}_k-\hat{\boldsymbol{x}}_{k|k})^{\mathrm{T}}\}\\&=[\boldsymbol{I}-\boldsymbol{P}(\boldsymbol{\theta})\boldsymbol{H}^{\mathrm{T}}(\boldsymbol{\theta})\boldsymbol{R}^{-1}(\boldsymbol{\theta})\boldsymbol{H}(\boldsymbol{\theta})][\boldsymbol{\Phi}(\boldsymbol{\theta})\boldsymbol{P}(\boldsymbol{\theta})\boldsymbol{\Phi}^{\mathrm{T}}(\boldsymbol{\theta})+\boldsymbol{Q}(\boldsymbol{\theta})]\end{aligned} \tag{13-6-13}$$

将式(13-6-10)和式(13-6-11)代入式(13-6-9),并两边取 $z$ 变换,可得卡尔曼滤波器的输出为

$$\begin{aligned}\hat{\boldsymbol{y}}_k=&\boldsymbol{H}(\boldsymbol{\theta})[\boldsymbol{I}-z^{-1}\boldsymbol{\Phi}(\boldsymbol{\theta})+z^{-1}\boldsymbol{K}(\boldsymbol{\theta})\boldsymbol{H}(\boldsymbol{\theta})\boldsymbol{\Phi}(\boldsymbol{\theta})]^{-1}[\boldsymbol{I}-\boldsymbol{K}(\boldsymbol{\theta})\boldsymbol{H}(\boldsymbol{\theta})]\boldsymbol{\Gamma}(\boldsymbol{\theta})\boldsymbol{u}_{k-1}+\\&\boldsymbol{H}(\boldsymbol{\theta})[\boldsymbol{I}-z^{-1}\boldsymbol{\Phi}(\boldsymbol{\theta})+z^{-1}\boldsymbol{K}(\boldsymbol{\theta})\boldsymbol{H}(\boldsymbol{\theta})\boldsymbol{\Phi}(\boldsymbol{\theta})]^{-1}\boldsymbol{K}(\boldsymbol{\theta})\boldsymbol{y}_k\end{aligned} \tag{13-6-14}$$

对式(13-6-14)可直接进行矩阵演算,参照第 5 章的模型转化,将其转化为一个参数化的量测方程。

**例 13.6.1** 考虑如下离散随机系统的参数辨识问题:

$$\begin{cases}x_k=ax_{k-1}+bu_{k-1}+w_{k-1}\\y_k=x_k+v_k\end{cases}$$

**解**:可直接写出该系统的卡尔曼滤波方程(为简明记 $\hat{x}_{k|k}=\hat{x}_k$):

$$\begin{cases}\hat{x}_k=(1-k)(a\hat{x}_{k-1}+bu_{k-1})+ky_k\\\hat{y}_k=\hat{x}_k\end{cases}$$

$k\neq1$,并记未知参数为 $\boldsymbol{\theta}=(a,b,k)^{\mathrm{T}}$。

取 $z$ 变换,得

$$\hat{y}_k=\frac{(1-k)b}{1-(1-k)az^{-1}}u_{k-1}+\frac{k}{1-(1-k)az^{-1}}y_k$$

即

$$[1-(1-k)az^{-1}]\hat{y}_k=(1-k)bu_{k-1}+ky_k$$

从而得出观测方程为

$$\hat{y}_k=(1-k)a\hat{y}_{k-1}+(1-k)bu_{k-1}+ky_k=(\hat{y}_{k-1},u_{k-1},y_k)\begin{pmatrix}(1-k)a\\(1-k)b\\k\end{pmatrix}$$

利用最小二乘法可以辨识出 $(1-k)a$、$(1-k)b$、$k$,从而得出参数 $a$、$b$、$k$。

系统辨识中的一个重要算法为递推最小二乘法,下面从卡尔曼滤波的角度来解释递推最小二乘法。

考虑一个第 4 章中的观测模型:

$$\boldsymbol{y}_k=\boldsymbol{H}_k\boldsymbol{\theta}+\boldsymbol{v}_k,\quad \boldsymbol{y}_k\in\mathbb{R}^m,\boldsymbol{x}\in\mathbb{R}^n \tag{13-6-15}$$

已知关于 $\boldsymbol{\theta}$ 的递推最小二乘算法为

$$\hat{\boldsymbol{\theta}}_{N+1}=\hat{\boldsymbol{\theta}}_N+\boldsymbol{K}_{N+1}(\boldsymbol{y}_{N+1}-\boldsymbol{H}_{N+1}\hat{\boldsymbol{\theta}}_N) \tag{13-6-16a}$$

$$\boldsymbol{K}_{N+1}=\boldsymbol{P}_N\boldsymbol{H}_{(N+1)}^{\mathrm{T}}(\boldsymbol{I}+\boldsymbol{H}_{N+1}\boldsymbol{P}_N\boldsymbol{H}_{(N+1)}^{\mathrm{T}})^{-1} \tag{13-6-16b}$$

$$\boldsymbol{P}_{N+1}=(\boldsymbol{I}-\boldsymbol{K}_{N+1}\boldsymbol{H}_{N+1})\boldsymbol{P}_N \tag{13-6-16c}$$

在上面的推导中,$\boldsymbol{\theta}$ 假设为常数矢量。在实际中 $\boldsymbol{\theta}$ 未必是常量,可能缓慢变化,或者围绕一个常数值上下波动。

假定参数矢量满足

$$\boldsymbol{\theta}_k = \boldsymbol{\theta}_{k-1} + \boldsymbol{w}_{k-1} \tag{13-6-17}$$

其中，$\{\boldsymbol{w}_k\}$是一个均值为$\mathbf{0}$、方差为$\boldsymbol{Q}_k$的高斯白噪声序列。

现在对如下系统：

$$\begin{cases} \boldsymbol{\theta}_k = \boldsymbol{\theta}_{k-1} + \boldsymbol{w}_{k-1} \\ \boldsymbol{y}_k = \boldsymbol{H}_k \boldsymbol{\theta} + \boldsymbol{v}_k \end{cases} \tag{13-6-18}$$

进行卡尔曼滤波，得卡尔曼滤波公式为

$$\hat{\boldsymbol{\theta}}_{k|k} = \hat{\boldsymbol{\theta}}_{k|k-1} + \boldsymbol{K}_k (\boldsymbol{Y}_k - \boldsymbol{H} \hat{\boldsymbol{\theta}}_{k|k-1}) \tag{13-6-19a}$$

$$\hat{\boldsymbol{\theta}}_{k|k-1} = \hat{\boldsymbol{\theta}}_{k-1|k-1} \tag{13-6-19b}$$

$$\boldsymbol{K}_k = \boldsymbol{P}_{k|k-1} \boldsymbol{H}_k^{\mathrm{T}} (\boldsymbol{H}_k \boldsymbol{P}_{k|k-1} \boldsymbol{H}_k^{\mathrm{T}} + \boldsymbol{R}_k)^{-1} \tag{13-6-19c}$$

$$\boldsymbol{P}_{k|k-1} = \boldsymbol{P}_{k-1|k-1} + \boldsymbol{Q}_{k-1} \tag{13-6-19d}$$

$$\boldsymbol{P}_{k|k} = (\boldsymbol{I} - \boldsymbol{K}_k \boldsymbol{H}_k) \boldsymbol{P}_{k|k-1} \tag{13-6-19e}$$

在式(13-6-19)中，若令$\boldsymbol{Q}_k = \mathbf{0}, \boldsymbol{R}_k = \boldsymbol{I}, k=1,2,\cdots$，则式(13-6-19)就成为式(13-6-16)。

**例 13.6.2** 考虑一个时变单输入单输出 ARX 模型的系统辨识问题，模型结构如下：

$$y(t) = -a_1 y(t-1) - a_2 y(t-2) + b_1 u(t-1) + e(t)$$

其中：$u(t)$是均值为零、方差为 1 的高斯白噪声输入信号；$y(t)$是系统的输出信号；$a_1$、$a_2$、$b_1$是系统的参数，设定值如下：

$$\begin{cases} [a_1, a_2, b] = [0.5, -0.4, 0.3], & k < 10 \\ [a_1, a_2, b] = [0.2, -0.1, 0.7], & k \geqslant 10 \end{cases}$$

$k$为采样时刻，$e(t)$是测量噪声，为均值为 0、方差为 0.01 的高斯白噪声。

要求采用递推最小二乘法和卡尔曼滤波对该 ARX 模型进行参数估计，并比较两种方法的估计输出曲线。

**解：**首先根据题目要求生成 100 对输入输出信号样本，然后分别采用式(13-6-14)和式(13-6-17)的算法进行迭代运算。两种辨识输出误差曲线如图 13.6.1 所示，3 个参数$b$、$a_1$、$a_2$的辨识曲线如图 13.6.2～图 13.6.4 所示。

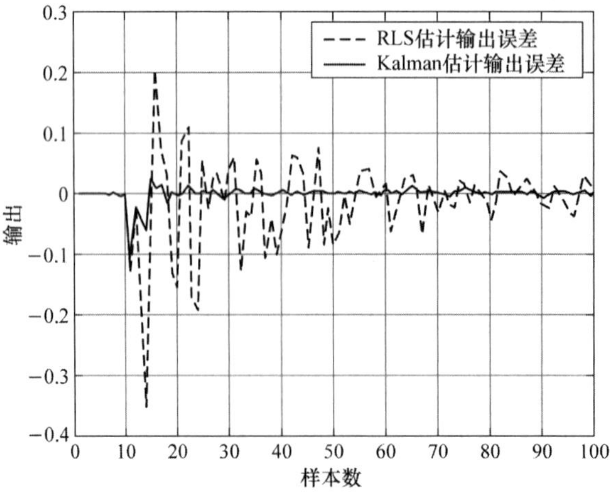


图 13.6.1 两种辨识输出误差曲线

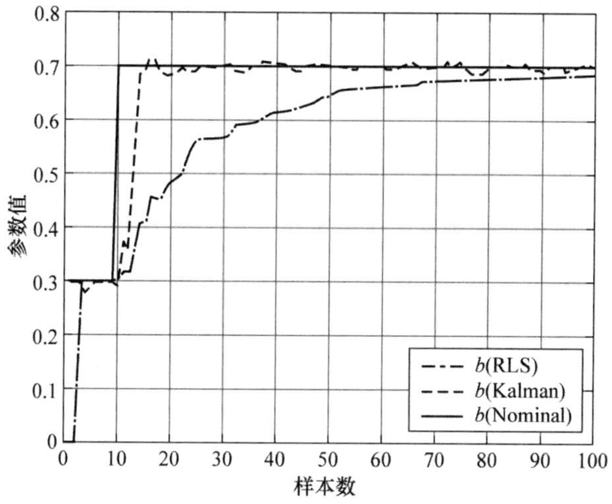


图 13.6.2 参数 $b$ 的辨识曲线

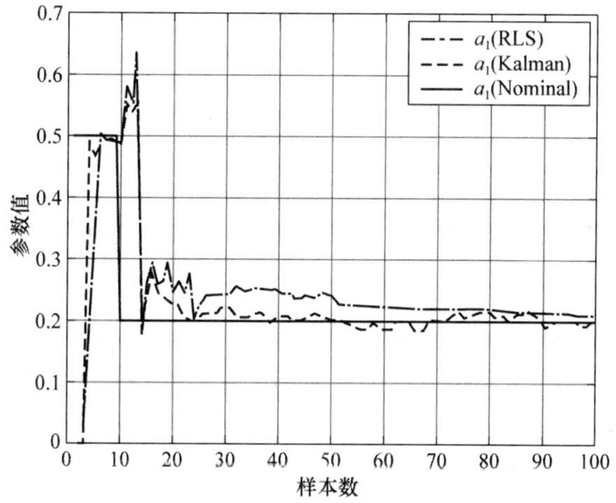


图 13.6.3 参数 $a_1$ 的辨识曲线

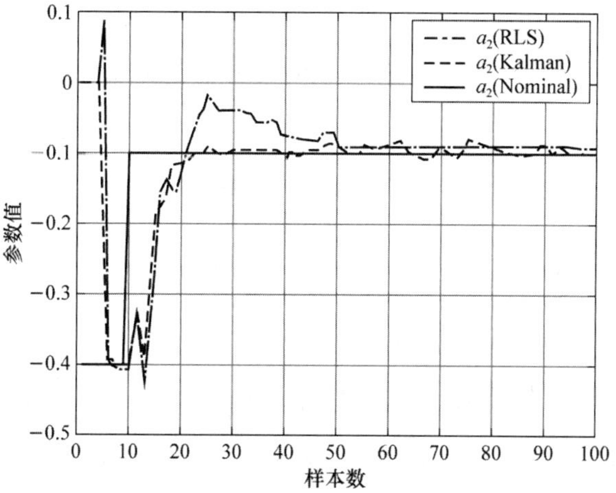


图 13.6.4 参数 $a_2$ 的辨识曲线

从仿真图可以看出两种辨识效果基本一致，但是对于时变参数系统，基于卡尔曼滤波的参数辨识的动态特性优于基于递推最小二乘法的。

# 本章小结

本章简要介绍了离散线性系统的最优滤波器——卡尔曼滤波器。卡尔曼滤波器是随机线性系统的一种状态观测器。在推导卡尔曼滤波器的过程中，只需要知道随机变量的一阶矩与二阶矩。卡尔曼滤波器可通过递推算法实现，因此在实际中应用广泛。卡尔曼滤波有很多改进，如系统噪声相关、观测噪声相关、系统噪声与观测噪声相关情形的卡尔曼滤波，非线性系统卡尔曼滤波等，感兴趣的读者可参看本章参考文献。

# 本章参考文献

[1] Bryson A E, Ho Y. Applied Optimal Control: Optimization, Estimation and Control [M]. Washington DC: Hemisphere Publishing Corporation, 1975.

[2] Dissanayake M W M G, Newman P, Clark S, et al. A Solution to the Simultaneous Localization and Map Building (SLAM) Problem[J]. IEEE Transactions on Robotics and Automation, 2001, 17(3): 229-241.

[3] Huang S, Dissanayake G. Convergence and Consistency Analysis for Extended Kalman Filter Based SLAM[J]. IEEE Transactions On Robotics, 2007, 23(5): 1036-1049.

[4] Stengel R F. Optimal Control and Estimation[M]. New York: Dover Publications INC, 1994.

[5] Verhaegen M, Vincent V. Filtering and System Identification a Least Squares Approach[M]. Cambridge: Cambridge University Press, 2007.

[6] 刘胜，张红梅. 最优估计理论[M]. 北京：科学出版社，2011.

[7] 李树荣. 最优控制原理[M]. 北京：北京邮电大学出版社，2024.

# 本章习题

1. 试说明 $P_{k/k}$ 衰减太快对滤波计算有什么影响。
2. 建立卡尔曼滤波方程组的基本假设是什么？
3. 为什么对 $Q_k$ 只要求非负定，对 $R_k$ 要求正定？
4. 试证：如果取线性估计 $\hat{X}(Z)=BZ$，$B$ 是已知的常数矩阵，则当 $Y$、$Z$ 正交时，有

$$\hat{\boldsymbol{E}}\{X|Y,Z\}=\hat{\boldsymbol{E}}\{X|Y\}+\hat{\boldsymbol{E}}\{X|Z\}$$

5. 已知如下离散线性系统：

$$x_{k+1}=0.5x_k+2w_k$$
$$y_k=2x_k+v_k$$

假设：

$$\sigma_{kj}=\begin{cases}1, & k=j\\0, & k\neq j\end{cases}$$

① $\{w_j\}$是一个均值为 0 的白噪声序列，$\boldsymbol{E}\{w_k\}=0$，$\boldsymbol{E}\{w_k w_j^{\mathrm{T}}\}=\sigma_{kj}$；

② $\{v_k\}$是一个均值为 0 的白噪声序列，$\boldsymbol{E}\{v_k\}=0$，$\boldsymbol{E}\{v_k v_j^{\mathrm{T}}\}=2\sigma_{kj}$；

③ $\{v_k\}$与$\{w_j\}$相互独立；

④ $\boldsymbol{E}\{x_k v_j^{\mathrm{T}}\}=0$，$\forall k,j$；

⑤ $\boldsymbol{E}\{x_0 w_k^{\mathrm{T}}\}=0$，$\forall k=0,1,2,\cdots$；

⑥ $\mu_{x_0}=\boldsymbol{E}\{x_0\}$，$P_{x_0}=\boldsymbol{E}\{(x_0-\mu_{x_0})(x_0-\mu_{x_0})^{\mathrm{T}}\}$。

令 $P_{0|0}=P_{x0}=2$，$x_{0|0}=\mu_{x0}=0$。

现测得 3 步的 3 个实际测量值为 $y_1=0.1$，$y_2=-0.3$，$y_3=0.2$。

(1) 写出卡尔曼滤波公式；

(2) 计算 3 步的卡尔曼滤波结果。

# 附录A
# 矩阵知识

## A.1 概念与基本性质

令 $\boldsymbol{A}$ 是一个定义在实数域$\mathbb{R}$或复数域$\mathbb{C}$上的 $m$ 行 $n$ 列矩阵：

$$\boldsymbol{A}=\begin{pmatrix} a_{11} & a_{12} & \cdots & a_{1n} \\ a_{21} & a_{22} & \cdots & a_{2n} \\ \vdots & \vdots & \vdots & \vdots \\ a_{m1} & a_{m2} & \cdots & a_{mn} \end{pmatrix}$$

或简写为

$$\boldsymbol{A}=(a_{ij}) \tag{A-1-1}$$

用 $\boldsymbol{A}^{\mathrm{T}}$ 表示对矩阵 $\boldsymbol{A}$ 的转置，即

$$\boldsymbol{A}^{\mathrm{T}}=\begin{pmatrix} a_{11} & a_{21} & \cdots & a_{m1} \\ a_{12} & a_{22} & \cdots & a_{m2} \\ \vdots & \vdots & & \vdots \\ a_{1n} & a_{2n} & \cdots & a_{mn} \end{pmatrix} \tag{A-1-2}$$

对于方阵 $\boldsymbol{A}\in\mathbb{R}^{n\times n}$，如果 $\boldsymbol{A}$ 可逆，则用 $\boldsymbol{A}^{-1}$表示矩阵的逆。若 $\boldsymbol{A}$、$\boldsymbol{B}$ 同维且都可逆，则

$$(\boldsymbol{AB})^{-1}=\boldsymbol{B}^{-1}\boldsymbol{A}^{-1} \tag{A-1-3}$$

$$(\boldsymbol{A}^{\mathrm{T}})^{-1}=(\boldsymbol{A}^{-1})^{\mathrm{T}}=\boldsymbol{A}^{-\mathrm{T}} \tag{A-1-4}$$

用 $\mathrm{tr}(\boldsymbol{A})$表示一个方阵的迹：

$$\mathrm{tr}(\boldsymbol{A}) = \sum_{i=1}^{n} a_{ii}$$

$$\mathrm{tr}(\boldsymbol{AB})=\mathrm{tr}(\boldsymbol{BA}) \tag{A-1-5}$$

且还有如下两个性质：

$$\frac{\partial}{\partial A}\mathrm{tr}(\boldsymbol{AB}^{\mathrm{T}})=\boldsymbol{B} \tag{A-1-6}$$

$$\frac{\partial}{\partial \boldsymbol{A}}\operatorname{tr}(\boldsymbol{BAA}^{\mathrm{T}})=(\boldsymbol{B}+\boldsymbol{B}^{\mathrm{T}})\boldsymbol{A} \tag{A-1-7}$$

所以对于 $\boldsymbol{x}\in\mathbb{R}^{n}$,$\boldsymbol{A}\in\mathbb{R}^{n\times n}$,

$$\frac{\partial}{\partial x}(\boldsymbol{x}^{\mathrm{T}}\boldsymbol{Ax})=\frac{\partial}{\partial x}\operatorname{tr}(\boldsymbol{Axx}^{\mathrm{T}})=(\boldsymbol{A}+\boldsymbol{A}^{\mathrm{T}})\boldsymbol{x} \tag{A-1-8}$$

用 $\det \boldsymbol{A}$ 表示一个方阵 $\boldsymbol{A}$ 的行列式。如果 $\boldsymbol{A}$、$\boldsymbol{B}$ 是两个同阶方阵,则有

$$\det(\boldsymbol{AB})=\det(\boldsymbol{BA})=\det(\boldsymbol{A})\det(\boldsymbol{B}) \tag{A-1-9}$$

对于一个方阵 $\boldsymbol{A}$, $\det(s\boldsymbol{I}-\boldsymbol{A})$称为 $\boldsymbol{A}$ 的特征多项式。

满足 $\det(s\boldsymbol{I}-\boldsymbol{A})=0$ 的 $s$,称为 $\boldsymbol{A}$ 的特征根,显然 $n\times n$ 的矩阵有 $n$ 个特征根。

对于 $\boldsymbol{A}$ 的一个特征根 $\lambda_i$,总存在至少一个非零向量 $\boldsymbol{x}$ 满足关系

$$\boldsymbol{Ax}=\lambda_i\boldsymbol{x} \tag{A-1-10}$$

则该向量 $\boldsymbol{x}$ 称为 $\boldsymbol{A}$ 的特征向量。

凯莱-哈密顿定理:设方阵 $\boldsymbol{A}$ 的特征多项式为

$$\det(s\boldsymbol{I}-\boldsymbol{A})=s^{n}+a_1s^{n-1}+\cdots+a_n \tag{A-1-11}$$

则

$$\boldsymbol{A}^{n}+a_1\boldsymbol{A}^{n-1}+\cdots+a_n\boldsymbol{I}=0 \tag{A-1-12}$$

即 $\boldsymbol{A}^{n}$ 可以由 $\boldsymbol{I},\boldsymbol{A},\cdots,\boldsymbol{A}^{n-1}$线性表示。

矩阵的相似:两个相同维数的方阵 $\boldsymbol{A}$、$\boldsymbol{B}$ 称为是相似的,如果存在一个非奇异变换矩阵 $\boldsymbol{T}$,使得 $\boldsymbol{B}=\boldsymbol{T}^{-1}\boldsymbol{AT}$。

约当标准型:对于一个方阵 $\boldsymbol{A}$,总可以通过相似变换将 $\boldsymbol{A}$ 变成如下约当标准型

$$\boldsymbol{T}^{-1}\boldsymbol{AT}=\begin{pmatrix}\boldsymbol{J}_1 & & & \\ & \boldsymbol{J}_2 & & \\ & & \ddots & \\ & & & \boldsymbol{J}_k\end{pmatrix} \tag{A-1-13}$$

其中,每个 $\boldsymbol{J}_i,i=1,\cdots,k$ 具有如下形状:

$$\boldsymbol{J}_i=\begin{pmatrix}\lambda_i & 1 & & \\ & \lambda_i & 1 & \\ & & \ddots & \vdots \\ & & & \lambda_i\end{pmatrix} \tag{A-1-14}$$

# A.2 正定与非负定矩阵

若 $\boldsymbol{A}=\boldsymbol{A}^{\mathrm{T}}$,则 $\boldsymbol{A}$ 是对称矩阵。

若 $\boldsymbol{AA}^{\mathrm{T}}=\boldsymbol{A}^{\mathrm{T}}\boldsymbol{A}=\boldsymbol{I}$,则称 $\boldsymbol{A}$ 为对称矩阵。

若 $\boldsymbol{A}$ 定义在复数域上,用 $\overline{\boldsymbol{A}}$ 表示 $\boldsymbol{A}$ 的共轭。若 $\boldsymbol{A}=\overline{\boldsymbol{A}}$,则称 $\boldsymbol{A}$ 为厄米特(Hermite)阵。

若 $\boldsymbol{A}\overline{\boldsymbol{A}}=\overline{\boldsymbol{A}}\boldsymbol{A}=\boldsymbol{I}$,则称 $\boldsymbol{A}$ 为酉矩阵。若 $\boldsymbol{A}\overline{\boldsymbol{A}}=\overline{\boldsymbol{A}}\boldsymbol{A}$,则称 $\boldsymbol{A}$ 为正规矩阵。

对于实对称矩阵 $\boldsymbol{A}$,如果对于任意非零的向量 $\boldsymbol{x}$,都有 $\boldsymbol{x}^{\mathrm{T}}\boldsymbol{Ax}>0$,则称矩阵 $\boldsymbol{A}$ 为正定矩阵,

简记为 $\boldsymbol{A}>\boldsymbol{0}$；如果对于任意非零的向量 $\boldsymbol{x}$，都有 $\boldsymbol{x}^{\mathrm{T}}\boldsymbol{A}\boldsymbol{x}\geqslant 0$，则称矩阵 $\boldsymbol{A}$ 为半正定矩阵，简记为 $\boldsymbol{A}\geqslant\boldsymbol{0}$。类似地，可以定义一个矩阵是负定或半负定的。

正定矩阵的特征根都是正数，而半正定矩阵的特征根均大于或等于零。

如果矩阵 $\boldsymbol{A}>\boldsymbol{0}$，则存在一个非奇异矩阵 $\boldsymbol{B}$，使得 $\boldsymbol{A}=\boldsymbol{B}^{\mathrm{T}}\boldsymbol{B}$，则记 $\boldsymbol{B}=(\boldsymbol{A})^{\frac{1}{2}}$。如果 $n\times n$ 矩阵 $\boldsymbol{A}\geqslant\boldsymbol{0}$，rank $\boldsymbol{A}=r$，则存在一个 $r\times n$ 矩阵 $\boldsymbol{C}$，rank $\boldsymbol{C}=r$，使得 $\boldsymbol{A}=\boldsymbol{C}^{\mathrm{T}}\boldsymbol{C}$，则记

$$\boldsymbol{C}=(\boldsymbol{A})^{\frac{1}{2}} \tag{A-2-1}$$

如果 $\boldsymbol{A}$ 是一个对称实矩阵，则 $\lambda_{\max(\boldsymbol{A})}\boldsymbol{I}-\boldsymbol{A}$ 是非负定矩阵。

## A.3 矩阵微分方程

考虑一个时变线性齐次方程：

$$\dot{\boldsymbol{x}}(t)=\boldsymbol{A}(t)\boldsymbol{x}(t),\quad \boldsymbol{x}(t_0)=\boldsymbol{x}_0 \tag{A-3-1}$$

其中，$\boldsymbol{x}\in\mathbb{R}^n$，令 $\boldsymbol{\Phi}(t,t_0)$ 是相应于 $\boldsymbol{A}(t)$ 的状态转移矩阵，满足如下特性：

$$\boldsymbol{\Phi}(t,t)=\boldsymbol{I}$$

$$\boldsymbol{\Phi}(t_1,t_2)\boldsymbol{\Phi}(t_2,t_3)=\boldsymbol{\Phi}(t_1,t_3)$$

$$\boldsymbol{\Phi}^{-1}(t_1,t_2)=\boldsymbol{\Phi}(t_2,t_1)$$

$$\boldsymbol{\Phi}(t,t_0)=\boldsymbol{A}\boldsymbol{\Phi}(t,t_0)$$

如果给定初始状态 $\boldsymbol{x}(t_0)=\boldsymbol{x}_0$，则微分方程的解为

$$\boldsymbol{x}(t)=\boldsymbol{\Phi}(t,t_0)\boldsymbol{x}_0 \tag{A-3-2}$$

特别地，如果 $\boldsymbol{A}(t)$ 为定常矩阵，即 $\boldsymbol{A}$ 为常数矩阵，则

$$\boldsymbol{\Phi}(t,t_0)=\mathrm{e}^{\boldsymbol{A}(t-t_0)} \tag{A-3-3}$$

$$\boldsymbol{x}(t)=\mathrm{e}^{\boldsymbol{A}(t-t_0)}\boldsymbol{x}_0 \tag{A-3-4}$$

其中，$\mathrm{e}^{\boldsymbol{A}t}=\boldsymbol{I}+\boldsymbol{A}t+\frac{1}{2!}\boldsymbol{A}^2t^2+\cdots$。

考虑如下的受控线性系统：

$$\dot{\boldsymbol{x}}(t)=\boldsymbol{A}(t)\boldsymbol{x}(t)+\boldsymbol{B}(t)\boldsymbol{u}(t),\quad \boldsymbol{x}(t_0)=\boldsymbol{x}_0 \tag{A-3-5}$$

其中，$\boldsymbol{x}\in\mathbb{R}^n$，$\boldsymbol{u}\in\mathbb{R}^m$，$\boldsymbol{\Phi}(t,t_0)$ 是相应于 $\boldsymbol{A}(t)$ 的状态转移矩阵，则

$$\boldsymbol{x}(t)=\boldsymbol{\Phi}(t,t_0)\boldsymbol{x}_0+\int_{t_0}^{t}\boldsymbol{\Phi}(t,\tau)\boldsymbol{B}(\tau)\boldsymbol{u}(\tau)\mathrm{d}\tau \tag{A-3-6}$$

若 $\boldsymbol{A}$、$\boldsymbol{B}$ 都是常数矩阵，则

$$\boldsymbol{x}(t)=\mathrm{e}^{\boldsymbol{A}(t-t_0)}\boldsymbol{x}_0+\int_{t_0}^{t}\mathrm{e}^{\boldsymbol{A}(t-\tau)}\boldsymbol{B}(\tau)\boldsymbol{u}(\tau)\mathrm{d}\tau \tag{A-3-7}$$

考虑如下的矩阵微分方程：

$$\dot{\boldsymbol{X}}=\boldsymbol{A}\boldsymbol{X}+\boldsymbol{X}\boldsymbol{B}+\boldsymbol{C},\quad \boldsymbol{X}(t_0)=\boldsymbol{X}_0,\quad \boldsymbol{X}\in\mathbb{R}^{n\times n} \tag{A-3-8}$$

则方程的解为

$$\boldsymbol{X}(t)=\mathrm{e}^{\boldsymbol{A}(t-t_0)}\boldsymbol{X}_0\mathrm{e}^{\boldsymbol{B}(t-t_0)}+\int_{t_0}^{t}\boldsymbol{A}(t-\tau)\boldsymbol{C}(\tau)\mathrm{e}^{\boldsymbol{B}(t-\tau)}\mathrm{d}\tau \tag{A-3-9}$$

# 附录B
# 积 分 变 换

## B.1 傅里叶级数与傅里叶变换

### B.1.1 傅里叶级数

傅里叶级数可以将一个周期函数分解成一系列正弦与余弦的和，公式如下：

$$f(t)=\frac{a_0}{2}+\sum_{n=1}^{\infty}[a_i\cos(n\omega t)+b_i\sin(n\omega t)] \tag{B-1-1}$$

其中，

$$\omega=\frac{2\pi}{T}=2\pi f_0$$

$$a_n=\frac{2}{T}\int_{\frac{-T}{2}}^{\frac{T}{2}}f(t)\cos(n\omega t)\mathrm{d}t \tag{B-1-2a}$$

$$b_n=\frac{2}{T}\int_{\frac{-T}{2}}^{\frac{T}{2}}f(t)\sin(n\omega t)\mathrm{d}t \tag{B-1-2b}$$

或者采用欧拉公式描述 $\mathrm{e}^{\mathrm{j}\omega t}=\cos\omega t+\mathrm{j}\sin\omega t$，可将式(B-1-1)改写成

$$\begin{aligned}f(t)&=\frac{a_0}{2}+\sum_{n=1}^{\infty}\left[a_i\frac{\mathrm{e}^{\mathrm{j}n\omega t}+\mathrm{e}^{-\mathrm{j}n\omega t}}{2}+b_i\frac{\mathrm{e}^{\mathrm{j}n\omega t}-\mathrm{e}^{-\mathrm{j}n\omega t}}{2}\right]\\&=\frac{a_0}{2}+\sum_{n=1}^{\infty}\left[\frac{a_i-\mathrm{j}b_i}{2}\mathrm{e}^{\mathrm{j}n\omega t}+\frac{a_i+\mathrm{j}b_i}{2}\mathrm{e}^{-\mathrm{j}n\omega t}\right]\end{aligned} \tag{B-1-3}$$

若令

$$c_0=\frac{1}{T}\int_{\frac{-T}{2}}^{\frac{T}{2}}f(t)\mathrm{d}t$$

$$c_n=\frac{a_i-\mathrm{j}b_i}{2}=\frac{1}{T}\int_{\frac{-T}{2}}^{\frac{T}{2}}f(t)\cos(n\omega t)\mathrm{d}t-\mathrm{j}\frac{1}{T}\int_{\frac{-T}{2}}^{\frac{T}{2}}f(t)\sin(n\omega t)\mathrm{d}t$$

$$= \frac{1}{T}\int_{\frac{-T}{2}}^{\frac{T}{2}} f(t)[\cos(n\omega t) - \mathrm{j}\sin(n\omega t)]\mathrm{d}t = \frac{1}{T}\int_{\frac{-T}{2}}^{\frac{T}{2}} f(t)\mathrm{e}^{-\mathrm{j}n\omega t}\mathrm{d}t$$

$$c_{-n} = \frac{1}{T}\int_{\frac{-T}{2}}^{\frac{T}{2}} f(t)\mathrm{e}^{\mathrm{j}n\omega t}\mathrm{d}t \tag{B-1-4}$$

令 $\omega_n = n\omega$，则

$$f(t) = c_0 + \sum_{n=1}^{\infty}\left[a_i\frac{\mathrm{e}^{\mathrm{j}n\omega t} + \mathrm{e}^{-\mathrm{j}n\omega t}}{2} + b_i\frac{\mathrm{e}^{\mathrm{j}n\omega t} - \mathrm{e}^{-\mathrm{j}n\omega t}}{2}\right]$$

$$= c_0 + \sum_{n=1}^{\infty}[c_n\mathrm{e}^{\mathrm{j}\omega_n t} + c_{-n}\mathrm{e}^{\mathrm{j}\omega_n t}] = \sum_{n=-\infty}^{\infty} c_n\mathrm{e}^{\mathrm{j}\omega_n t} \tag{B-1-5}$$

这就是傅里叶级数的指数形式，或者写成

$$f(t) = \frac{1}{T}\sum_{n=-\infty}^{\infty}\left[\int_{\frac{-T}{2}}^{\frac{T}{2}} f(t)\mathrm{e}^{-\mathrm{j}\omega_n t}\mathrm{d}t\right]\mathrm{e}^{\mathrm{j}\omega_n t} \tag{B-1-6}$$

对于周期为 $T$ 的单位信号 $x(t)$，其傅里叶级数指数表示为

$$x(t) = \sum_{n=-\infty}^{\infty} c_n\mathrm{e}^{\mathrm{j}\frac{2n\pi}{T}t} \tag{B-1-7}$$

其中，$c_n = \frac{1}{T}\int_{\frac{-T}{2}}^{\frac{T}{2}}\mathrm{e}^{-\mathrm{j}\frac{2n\pi}{T}t}\mathrm{d}t, \omega = \frac{2\pi}{T} = 2\pi f_0, f_0 = \frac{1}{T}$ 为频率。

**例 B.1.1** 对于周期为 $T$ 的单位脉冲函数(图 B.1.1)，时域表达式为

$$\delta_T(t) = \sum_{n=-\infty}^{\infty}\delta(t - nT) \tag{B-1-8}$$

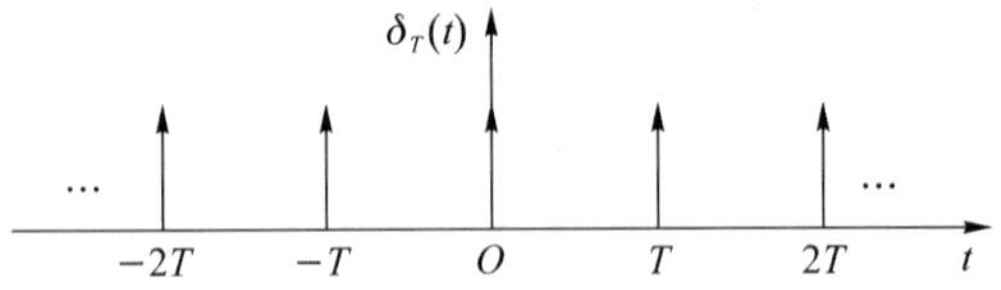


图 B.1.1 周期为 $T$ 的单位脉冲函数

单位脉冲的傅里叶级数的系数为

$$c_n = \frac{1}{T}\int_{\frac{-T}{2}}^{\frac{T}{2}}\delta_T(t)\mathrm{e}^{-\mathrm{j}\frac{2n\pi}{T}t}\mathrm{d}t = \frac{1}{T} \tag{B-1-9}$$

因此傅里叶级数可以表示为

$$\delta_T(t) = \frac{1}{T}\sum_{n=-\infty}^{\infty}\mathrm{e}^{\frac{\mathrm{j}2\pi t}{T}} \tag{B-1-10}$$

其频谱如图 B.1.2 所示。

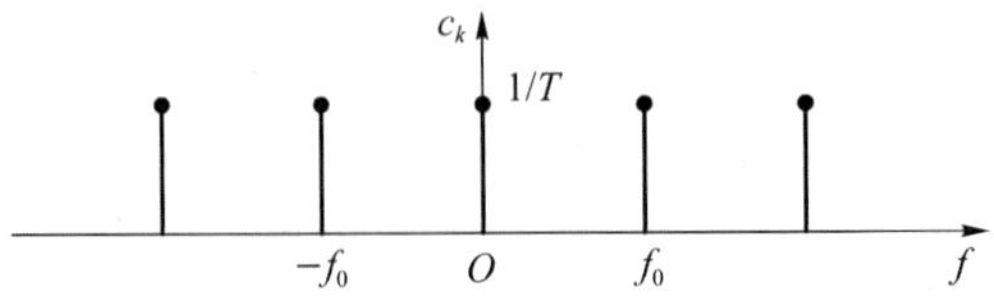


图 B.1.2 周期为 $T$ 的单位脉冲函数的频谱

**例 B.1.2** 考虑一个周期为 $T$、脉宽为 $\tau$、幅度为 $A=1$ 的周期矩形脉冲，如图 B.1.3 所示。

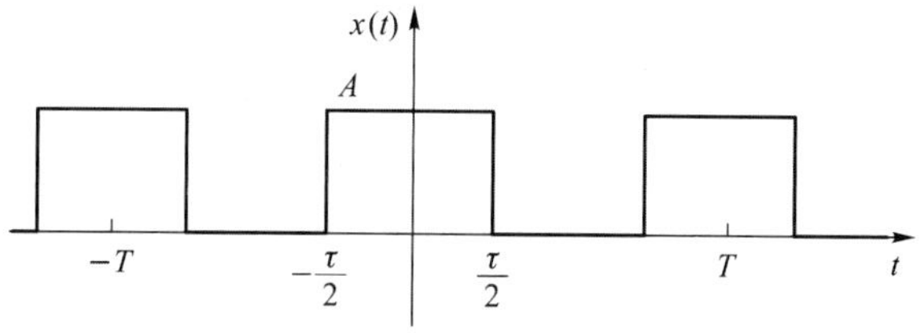


图 B.1.3 周期矩形脉冲函数

周期矩形脉冲的傅里叶级数的系数为

$$c_n=\frac{1}{T}\int_{-\frac{\tau}{2}}^{\frac{\tau}{2}}\delta_T(t)\mathrm{e}^{-\mathrm{j}\frac{2n\pi}{T}t}\,\mathrm{d}t=\frac{1}{n\pi}\sin\left(\frac{n\pi\tau}{T}\right)=\frac{\tau}{T}\,\frac{\sin\left(\frac{n\pi\tau}{T}\right)}{\frac{n\pi\tau}{T}}=\frac{\tau}{T}\mathrm{sinc}\left(\frac{n\pi\tau}{T}\right)\quad\text{(B-1-11)}$$

其中，$\mathrm{sinc}(x)=\frac{\sin x}{x}$，称为辛格函数。

假定 $T=8,\tau=2$，则式(B -1-11)的序列波形如图 B.1.4 所示。

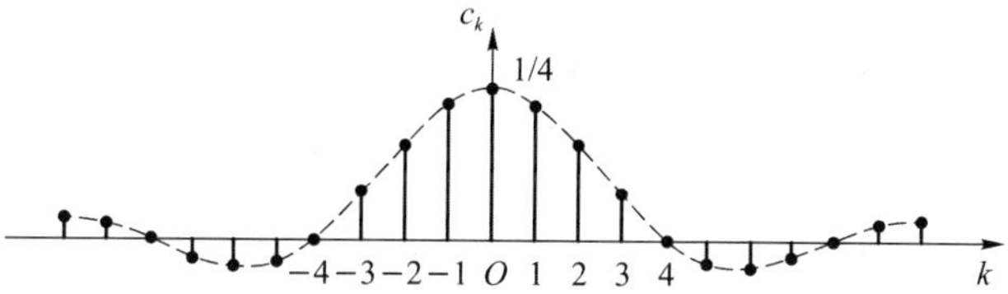


图 B.1.4 $c_k$ 的波形图

如图 B.1.4 所示，每个 $k$ 值对应的 $c_k$ 称为一条谱线，相邻谱线之间的间隔为 $f_0$，与周期 $T$ 之间的关系满足 $Tf_0=1$。图 B.1.4 中的虚线即谱线的包络线。

因此，存在如下结论：

① 当给定周期 $T$ 后，谱线间隔 $f_0$ 就确定了，$T$ 越大，则谱线间隔越密，$T\to\infty$，则离散谱变成连续谱；

② 两过零点之间的谱线数为 $N=\frac{T}{\tau}$；

③ 谱线的零点位置为 $\frac{n\tau}{T}=m$，令 $f=\frac{n}{T}=nf_0$，则 $f=\frac{m}{\tau}$，因此若脉宽 $\tau$ 增大，则包络线零点的位置向坐标原点收缩；

④ 周期 $T$ 不变，脉宽 $\tau$ 增大，则信号的幅度会增大。

矩形脉冲的周期决定了谱线间隔，脉宽决定了包络线的零点位置，周期和脉宽共同决定了信号的幅度和两个相邻零点之间的谱线数目。

**例 B.1.3** 试将图 B.1.5 所示周期信号 $f(t)$ 展开成为指数形式的傅里叶级数，并作出频谱图。

**解**：由题意知，

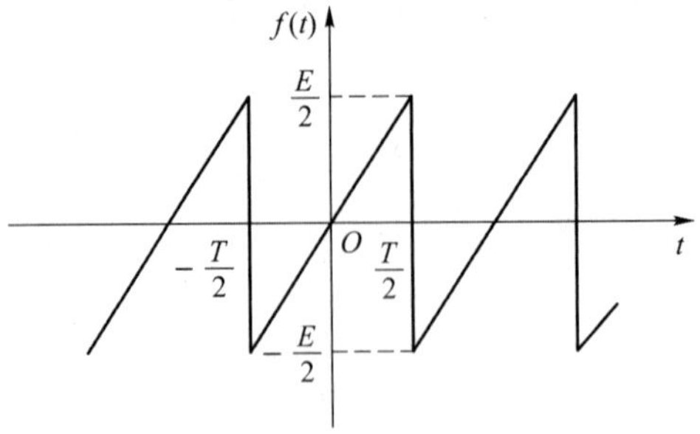


图 B.1.5　例 B.1.3 信号图

$$c_n(\omega)=\frac{1}{T}\int_{\frac{-T}{2}}^{\frac{T}{2}}f(t)\mathrm{e}^{-\mathrm{j}\frac{2n\pi}{T}t}\mathrm{d}t=\frac{1}{T}\int_{\frac{-T}{2}}^{\frac{T}{2}}\frac{E}{T}t\,\mathrm{e}^{-\mathrm{j}\frac{2n\pi}{T}t}\mathrm{d}t=\mathrm{j}\,(-1)^n\,\frac{E}{2n\pi},\quad n\neq 0$$

$$c_0(\omega)=\frac{1}{T}\int_{\frac{-T}{2}}^{\frac{T}{2}}f(t)\mathrm{d}t=\frac{1}{T}\int_{\frac{-T}{2}}^{\frac{T}{2}}\frac{E}{T}t\,\mathrm{d}t=0$$

因此得到指数形式的傅里叶变换

$$f(t)=\sum_{n=-\infty}^{\infty}\mathrm{j}\,(-1)^n\,\frac{E}{2n\pi}\mathrm{e}^{\mathrm{j}n\omega t}$$

其中,幅值为

$$|c_n(\omega)|=\left|\mathrm{j}\,(-1)^n\,\frac{E}{2n\pi}\right|=\frac{E}{2n\pi}$$

相位为

$$\begin{cases}\theta_n=-\dfrac{\pi}{2}, & n\text{ 为正奇数和负偶数}\\[2ex] \theta_n=\dfrac{\pi}{2}, & n\text{ 为负奇数和正偶数}\end{cases}$$

周期信号的指数函数展开有利于理论分析,但是在信号分析中其更常表现为三角函数的形式:

$$x(t)=A_0+\sum_{n=1}^{\infty}\cos(n\omega t+\theta_n)\tag{B-1-12}$$

因此,一个周期信号可以分解成一个直流信号和若干个正弦信号分量的叠加。

周期信号频谱的特点如下。

① 离散性:频谱由不连续的谱线组成。

② 谐波性:频谱的每条谱线只会出现在基波频率($f_0$)的整数倍频率上。

③ 收敛性:随着频率的增大,谐波分量的幅度逐渐衰减至 0。

如果一个信号 $x(t)$ 满足如下狄利克雷条件,则 $x(t)$ 有唯一的傅里叶级数:

① 在一个周期内,$x(t)$ 绝对可积;

② 在一个周期内,$x(t)$ 有有限个最大值和最小值;

③ 在一个周期 $T$ 内,有有限个不连续的间断点。

周期信号满足狄利克雷条件,狄利克雷条件只是充分条件。

## B.1.2 傅里叶变换

**定理 B.1.1(傅里叶积分定理)** 任何一个非周期函数都可以由一个周期函数在 $T\to\infty$ 时逼近,即

$$f(t)=\lim_{T\to\infty}\left\{\frac{1}{T}\sum_{n=-\infty}^{\infty}\left[\int_{-\frac{T}{2}}^{\frac{T}{2}}f(t)\mathrm{e}^{-\mathrm{j}\omega_n t}\mathrm{d}t\right]\mathrm{e}^{\mathrm{j}\omega_n t}\right\}$$

$$=\frac{1}{2\pi}\int_{-\infty}^{\infty}\left[\int_{-\infty}^{\infty}f(t)\mathrm{e}^{-\mathrm{j}\omega t}\mathrm{d}t\right]\mathrm{e}^{\mathrm{j}\omega t}\mathrm{d}\omega \tag{B-1-13}$$

**证明**:首先将 $f(t)$ 在 $\left[-\frac{T}{2},\frac{T}{2}\right]$ 上进行傅里叶级数展开,有

$$f(t)=\sum_{n=-\infty}^{\infty}c_n\mathrm{e}^{\mathrm{j}\omega_0 nt},\quad c_n=\frac{1}{T}\int_{-\frac{T}{2}}^{\frac{T}{2}}f(t)\mathrm{e}^{-\mathrm{j}\omega_n t}\mathrm{d}t \tag{B-1-14}$$

当 $T\to\infty$ 时,可把在 $(-\infty,\infty)$ 上连续的函数 $f(t)$ 考虑在内。此时 $\omega_0=\frac{2\pi}{T}\to 0$,记 $\omega_0=\Delta\omega$,$n\omega_0=n\Delta\omega=\omega$,则

$$c_n=\frac{\Delta\omega}{2\pi}\int_{-\frac{T}{2}}^{\frac{T}{2}}f(t)\mathrm{e}^{-\mathrm{j}\omega t}\mathrm{d}t \tag{B-1-15}$$

将式(B-1-15)代入傅里叶级数表达式(B-1-14),则有

$$f(t)=\frac{1}{2\pi}\sum_{n=-\infty}^{\infty}\int_{-\frac{T}{2}}^{\frac{T}{2}}f(t)\mathrm{e}^{-\mathrm{j}\omega t}\mathrm{d}t\,\mathrm{e}^{\mathrm{j}\omega_0 nt}\Delta\omega \tag{B-1-16}$$

当 $T\to\infty$ 时,就得到我们所熟知的傅里叶积分公式:

$$f(t)=\frac{1}{2\pi}\int_{-\infty}^{\infty}\left[\int_{-\infty}^{\infty}f(t)\mathrm{e}^{-\mathrm{j}\omega t}\mathrm{d}t\right]\mathrm{e}^{\mathrm{j}\omega t}\mathrm{d}\omega \tag{B-1-17}$$

傅里叶变换是一种积分变换,变换公式如下:

$$\mathcal{F}[f(t)]=F(\omega)=\int_{-\infty}^{\infty}f(t)\mathrm{e}^{-\mathrm{j}\omega t}\mathrm{d}t\quad\text{(正变换,象函数)} \tag{B-1-18}$$

将一个非周期的时域信号变换为复域上的频率表示。

$F(\omega)$ 是复数,记为 $F(\omega)=F_R(\omega)+\mathrm{j}F_I(\omega)$,$|F(\omega)|=\sqrt{F_R^2(\omega)+F_I^2(\omega)}$ 称为傅里叶谱或频率谱,$\angle F(\omega)=\arctan(F_I/F_R)$ 称为相位谱,而 $S(\omega)=F_R^2(\omega)+F_I^2(\omega)$ 称为功率谱。

傅里叶变换的逆变换为

$$f(t)=\mathcal{F}^{-1}[F(\omega)]=\frac{1}{2\pi}\int_{-\infty}^{\infty}F(\omega)\mathrm{e}^{\mathrm{j}\omega t}\mathrm{d}\omega\quad\text{(逆变换,原象函数)} \tag{B-1-19}$$

周期信号的傅里叶级数与非周期信号的傅里叶变换之间的关系为

$$c_n=\frac{1}{T}X(n\omega) \tag{B-1-20}$$

即周期信号的傅里叶级数 $c_n$ 等于非周期信号的傅里叶变换 $X(\omega)$ 在频率 $n\omega$ 处的采样值与周期 $T$ 的比值。

非周期信号的频谱是一个关于频率的连续谱,而且随着频率的增大,高频分量的幅度逐渐衰减至 0。

为了更简明地绘制以频率为坐标的频谱,一般采用如下以频率为自变量的傅里叶变换表达式:

$$\mathcal{F}(x(t)) = X(f) = \int_{-\infty}^{\infty} x(t)\mathrm{e}^{-\mathrm{j}2\pi ft}\,\mathrm{d}t \tag{B-1-21}$$

其中，$f$ 表示频率，与角速度的关系为 $\omega=2\pi f$。

一个连续函数 $x(t)$ 在时间轴上等间隔采样 $N$ 个点，可得到一个采样序列，记为 $x(0)$，$x(1)$，…，$x(N-1)$，则离散傅里叶变换为

$$\mathcal{F}(x(N)) = X(f) = \sum_{t=0}^{N-1} x(t)\mathrm{e}^{-\mathrm{j}2\pi f\frac{t}{N}} \tag{B-1-22}$$

表 B.1.1 列出了一些常用函数的傅里叶变换。

**表 B.1.1 常用函数的傅里叶变换**

| 序号 | 时域信号 $g(t)=\frac{1}{\sqrt{2\pi}}\int_{-\infty}^{\infty}G(\omega)\mathrm{e}^{\mathrm{j}\omega t}\mathrm{d}\omega$ | 用角频率 $\omega$ 表示的傅里叶变换 $G(\omega)=\frac{1}{\sqrt{2\pi}}\int_{-\infty}^{\infty}g(t)\mathrm{e}^{-\mathrm{j}\omega t}\mathrm{d}t$ | 用弧频率 $f$ 表示的傅里叶变换 $G(f)=\int_{-\infty}^{\infty}g(t)\mathrm{e}^{-\mathrm{j}2\pi ft}\mathrm{d}t$ | 备注 |
|---|---|---|---|---|
| 1 | $\delta(t)$ | $\frac{1}{\sqrt{2\pi}}$ | 1 | 狄拉克函数 |
| 2 | 1 | $\sqrt{2\pi}\delta(\omega)$ | $\delta(f)$ | 常数 |
| 3 | $\mathrm{e}^{\mathrm{j}at}$ | $\sqrt{2\pi}\delta(\omega-a)$ | $\delta(f-\frac{a}{2\pi})$ | |
| 4 | $\cos at$ | $\frac{\sqrt{2\pi}}{2}(\delta(\omega-a)+\delta(\omega+a))$ | $\frac{\sqrt{2\pi}}{2}(\delta(\omega-a)+\delta(\omega+a))$ | $\cos at=\frac{\mathrm{e}^{\mathrm{j}\omega t}+\mathrm{e}^{-\mathrm{j}\omega t}}{2}$ |
| 5 | $\sin at$ | $\frac{\sqrt{2\pi}}{2\mathrm{j}}(\delta(\omega-a)+\delta(\omega+a))$ | $\frac{\sqrt{2\pi}}{2\mathrm{j}}(\delta(\omega-a)+\delta(\omega+a))$ | $\sin at=\frac{\mathrm{e}^{\mathrm{j}\omega t}-\mathrm{e}^{-\mathrm{j}\omega t}}{2\mathrm{j}}$ |
| 6 | $t^n$ | $\mathrm{j}^n\sqrt{2\pi}\delta^n(\omega)$ | $\left(\frac{\mathrm{j}}{2\pi}\right)^n\delta^n(f)$ | |
| 7 | $\frac{1}{t}$ | $-\mathrm{j}\sqrt{\frac{\pi}{2}}\mathrm{sgn}(\omega)$ | $-\mathrm{j}\pi\mathrm{sgn}(f)$ | |
| 8 | $\mathrm{sgn}(t)$ | $\sqrt{\frac{2}{\pi}}\frac{1}{\mathrm{j}\omega}$ | $\frac{1}{\mathrm{j}\pi f}$ | |
| 9 | $\sum_{n=-\infty}^{\infty}\delta(t-nT)$ | $\frac{\sqrt{2\pi}}{T}\sum_{k=-\infty}^{\infty}\delta(\omega-\frac{2k\pi}{T})$ | $\frac{1}{T}\sum_{k=-\infty}^{\infty}\delta\left(f-\frac{k}{T}\right)$ | |
| 10 | $\mathrm{e}^{-at^2}$ | $\frac{1}{\sqrt{2a}}\mathrm{e}^{-\frac{\omega^2}{4a}}$ | $\sqrt{\frac{\pi}{a}}\mathrm{e}^{-\frac{(\pi f)^2}{a}}$ | $a>0$ |
| 11 | $\mathrm{e}^{-\mathrm{j}at^2}=\mathrm{e}^{-at^2}\Big\vert_{a=\mathrm{j}a}$ | $\frac{1}{\sqrt{2a}}\mathrm{e}^{-\mathrm{j}(\frac{\omega^2}{4a}-\frac{\pi}{4})}$ | $\sqrt{\frac{\pi}{a}}\mathrm{e}^{-\mathrm{j}(\frac{(\pi f)^2}{a}-\frac{\pi}{4})}$ | |

## B.1.3 傅里叶变换的性质

为简明起见，以表 B.1.2 展示傅里叶变换的性质(其中 $F(\omega)=\mathcal{F}[f(t)]$，$G(\omega)=\mathcal{F}[g(t)]$)。

表 B.1.2 傅里叶变换的性质

| | |
|---|---|
| 线性性质 | $\mathcal{F}[af(t)+bg(t)]=aF(\omega)+bG(\omega)$<br>$\mathcal{F}^{-1}[aF_1(\omega)+b_2F(\omega)]=af_1(t)+bf_2(t)$ |
| 平移性质 | $\mathcal{F}[f(t-t_0)]=e^{-j\omega t_0}F(\omega)$<br>$\mathcal{F}^{-1}[F(\omega-\omega_0)]=e^{j\omega t_0}f(t)$ |
| 相似性质 | $\mathcal{F}[f(at)]=\frac{1}{\mid a\mid}F\left(\frac{\omega}{a}\right)$ |
| 对称性 | $\mathcal{F}[f(t)]=2\pi F(-\omega)$ |
| 微分性质 | $\mathcal{F}\left[\frac{d^n}{dt^n}f(t)\right]=(j\omega)^nF(\omega)$<br>$\mathcal{F}^{-1}\left[\frac{d^n}{d\omega^n}F(\omega)\right]=(-jt)^nf(t)$ |
| 积分性质 | $\mathcal{F}\left[\int_{-\infty}^{\infty}f(t)dt\right]=\frac{1}{j\omega}F(\omega)$，去掉 $\omega=0$ 的点 |
| 卷积性质 | $\mathcal{F}[f(t)*g(t)]=F(\omega)G(\omega)$<br>$\mathcal{F}^{-1}[F(\omega)*G(\omega)]=2\pi f(t)*g(t)$ |
| 帕赛法公式 | $\int_{-\infty}^{\infty}f(t)\overline{g(t)}dt=\frac{1}{2\pi}\int_{-\infty}^{\infty}F(\omega)\overline{G(\omega)}d\omega$，$\overline{g(t)}$ 表示复数共轭 |

## B.1.4 二维傅里叶变换

若 $f(x,y)$满足狄利克雷条件，则可对二元函数进行如下傅里叶变换：

$$F(u,v)=\int_{-\infty}^{\infty}\int_{-\infty}^{\infty}f(x,y)e^{-j2\pi(ux+vy)}dxdy=\int_{-\infty}^{\infty}\int_{-\infty}^{\infty}f(x,y)e^{-j(\omega_1x+\omega_2y)}dxdy \qquad (B\text{-}1\text{-}23)$$

其逆变换为

$$f(x,y)=\int_{-\infty}^{\infty}\int_{-\infty}^{\infty}F(u,v)e^{j2\pi(ux+vy)}dudv \qquad (B\text{-}1\text{-}24)$$

显然 $F(u,v)$是一个复数。$F(\omega)=F_R(u,v)+jF_I(u,v)$同样可以定义它的频率谱、相位谱与功率谱。

$$|F(u,v)|=\sqrt{F_R^2(u,v)+F_I^2(u,v)} \qquad (B\text{-}1\text{-}25)$$

$$\angle F(u,v)=\arctan\frac{F_I(u,v)}{F_R(u,v)} \qquad (B\text{-}1\text{-}26)$$

$$S(u,v)=F_R^2(u,v)+F_I^2(u,v) \qquad (B\text{-}1\text{-}27)$$

# B.2 拉普拉斯变换

## B.2.1 拉普拉斯变换的定义

**定义 B.2.1(拉普拉斯变换)** 设函数 $f(t)$满足当 $t<0$ 时，$f(t)=0$，而当 $t\geqslant0$ 时，$f(t)$分

段连续且

$$\int_0^{\infty} |f(t)\mathrm{e}^{-st}|\mathrm{d}t < \infty \tag{B-2-1}$$

则 $f(t)$ 的拉普拉斯变换存在，记为

$$F(s) = L[f(t)] = \int_0^{\infty} f(t)\mathrm{e}^{-st}\mathrm{d}t \tag{B-2-2}$$

其中，$s$ 为复变量。

**定义 B.2.2** 单位阶跃函数：

$$1(t)=\begin{cases}1, & t\geqslant 0\\ 0, & t<0\end{cases}$$

**定义 B.2.3** 单位脉冲(冲激)函数：

$$\delta(t)=\begin{cases}\infty, & t=0\\ 0, & t\neq 0\end{cases}$$

且

$$\int_{-\infty}^{\infty}\delta(t)\mathrm{d}t = 1$$

## B.2.2 拉普拉斯变换的性质

为了简明描述，将拉普拉斯变换的性质列于表 B.2.1 中。

**表 B.2.1 拉普拉斯变换的性质**

| | |
|---|---|
| 线性特性 | $L[af_1(t)+bf_2(t)]=aF_1(s)+bF_2(s)$， $a$、$b$ 为常数 |
| 平移特性 | $L[\mathrm{e}^{-at}f(t)]=F(s+a)$ |
| 时滞特性 | $L[f(t-\tau)]=\mathrm{e}^{-\tau s}F(s)$ |
| 对称特性 | $L[f(at)]=\frac{1}{a}F(\frac{s}{a})$ <br> $L\left[f\left(\frac{t}{b}\right)\right]=bF(bs)$ |
| 微分特性 | $L\left(\frac{\mathrm{d}}{\mathrm{d}t}f(t)\right)=sF(s)-f(0)$ <br> $L\left(\frac{\mathrm{d}^2}{\mathrm{d}t^2}f(t)\right)=s^2F(s)-sf(0)-f'(0)$ |
| 积分特性 | $L\left(\int_0^t f(\tau)\mathrm{d}\tau\right)=\frac{F(s)}{s}$ <br> $L\left(\int_0^t\int_0^t f(\tau)\ (\mathrm{d}\tau)^2\right)=\frac{F(s)}{s^2}$ |
| 卷积性质 | $L\left(\int_0^t f_1(\tau)f_2(t-\tau)\mathrm{d}\tau\right)=F_1(s)F_2(s)$ |
| 终值特性 | $\lim\limits_{t\to\infty}f(t)=\lim\limits_{s\to 0}sF(s)$ |
| 初值特性 | $\lim\limits_{t\to 0}f(t)=\lim\limits_{s\to\infty}sF(s)$ |

### B.2.3 特殊函数及其对应的拉普拉斯变换

表 B.2.2 给出了几种特殊函数及其对应的拉普拉斯变换。

表 B.2.2 几种特殊函数及其对应的拉普拉斯变换

| 时域函数 | 拉普拉斯变换 |
|---|---|
| $\delta(t)$ | 1 |
| $1(t)$ | $\frac{1}{s}$ |
| $t$ | $\frac{1}{s^2}$ |
| $e^{-at}$ | $\frac{1}{s+a}$ |
| $te^{-at}$ | $\frac{1}{(s+a)^2}$ |
| $\sin\omega t$ | $\frac{\omega}{s^2+\omega^2}$ |
| $\cos\omega t$ | $\frac{s}{s^2+\omega^2}$ |
| $t^n$ | $\frac{n!}{s^{n+1}}$ |
| $t^n e^{-at}$ | $\frac{n!}{(s+a)^{n+1}}$ |
| $\frac{1}{b-a}(e^{-at}-e^{-bt})$ | $\frac{1}{(s+a)(s+b)}$ |
| $e^{-at}\sin\omega t$ | $\frac{\omega}{(s+a)^2+\omega^2}$ |
| $e^{-at}\cos\omega t$ | $\frac{s}{(s+a)^2+\omega^2}$ |
| $\frac{at-1-e^{-at}}{a^2}$ | $\frac{1}{s^2(s+a)}$ |
| $\frac{\omega_n}{\sqrt{1-\xi^2}}e^{-\xi\omega_n t}\sin(\omega_n\sqrt{1-\xi^2}t)$ | $\frac{\omega_n^2}{s^2+2\xi\omega_n s+\omega_n^2}$ |

## B.3 z 变换

### B.3.1 z 变换的定义

首先了解采样的概念。采样需要一个采样器来完成,所谓采样器实际上是一个开关电路,每间隔时间 $T$ 开关便开合一次,从而使得输入信号通过一次,这样就完成了一次采样。

一个理想的脉冲响应序列为

$$\delta_T(t)=\sum_{n=-\infty}^{\infty}\delta(t-nT) \tag{B-3-1}$$

采样器可以看作一个调制器，输入信号为调制信号，单位脉冲串可看作载波信号。调制过程可记为

$$x^*(t) = x(t)\sum_{n=-\infty}^{\infty}\delta(t-nT) \tag{B-3-2}$$

在实际应用中，一般假定 $x(t)=0, t<0$。因此

$$\begin{aligned} x^*(t) &= x(t)\sum_{n=0}^{\infty}\delta(t-nT) = \sum_{k=0}^{\infty}x(nT)\delta(t-nT) \\ &= x(0)\delta(t) + x(T)\delta(t-T) + x(2T)\delta(t-2T) + \cdots \end{aligned} \tag{B-3-3}$$

由定义求 $z$ 变换。对式(B-3-3)两边求拉普拉斯变换得

$$X^*(s) = \sum_{n=0}^{\infty}x(nT)\mathrm{e}^{-nTs} \tag{B-3-4}$$

令 $z=\mathrm{e}^{Ts}$，并将 $X^*(s)$中的 $s$ 替换成$\dfrac{\ln z}{T}$，得

$$Z[x^*(t)] = X^*(z) = \sum_{n=0}^{\infty}x(nT)z^{-n} \tag{B-3-5}$$

称 $X^*(z)$为 $x^*(t)$的 $z$ 变换，并记为 $z[x^*(t)]$。由于 $z$ 变换只发生在瞬时时刻，所以连续 $x(t)$ 的 $z$ 变换就是 $x^*(t)$的 $z$ 变换。

**例 B.3.1** 求单位阶跃函数序列 $u[n]$的 $z$ 变换。

**解**：由定义知

$$\mathcal{Z}\{u[n]\} = \sum_{n=0}^{\infty}u[n]z^n = 1 + z^{-1} + z^{-2} + \cdots = \frac{1}{1-\dfrac{1}{z}} = \frac{z}{z-1}$$

还可以通过查表法，直接写出 $z$ 变换。

**例 B.3.2** 求 $X(s)=\dfrac{1}{s(s+1)}$的 $z$ 变换。

**解**：由于

$$X(s)=\frac{1}{s(s+1)}=\frac{1}{s}-\frac{1}{s+1}$$

查表得

$$\mathcal{Z}[X(s)]=Z\left[\frac{1}{s}-\frac{1}{s+1}\right]=\frac{z}{z-1}-\frac{z}{z-\mathrm{e}^{-T}}=\frac{z(1-\mathrm{e}^{-T})}{(z-1)(z-\mathrm{e}^{-T})}$$

也可以采用留数定理来计算 $z$ 变换。

拉普拉斯变换有收敛域，即极点在左半复平面。在 $z$ 变换中也有收敛域。对于式(B-3-5)，一个信号的 $z$ 变换是一个无穷级数，因此要讨论它的收敛性问题。因为 $z=\mathrm{e}^{Ts}$，$s$ 为复数，所以 $z$ 的轨迹是圆，但圆心不一定在原点。为确保圆心在原点，采用极坐标 $z=r\mathrm{e}^{\mathrm{j}\omega}$。因此

$$X^*(z) = X^*(r\mathrm{e}^{\mathrm{j}\omega}) = \sum_{n=0}^{\infty}[x(nT)r^{-n}]\mathrm{e}^{-\mathrm{j}n\omega} \tag{B-3-6}$$

当 $r=1$ 时，变为

$$X^*(\mathrm{e}^{\mathrm{j}\omega}) = \sum_{n=0}^{\infty}[x(nT)]\mathrm{e}^{-\mathrm{j}n\omega} \tag{B-3-7}$$

就是离散傅里叶变换的形式。在拉普拉斯变换中，令 $s=\mathrm{j}\omega$，其就成为傅里叶变换，而令 $z=\mathrm{e}^{\mathrm{j}T\omega}$，则将复平面的虚轴变成了 $z$ 平面上的单位圆。

变换的收敛域一般通过等比数列求和获得。

**例 B.3.3** 信号 $x(t)=a^t 1(t)$，则 $z$ 变换为

$$X(z)=\sum_{n=0}^{\infty}a^n z^{-n}$$

为保证绝对收敛，即 $\left|\sum_{n=0}^{\infty}a^n z^{-n}\right|<\infty$，根据等比数列的性质，满足 $\left|\frac{a}{z}\right|<1$，即 $|z|>|a|$，收敛域在复平面某个半径为 $a$ 的外围。

$z$ 变换的信号一般是 $a^n u(n)-b^n u(n)$ 这种形式。

**例 B.3.4** 已知信号为 $x(n)=6\left(\frac{1}{2}\right)^n u(n)-5\left(\frac{1}{7}\right)^n u(n)$，则 $z$ 变换为

$$X(z)=6\sum_{n=0}^{\infty}\left(\frac{1}{2}\right)^n z^{-n}-5\sum_{n=0}^{\infty}\left(\frac{1}{7}\right)^n z^{-n}=\frac{6}{1-(2z)^{-1}}-\frac{5}{1-(7z)^{-1}}=\frac{z\left(z-\frac{23}{14}\right)}{\left(z-\frac{1}{2}\right)\left(z-\frac{1}{7}\right)}$$

由于收敛域向外，所以选取较大的圆 $|z|>\frac{1}{2}$ 作为收敛域边界。

一般来说，收敛域是复平面上的一个圆环。在环内不能有任何极点，否则信号发散，不收敛。如果信号为有限长度，则显然信号收敛，此时收敛域为整个复平面，如果是一个右边的因果序列，则收敛域向外，如果是一个左边的非因果序列，则收敛域是向内的。

## B.3.2 z 变换的性质

为了简明描述，将 $z$ 变换的性质（$X(z)=\mathcal{Z}[x(t)]$，$Y(z)=\mathcal{Z}[y(t)]$）列于表 B.3.1 中。

**表 B.3.1 z 变换的性质**

| | |
|---|---|
| 线性性质 | $\mathcal{Z}[ax(t)+by(t)]=aX(z)+bY(z)$ |
| 平移性质 | $\mathcal{Z}[x(t-t_0)]=z^{-t_0}X(z)$ |
| 相似性质 | $\mathcal{Z}[a^t x(t)]=X(\frac{z}{a})$<br>$\mathcal{Z}[\mathrm{e}^{\mathrm{j}\omega_0 t}x(t)]=X(\mathrm{e}^{-\mathrm{j}\omega_0 t}z)$ |
| 时间反转 | $\mathcal{Z}[x(-t)]=X(z^{-1})$ |
| 共轭性 | $\mathcal{Z}[\overline{x(t)}]=\overline{\mathcal{Z}(\bar{z})}$ |
| 微分性质 | $\mathcal{Z}[tx(t)]=-z\frac{\mathrm{d}}{\mathrm{d}z}X(z)$ |
| 一次差分 | $\mathcal{Z}[x(t)-x(t-1)]=(1-z^{-1})X(z)$ |
| 求和性质 | $\mathcal{Z}[\sum_{t=0}^{n}x(t)]=(1-z^{-1})^{-1}X(z)$ |
| 卷积性质 | $\mathcal{Z}[f(t)*g(t)]=F(z)G(z)$ |

**注 B.3.1** 有的书中将信号 $x(t)$ 写成离散信号 $x[n]$，此时 $z$ 变换的公式左边应做相应替

换。此时,其 $z$ 变换定义为 $X(z)=\mathcal{Z}\{x[n]\}=\sum_{n=-\infty}^{\infty}x[n]z^{-n}$。

**表 B.3.2 几种特殊函数的 z 变换对照表**

| 时域函数 | $z$ 变换 | 收敛域 |
| --- | --- | --- |
| 单位脉冲 $\delta(t)$ | 1 | 复域 $\mathbb{C}$ |
| 单位阶跃 $1(t)$ | $\frac{1}{1-z^{-1}}$ | $\|z\|>1$ |
| $a^t 1(t)$ | $\frac{1}{1-az^{-1}}$ | $\|z\|>a$ |
| $ta^t 1(t)$ | $\frac{az^{-1}}{(1-az^{-1})^2}$ | $\|z\|>a$ |
| $-a^t 1(-t-1)$ | $\frac{1}{1-az^{-1}}$ | $\|z\|<a$ |
| $-ta^t 1(-t-1)$ | $\frac{1}{1-az^{-1}}$ | $\|z\|<a$ |
| $\cos(\omega_0 t)1(t)$ | $\frac{1-z^{-1}\cos\omega_0}{1-2z^{-1}\cos\omega_0+z^{-2}}$ | $\|z\|>1$ |
| $\sin(\omega_0 t)1(t)$ | $\frac{z^{-1}\sin\omega_0}{1-2z^{-1}\cos\omega_0+z^{-2}}$ | $\|z\|>1$ |
| $a^t\cos(\omega_0 t)1(t)$ | $\frac{1-z^{-1}a\cos\omega_0}{1-2az^{-1}\cos\omega_0+a^2z^{-2}}$ | $\|z\|>a$ |
| $a^t\sin(\omega_0 t)1(t)$ | $\frac{z^{-1}a\sin\omega_0}{1-2az^{-1}\cos\omega_0+a^2z^{-2}}$ | $\|z\|>a$ |

# 参考文献


[1] 李树荣.最优控制原理[M].北京:北京邮电大学出版社,2024.

[2] 冷建华.傅里叶变换[M]. 北京:清华大学出版社,2005.

[3] 胡寿松.自动控制原理[M].5 版. 北京:科学出版社, 2007.

[4] 魏春英,高晓玲.信号与系统[M]. 北京:北京邮电大学出版社,2017.

[5] 张元.工程数学:积分变换[M].4 版. 北京:高等教育出版社,2003.